黄河流域用水效率及产业集聚影响研究

李　燕　王志成　魏亿钢　著

黄河水利出版社

·郑　州·

内 容 提 要

《黄河流域生态保护和高质量发展规划纲要》指出,黄河流域最大的矛盾是水资源短缺,并强调要支持黄河流域城市群合理布局产业集聚区。在此政策背景下,本研究在梳理黄河流域自然、文化、经济、水资源等基本状况的基础上,从流域、省份和城市层面对黄河流域用水效应及用水效率进行对比分析,之后进一步探讨各集聚区产业集聚对水资源利用效率的影响和作用机制。最后,为从产业集聚视角下水资源利用和保护方面服务于黄河流域生态保护和高质量发展国家战略,本研究基于实证结论提出了相应政策建议。本研究紧跟国家政策方针,从水资源角度为黄河流域生态保护和高质量发展提供了理论支撑。

本书可作为经管专业相关科研人员以及对黄河流域水资源生态保护具有浓厚兴趣的读者的参考用书。

图书在版编目(CIP)数据

黄河流域用水效率及产业集聚影响研究/李燕,王志成,魏亿钢著. —郑州:黄河水利出版社,2022.12
ISBN 978-7-5509-3476-4

Ⅰ.①黄… Ⅱ.①李… ②王… ③魏… Ⅲ.①黄河流域-水资源管理-研究 Ⅳ.①TV213.4

中国版本图书馆 CIP 数据核字(2022)第 251816 号

组稿编辑:王志宽 电话:0371-66024331 E-mail:wangzhikuan83@126.com

出 版 社:黄河水利出版社 网址:www.yrcp.com
地址:河南省郑州市顺河路黄委会综合楼 14 层 邮政编码:450003
发行单位:黄河水利出版社
发行部电话:0371-66026940、66020550、66028024、66022620(传真)
E-mail:hhslcbs@126.com
承印单位:广东虎彩云印刷有限公司
开本:787 mm×1 092 mm 1/16
印张:19.25
字数:445 千字
版次:2022 年 12 月第 1 版 印次:2022 年 12 月第 1 次印刷

定价:96.00 元

前　言

2019年9月18日,习近平总书记在河南郑州主持召开黄河流域生态保护和高质量发展座谈会并发表重要讲话,首次提出黄河流域生态保护和高质量发展,同京津冀协同发展、长江经济带发展、粤港澳大湾区建设、长三角一体化发展一样,是重大国家战略。2021年10月,中共中央、国务院正式印发《黄河流域生态保护和高质量发展规划纲要》,提出将黄河流域生态保护和高质量发展作为事关中华民族伟大复兴的千秋大计,让黄河成为造福人民的幸福河。

《黄河流域生态保护和高质量发展规划纲要》是指导当前和今后一个时期黄河流域生态保护和高质量发展的纲领性文件,是制定实施相关规划方案、政策措施和建设相关工程项目的重要依据。《黄河流域生态保护和高质量发展规划纲要》规划期至2030年,中期展望至2035年,远期展望至21世纪中叶。《黄河流域生态保护和高质量发展规划纲要》指出黄河流域最大的矛盾是水资源短缺,最大的问题是生态脆弱,最大的短板是高质量发展不充分,同时还强调黄河流域要强化城镇开发边界管控并支持城市群合理布局产业集聚区。在此政策背景下,系统研究黄河流域水资源利用状况,探究各集聚区产业集聚对水资源利用效率的影响和作用机制,具有重要的现实意义和理论价值。

本书共分为两大篇,包括研究背景篇和综合分析篇,其中研究背景篇共4章,综合分析篇共9章,总计13章。

研究背景篇,首先从自然地理概况、文化内涵及经济社会发展状况等方面对黄河流域的基本情况进行介绍,之后从黄河流域的水资源禀赋、水污染及水土流失问题、治理历史等方面梳理了黄河流域水资源集约与保护的背景,并进一步整理了"黄河流域生态保护和高质量发展"的提出历程及相应的水资源政策,最后对国内外河流开发及治理经验进行了总结回顾。

综合分析篇,在梳理相关理论的基础上,本研究首先基于对数平均迪氏指数(logarithmic mean divisia index,LMDI)方法从流域、省份和城市层面分解地区经济发展、人口规模及用水强度变化对用水总量变化的贡献率,从用水强度视角验证用水效率改进对黄河流域节水目标实现的重要意义;之后基于数据包络分析(data envelopment analysis,DEA)方法将无约束的传统用水效率和"环境约束"下的绿色用水效率纳入同一框架以全面分析黄河流域用水效率现状,并进一步通过测度黄河流域节水减排潜力探究各地区的水资源节约与生态保护责任;最后基于集聚理论实证检验了黄河流域产业专业化集聚和多样化集聚对用水效率的非线性影响,并通过更改指标设定和计量模型检验了产业集聚与用水效率关系的稳健性,并进一步从基础设施建设、市场化水平和环境规制的社会环境视角与用水强度和排污强度的用水技术视角识别了不同形式产业集聚对用水效率的作用机制,从而提出缓解黄河流域水资源短缺矛盾和解决水生态环境脆弱问题的政策建议。

　　黄河流域生态保护和高质量发展涉及经济、社会、生态环境等多个复杂系统,本书仅从水资源角度对黄河流域生态保护和高质量发展提供理论支撑,未来还需从更加综合的层面进行系统研究。限于知识和能力水平,本书难免存在不足之处,恳请各位读者批评指正。

作　者

2022 年 9 月

目　录

研究背景篇

第一章　黄河流域基本情况

一、黄河流域的自然地理概况

作为我国第二大河流和世界第五大河流[1],黄河发源于青海省的巴颜喀拉山脉,自西向东分别横跨青藏高原、内蒙古高原、黄土高原和华北平原四个地貌单元,流经青海省、四川省、甘肃省、宁夏回族自治区、内蒙古自治区、山西省、陕西省、河南省和山东省共9个省(自治区),并最终在山东省东营市垦利区奔流入渤海[2]。黄河干流全长约5 464 km,流域总面积79.5万 km²,其中包括内流区面积约4.2万 km²,黄河东西长约1 900 km,南北长约1 100 km,水面落差达4 480 m左右[3]。黄河流域在我国生态环境系统中具有十分重要的战略地位,不仅串联起我国"两屏三带"(包括青藏高原生态屏障、黄土高原-川滇生态屏障、东北森林带、北方防沙带和南方丘陵山地带)中的"两屏一带"(青藏高原生态屏障、黄土高原-川滇生态屏障和北方防沙带),还分布有三江源国家公园、祁连山国家公园、黄土高原丘陵沟壑水土保持生态功能区、黄河三角洲等具有重要意义的生态环境系统,对于保护我国生物多样性、维持气候稳定具有重要意义。

依据黄河河道流经地区的自然环境和水文状况,黄河流域整体以内蒙古自治区的河口镇和河南省的桃花峪为分界点,被划分为了上游、中游和下游三个不同的流域。黄河流域上游区域面积最大,该区域西起青海省的巴颜喀拉山脉,东至内蒙古自治区的河口镇,河道全长约3 472 km,约占黄河干流总长的63.54%,流域面积约42.8万 km²,约占黄河流域总面积的53.84%;黄河流域上游水源地海拔较高,冰川广布,是黄河流域的水源涵养区,被誉为"母亲河之源"和"中华水塔"的三江源便分布于此。黄河流域中游区域面积次之,该区域西起内蒙古自治区的河口镇,东至河南省的桃花峪,河道全长约1 206 km,约占黄河干流总长的22.07%,流域面积约34.4万 km²,约占黄河流域总面积的43.27%;黄河流域中游区域是典型的黄土地貌,地势起伏不平,地表沟壑纵横,再加上中游区域夏季暴雨集中,导致该区域存在着严重的水土流失问题,黄河也因此裹挟着大量泥沙流向下游区域。黄河流域下游区域面积最小,该区域西起河南省的桃花峪,东至山东省东营市垦利区的黄河入海口,河道全长约786 km,约占黄河干流总长的14.39%,流域面积约2.3万 km²,约占黄河流域总面积的2.89%;黄河流域下游区域由黄河冲积平原构成,该地区平均海拔不超过50 m,黄河水流速度较为缓慢,导致由中游裹挟下来的泥沙大量淤积[4],河床高于两岸平原,因此成为了著名的"地上悬河";黄河入海口的黄河三角洲地区是一块不断生长的土地,该地区平均每年净造陆地面积约24 km²,是我国温带最广阔、最完整且最年轻的原生湿地生态系统,具有十分重要的生态价值。

在气候特点方面,黄河流域西北地区为典型的干旱和半干旱的大陆性季风气候,东南地区则为温带季风气候[5]。黄河流域水资源较为匮乏,降水量年际和年内变化较大且不同地区之间降水量差异显著;黄河流域年度平均降水量约为444.13 mm,降水主要发生在夏季的 6—9 月,并且年降水量的 60% ~ 70% 是以短时高强度暴雨的形式出现的。黄河流域每年大约有 2 555 h 的日照时长,全年平均温度约为 5.62 ℃,平均相对湿度约为 54.8%,平均风速约为 5.4 m/s[6]。受经济活动和气候变化等多重因素的影响,黄河流域水情变化较为频繁,导致洪涝等灾害频发,洪涝灾害波及范围较广,遍及河南、河北、山东、安徽和江苏等 5 省约 25 万 km² 的面积,对黄河流域生态系统、人民生活和经济社会发展造成了严重的影响。

黄河流域还拥有雄厚的自然资源,不仅是我国重要的生态保护屏障,同时也是重要的能源富集区和粮食主产区(黄河流域的耕地比例较高,占全国耕地面积的 15% 左右,其中大部分位于平坦而肥沃的华北平原)[7-8]。在能源方面,黄河流域储藏有丰富的煤炭、石油和天然气资源,在我国能源系统中占有不可替代的重要地位,其中煤炭资源主要集中于中游地区,而石油和天然气资源则主要集中于中下游地区;黄河流域的煤炭资源尤为丰富,在全国已探明储量超过 100 亿 t 的 26 个大型煤田中,黄河流域有 12 个(其中包括宁东、陕北、神东、晋北、晋中、晋东、黄陇、河南与鲁西共 9 个国家大型煤炭基地);目前,黄河流域已探明煤炭资源保有储量约 550 亿 t,占全国煤炭资源储量的 50% 左右,此外,黄河流域煤炭资源经济可采量和煤炭资源总产量均位居全国首位;2019 年,全国煤炭资源的总产量约为 38.50 亿 t,而黄河流域 9 省(自治区)的煤炭资源产量约为 30.19 亿 t,占比 78.4% 左右[9-10]。在农业耕地方面,黄河流域气候适宜,四季分明,光照时间长且光热资源充足,具有发展耕作农业的天然条件,分布有华北平原、河套平原和汾渭平原等全国重要的农产品生产区;流域耕地面积约为 1 200 万 hm²,其中黄河以北耕地面积占流域总耕地面积的 70% 以上,流域的主要农牧产品包括小麦、棉花、水稻、玉米、马铃薯、大豆、油菜、油料、烟叶和畜牧等[11]。

二、黄河流域的文化内涵

黄河是中华民族的"母亲河",也是中华文明最主要的发源地,她不仅是地理意义上的大河,更是文化意义上的中华民族的象征。原创性、根源性、包容性、灵魂性、忠诚性和可持续性是黄河文化的鲜明特征,既铸就了黄河文化,又造就了中华民族[12]。根据黄河流域地理区位划分,黄河流域上游区域分布有河湟文化和陇右文化等[13],黄河流域中游区域分布有关中文化、河套文化、三晋文化、泾渭文化、河汾文化、河洛文化和河内文化等,黄河流域下游区域则分布有中原文化、齐鲁文化、汶泗文化、河济文化和黄淮文化等。2019 年 9 月 18 日,习近平总书记在河南省郑州市主持召开黄河流域生态保护和高质量发展座谈会时强调:深入挖掘黄河文化蕴含的时代价值,讲好"黄河故事",延续历史文脉,坚定文化自信,为实现中华民族伟大复兴的中国梦凝聚精神力量[14]。

2021 年 10 月,中共中央、国务院正式印发《黄河流域生态保护和高质量发展规划纲要》(简称《纲要》),《纲要》指出:黄河流域文化根基深厚。孕育了河湟文化、关中文化、河洛文化、齐鲁文化等特色鲜明的地域文化,历史文化遗产星罗棋布。《纲要》在战略定位中指出,要把黄河流域打造为"中华文化保护传承弘扬的重要承载区",即要依托黄河流域文化遗产资源富集、传统文化根基深厚的优势,从战略高度保护传承弘扬黄河文化,深入挖掘蕴含其中的哲学思想、人文精神、价值理念、道德规范。通过对黄河文化的创造性转化和创新性发展,充分展现中华优秀传统文化的独特魅力、革命文化的丰富内涵、社会主义先进文化的时代价值,增强黄河流域文化软实力和影响力,建设厚植家国情怀、传承道德观念、各民族同根共有的精神家园。《纲要》在战略布局中指出,要构建多元纷呈、和谐相容的"黄河文化彰显区",分别打造河湟–藏羌文化区(包括上游大通河、湟水河流域和甘南、若尔盖、红原、石渠等地区,是农耕文化与游牧文化交汇相融的过渡地带,民族文化特色鲜明)、关中文化区(包括中游渭河流域和陕西、甘肃黄土高原地区,以西安为代表的关中地区传统文化底蕴深厚,历史文化遗产富集)、河洛–三晋文化区(包括中游伊洛河、汾河等流域,是中华民族重要的发祥地,分布有大量文化遗产)、儒家文化区(包括下游的山东曲阜、泰安等地区,以孔孟为代表的传统文化源远流长)和红色文化区(包括陕甘宁等革命根据地和红军长征雪山草地、西路军西征路线等地区,是全国革命遗址规模最大、数量最多的地区之一)等五大"黄河文化彰显区"。

(一)河湟文化

河湟文化不仅是黄河源头人类文明历程的里程碑,更是草原文化与农耕文化共同孕育的瑰宝。河湟地区主要由青海省东南部的海东区(包括化隆回族自治县、互助土族自治县、民和回族土族自治县、循化撒拉族自治县、大同回族土族自治县、门源回族自治县等)和黄南藏族自治州(包括铜仁县、河南蒙古族自治县),以及甘肃省的临夏回族自治州(包括东乡族自治县、积石山博南、东乡族、撒拉族少数民族自治县)和甘南藏族自治州(包括临潭县)组成。自古以来,河湟地区就是许多少数民族移民、定居、生育和竞争的地方,并曾是西戎族、羌族、氐族、匈奴族、鲜卑族、吐谷浑族、图凡族、藏族、胡慧族、党项族、蒙古族等古代民族的历史要地[15]。受高原地貌、民族融合、历史变迁等因素的深刻影响,河湟文化包容又笃实,具有鲜明的多元性、互融性、地域性和时代性等特征[16]。

(二)关中文化

关中文化朴实又内敛、包容且求变,主要分布于关中平原,即陕西省中部地区,该地区东接潼关,西接宝鸡,南接秦岭,北接渭北山脉。关中平原经济较为发达,在我国西北地区占有十分重要的地位,主要包括西安、宝鸡、咸阳、渭南、铜川和杨凌等地区[17]。关中平原还分布有自然条件优越、经济基础良好、文化底蕴深厚、发展潜力巨大的关中城市群[18]。关中平原既有数十万年前的蓝田人文化和大荔人文化,又有仰韶文化的典型代表半坡文化,同时还是我国原始农业的重要发源地,被誉为中华文明的摇篮。

(三)河洛文化

河洛地区在中华文明的形成和发展演变过程中具有无可替代的历史地位。狭义的河洛地区是指黄河与洛水交汇处的以洛阳为中心的河洛流域;广义的河洛地区则包括较为广泛的区域,该区域东至河南开封,西至陕西潼关,南至河南伏牛山北麓,北至山西东南部与河南济源、安阳一带[19]。远古时期,生活在河洛地区的汉族部落率先摆脱了野蛮和愚昧,建立了早期国家,并步入了文明社会的门槛。河洛文化的形成与发展,则是继承于新石器时代的仰韶文化,形成于夏、商、周三代,发展于汉、魏、晋、南北朝,兴盛于隋唐北宋,后宋时期开始转型并走向衰落。河洛文化源远流长,在中华文明起源中占有重要地位,是早期中华文明的重要核心文化[20]。

(四)齐鲁文化

齐鲁是当今山东省的别称。"齐鲁"一词起源于先秦的齐国和鲁国,并随着战国后期齐国和鲁国文化的融合交流而逐渐形成了齐鲁文化,因此"齐鲁"也就具有了地域和文化的双重内涵。作为秦汉以来中国大一统文化的主要来源,齐鲁文化以儒学思想为主要核心,同时具有以人为本、以仁为核心、以德为美、以孝为先、以和为贵、以礼为范、以"中庸"为基本方法、以"三纲、五常"为主要内容、以"天人合一、阴阳和谐"为最高境界、以因时变革为前进动力的丰富的思想与文化内涵。齐鲁大地不仅孕育了诸如孔子、孟子、墨子、孙武、孙膑、诸葛亮、王羲之、贾思勰、刘勰、辛弃疾、李清照、蒲松龄等历史杰出人才,还产生了《四书》《五经》《孝经》《管子》《墨子》《孙子兵法》《孙膑兵法》等经典著作,极大地推动了中华文化的辉煌发展。

三、黄河流域的经济社会发展状况

黄河流域一直是我国政治、经济和社会发展问题的重要中心[24],在我国社会发展和经济建设中占有举足轻重的战略地位,是我国的生态保护屏障和经济社会发展的重点[25]。黄河流域下游经济社会发展相对较好,而中上游仍然发展滞后,地区之间差异较为显著,阻碍了黄河流域经济协同高质量发展的步伐。2019年9月18日,习近平总书记在河南省郑州市主持召开黄河流域生态保护和高质量发展座谈会时指出,全国14个集中连片特困地区有5个涉及黄河流域,黄河上中游7省(自治区)发展较不充分,同东部地区及长江流域相比存在明显差距,源头的青海省玉树州与入海口的山东省东营市人均地区生产总值相差超过10倍;传统产业转型升级步伐滞后,内生动力不足;同时对外开放程度也较低,9省(自治区)货物进出口总额仅占全国的12.3%。因此,习近平总书记要求黄河流域要着力提高发展质量,推动黄河流域高质量发展,各地区要充分发挥比较优势,构建高质量发展的动力系统,同时还要从实际出发,宜水则水、宜山则山、宜粮则粮、宜农则农,宜工则工、宜商则商,积极探索富有地域特色的高质量发展新路子,并能积极参与共建"一带一路",提高对外开放水平,以开放促改革、促发展。本部分主要探讨了黄河流域的经济发展状况、产业结构和脱贫攻坚状况,以厘清黄河流域的经济社会发展特点。

(一)经济发展状况

2020年,黄河流域各省份合计国内生产总值(GDP)约为253 861.6万亿元,占全国GDP的25%左右[2],在我国经济社会发展中占据了十分重要的地位。受自然地理条件等因素的限制,黄河沿岸各省份资源禀赋差异显著,导致黄河流域各省份经济发展差异较大,总体呈现"东强西弱"、经济重心偏东以及东部地区的经济社会发展速度快于西部地区的基本格局[3]。从9省份的GDP来看,山东、河南、四川是黄河流域经济总量较多的3个省份,而青海、甘肃和宁夏则是3个典型的西部欠发达地区。2020年,东部山东省的GDP总量占黄河流域九省份合计GDP总量的28.58%左右,相比之下,西部青海省的GDP总量仅占黄河流域九省份合计GDP总量的1.17%左右。

黄河流域上中下游经济发展水平差距不仅体现在GDP总量上,更体现在人均GDP上,人民生活水平差异较大。如图1-1所示,2001—2020年,黄河流域人均GDP水平一直低于全国平均水平,并且该差距一直呈现扩大趋势,说明黄河流域经济发展的步伐始终慢于全国平均发展速度。2020 年,黄河流域平均居民收入水平迈入了中等收入门槛,人均 GDP 达 5.79 万元,尽管与全国平均水平仍然存在差距,但也取得了一定的发展成就。此外,黄河流域内部省(自治区)之间人均 GDP 存在较大差异,内蒙古和山东是 9 省(自治区)中人均 GDP 最高的两个地区,这两个地区的人均 GDP 也一直高于全国平均水平,而甘肃省则是黄河流域人均 GDP 最低的省份,且与全国平均水平之间存在较大差距,经济发展亟须提质提量。

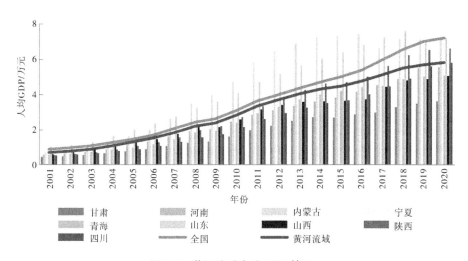

图 1-1　黄河流域人均 GDP 情况

(二)产业结构

从产业结构层面来看,黄河流域总体产业结构发展水平较低(见图 1-2)。首先,黄河流域第三产业比重较低,2020 年各省份第三产业所占比重均低于全国平均水平;其次,黄河流域仍是以第二产业为主,2020 年,除四川省和甘肃省外,其他 7 个省份第二产业所占比重均高于全国平均水平;最后,第一产业在黄河流域的经济发展中占据重要地位,2020 年,除山西省外,其他 8 个省份第一产业所占比重均高于全国平均水平。

从专业化部门来看,黄河流域主要以能源产业和重化工产业为支柱产业。在我国经济发展的过程中,黄河流域凭借着丰富的煤炭、石油、天然气和有色金属等资源,成为了全国重要的能源重化工产业布局区,并且到目前为止,黄河流域已经形成了齐全的工业门类和全面的制造业体系。但是问题在于,黄河流域沿岸部分地区为盲目发展地方经济,不顾当地的生态保护需求,大力上马了众多资源拉动、环境破坏型的低端制造产业,使得经济发展与生态保护之间的矛盾愈发突出[26]。因此,《黄河流域生态保护和高质量发展规划纲要》指出,黄河流域要依托强大国内市场,加快供给侧结构性改革,加大科技创新投入力度,根据各地区资源、要素禀赋和发展基础做强特色产业,加快新旧动能转换,推动制造业高质量发展和资源型产业转型,建设特色优势现代产业体系。可见,实施产业转型升级、推动产业高质量发展是实现黄河流域高质量发展的基础,在绿色发展道路上建设现代化产业体系是助力黄河流域生态保护和高质量发展的重要保障[27]。

(三)脱贫攻坚状况

作为我国重要的生态保护屏障和经济发展的重要区域,黄河流域一直是我国打赢脱

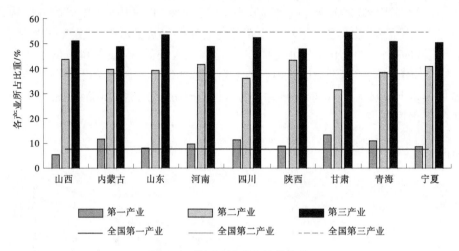

图 1-2 黄河流域产业结构情况

贫攻坚战的重点地区,又由于黄河流域所属的部分贫困县存在严重的生态限制性贫困和社会性贫困,因此这些地区脱贫后的返贫风险较高,巩固脱贫攻坚成果具有一定的挑战性[28]。在全面取得脱贫攻坚战胜利之前,黄河流域九省份累计未脱贫人口为 106.38 万,约占全国贫困总人口的 19%,黄河流域贫困人口主要分布在少数民族聚集区、省域交界地带、农牧区和农耕区[28]。《黄河流域生态保护和高质量发展规划纲要》指出,要以上中游民族地区、革命老区、生态脆弱地区等为重点,接续推进全面脱贫与乡村振兴有效衔接,巩固脱贫攻坚成果,全力让脱贫群众迈向富裕,同时要加大上中游易地扶贫搬迁后续帮扶力度,继续做好东西部协作、对口支援、定点帮扶等工作。

如图 1-3 所示,从人均可支配收入来看,2020 年,除山东省外,黄河流域其他省份的居民人均可支配收入均低于全国平均水平;在黄河流域内部,不同省份之间也存在显著差异,位于黄河流域上游的青海省和甘肃省,其人均可支配收入分别为 24 037 元和 20 335 元,而位于黄河流域下游的山东省,其人均可支配收入为 32 886 元,明显高于黄河流域上游省份;2020 年,黄河流域人均可支配收入最高的山东省,是人均可支配收入最低的甘肃省的 1.61 倍。因此,黄河流域经济社会发展存在明显的内部差异,黄河流域要通过地区间优势互补实现协同发展,以推动黄河流域整体综合实力的提升。

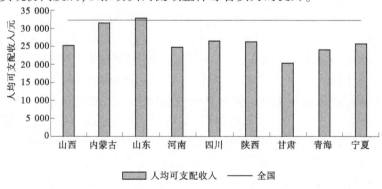

图 1-3 黄河流域人均可支配收入情况

第二章　黄河流域水资源集约与保护的背景

一、黄河流域的水资源禀赋

黄河流域大部分地区位于干旱或半干旱地区,年降水量较为稀缺,因此黄河流域水资源较为匮乏,人均水资源占有量远低于全国平均水平。黄河流域降水量存在年内降水集中、年际差异较大、空间分布不均的特点;在年内,黄河流域降水量的60%以上集中在夏季的6—9月;在年际间,黄河流域丰水年降水量是枯水年降水量的2倍以上;在空间上,黄河流域降水量从东向西递减、从南向北递减[29]。作为我国北方地区的重要水源,黄河流域内既有华北平原、河套平原和汾渭平原等全国重要的农产品生产区,又有陕北、晋北、晋中、晋东与鲁西等众多大型能源生产基地,还有山东半岛城市群、中原城市群、关中平原城市群和兰州-西宁城市群等重要的城市群,因此黄河流域要以较少的水资源总量承担密集人口、大量耕地及50多座大中城市的供水任务,这使得黄河流域用水矛盾日益尖锐,水资源开发利用率较高,远超普通河流40.0%的生态警戒线[30-31],水资源短缺也就成为了黄河流域生态保护和高质量发展需要面临的最大矛盾。表2-1展示了2020年我国各水资源一级区的水资源量情况。在地表水资源量方面,黄河区的水资源量仅为796.2亿m³,在各水资源一级区中排名第8位,占全国地表水资源量的比重仅为2.6%左右;在地下水资源量方面,黄河区的水资源量仅为451.6亿m³,在各水资源一级区中排名第7位,占全国地下水资源量的比重仅为5.3%左右;在水资源总量方面,黄河区的水资源量为917.4亿m³,在各水资源一级区中排名第8位,占全国水资源总量的比重仅为2.9%左右。由此可见,在十大水资源一级区中,黄河区在地表水资源量、地下水资源量和水资源总量方面均排名较低,占全国水资源量的比重也较小,因此黄河区的水资源相对较为匮乏。

表2-2展示了2020年我国各水资源一级区供水量和用水量情况。在供水量方面,全国供水总量为5 813.0亿m³,其中黄河区供水总量为392.7亿m³,在各水资源一级区中排名第6位,占全国的比重约为6.8%;全国地表水供水量为4 792.2亿m³,其中黄河区地表水供水量为263.7亿m³,在各水资源一级区中排名第8位,占全国的比重约为5.5%;全国地下水供水量为892.6亿m³,其中黄河区地下水供水量为110.5亿m³,在各水资源一级区中排名第5位,占全国的比重约为12.4%;全国其他供水量为128.1亿m³,其中黄河区其他供水量为18.5亿m³,在各水资源一级区中排名第4位,占全国的比重约为14.4%。

表 2-1　2020 年我国各水资源一级区水资源量情况　　　单位:亿 m³

水资源一级区	地表水资源量	地下水资源量	地下水与地表水资源量不重复量	水资源总量
全国	30 407.2	8 553.6	1 198.1	31 605.3
松花江区	1 950.5	647.3	302.6	2 253.1
辽河区	470.3	200.0	94.7	565.0
海河区	121.5	238.5	161.6	283.1
黄河区	796.2	451.6	121.2	917.4
淮河区	1 042.5	463.1	261.2	1 303.6
长江区	12 741.7	2 823.0	121.2	12 862.9
东南诸河区	1 665.1	429.4	12.1	1 677.3
珠江区	4 655.2	1 068.7	13.8	4 669.0
西南诸河区	5 751.1	1 412.4	0	5 751.1
西北诸河区	1 213.1	819.6	109.7	1 322.8

注:数据来源于《2020 年中国水资源公报》。

表 2-2　2020 年我国各水资源一级区供水量和用水量情况　　　单位:亿 m³

水资源一级区	供水量				用水量				
	地表水	地下水	其他	供水总量	生活	工业	农业	人工生态环境补水	用水总量
全国	4 792.2	892.6	128.1	5 813.0	863.0	1 030.5	3 612.3	307.0	5 813.0
松花江区	276.1	168.1	4.9	449.1	27.8	28.5	372.7	20.1	449.1
辽河区	88.8	95.2	7.0	191.0	30.5	19.9	128.7	11.9	191.0
海河区	192.5	147.8	31.7	372.0	65.8	41.3	199.5	65.4	372.0
黄河区	263.7	110.5	18.5	392.7	53.3	46.3	262.6	30.4	392.7
淮河区	438.2	141.2	21.5	600.8	94.4	76.2	391.5	38.8	600.8
长江区	1 891.0	40.3	26.3	1 957.6	330.2	599.8	981.8	45.7	1 957.6
东南诸河区	287.2	3.6	4.3	295.1	67.1	67.7	145.3	15.0	295.1
珠江区	741.4	23.9	7.6	772.9	160.3	127.7	472.3	12.6	772.9
西南诸河区	100.8	4.2	1.0	106.1	12.1	7.0	84.9	2.0	106.1
西北诸河区	512.5	157.8	5.3	675.7	21.5	16.1	573.0	65.1	675.7

注:数据来源于《2020 年中国水资源公报》。

在供水结构方面,黄河区的地表水供水量占比约为67.2%,在各水资源一级区中排名第7位,低于全国平均占比(约82.4%),低于长江区占比(约96.6%);黄河区的地下水供水量占比约为28.1%,在各水资源一级区中排名第4位,高于全国平均占比(约15.4%),高于长江区占比(约2.1%);黄河区的其他水供水量占比为4.7%,在各水资源一级区中排名第2位,高于全国平均占比(约2.2%),高于长江区占比(约1.3%)。由此可见,黄河区的供水主要来源于地表水。但黄河区的地下水供水量所占比重要高于全国的平均水平和大多数水资源一级区,较容易出现地下水超采严重的问题。

在用水量方面,全国用水总量为5 813.0亿 m³,其中黄河区用水总量为392.7亿 m³,在各水资源一级区中排名第6位,占全国的比重约为6.8%;全国生活用水量为863.0亿 m³,其中黄河区生活用水量为53.3亿 m³,在各水资源一级区中排名第6位,占全国的比重约为6.2%;全国工业用水量为1 030.5亿 m³,其中黄河区工业用水量为46.3亿 m³,在各水资源一级区中排名第5位,占全国的比重约为4.5%;全国农业用水量为3 612.3亿 m³,其中黄河区农业用水量为262.6亿 m³,在各水资源一级区中排名第6位,占全国的比重约为7.3%;全国人工生态环境补水用水量为307.0亿 m³,其中黄河区人工生态环境补水用水量为30.4亿 m³,在各水资源一级区中排名第5位,占全国的比重约为9.9%。

在用水结构方面,黄河区的生活用水量占比约为13.6%,在各水资源一级区中排名第7位,低于全国平均占比(约14.8%),低于长江区占比(约16.9%);黄河区的工业用水量占比约为11.8%,在各水资源一级区中排名第5位,低于全国平均占比(约17.7%),低于长江区占比(约30.6%);黄河区的农业用水量占比约为66.9%,在各水资源一级区中排名第5位,高于全国平均占比(约62.1%),高于长江区占比(约50.2%);黄河区的人工生态环境补水用水量占比约为7.7%,在各水资源一级区中排名第3位,高于全国平均占比(约5.3%),高于长江区占比(约2.3%)。由此可见,黄河区的用水主要集中于农业,农业用水比例高于全国平均水平和长江区,农业用水量较大。与此同时,黄河区的生活用水量和工业用水量占比较低,低于全国平均水平和长江区。此外,黄河区人工生态环境补水的用水量也高于全国平均水平和长江区。

表2-3展示了2020年全国各水资源一级区主要用水指标情况。在人均综合用水量方面,黄河区人均综合用水量为341 m³,在各水资源一级区中排名第7位,低于全国平均水平(412 m³),低于长江区(427 m³);在万元国内生产总值用水量方面,黄河区万元国内生产总值用水量为53.5 m³,在各水资源一级区中排名第5位,低于全国平均水平(57.2 m³),高于长江区(53.2 m³);在耕地实际灌溉亩均用水量方面,黄河区耕地实际灌溉亩均用水量为291 m³,在各水资源一级区中排名第7位,低于全国平均水平(356 m³),低于长江区(399 m³);在人均生活用水量方面,黄河区城镇居民人均生活用水量为106 m³,在各水资源一级区中排名第9位,低于全国平均水平(134 m³),低于长江区(157 m³),黄河区农村居民人均生活用水量为80 m³,在各水资源一级区中排名第10位,低于全国平均水平(100 m³),低于长江区(108 m³);在万元工业增加值用水量方面,黄河区万元工业增加值用水量为19.6 m³,在各水资源一级区中排名第8位,低于全国平均水平(32.9 m³),低于长江区(52.9 m³)。综合来看,黄河区的用水效率相对较高,但也仍然存在较大提升空间。

表 2-3　2020 年我国各水资源一级区主要用水指标情况

水资源一级区	人均综合用水量/m³	万元国内生产总值用水量/m³	耕地实际灌溉亩均用水量/m³	人均生活用水量/(L/d)		万元工业增加值用水量/m³
				城镇居民	农村居民	
全国	412	57.2	356	134	100	32.9
松花江区	859	175.5	388	122	104	44.5
辽河区	369	62.9	283	122	112	21.7
海河区	247	34.7	170	91	84	15.7
黄河区	341	53.5	291	106	80	19.6
淮河区	294	43.1	217	110	82	16.9
长江区	427	53.2	399	157	108	52.9
东南诸河区	328	33.0	459	139	120	21.0
珠江区	372	51.1	679	167	122	26.4
西南诸河区	478	114.1	429	132	85	41.8
西北诸河区	1 962	361.1	522	148	125	24.5

注:数据来源于《2020 年中国水资源公报》。

根据《2020 年黄河水资源公报》,在黄河供水区取水量方面(见表 2-4),地表水和地下水的取水总量分别为 426.17 亿 m³ 和 109.98 亿 m³,分别占黄河供水区总取水量的 79.49% 和 20.51%;从各省(自治区)的情况来看,各省(自治区)总计取水量从高到低依次为内蒙古、山东、河南、宁夏、陕西、山西、甘肃、河北、青海和四川,分别取水 111.94 亿 m³、92.38 亿 m³、73.86 亿 m³、71.22 亿 m³、64.90 亿 m³、50.76 亿 m³、37.70 亿 m³、18.33 亿 m³、14.81 亿 m³ 和 0.25 亿 m³,分别占黄河供水区总取水量的 20.88%、17.23%、13.78%、13.28%、12.10%、9.47%、7.03%、3.42%、2.76% 和 0.05%;各省(自治区)地表水取水量从高到低依次为内蒙古、山东、宁夏、河南、陕西、甘肃、山西、河北、青海和四川,分别取用地表水 88.31 亿 m³、85.68 亿 m³、65.07 亿 m³、52.67 亿 m³、36.56 亿 m³、34.52 亿 m³、32.15 亿 m³、18.33 亿 m³、12.64 亿 m³ 和 0.24 亿 m³,分别占黄河供水区总取水量的 16.47%、15.98%、12.14%、9.82%、6.82%、6.44%、6.00%、3.42%、2.36% 和 0.04%;各省(自治区)地下水取水量从高到低依次为陕西、内蒙古、河南、山西、山东、宁夏、甘肃、青海、四川和河北,除河北地下水取水量为 0 外,其他省(自治区)分别取用地下水 28.34 亿 m³、23.63 亿 m³、21.19 亿 m³、18.61 亿 m³、6.70 亿 m³、6.15 亿 m³、3.18 亿 m³、2.17 亿 m³ 和 0.01 亿 m³,分别占黄河供水区总取水量的 5.29%、4.41%、3.95%、3.47%、1.25%、1.15%、0.59%、0.40% 和 0。

表 2-4 2020 年黄河供水区各省(自治区)取、耗水量情况

省(自治区)	项目	总计		地表水		地下水	
		水量/亿 m³	占比/%	水量/亿 m³	占比/%	水量/亿 m³	占比/%
青海	取水量	14.81	2.76	12.64	2.36	2.17	0.40
	耗水量	10.64	2.44	9.33	2.14	1.31	0.30
四川	取水量	0.25	0.05	0.24	0.04	0.01	0
	耗水量	0.20	0.05	0.19	0.04	0.01	0
甘肃	取水量	37.70	7.03	34.52	6.44	3.18	0.59
	耗水量	30.30	6.96	28.03	6.44	2.27	0.52
宁夏	取水量	71.22	13.28	65.07	12.14	6.15	1.15
	耗水量	44.19	10.15	39.87	9.16	4.32	0.99
内蒙古	取水量	111.94	20.88	88.31	16.47	23.63	4.41
	耗水量	84.52	19.41	66.15	15.19	18.37	4.22
陕西	取水量	64.90	12.10	36.56	6.82	28.34	5.29
	耗水量	50.09	11.51	29.22	6.71	20.87	4.79
山西	取水量	50.76	9.47	32.15	6.00	18.61	3.47
	耗水量	43.03	9.88	28.99	6.66	14.04	3.22
河南	取水量	73.86	13.78	52.67	9.82	21.19	3.95
	耗水量	65.18	14.97	49.76	11.43	15.42	3.54
山东	取水量	92.38	17.23	85.68	15.98	6.70	1.25
	耗水量	88.87	20.41	83.96	19.29	4.91	1.13
河北	取水量	18.33	3.42	18.33	3.42	0	0
	耗水量	18.33	4.21	18.33	4.21	0	0
总计	取水量	536.15	100.00	426.17	79.49	109.98	20.51
	耗水量	435.35	100.00	353.83	81.27	81.52	18.73

注:数据来源于《2020 年黄河水资源公报》。

在黄河供水区耗水量方面(见表 2-4),地表水和地下水的耗水总量分别为 353.83 亿 m³ 和 81.52 亿 m³,分别占黄河供水区总耗水量的 81.27%和 18.73%;从各省(自治区)的情况来看,各省(自治区)总计耗水量从高到低依次为山东、内蒙古、河南、陕西、宁夏、山西、甘肃、河北、青海和四川,分别耗水 88.87 亿 m³、84.52 亿 m³、65.18 亿 m³、50.09 亿 m³、44.19 亿 m³、43.03 亿 m³、30.30 亿 m³、18.33 亿 m³、10.64 亿 m³ 和 0.20 亿 m³,分别占黄河供水区总耗水量的 20.41%、19.41%、14.97%、11.51%、10.15%、9.88%、6.96%、4.21%、2.44%和 0.05%;各省(自治区)地表水耗水量从高到低依次为山东、内蒙古、河南、宁夏、陕西、山西、甘肃、河北、青海和四川,分别耗用地表水 83.96 亿 m³、66.15 亿 m³、

49.76 亿 m^3、39.87 亿 m^3、29.22 亿 m^3、28.99 亿 m^3、28.03 亿 m^3、18.33 亿 m^3、9.33 亿 m^3 和 0.19 亿 m^3，分别占黄河供水区总耗水量的 19.29%、15.19%、11.43%、9.16%、6.71%、6.66%、6.44%、4.21%、2.14% 和 0.04%；各省（自治区）地下水耗水量从高到低依次为陕西、内蒙古、河南、山西、山东、宁夏、甘肃、青海、四川和河北，除河北地下水耗水量为 0 外，其他省（自治区）分别耗用地下水 20.87 亿 m^3、18.37 亿 m^3、15.42 亿 m^3、14.04 亿 m^3、4.91 亿 m^3、4.32 亿 m^3、2.27 亿 m^3、1.31 亿 m^3 和 0.01 亿 m^3，分别占黄河供水区总耗水量的 4.79%、4.22%、3.54%、3.22%、1.13%、0.99%、0.52%、0.30% 和 0。

在黄河供水区地表水取水量方面（见表 2-5），农业、工业、生活和生态环境的地表水取水量分别为 286.84 亿 m^3、41.52 亿 m^3、45.93 亿 m^3 和 51.88 亿 m^3，分别占黄河供水区地表水取水总量的 67.31%、9.74%、10.78% 和 12.17%；分省（自治区）来看，各省（自治区）农业地表水取水量从高到低依次为内蒙古、宁夏、山东、河南、甘肃、陕西、山西、青海、河北和四川，分别取用地表水 73.50 亿 m^3、56.18 亿 m^3、44.90 亿 m^3、32.17 亿 m^3、23.68 亿 m^3、19.06 亿 m^3、18.16 亿 m^3、9.80 亿 m^3、9.24 亿 m^3 和 0.15 亿 m^3，分别占黄河供水区地表水取水总量的 17.25%、13.18%、10.54%、7.55%、5.56%、4.47%、4.26%、2.30%、2.17% 和 0.04%；各省（自治区）工业地表水取水量从高到低依次为山东、河南、内蒙古、陕西、山西、宁夏、甘肃、青海、四川和河北，除河北取水量为 0 外，其他省（自治区）分别取用地表水 14.32 亿 m^3、6.25 亿 m^3、4.76 亿 m^3、4.73 亿 m^3、4.60 亿 m^3、3.80 亿 m^3、2.87 亿 m^3、0.18 亿 m^3 和 0.01 亿 m^3，分别占黄河供水区地表水取水总量的 3.36%、1.47%、1.12%、1.11%、1.08%、0.89%、0.67%、0.04% 和 0；各省（自治区）生活地表水取水量从高到低依次为山东、陕西、甘肃、山西、河南、河北、内蒙古、宁夏、青海和四川，分别取用地表水 15.75 亿 m^3、8.48 亿 m^3、4.56 亿 m^3、4.38 亿 m^3、4.19 亿 m^3、3.05 亿 m^3、2.34 亿 m^3、1.74 亿 m^3、1.36 亿 m^3 和 0.08 亿 m^3，分别占黄河供水区地表水取水总量的 3.70%、1.99%、1.07%、1.03%、0.98%、0.72%、0.55%、0.41%、0.32% 和 0.02%；各省（自治区）生态环境地表水取水量从高到低依次为山东、河南、内蒙古、河北、山西、陕西、甘肃、宁夏、青海和四川，除四川取水量为 0 外，其他省（自治区）分别取用地表水 10.71 亿 m^3、10.06 亿 m^3、7.71 亿 m^3、6.04 亿 m^3、5.01 亿 m^3、4.29 亿 m^3、3.41 亿 m^3、3.35 亿 m^3 和 1.30 亿 m^3，分别占黄河供水区地表水取水总量的 2.51%、2.36%、1.81%、1.42%、1.18%、1.01%、0.80%、0.79% 和 0.31%。

在黄河供水区地表水耗水量方面（见表 2-5），农业、工业、生活和生态环境地表水耗水量分别为 231.01 亿 m^3、35.87 亿 m^3、39.17 亿 m^3 和 47.78 亿 m^3，分别占黄河供水区地表水耗水总量的 65.29%、10.14%、11.07% 和 13.50%；分省（自治区）来看，各省（自治区）农业地表水耗水量从高到低依次为内蒙古、山东、宁夏、河南、甘肃、陕西、山西、河北、青海和四川，分别耗用地表水 55.70 亿 m^3、44.00 亿 m^3、32.49 亿 m^3、30.87 亿 m^3、19.17 亿 m^3、16.24 亿 m^3、16.20 亿 m^3、9.24 亿 m^3、6.98 亿 m^3 和 0.12 亿 m^3，分别占黄河供水区地表水耗水总量的 15.74%、12.44%、9.18%、8.72%、5.42%、4.59%、4.58%、2.61%、1.97% 和 0.03%；各省（自治区）工业地表水耗水量从高到低依次为山东、河南、内蒙古、山西、宁夏、陕西、甘肃、青海、四川和河北，除河北耗水量为 0 外，其他省（自治区）分别耗用地表水 13.91 亿 m^3、5.10 亿 m^3、4.18 亿 m^3、4.14 亿 m^3、3.13 亿 m^3、3.11 亿 m^3、2.18

亿 m³、0.11 亿 m³ 和 0.01 亿 m³,分别占黄河供水区地表水耗水总量的 3.93%、1.44%、1.18%、1.17%、0.88%、0.88%、0.62%、0.03%和 0;各省(自治区)生活地表水耗水量从高到低依次为山东、陕西、河南、山西、甘肃、河北、内蒙古、宁夏、青海和四川,分别耗用地表水 15.49 亿 m³、5.58 亿 m³、3.92 亿 m³、3.64 亿 m³、3.33 亿 m³、3.05 亿 m³、1.86 亿 m³、1.23 亿 m³、1.01 亿 m³ 和 0.06 亿 m³,分别占黄河供水区地表水耗水总量的 4.38%、1.58%、1.11%、1.03%、0.94%、0.86%、0.53%、0.35%、0.29%和 0.02%;各省(自治区)生态环境地表水耗水量从高到低依次为山东、河南、河北、山西、内蒙古、陕西、甘肃、宁夏、青海和四川,除四川耗水量为 0 外,其他省(自治区)分别耗用地表水 10.56 亿 m³、9.87 亿 m³、6.04 亿 m³、5.01 亿 m³、4.41 亿 m³、4.29 亿 m³、3.35 亿 m³、3.02 亿 m³ 和 1.23 亿 m³,分别占黄河供水区地表水耗水总量的 2.98%、2.79%、1.71%、1.42%、1.25%、1.21%、0.95%、0.85%和 0.35%。

表 2-5　2020 年黄河供水区各省(自治区)分行业地表水取、耗水量情况

省(自治区)	项目	总计		农业		工业		生活		生态环境	
		水量/亿 m³	占比/%	水量/亿 m³	占比/%	水量/亿 m³	占比/%	水量/亿 m³	占比/%	水量/亿 m³	占比/%
青海	取水量	12.64	2.97	9.80	2.30	0.18	0.04	1.36	0.32	1.30	0.31
	耗水量	9.33	2.64	6.98	1.97	0.11	0.03	1.01	0.29	1.23	0.35
四川	取水量	0.24	0.06	0.15	0.04	0.01	0	0.08	0.02	0	0
	耗水量	0.19	0.05	0.12	0.03	0.01	0	0.06	0.02	0	0
甘肃	取水量	34.52	8.10	23.68	5.56	2.87	0.67	4.56	1.07	3.41	0.80
	耗水量	28.03	7.92	19.17	5.42	2.18	0.62	3.33	0.94	3.35	0.95
宁夏	取水量	65.07	15.27	56.18	13.18	3.80	0.89	1.74	0.41	3.35	0.79
	耗水量	39.87	11.27	32.49	9.18	3.13	0.88	1.23	0.35	3.02	0.85
内蒙古	取水量	88.31	20.72	73.50	17.25	4.76	1.12	2.34	0.55	7.71	1.81
	耗水量	66.15	18.70	55.70	15.74	4.18	1.18	1.86	0.53	4.41	1.25
陕西	取水量	36.56	8.58	19.06	4.47	4.73	1.11	8.48	1.99	4.29	1.01
	耗水量	29.22	8.26	16.24	4.59	3.11	0.88	5.58	1.58	4.29	1.21
山西	取水量	32.15	7.54	18.16	4.26	4.60	1.08	4.38	1.03	5.01	1.18
	耗水量	28.99	8.19	16.20	4.58	4.14	1.17	3.64	1.03	5.01	1.42
河南	取水量	52.67	12.36	32.18	7.55	6.25	1.47	4.19	0.98	10.06	2.36
	耗水量	49.76	14.06	30.87	8.72	5.10	1.44	3.92	1.11	9.87	2.79
山东	取水量	85.68	20.10	44.90	10.54	14.32	3.36	15.75	3.70	10.71	2.51
	耗水量	83.96	23.73	44.00	12.44	13.91	3.93	15.49	4.38	10.56	2.98
河北	取水量	18.33	4.30	9.24	2.17	0	0	3.05	0.72	6.04	1.42
	耗水量	18.33	5.18	9.24	2.61	0	0	3.05	0.86	6.04	1.71
总计	取水量	426.17	100.00	286.84	67.31	41.52	9.74	45.93	10.78	51.88	12.17
	耗水量	353.83	100.00	231.01	65.29	35.87	10.14	39.17	11.07	47.78	13.50

注:数据来源于《2020 年黄河水资源公报》。

在黄河供水区地下水取水量方面(见表 2-6),农业、工业、生活和生态环境的地下水取水量分别为 63.36 亿 m³、15.44 亿 m³、28.43 亿 m³ 和 2.75 亿 m³,分别占黄河供水区地

下水取水总量的57.61%、14.04%、25.85%和2.50%;分省(自治区)来看,各省(自治区)农业地下水取水量从高到低依次为内蒙古、陕西、河南、山西、山东、宁夏、甘肃、青海和四川,除四川取水量为0外,其他省(自治区)分别取用地下水17.97亿 m³、16.37亿 m³、11.28亿 m³、9.69亿 m³、4.10亿 m³、2.47亿 m³、1.23亿 m³ 和0.25亿 m³,分别占黄河供水区地下水取水总量的16.34%、14.88%、10.26%、8.81%、3.73%、2.25%、1.12%和0.23%;各省(自治区)工业地下水取水量从高到低依次为陕西、河南、山西、内蒙古、宁夏、山东、甘肃、青海和四川,除四川取水量为0外,其他省(自治区)分别取用地下水4.76亿 m³、3.76亿 m³、2.60亿 m³、1.03亿 m³、1.00亿 m³、0.99亿 m³、0.73亿 m³ 和0.57亿 m³,分别占黄河供水区地下水取水总量的4.33%、3.42%、2.36%、0.94%、0.91%、0.90%、0.66%和0.52%;各省(自治区)生活地下水取水量从高到低依次为陕西、山西、河南、内蒙古、宁夏、山东、青海、甘肃和四川,分别取用地下水6.73亿 m³、6.00亿 m³、5.61亿 m³、3.70亿 m³、2.37亿 m³、1.58亿 m³、1.29亿 m³ 和1.14亿 m³,分别占黄河供水区地下水取水总量的6.12%、5.46%、5.10%、3.36%、2.15%、1.44%、1.17%、1.04%和0.01%;各省(自治区)生态环境地下水取水量从高到低依次为内蒙古、河南、陕西、山西、宁夏、甘肃、青海、山东和四川,除四川取水量为0外,其他省(自治区)分别取用地下水0.93亿 m³、0.54亿 m³、0.48亿 m³、0.32亿 m³、0.31亿 m³、0.08亿 m³、0.06亿 m³ 和0.03亿 m³,分别占黄河供水区地下水取水总量的0.85%、0.49%、0.44%、0.29%、0.28%、0.07%、0.05%和0.03%。

在黄河供水区地下水耗水量方面(见表2-6),农业、工业、生活和生态环境的地下水耗水量分别为50.68亿 m³、10.14亿 m³、18.33亿 m³ 和2.37亿 m³,分别占黄河供水区地下水耗水总量的62.17%、12.44%、22.49%和2.91%;分省(自治区)来看,各省(自治区)农业地下水耗水量从高到低依次为内蒙古、陕西、河南、山西、山东、宁夏、甘肃、青海和四川,除四川耗水量为0外,其他省(自治区)分别耗用地下水14.38亿 m³、13.09亿 m³、9.02亿 m³、7.75亿 m³、3.28亿 m³、1.97亿 m³、0.99亿 m³ 和0.20亿 m³,分别占黄河供水区地下水耗水总量的17.64%、16.06%、11.06%、9.51%、4.02%、2.42%、1.21%和0.25%;各省(自治区)工业地下水耗水量从高到低依次为陕西、河南、山西、内蒙古、宁夏、山东、甘肃、青海和四川,除四川耗水量为0外,其他省(自治区)分别耗用地下水2.94亿 m³、2.32亿 m³、2.24亿 m³、0.67亿 m³、0.66亿 m³、0.63亿 m³、0.45亿 m³ 和0.23亿 m³,分别占黄河供水区地下水耗水总量的3.61%、2.85%、2.75%、0.82%、0.81%、0.77%、0.55%和0.28%;各省(自治区)生活地下水耗水量从高到低依次为陕西、山西、河南、内蒙古、宁夏、山东、青海、甘肃和四川,分别耗用地下水4.36亿 m³、3.73亿 m³、3.64亿 m³、2.45亿 m³、1.55亿 m³、0.97亿 m³、0.84亿 m³、0.78亿 m³ 和0.01亿 m³,分别占黄河供水区地下水耗水总量的5.35%、4.58%、4.47%、3.01%、1.90%、1.19%、1.03%、0.96%和0.01%;各省(自治区)生态环境地下水耗水量从高到低依次为内蒙古、陕西、河南、山西、宁夏、甘肃、青海、山东和四川,除四川耗水量为0外,其他省(自治区)分别耗用地下水0.87亿 m³、0.48亿 m³、0.44亿 m³、0.32亿 m³、0.14亿 m³、0.05亿 m³、0.04亿 m³ 和0.03亿 m³,分别占黄河供水区地下水耗水总量的1.07%、0.59%、0.54%、0.39%、0.17%、0.06%、0.05%和0.04%。

表 2-6　2020 年黄河供水区各省(自治区)分行业地下水取、耗水量情况

省(自治区)	项目	总计		农业		工业		生活		生态环境	
		水量/亿 m³	占比/%	水量/亿 m³	占比/%	水量/亿 m³	占比/%	水量/亿 m³	占比/%	水量/亿 m³	占比/%
青海	取水量	2.17	1.97	0.25	0.23	0.57	0.52	1.29	1.17	0.06	0.05
	耗水量	1.31	1.61	0.20	0.25	0.23	0.28	0.84	1.03	0.04	0.05
四川	取水量	0.01	0.01	0	0	0	0	0.01	0.01	0	0
	耗水量	0.01	0.01	0	0	0	0	0.01	0.01	0	0
甘肃	取水量	3.18	2.89	1.23	1.12	0.73	0.66	1.14	1.04	0.08	0.07
	耗水量	2.27	2.78	0.99	1.21	0.45	0.55	0.78	0.96	0.05	0.06
宁夏	取水量	6.15	5.59	2.47	2.25	1.00	0.91	2.37	2.15	0.31	0.28
	耗水量	4.32	5.30	1.97	2.42	0.66	0.81	1.55	1.90	0.14	0.17
内蒙古	取水量	23.63	21.49	17.97	16.34	1.03	0.94	3.70	3.36	0.93	0.85
	耗水量	18.37	22.53	14.38	17.64	0.67	0.82	2.45	3.01	0.87	1.07
陕西	取水量	28.34	25.77	16.37	14.88	4.76	4.33	6.73	6.12	0.48	0.44
	耗水量	20.87	25.60	13.09	16.06	2.94	3.61	4.36	5.35	0.48	0.59
山西	取水量	18.61	16.92	9.69	8.81	2.60	2.36	6.00	5.46	0.32	0.29
	耗水量	14.04	17.22	7.75	9.51	2.24	2.75	3.73	4.58	0.32	0.39
河南	取水量	21.19	19.27	11.28	10.26	3.76	3.42	5.61	5.10	0.54	0.49
	耗水量	15.42	18.92	9.02	11.06	2.32	2.85	3.64	4.47	0.44	0.54
山东	取水量	6.70	6.09	4.10	3.73	0.99	0.90	1.58	1.44	0.03	0.03
	耗水量	4.91	6.02	3.28	4.02	0.63	0.77	0.97	1.19	0.03	0.04
总计	取水量	109.98	100.00	63.36	57.61	15.44	14.04	28.43	25.85	2.75	2.50
	耗水量	81.52	100.00	50.68	62.17	10.14	12.44	18.33	22.49	2.37	2.91

注:数据来源于《2020 年黄河水资源公报》。

在黄河供水区取水量方面(见表 2-7),分区域来看,各区域总计取水量从高到低依次为兰州—头道拐、花园口以下、龙门—三门峡、三门峡—花园口、龙羊峡—兰州、头道拐—龙门、黄河内流区和龙羊峡以上,分别取水 185.78 亿 m³、148.23 亿 m³、101.51 亿 m³、38.88 亿 m³、28.27 亿 m³、25.27 亿 m³、6.65 亿 m³ 和 1.56 亿 m³,分别占黄河供水区总取水量的 34.65%、27.65%、18.93%、7.25%、5.27%、4.71%、1.24% 和 0.29%;各区域地表水取水量从高到低依次为兰州—头道拐、花园口以下、龙门—三门峡、龙羊峡—兰州、三门峡—花园口、头道拐—龙门、黄河内流区和龙羊峡以上,分别取用地表水 161.53 亿 m³、133.00 亿 m³、61.35 亿 m³、25.88 亿 m³、24.80 亿 m³、16.90 亿 m³、1.36 亿 m³ 和 1.35 亿 m³,分别占黄河供水区取水总量的 30.13%、24.81%、11.44%、4.83%、4.63%、3.15%、0.25% 和 0.25%;各区域地下水取水量从高到低依次为龙门—三门峡、兰州—头道拐、花

园口以下、三门峡—花园口、头道拐—龙门、黄河内流区、龙羊峡—兰州和龙羊峡以上,分别取用地下水 40.16 亿 m³、24.25 亿 m³、15.23 亿 m³、14.08 亿 m³、8.37 亿 m³、5.29 亿 m³、2.39 亿 m³ 和 0.21 亿 m³,分别占黄河供水区取水总量的 7.49%、4.52%、2.84%、2.63%、1.56%、0.99%、0.45% 和 0.04%。

在黄河供水区耗水量方面(见表 2-7),分区域来看,各区域总计耗水量从高到低依次为花园口以下、兰州—头道拐、龙门—三门峡、三门峡—花园口、龙羊峡—兰州、头道拐—龙门、黄河内流区和龙羊峡以上,分别耗水 142.67 亿 m³、131.04 亿 m³、80.37 亿 m³、31.77 亿 m³、21.53 亿 m³、21.47 亿 m³、5.30 亿 m³ 和 1.20 亿 m³,分别占黄河供水区总耗水量的 32.77%、30.10%、18.46%、7.30%、4.95%、4.93%、1.22% 和 0.28%;各区域地表水耗水量从高到低依次为花园口以下、兰州—头道拐、龙门—三门峡、三门峡—花园口、龙羊峡—兰州、头道拐—龙门、黄河内流区和龙羊峡以上,分别耗用地表水 131.21 亿 m³、112.76 亿 m³、50.57 亿 m³、21.84 亿 m³、20.08 亿 m³、15.24 亿 m³、1.08 亿 m³ 和 1.05 亿 m³,分别占黄河供水区耗水总量的 30.14%、25.90%、11.62%、5.02%、4.61%、3.50%、0.25% 和 0.24%;各区域地下水耗水量从高到低依次为龙门—三门峡、兰州—头道拐、花园口以下、三门峡—花园口、头道拐—龙门、黄河内流区、龙羊峡—兰州和龙羊峡以上,分别耗用地下水 29.80 亿 m³、18.28 亿 m³、11.46 亿 m³、9.93 亿 m³、6.23 亿 m³、4.22 亿 m³、1.45 亿 m³ 和 0.15 亿 m³,分别占黄河供水区耗水总量的 6.85%、4.20%、2.63%、2.28%、1.43%、0.97%、0.33% 和 0.03%。

表 2-7　2020 年黄河供水区分区取、耗水量情况

流域分区	项目	总计		地表水		地下水	
		水量/亿 m³	占比/%	水量/亿 m³	占比/%	水量/亿 m³	占比/%
龙羊峡以上	取水量	1.56	0.29	1.35	0.25	0.21	0.04
	耗水量	1.20	0.28	1.05	0.24	0.15	0.03
龙羊峡—兰州	取水量	28.27	5.27	25.88	4.83	2.39	0.45
	耗水量	21.53	4.95	20.08	4.61	1.45	0.33
兰州—头道拐	取水量	185.78	34.65	161.53	30.13	24.25	4.52
	耗水量	131.04	30.10	112.76	25.90	18.28	4.20
头道拐—龙门	取水量	25.27	4.71	16.90	3.15	8.37	1.56
	耗水量	21.47	4.93	15.24	3.50	6.23	1.43
龙门—三门峡	取水量	101.51	18.93	61.35	11.44	40.16	7.49
	耗水量	80.37	18.46	50.57	11.62	29.80	6.85
三门峡—花园口	取水量	38.88	7.25	24.80	4.63	14.08	2.63
	耗水量	31.77	7.30	21.84	5.02	9.93	2.28

续表 2-7

流域分区	项目	总计		地表水		地下水	
		水量/亿 m³	占比/%	水量/亿 m³	占比/%	水量/亿 m³	占比/%
花园口以下	取水量	148.23	27.65	133.00	24.81	15.23	2.84
	耗水量	142.67	32.77	131.21	30.14	11.46	2.63
黄河内流区	取水量	6.65	1.24	1.36	0.25	5.29	0.99
	耗水量	5.30	1.22	1.08	0.25	4.22	0.97
总计	取水量	536.15	100.00	426.17	79.49	109.98	20.51
	耗水量	435.35	100.00	353.83	81.27	81.52	18.73

注:数据来源于《2020 年黄河水资源公报》。

在黄河供水区地表水取水量方面(见表 2-8),分区域来看,各区域农业地表水取水量从高到低依次为兰州—头道拐、花园口以下、龙门—三门峡、龙羊峡—兰州、三门峡—花园口、头道拐—龙门、龙羊峡以上和黄河内流区,分别取用地表水 138.57 亿 m³、74.03 亿 m³、37.60 亿 m³、16.02 亿 m³、12.83 亿 m³、5.97 亿 m³、1.03 亿 m³ 和 0.79 亿 m³,分别占黄河供水区地表水取水总量的 32.52%、17.37%、8.82%、3.76%、3.01%、1.40%、0.24% 和 0.19%;各区域工业地表水取水量从高到低依次为花园口以下、兰州—头道拐、龙门—三门峡、三门峡—花园口、头道拐—龙门、龙羊峡—兰州、黄河内流区和龙羊峡以上,分别取用地表水 16.02 亿 m³、7.25 亿 m³、6.65 亿 m³、4.69 亿 m³、4.23 亿 m³、2.37 亿 m³、0.28 亿 m³ 和 0.03 亿 m³,分别占黄河供水区地表水取水总量的 3.76%、1.70%、1.56%、1.10%、0.99%、0.56%、0.07% 和 0.01%;各区域生活的地表水取水量从高到低依次为花园口以下、龙门—三门峡、龙羊峡—兰州、兰州—头道拐、头道拐—龙门、三门峡—花园口、龙羊峡以上和黄河内流区,分别取用地表水 20.20 亿 m³、10.60 亿 m³、4.01 亿 m³、3.97 亿 m³、3.75 亿 m³、3.06 亿 m³、0.23 亿 m³ 和 0.11 亿 m³,分别占黄河供水区地表水取水总量的 4.74%、2.49%、0.94%、0.93%、0.88%、0.72%、0.05% 和 0.03%;各区域生态环境地表水取水量从高到低依次为花园口以下、兰州—头道拐、龙门—三门峡、三门峡—花园口、龙羊峡—兰州、头道拐—龙门、黄河内流区和龙羊峡以上,分别取用地表水 22.75 亿 m³、11.74 亿 m³、6.50 亿 m³、4.22 亿 m³、3.48 亿 m³、2.95 亿 m³、0.18 亿 m³ 和 0.06 亿 m³,分别占黄河供水区地表水取水总量的 5.34%、2.75%、1.53%、0.99%、0.82%、0.69%、0.04% 和 0.01%。

在黄河供水区地表水耗水量方面(见表 2-8),分区域来看,各区域农业的地表水耗水量从高到低依次为兰州—头道拐、花园口以下、龙门—三门峡、龙羊峡—兰州、三门峡—花园口、头道拐—龙门、龙羊峡以上和黄河内流区,分别耗用地表水 95.79 亿 m³、73.05 亿 m³、32.05 亿 m³、11.83 亿 m³、11.63 亿 m³、5.23 亿 m³、0.79 亿 m³ 和 0.64 亿 m³,分别占黄河供水区地表水耗水总量的 27.07%、20.65%、9.06%、3.34%、3.29%、1.48%、0.22% 和 0.18%;各区域工业的地表水耗水量从高到低依次为花园口以下、兰州—头道拐、龙门—三门峡、头道拐—龙门、三门峡—花园口、龙羊峡—兰州、黄河内流区和龙羊峡以上,分别耗用地表水 15.61 亿 m³、6.04 亿 m³、4.95 亿 m³、3.74 亿 m³、3.49 亿 m³、1.83 亿 m³、
0.19 亿 m³ 和 0.02 亿 m³，分别占黄河供水区地表水耗水总量的 4.41%、1.71%、1.40%、
1.06%、0.99%、0.52%、0.05% 和 0.01%；各区域生活的地表水耗水量从高到低依次为花
园口以下、龙门—三门峡、头道拐—龙门、龙羊峡—兰州、兰州—头道拐、三门峡—花园口、
龙羊峡以上和黄河内流区，分别耗用地表水 19.95 亿 m³、7.11 亿 m³、3.32 亿 m³、3.03 亿
m³、2.82 亿 m³、2.68 亿 m³、0.19 亿 m³ 和 0.07 亿 m³，分别占黄河供水区地表水耗水总量
的 5.64%、2.01%、0.94%、0.86%、0.80%、0.76%、0.05% 和 0.02%；各区域生态环境的地
表水耗水量从高到低依次为花园口以下、兰州—头道拐、龙门—三门峡、三门峡—花园口、
龙羊峡—兰州、头道拐—龙门、黄河内流区和龙羊峡以上，分别耗用地表水 22.60 亿 m³、
8.11 亿 m³、6.46 亿 m³、4.04 亿 m³、3.39 亿 m³、2.95 亿 m³、0.18 亿 m³ 和 0.05 亿 m³，分
别占黄河供水区地表水耗水总量的 6.39%、2.29%、1.83%、1.14%、0.96%、0.83%、
0.05% 和 0.01%。

表 2-8　2020 年黄河供水区分区分行业地表水取、耗水量情况

流域分区	项目	总计		农业		工业		生活		生态环境	
		水量/亿 m³	占比/%	水量/亿 m³	占比/%	水量/亿 m³	占比/%	水量/亿 m³	占比/%	水量/亿 m³	占比/%
龙羊峡以上	取水量	1.35	0.32	1.03	0.24	0.03	0.01	0.23	0.05	0.06	0.01
	耗水量	1.05	0.30	0.79	0.22	0.02	0.01	0.19	0.05	0.05	0.01
龙羊峡—兰州	取水量	25.88	6.07	16.02	3.76	2.37	0.56	4.01	0.94	3.48	0.82
	耗水量	20.08	5.68	11.83	3.34	1.83	0.52	3.03	0.86	3.39	0.96
兰州—头道拐	取水量	161.53	37.90	138.57	32.52	7.25	1.70	3.97	0.93	11.74	2.75
	耗水量	112.76	31.87	95.79	27.07	6.04	1.71	2.82	0.80	8.11	2.29
头道拐—龙门	取水量	16.90	3.97	5.97	1.40	4.23	0.99	3.75	0.88	2.95	0.69
	耗水量	15.24	4.31	5.23	1.48	3.74	1.06	3.32	0.94	2.95	0.83
龙门—三门峡	取水量	61.35	14.40	37.60	8.82	6.65	1.56	10.60	2.49	6.50	1.53
	耗水量	50.57	14.29	32.05	9.06	4.95	1.40	7.11	2.01	6.46	1.83
三门峡—花园口	取水量	24.80	5.82	12.83	3.01	4.69	1.10	3.06	0.72	4.22	0.99
	耗水量	21.84	6.17	11.63	3.29	3.49	0.99	2.68	0.76	4.04	1.14
花园口以下	取水量	133.00	31.21	74.03	17.37	16.02	3.76	20.20	4.74	22.75	5.34
	耗水量	131.21	37.08	73.05	20.65	15.61	4.41	19.95	5.64	22.60	6.39
黄河内流区	取水量	1.36	0.32	0.79	0.19	0.28	0.07	0.11	0.03	0.18	0.04
	耗水量	1.08	0.31	0.64	0.18	0.19	0.05	0.07	0.02	0.18	0.05
总计	取水量	426.17	100.00	286.84	67.31	41.52	9.74	45.93	10.78	51.88	12.17
	耗水量	353.83	100.00	231.01	65.29	35.87	10.14	39.17	11.07	47.78	13.50

注：数据来源于《2020 年黄河水资源公报》。

　　在黄河供水区地下水取水量方面(见表2-9),分区域来看,各区域农业的地下水取水量从高到低依次为龙门—三门峡、兰州—头道拐、花园口以下、三门峡—花园口、黄河内流区、头道拐—龙门、龙羊峡—兰州和龙羊峡以上,分别取用地下水22.19亿m³、15.80亿m³、10.09亿m³、5.74亿m³、4.99亿m³、4.15亿m³、0.24亿m³和0.16亿m³,分别占黄河供水区地下水取水总量的20.18%、14.37%、9.17%、5.22%、4.54%、3.77%、0.22%和0.15%;各区域工业的地下水取水量从高到低依次为龙门—三门峡、三门峡—花园口、花园口以下、头道拐—龙门、兰州—头道拐、龙羊峡—兰州、黄河内流区和龙羊峡以上,分别取用地下水5.35亿m³、3.01亿m³、2.22亿m³、2.13亿m³、1.95亿m³、0.68亿m³、0.09亿m³和0.01亿m³,分别占黄河供水区地下水取水总量的4.86%、2.74%、2.02%、1.94%、1.77%、0.62%、0.08%和0.01%;各区域生活的地下水取水量从高到低依次为龙门—三门峡、兰州—头道拐、三门峡—花园口、花园口以下、头道拐—龙门、龙羊峡—兰州、黄河内流区和龙羊峡以上,分别取用地下水11.90亿m³、5.35亿m³、4.85亿m³、2.80亿m³、1.92亿m³、1.40亿m³、0.17亿m³和0.04亿m³,分别占黄河供水区地下水取水总量的10.82%、4.86%、4.41%、2.55%、1.75%、1.27%、0.15%和0.04%;各区域生态环境的地下水取水量从高到低依次为兰州—头道拐、龙门—三门峡、三门峡—花园口、头道拐—龙门、花园口以下、龙羊峡—兰州、黄河内流区和龙羊峡以上,除龙羊峡以上取水量为0外,其他各区域分别取用地下水1.15亿m³、0.72亿m³、0.48亿m³、0.17亿m³、0.12亿m³、0.07亿m³和0.04亿m³,分别占黄河供水区地下水取水总量的1.05%、0.65%、0.44%、0.15%、0.11%、0.06%和0.04%。

　　在黄河供水区地下水耗水量方面(见表2-9),分区域来看,各区域农业的地下水耗水量从高到低依次为龙门—三门峡、兰州—头道拐、花园口以下、三门峡—花园口、黄河内流区、头道拐—龙门、龙羊峡—兰州和龙羊峡以上,分别耗用地下水17.75亿m³、12.64亿m³、8.07亿m³、4.59亿m³、3.99亿m³、3.32亿m³、0.19亿m³和0.13亿m³,分别占黄河供水区地下水耗水总量的21.77%、15.51%、9.90%、5.63%、4.89%、4.07%、0.23%和0.16%;各区域工业的地下水耗水量从高到低依次为龙门—三门峡、三门峡—花园口、头道拐—龙门、花园口以下、兰州—头道拐、龙羊峡—兰州、黄河内流区和龙羊峡以上,除龙羊峡以上耗水量为0外,其他各区域分别耗用地下水3.73亿m³、1.96亿m³、1.45亿m³、1.39亿m³、1.26亿m³、0.29亿m³和0.06亿m³,分别占黄河供水区地下水耗水总量的4.58%、2.40%、1.78%、1.71%、1.55%、0.36%和0.07%;各区域生活的地下水耗水量从高到低依次为龙门—三门峡、兰州—头道拐、三门峡—花园口、花园口以下、头道拐—龙门、龙羊峡—兰州、黄河内流区和龙羊峡以上,分别耗用地下水7.63亿m³、3.46亿m³、2.98亿m³、1.89亿m³、1.30亿m³、0.92亿m³、0.13亿m³和0.02亿m³,分别占黄河供水区地下水耗水总量的9.36%、4.24%、3.66%、2.32%、1.59%、1.13%、0.16%和0.02%;各区域生态环境的地下水耗水量从高到低依次为兰州—头道拐、龙门—三门峡、三门峡—花园口、头道拐—龙门、花园口以下、龙羊峡—兰州、黄河内流区和龙羊峡以上,除龙羊峡以上耗水量为0外,其他各区域分别耗用地下水0.92亿m³、0.69亿m³、0.40亿m³、0.16亿m³、0.11亿m³、0.05亿m³和0.04亿m³,分别占黄河供水区地下水耗水总量的1.13%、0.85%、0.49%、0.20%、0.13%、0.06%和0.05%。

表 2-9　2020 年黄河供水区分区分行业地下水取、耗水量情况

流域分区	项目	总计		农业		工业		生活		生态环境	
		水量/亿 m³	占比/%	水量/亿 m³	占比/%	水量/亿 m³	占比/%	水量/亿 m³	占比/%	水量/亿 m³	占比/%
龙羊峡以上	取水量	0.21	0.19	0.16	0.15	0.01	0.01	0.04	0.04	0	0
	耗水量	0.15	0.18	0.13	0.16	0	0	0.02	0.02	0	0
龙羊峡—兰州	取水量	2.39	2.17	0.24	0.22	0.68	0.62	1.40	1.27	0.07	0.06
	耗水量	1.45	1.78	0.19	0.23	0.29	0.36	0.92	1.13	0.05	0.06
兰州—头道拐	取水量	24.25	22.05	15.80	14.37	1.95	1.77	5.35	4.86	1.15	1.05
	耗水量	18.28	22.42	12.64	15.51	1.26	1.55	3.46	4.24	0.92	1.13
头道拐—龙门	取水量	8.37	7.61	4.15	3.77	2.13	1.94	1.92	1.75	0.17	0.15
	耗水量	6.23	7.64	3.32	4.07	1.45	1.78	1.30	1.59	0.16	0.20
龙门—三门峡	取水量	40.16	36.52	22.19	20.18	5.35	4.86	11.90	10.82	0.72	0.65
	耗水量	29.80	36.56	17.75	21.77	3.73	4.58	7.63	9.36	0.69	0.85
三门峡—花园口	取水量	14.08	12.80	5.74	5.22	3.01	2.74	4.85	4.41	0.48	0.44
	耗水量	9.93	12.18	4.59	5.63	1.96	2.40	2.98	3.66	0.40	0.49
花园口以下	取水量	15.23	13.85	10.09	9.17	2.22	2.02	2.80	2.55	0.12	0.11
	耗水量	11.46	14.06	8.07	9.90	1.39	1.71	1.89	2.32	0.11	0.13
黄河内流区	取水量	5.29	4.81	4.99	4.54	0.09	0.08	0.17	0.15	0.04	0.04
	耗水量	4.22	5.18	3.99	4.89	0.06	0.07	0.13	0.16	0.04	0.05
总计	取水量	109.98	100.00	63.36	57.61	15.44	14.04	28.43	25.85	2.75	2.50
	耗水量	81.52	100.00	50.68	62.17	10.14	12.44	18.33	22.49	2.37	2.91

注：数据来源于《2020 年黄河水资源公报》。

二、黄河流域的水污染及水土流失问题

黄河流域分布有众多的能源重化工产业,这类产业废污水排放量较多,存在严重的负外部性问题,导致黄河流域水体受到了不同程度的污染,此外,黄河流域中游地区特殊的黄土地貌特点,也使得黄河流域水土流失问题较为突出。随着气候变化、经济发展和人类活动的侵袭,黄河流域的生态系统变得愈发脆弱[25],其中水污染和水土流失问题是影响黄河流域可持续发展的最主要问题[32]。

在黄河流域的水污染问题方面(见表 2-10),对于Ⅰ类水质而言,2013—2019 年黄河流域的Ⅰ类水质占比量趋于稳定,占比量波动较小,其中 2014 年Ⅰ类水质占比最大,为23.4%。历年来,黄河流域Ⅰ类水质占比要显著高于全国平均水平,但也显著低于长江流域水平。

对于Ⅱ类水质而言,2013—2019 年黄河流域的Ⅱ类水质占比量不断下降。与全国平

均水平相比,2016 年以前,黄河流域的Ⅱ类水质占比一直高于全国平均水平,但从 2016 年开始,占比量开始低于全国平均水平。与长江流域相比,黄河流域的Ⅱ类水质占比一直高于长江流域水平。

对于Ⅲ类水质而言,2013—2019 年黄河流域的Ⅲ类水质占比量呈现先上升后下降的趋势,其中 2016 年占比最高,为 25.9%。历年来,黄河流域Ⅲ类水质占比要显著高于全国平均水平,但也显著低于长江流域水平。

对于Ⅳ类水质而言,2013—2019 年黄河流域的Ⅳ类水质占比量不断下降。与全国水平相比,黄河流域Ⅳ类水质占比要低于全国平均水平,但是 2013 年和 2014 年除外。与长江流域相比,除 2019 年外,黄河流域Ⅳ类水质占比一直高于长江流域水平。

对于Ⅴ类水质而言,2013—2019 年黄河流域的Ⅴ类水质占比量呈现先下降后上升的趋势,其中 2016 年占比最低,为 6.0%。历年来,黄河流域Ⅴ类水质占比要显著高于全国平均水平,但也显著低于长江流域水平。

对于劣Ⅴ类水质而言,2013—2019 年黄河流域的劣Ⅴ类水质占比量总的来说在不断下降。历年来,黄河流域劣Ⅴ类水质占比要显著高于全国平均水平和长江流域水平。

从横向来看,黄河流域劣Ⅴ类水质在 2013—2019 年都始终要高于全国平均水平和长江流域水平,水污染问题的治理仍然任重道远。但从纵向来看,随着一系列保护和监管措施的实施,2013—2019 年黄河流域的水质在不断优化,说明黄河流域水体治污工作取得了良好效果。

表 2-10　2013—2019 年全国、长江流域和黄河流域水质情况对比　　　　　%

水质	区域	2013 年	2014 年	2015 年	2016 年	2017 年	2018 年	2019 年
Ⅰ类	全国	4.8	5.9	8.1	6.5	7.8	8.7	9.3
	长江	42.5	43.5	44.3	48.3	49.6	51.0	55.5
	黄河	21.3	23.4	21.8	22.1	21.1	21.9	19.3
Ⅱ类	全国	10.8	10.8	9.9	9.6	9.5	8.7	9.1
	长江	5.7	4.7	4.2	3.7	3.7	4.2	3.2
	黄河	14.9	11.7	11.7	9.8	8.3	5.5	3.6
Ⅲ类	全国	6.0	6.2	7.3	7.4	7.8	7.2	8.2
	长江	47.9	46.4	47.3	49.4	55.1	61.2	65.9
	黄河	20.5	24.9	24.2	25.9	21.0	19.7	15.5
Ⅳ类	全国	8.4	9.0	8.6	8.8	8.8	7.6	7.0
	长江	5.6	3.9	5.0	3.7	3.1	2.0	2.0
	黄河	11.6	9.6	7.6	4.8	4.2	2.3	1.4
Ⅴ类	全国	4.8	5.3	8.1	9.0	9.6	11.9	9.1
	长江	35.7	41.6	44.4	53.5	44.3	44.1	47.2
	黄河	19.6	19.1	13.5	6.0	16.0	17.8	24.0

水质	区域	2013	2014	2015	2016	2017	2018	2019
劣Ⅴ类	全国	10.1	8.0	8.4	7.4	7.3	8.7	6.7
	长江	4.8	7.1	5.4	4.6	3.7	5.2	3.8
	黄河	25.0	18.9	20.2	19.5	19.1	12.3	9.2

注:数据来源于《中国环境统计年鉴》。

根据黄河流域生态环境监督管理局职责和生态环境部授权,黄河流域自 2020 年 9 月开始发布黄河流域水环境质量月报。之后,由于生态环境部对黄河流域生态环境监督管理局信息发布工作的调整安排,黄河流域水环境质量月报于 2021 年 2 月暂停发布。在 2021 年 1 月,黄河流域地表水总体水质良好,在监测的 216 个河流断面中,Ⅰ~Ⅲ类水质河流断面占比约为 76.9%,Ⅳ类、Ⅴ类和劣Ⅴ类水质河流断面占比分别约为 9.3%、5.1% 和 8.8%;黄河流域主要污染指标及其相应断面超标率为:氨氮(17.6%)、总磷(8.3%)、化学需氧量(6.5%)、高锰酸盐指数(5.6%)、五日生化需氧量(5.1%)、氟化物(4.6%)、石油类(3.2%)、阴离子表面活性剂(1.9%)。关于黄河流域超Ⅲ类水质河流断面的情况见表 2-11。

表 2-11　黄河流域超Ⅲ类水质河流断面情况

序号	所在河流	断面名称	所属省份	所在地区	水质类别	主要污染指标
1	涑水河	张留庄	山西省	运城市	劣Ⅴ	化学需氧量、高锰酸盐指数、总磷、石油类、阴离子表面活性剂、氟化物
2	汾河	柴村桥	山西省	运城市	劣Ⅴ	氨氮、总磷、五日生化需氧量、高锰酸盐指数、化学需氧量、氟化物
3	汾河	上平望	山西省	临汾市	劣Ⅴ	氨氮
4	州川河	高楼河村	山西省	临汾市	劣Ⅴ	氨氮
5	汾河	下靳桥	山西省	临汾市	劣Ⅴ	氨氮、阴离子表面活性剂、五日生化需氧量、总磷、化学需氧量
6	屈产河	裴沟	山西省	吕梁市	劣Ⅴ	氨氮、总磷
7	蔚汾河	碧村	山西省	吕梁市	劣Ⅴ	氨氮、五日生化需氧量、石油类、总磷、高锰酸盐指数
8	南川河	交口镇	山西省	吕梁市	劣Ⅴ	氟化物、氨氮、总磷

续表 2-11

序号	所在河流	断面名称	所属省份	所在地区	水质类别	主要污染指标
9	小黑河	三分闸前	内蒙古自治区	呼和浩特市	劣V	氨氮、化学需氧量、五日生化需氧量、总磷、高锰酸盐指数
10	柴汶河	西高村桥	山东省	泰安市	劣V	氨氮、总磷
11	北洛河	王谦村	陕西省	渭南市	劣V	氨氮
12	石川河	石川河渭南市出境	陕西省	西安市	劣V	氨氮、总磷、化学需氧量、五日生化需氧量、高锰酸盐指数、阴离子表面活性剂
13	仕望河	咎家山	陕西省	延安市	劣V	氨氮、总磷
14	孤山川	孤山镇	陕西省	榆林市	劣V	氨氮
15	祖厉河	井沟	甘肃省	白银市	劣V	铬(六价)、化学需氧量、氨氮、总磷、氟化物
16	散渡河	小河口村	甘肃省	天水市	劣V	氨氮、总磷、化学需氧量
17	三岔河	虎关桥	甘肃省	临夏市	劣V	氨氮、总磷
18	苦水河	苦水河入黄口	宁夏回族自治区	吴忠市	劣V	氟化物、化学需氧量
19	清水河	三营	宁夏回族自治区	固原市	劣V	氟化物
20	磁窑河	安固桥	山西省	晋中市	V	氨氮、高锰酸盐指数
21	汾河	王庄桥南	山西省	晋中市	V	氨氮、总磷、高锰酸盐指数、氟化物
22	湫水河	碛口	山西省	吕梁市	V	石油类、总磷、阴离子表面活性剂
23	文峪河	南姚	山西省	吕梁市	V	氨氮
24	三川河	三川河两河口桥	山西省	吕梁市	V	氨氮
25	金堤河	贾垓桥(张秋)	山东省	聊城市	V	化学需氧量、五日生化需氧量、高锰酸盐指数

续表 2-11

序号	所在河流	断面名称	所属省份	所在地区	水质类别	主要污染指标
26	金堤河	濮阳大韩桥	河南省	濮阳市	V	五日生化需氧量、氨氮、化学需氧量
27	黄庄河	滑县孔村桥	河南省	安阳市	V	氨氮
28	小韦河	小韦河杏林	陕西省	宝鸡市	V	氨氮、五日生化需氧量、总磷、高锰酸盐指数
29	延河	龙安	陕西省	延安市	V	氨氮
30	沮河	沮河户村	陕西省	延安市	V	氨氮
31	汾河	韩武村	山西省	太原市	IV	五日生化需氧量、氨氮、总磷、化学需氧量、石油类
32	沁河	龙头	山西省	长治市	IV	氨氮
33	丹河	牛村	山西省	晋城市	IV	石油类、氨氮
34	浍河	小韩村	山西省	临汾市	IV	石油类、氨氮、总磷、高锰酸盐指数
35	汾河	川胡屯	山西省	忻州市	IV	石油类、化学需氧量
36	三川河	西崖底	山西省	吕梁市	IV	氨氮
37	岚河	曲立	山西省	吕梁市	IV	氨氮
38	洛河	七里铺	河南省	郑州市	IV	化学需氧量、高锰酸盐指数
39	伊河	岳滩	河南省	洛阳市	IV	五日生化需氧量、高锰酸盐指数
40	新浒河	温县氾水滩	河南省	焦作市	IV	氨氮
41	石川河	岔口	陕西省	铜川市	IV	氨氮
42	渭河	魏家堡	陕西省	宝鸡市	IV	氨氮
43	漆水河	漆水河入渭口	陕西省	咸阳市	IV	氨氮
44	延河	寺滩	陕西省	延安市	IV	化学需氧量
45	渭河	伯阳	甘肃省	天水市	IV	氨氮
46	蒲河	后河桥	甘肃省	庆阳市	IV	氟化物
47	洪河	下郑村	甘肃省	庆阳市	IV	氟化物
48	湟水	民和东垣	青海省	海东市	IV	氨氮
49	湟水	乐都	青海省	海东市	IV	氨氮、五日生化需氧量
50	清水河	泉眼山	宁夏回族自治区	中卫市	IV	氟化物

注:数据来源于《黄河流域和西北诸河水环境质量月报》。

在黄河流域的水土流失问题方面(见表 2-12 和图 2-1),根据《黄河流域水土保持公报》,2020 年,黄河流域水土流失总面积为 26.27 万 km²,其中水力侵蚀导致的水土流失面积为 19.14 万 km²,占水土流失总面积的 72.86%;风力侵蚀导致的水土流失面积为 7.13

万 km²,占水土流失总面积的 27.14%。从水土流失强度类型来看,在总体水土流失方面,轻度、中度、强烈、极强烈和剧烈等级别的水土流失面积分别为 16.79 万 km²、5.97 万 km²、2.11 万 km²、1.10 万 km² 和 0.30 万 km²,分别占总体水土流失面积的 63.91%、22.73%、8.03%、4.19% 和 1.14%;在水力侵蚀导致的水土流失方面,轻度、中度、强烈、极强烈和剧烈等级别的水力侵蚀水土流失面积分别为 11.02 万 km²、5.03 万 km²、1.88 万 km²、1.01 万 km² 和 0.20 万 km²,分别占水力侵蚀水土流失面积的 57.58%、26.28%、9.82%、5.28% 和 1.04%;在风力侵蚀导致的水土流失方面,轻度、中度、强烈、极强烈和剧烈等级别的风力侵蚀水土流失面积分别为 5.77 万 km²、0.94 万 km²、0.23 万 km²、0.09 万 km² 和 0.10 万 km²,分别占风力侵蚀水土流失面积的 80.93%、13.18%、3.23%、1.26% 和 1.40%。

表 2-12　2020 年黄河流域水土流失面积及强度类型情况

侵蚀类型	总计/万 km²	轻度		中度		强烈		极强烈		剧烈	
		面积/万 km²	占比/%	面积/万 km²	占比/%	面积/万 km²	占比/%	面积/万 km²	占比/%	面积/万 km²	占比/%
水土流失	26.27	16.79	63.91	5.97	22.73	2.11	8.03	1.10	4.19	0.30	1.14
水力侵蚀	19.14	11.02	57.58	5.03	26.28	1.88	9.82	1.01	5.28	0.20	1.04
风力侵蚀	7.13	5.77	80.93	0.94	13.18	0.23	3.23	0.09	1.26	0.10	1.40

注:数据来源于《2020 年黄河流域水土保持公报》。

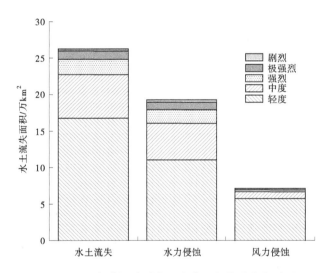

图 2-1　2020 年黄河流域水土流失面积及强度类型图

分黄河流域重点区域来看,黄河源区水土流失总面积为 2.68 万 km²,其中水力侵蚀导致的水土流失面积为 1.00 万 km²,占水土流失总面积的 37.31%;风力侵蚀导致的水土流失面积为 1.68 万 km²,占水土流失总面积的 62.69%。从水土流失强度类型来看,在总体水土流失方面,轻度、中度、强烈、极强烈和剧烈等级别的水土流失面积分别为 2.13 万 km²、0.33 万 km²、0.10 万 km²、0.07 万 km² 和 0.05 万 km²,分别占黄河源区总体水土流失面积的 79.48%、12.31%、3.73%、2.61% 和 1.87%；在水力侵蚀导致的水土流失方面，轻度、中度、强烈、极强烈和剧烈等级别的水力侵蚀水土流失面积分别为 0.73 万 km²、0.19 万 km²、0.05 万 km²、0.02 万 km² 和 0.01 万 km²，分别占黄河源区水力侵蚀水土流失面积的 73.00%、19.00%、5.00%、2.00% 和 1.00%；在风力侵蚀导致的水土流失方面，轻度、中度、强烈、极强烈和剧烈等级别的风力侵蚀水土流失面积分别为 1.40 万 km²、0.14 万 km²、0.05 万 km²、0.05 万 km² 和 0.04 万 km²，分别占黄河源区风力侵蚀水土流失面积的 83.33%、8.33%、2.98%、2.98% 和 2.38%。具体见表 2-13 和图 2-2。

表 2-13 2020 年黄河源区水土流失面积及强度类型情况

侵蚀类型	总计/万 km²	轻度		中度		强烈		极强烈		剧烈	
		面积/万 km²	占比/%	面积/万 km²	占比/%	面积/万 km²	占比/%	面积/万 km²	占比/%	面积/万 km²	占比/%
水土流失	2.68	2.13	79.48	0.33	12.31	0.10	3.73	0.07	2.61	0.05	1.87
水力侵蚀	1.00	0.73	73.00	0.19	19.00	0.05	5.00	0.02	2.00	0.01	1.00
风力侵蚀	1.68	1.40	83.33	0.14	8.33	0.05	2.98	0.05	2.98	0.04	2.38

注：数据来源于《2020 年黄河流域水土保持公报》。

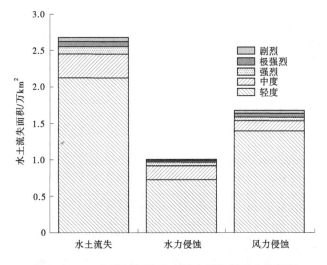

图 2-2 2020 年黄河源区水土流失面积及强度类型图

黄河流域黄土高原地区水土流失总面积为 23.42 万 km²，其中水力侵蚀导致的水土流失面积为 17.97 万 km²，占水土流失总面积的 76.73%；风力侵蚀导致的水土流失面积为 5.45 万 km²，占水土流失总面积的 23.27%。从水土流失强度类型来看，在总体水土流失方面，轻度、中度、强烈、极强烈和剧烈等级别的水土流失面积分别为 14.48 万 km²、5.63 万 km²、2.01 万 km²、1.04 万 km² 和 0.26 万 km²，分别占黄河流域黄土高原地区总体水土流失面积的 61.83%、24.04%、8.58%、4.44% 和 1.11%；在水力侵蚀导致的水土流失方面，轻度、中度、强烈、极强烈和剧烈等级别的水力侵蚀水土流失面积分别为 10.11 万 km²、4.83 万 km²、1.83 万 km²、1.00 万 km² 和 0.20 万 km²，分别占黄河流域黄土高原地区水力侵蚀水土流失面积的 56.26%、26.88%、10.18%、5.56% 和 1.11%；在风力侵蚀导致的水土流失方面,轻度、中度、强烈、极强烈和剧烈等级别的风力侵蚀水土流失面积分别为 4.37 万 km²、0.80 万 km²、0.18 km²、0.04 万 km² 和 0.06 万 km²,分别占黄河流域黄土高原地区风力侵蚀水土流失面积的 80.18%、14.68%、3.30%、0.73% 和 1.10%。具体见表 2-14 和图 2-3。

表 2-14　2020 年黄河流域黄土高原地区水土流失面积及强度类型情况

侵蚀类型	总计/万 km²	轻度		中度		强烈		极强烈		剧烈	
		面积/万 km²	占比/%	面积/万 km²	占比/%	面积/万 km²	占比/%	面积/万 km²	占比/%	面积/万 km²	占比/%
水土流失	23.42	14.48	61.83	5.63	24.04	2.01	8.58	1.04	4.44	0.26	1.11
水力侵蚀	17.97	10.11	56.26	4.83	26.88	1.83	10.18	1.00	5.56	0.20	1.11
风力侵蚀	5.45	4.37	80.18	0.80	14.68	0.18	3.30	0.04	0.73	0.06	1.10

注:数据来源于《2020 年黄河流域水土保持公报》。

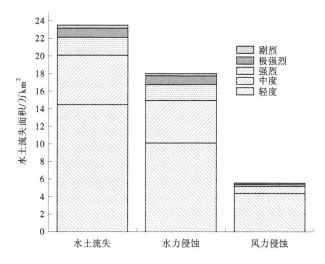

图 2-3　2020 年黄河流域黄土高原地区水土流失面积及强度类型图

　　黄河中游多沙区水土流失总面积为 9.20 万 km²,其中水力侵蚀导致的水土流失面积为 8.61 万 km²,占水土流失总面积的 93.59%;风力侵蚀导致的水土流失面积为 0.59 万 km²,占水土流失总面积的 6.41%。从水土流失强度类型来看,在总体水土流失方面,轻度、中度、强烈、极强烈和剧烈等级别的水土流失面积分别为 4.45 万 km²、2.79 万 km²、1.15 万 km²、0.68 万 km² 和 0.13 万 km²,分别占黄河中游多沙区总体水土流失面积的 48.37%、30.33%、12.50% 和 7.39% 和 1.41%;在水力侵蚀导致的水土流失方面,轻度、中度、强烈、极强烈和剧烈等级别的水力侵蚀水土流失面积分别为 3.93 万 km²、2.72 万 km²、1.15 万 km²、0.68 万 km² 和 0.13 万 km²,分别占黄河中游多沙区水力侵蚀水土流失面积的 45.64%、31.59%、13.36%、7.90% 和 1.51%;在风力侵蚀导致的水土流失方面,轻度、中度等级别的风力侵蚀水土流失面积分别为 0.52 万 km²、0.07 万 km²,分别占黄河中游多沙区风力侵蚀水土流失面积的 88.14%、11.86%,无强烈、极强烈和剧烈等级别的风力侵蚀水土流失。具体见表 2-15 和图 2-4。

表 2-15　2020 年黄河中游多沙区水土流失面积及强度类型情况

侵蚀类型	总计/ 万 km²	轻度		中度		强烈		极强烈		剧烈	
		面积/ 万 km²	占比/%	面积/ 万 km²	占比/%	面积/ 万 km²	占比/%	面积/ 万 km²	占比/%	面积/ 万 km²	占比/%
水土流失	9.20	4.45	48.37	2.79	30.33	1.15	12.50	0.68	7.39	0.13	1.41
水力侵蚀	8.61	3.93	45.64	2.72	31.59	1.15	13.36	0.68	7.90	0.13	1.51
风力侵蚀	0.59	0.52	88.14	0.07	11.86	0	0	0	0	0	0

注:数据来源于《2020 年黄河流域水土保持公报》。

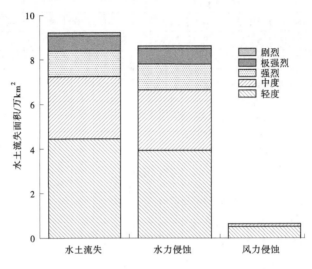

图 2-4　2020 年黄河中游多沙区水土流失面积及强度类型图

　　黄河中游多沙粗沙区水土流失总面积为 4.27 万 km²,其中水力侵蚀导致的水土流失面积为 4.22 万 km²,占水土流失总面积的 98.83%;风力侵蚀导致的水土流失面积为 0.05 万 km²,占水土流失总面积的 1.17%。从水土流失强度类型来看,在总体水土流失方面,轻度、中度、强烈、极强烈和剧烈等级别的水土流失面积分别为 1.60 万 km²、1.46 万 km²、0.69 万 km²、0.45 万 km² 和 0.07 万 km²,分别占黄河中游多沙粗沙区总体水土流失面积的 37.47%、34.19%、16.16%、10.54% 和 1.64%;在水力侵蚀导致的水土流失方面,轻度、中度、强烈、极强烈和剧烈等级别的水力侵蚀水土流失面积分别为 1.55 万 km²、1.46 万 km²、0.69 万 km²、0.45 万 km² 和 0.07 万 km²,分别占黄河中游多沙粗沙区水力侵蚀水土流失面积的 36.73%、34.60%、16.35%、10.66% 和 1.66%;在风力侵蚀导致的水土流失方面,只存在轻度级别的风力侵蚀水土流失,其面积为 0.05 万 km²。具体见表 2-16 和图 2-5。

表 2-16　2020 年黄河中游多沙粗沙区水土流失面积及强度类型情况

侵蚀类型	总计/ 万 km²	轻度		中度		强烈		极强烈		剧烈	
		面积/ 万 km²	占比/%	面积/ 万 km²	占比/%	面积/ 万 km²	占比/%	面积/ 万 km²	占比/%	面积/ 万 km²	占比/%
水土流失	4.27	1.60	37.47	1.46	34.19	0.69	16.16	0.45	10.54	0.07	1.64
水力侵蚀	4.22	1.55	36.73	1.46	34.60	0.69	16.35	0.45	10.66	0.07	1.66
风力侵蚀	0.05	0.05	100.00	0	0	0	0	0	0	0	0

注:数据来源于《2020 年黄河流域水土保持公报》。

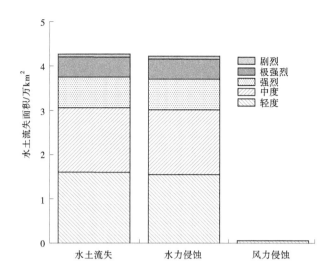

图 2-5　2020 年黄河中游多沙粗沙区水土流失面积及强度类型图

黄河中游粗泥沙集中来源区水土流失总面积为 0.98 万 km²,其中水力侵蚀导致的水土流失面积为 0.97 万 km²,占水土流失总面积的 98.98%;风力侵蚀导致的水土流失面积为 0.01 万 km²,占水土流失总面积的 1.02%。从水土流失强度类型来看,在总体水土流失方面,轻度、中度、强烈、极强烈和剧烈等级别的水土流失面积分别为 0.37 万 km²、0.31 万 km²、0.17 万 km²、0.11 万 km² 和 0.02 万 km²,分别占黄河中游粗泥沙集中来源区总体水土流失面积的 37.76%、31.63%、17.35%、11.22% 和 2.04%;在水力侵蚀导致的水土流失方面,轻度、中度、强烈、极强烈和剧烈等级别的水力侵蚀水土流失面积分别为 0.36 万 km²、0.31 万 km²、0.17 万 km²、0.11 万 km² 和 0.02 万 km²,分别占黄河中游粗泥沙集中来源区水力侵蚀水土流失面积的 37.11%、31.96%、17.53%、11.34% 和 2.06%;在风力侵蚀导致的水土流失方面,只存在轻度级别的风力侵蚀水土流失,其面积为 0.01 万 km²。具体见表 2-17 和图 2-6。

表 2-17　2020 年黄河中游粗泥沙集中来源区水土流失面积及强度类型情况

侵蚀类型	总计/万 km²	轻度		中度		强烈		极强烈		剧烈	
		面积/万 km²	占比/%	面积/万 km²	占比/%	面积/万 km²	占比/%	面积/万 km²	占比/%	面积/万 km²	占比/%
水土流失	0.98	0.37	37.76	0.31	31.63	0.17	17.35	0.11	11.22	0.02	2.04
水力侵蚀	0.97	0.36	37.11	0.31	31.96	0.17	17.53	0.11	11.34	0.02	2.06
风力侵蚀	0.01	0.01	100.00	0	0	0	0	0	0	0	0

注:数据来源于《2020 年黄河流域水土保持公报》。

在总体水土流失方面,分省(自治区)来看,各省(自治区)水土流失面积从高到低依次为内蒙古、陕西、甘肃、山西、青海、宁夏、河南、四川和山东,水土流失面积分别为 6.71

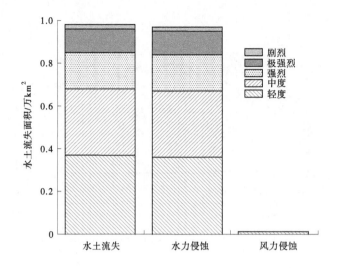

图 2-6　2020 年黄河中游粗泥沙集中来源区水土流失面积及强度类型图

万 km²、4.82 万 km²、4.71 万 km²、3.75 万 km²、3.40 万 km²、1.56 万 km²、0.74 万 km²、0.33 万 km² 和 0.25 万 km²，分别占黄河流域水土流失总面积的 25.54%、18.35%、17.93%、14.27%、12.94%、5.94%、2.82%、1.26% 和 0.95%；从水土流失强度类型来看，在轻度水土流失方面，各省（自治区）轻度水土流失面积从高到低依次为内蒙古、甘肃、陕西、青海、山西、宁夏、河南、四川和山东，轻度水土流失面积分别为 5.13 万 km²、2.66 万 km²、2.63 万 km²、2.31 万 km²、1.93 万 km²、1.04 万 km²、0.55 万 km²、0.33 万 km² 和 0.21 万 km²；在中度水土流失方面，除四川不存在中度水土流失外，其他各省（自治区）中度水土流失面积从高到低依次为陕西、甘肃、山西、内蒙古、青海、宁夏、河南和山东，中度水土流失面积分别为 1.34 万 km²、1.20 万 km²、1.13 万 km²、1.08 万 km²、0.70 万 km²、0.34 万 km²、0.15 万 km² 和 0.03 万 km²；在强烈水土流失方面，除四川不存在强烈水土流失外，其他各省（自治区）强烈水土流失面积从高到低依次为陕西、甘肃、山西、内蒙古、青海、宁夏、河南和山东，强烈水土流失面积分别为 0.50 万 km²、0.49 万 km²、0.45 万 km²、0.29 万 km²、0.22 万 km²、0.12 万 km²、0.03 万 km² 和 0.01 万 km²；在极强烈水土流失方面，除山东和四川不存在极强烈水土流失外，其他各省（自治区）极强烈水土流失面积从高到低依次为陕西、甘肃、山西、内蒙古、青海、宁夏和河南，极强烈水土流失面积分别为 0.29 万 km²、0.29 万 km²、0.21 万 km²、0.13 万 km²、0.12 万 km²、0.05 万 km² 和 0.01 万 km²；在剧烈水土流失方面，除河南、山东和四川不存在剧烈水土流失外，其他各省（自治区）剧烈水土流失面积从高到低依次为内蒙古、甘肃、陕西、青海、山西和宁夏，剧烈水土流失面积分别为 0.08 万 km²、0.07 万 km²、0.06 万 km²、0.05 万 km²、0.03 万 km² 和 0.01 万 km²。具体见表 2-18 和图 2-7。

表 2-18　2020 年黄河流域分省(自治区)水土流失面积及强度类型情况

省(自治区)	水土流失面积/万 km²	轻度		中度		强烈		极强烈		剧烈	
		面积/万 km²	占比/%	面积/万 km²	占比/%	面积/万 km²	占比/%	面积/万 km²	占比/%	面积/万 km²	占比/%
青海	3.40	2.31	67.94	0.70	20.59	0.22	6.47	0.12	3.53	0.05	1.47
四川	0.33	0.33	100.00	0	0	0	0	0	0	0	0
甘肃	4.71	2.66	56.48	1.20	25.48	0.49	10.40	0.29	6.16	0.07	1.49
宁夏	1.56	1.04	66.67	0.34	21.79	0.12	7.69	0.05	3.21	0.01	0.64
内蒙古	6.71	5.13	76.45	1.08	16.10	0.29	4.32	0.13	1.94	0.08	1.19
陕西	4.82	2.63	54.56	1.34	27.80	0.50	10.37	0.29	6.02	0.06	1.24
山西	3.75	1.93	51.47	1.13	30.13	0.45	12.00	0.21	5.60	0.03	0.80
河南	0.74	0.55	74.32	0.15	20.27	0.03	4.05	0.01	1.35	0	0
山东	0.25	0.21	84.00	0.03	12.00	0.01	4.00	0	0	0	0
总计	26.27	16.79	63.91	5.97	22.73	2.11	8.03	1.10	4.19	0.30	1.14

注:数据来源于《2020 年黄河流域水土保持公报》。

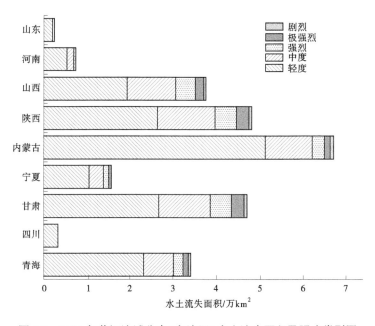

图 2-7　2020 年黄河流域分省(自治区)水土流失面积及强度类型图

在水力侵蚀导致的水土流失方面,分省(自治区)来看,各省(自治区)水力侵蚀水土流失面积从高到低依次为甘肃、陕西、山西、青海、内蒙古、宁夏、河南、山东和四川,水力侵蚀水土流失面积分别为 4.67 万 km²、4.63 万 km²、3.75 万 km²、2.01 万 km²、2.01 万 km²、1.06 万 km²、0.73 万 km²、0.25 万 km² 和 0.03 万 km²,分别占黄河流域水力侵蚀水土流失总面积的 24.40%、24.19%、19.59%、10.50%、10.50%、5.54%、3.81%、1.31% 和 0.16%;

在轻度水力侵蚀水土流失方面,各省(自治区)轻度水力侵蚀水土流失面积从高到低依次为甘肃、陕西、山西、内蒙古、青海、宁夏、河南、山东和四川,轻度水力侵蚀水土流失面积分别为 2.62 万 km^2、2.48 万 km^2、1.93 万 km^2、1.41 万 km^2、1.20 万 km^2、0.60 万 km^2、0.54 万 km^2、0.21 万 km^2 和 0.03 万 km^2;在中度水力侵蚀水土流失方面,除四川无中度水力侵蚀水土流失外,其他各省(自治区)中度水力侵蚀水土流失面积从高到低依次为陕西、甘肃、山西、青海、内蒙古、宁夏、河南和山东,中度水力侵蚀水土流失面积分别为 1.30 万 km^2、1.20 万 km^2、1.13 万 km^2、0.56 万 km^2、0.36 万 km^2、0.30 万 km^2、0.15 万 km^2 和 0.03 万 km^2;在强烈水力侵蚀水土流失方面,除四川无强烈水力侵蚀水土流失外,其他各省(自治区)强烈水力侵蚀水土流失面积从高到低依次为陕西、甘肃、山西、青海、内蒙古、宁夏、河南和山东,强烈水力侵蚀水土流失面积分别为 0.50 万 km^2、0.49 万 km^2、0.45 万 km^2、0.17 万 km^2、0.13 万 km^2、0.10 万 km^2、0.03 万 km^2 和 0.01 万 km^2;在极强烈水力侵蚀水土流失方面,除山东和四川不存在极强烈水力侵蚀水土流失外,其他各省(自治区)极强烈水力侵蚀水土流失面积从高到低依次为陕西、甘肃、山西、内蒙古、青海、宁夏和河南,极强烈水力侵蚀水土流失面积分别为 0.29 万 km^2、0.29 万 km^2、0.21 万 km^2、0.09 万 km^2、0.07 万 km^2、0.05 万 km^2 和 0.01 万 km^2;在剧烈水力侵蚀水土流失方面,除河南、山东和四川不存在剧烈水力侵蚀水土流失外,其他各省(自治区)剧烈水力侵蚀水土流失面积从高到低依次为甘肃、陕西、山西、内蒙古、青海和宁夏,剧烈水力侵蚀水土流失面积分别为 0.07 万 km^2、0.06 万 km^2、0.03 万 km^2、0.02 万 km^2、0.01 万 km^2 和 0.01 万 km^2。具体见表 2-19 和图 2-8。

表 2-19　2020 年黄河流域分省(自治区)水力侵蚀面积及强度类型情况

省(自治区)	水土流失面积/万 km^2	轻度		中度		强烈		极强烈		剧烈	
		面积/万 km^2	占比/%	面积/万 km^2	占比/%	面积/万 km^2	占比/%	面积/万 km^2	占比/%	面积/万 km^2	占比/%
青海	2.01	1.20	59.70	0.56	27.86	0.17	8.46	0.07	3.48	0.01	0.50
四川	0.03	0.03	100.00	0	0	0	0	0	0	0	0
甘肃	4.67	2.62	56.10	1.20	25.70	0.49	10.49	0.29	6.21	0.07	1.50
宁夏	1.06	0.60	56.60	0.30	28.30	0.10	9.43	0.05	4.72	0.01	0.94
内蒙古	2.01	1.41	70.15	0.36	17.91	0.13	6.47	0.09	4.48	0.02	1.00
陕西	4.63	2.48	53.56	1.30	28.08	0.50	10.80	0.29	6.26	0.06	1.30
山西	3.75	1.93	51.47	1.13	30.13	0.45	12.00	0.21	5.60	0.03	0.80
河南	0.73	0.54	73.97	0.15	20.55	0.03	4.11	0.01	1.37	0	0
山东	0.25	0.21	84.00	0.03	12.00	0.01	4.00	0	0	0	0
总计	19.14	11.02	57.58	5.03	26.28	1.88	9.82	1.01	5.28	0.20	1.04

注:数据来源于《2020 年黄河流域水土保持公报》。

在风力侵蚀导致的水土流失方面,分省(自治区)来看,除山西和山东无风力侵蚀水土流失外,其他省(自治区)风力侵蚀水土流失面积从高到低依次为内蒙古、青海、宁夏、四川、陕西、甘肃和河南,风力侵蚀水土流失面积分别为 4.70 万 km^2、1.39 万 km^2、

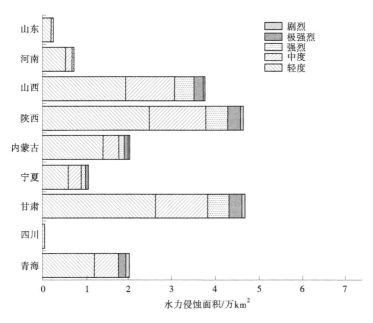

图 2-8　2020 年黄河流域分省（自治区）水力侵蚀面积及强度类型图

0.50 万 km²、0.30 万 km²、0.19 万 km²、0.04 万 km² 和 0.01 万 km²，分别占黄河流域风力侵蚀水土流失总面积的 65.92%、19.50%、7.01%、4.21%、2.66%、0.56% 和 0.14%；分水土流失强度类型来看，在轻度风力侵蚀水土流失方面，除山西和山东无轻度风力侵蚀水土流失外，其他各省（自治区）轻度风力侵蚀水土流失面积从高到低依次为内蒙古、青海、宁夏、四川、陕西、甘肃和河南，轻度风力侵蚀水土流失面积分别为 3.72 万 km²、1.11 万 km²、0.44 万 km²、0.30 万 km²、0.15 万 km²、0.04 万 km² 和 0.01 万 km²；在中度风力侵蚀水土流失方面，只有内蒙古、青海、宁夏和陕西存在中度风力侵蚀水土流失，面积分别为 0.72 万 km²、0.14 万 km²、0.04 万 km² 和 0.04 万 km²；在强烈风力侵蚀水土流失方面，仅有内蒙古、青海和宁夏存在强烈风力侵蚀水土流失，面积分别为 0.16 万 km²、0.05 万 km² 和 0.02 万 km²；在极强烈风力侵蚀水土流失方面，仅有青海和内蒙古存在极强烈风力侵蚀水土流失，面积分别为 0.05 万 km² 和 0.04 万 km²；在剧烈风力侵蚀水土流失方面，仅有内蒙古和青海存在剧烈风力侵蚀水土流失，面积分别为 0.06 万 km² 和 0.04 万 km²。具体见表 2-20 和图 2-9。

表 2-20　2020 年黄河流域分省（自治区）风力侵蚀面积及强度类型情况

省（自治区）	水土流失面积/万 km²	轻度		中度		强烈		极强烈		剧烈	
		面积/万 km²	占比/%	面积/万 km²	占比/%	面积/万 km²	占比/%	面积/万 km²	占比/%	面积/万 km²	占比/%
青海	1.39	1.11	79.86	0.14	10.07	0.05	3.60	0.05	3.60	0.04	2.88
四川	0.30	0.30	100.00	0	0	0	0	0	0	0	0
甘肃	0.04	0.04	100.00	0	0	0	0	0	0	0	0
宁夏	0.50	0.44	88.00	0.04	8.00	0.02	4.00	0	0	0	0

续表 2-20

省(自治区)	水土流失面积/万 km²	轻度		中度		强烈		极强烈		剧烈	
		面积/万 km²	占比/%	面积/万 km²	占比/%	面积/万 km²	占比/%	面积/万 km²	占比/%	面积/万 km²	占比/%
内蒙古	4.70	3.72	79.15	0.72	15.32	0.16	3.40	0.04	0.85	0.06	1.28
陕西	0.19	0.15	78.95	0.04	21.05	0	0	0	0	0	0
山西	0	0	0	0	0	0	0	0	0	0	0
河南	0.01	0.01	100.00	0	0	0	0	0	0	0	0
山东	0	0	0	0	0	0	0	0	0	0	0
总计	7.13	5.77	80.93	0.94	13.18	0.23	3.23	0.09	1.26	0.10	1.40

注:数据来源于《2020 年黄河流域水土保持公报》。

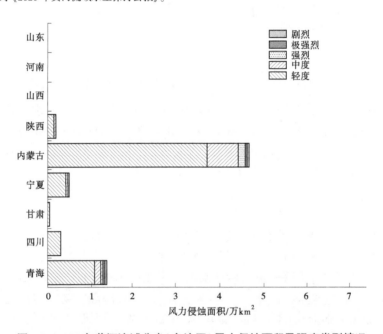

图 2-9　2020 年黄河流域分省(自治区)风力侵蚀面积及强度类型情况

　　水土流失问题使得黄河的输沙量较高。根据《黄河泥沙公报》,在黄河干流水文站监测结果方面,在 2020 年,与多年均值比较,唐乃亥站和头道拐站实测输沙量分别增加 56% 和 43%,其余水文站实测输沙量则减少 24%～75%;与 1987—2020 年均值比较,唐乃亥站、石嘴山站、头道拐站、高村站、艾山站和利津站实测输沙量分别增加 69%、12%、184%、36%、24% 和 28%,其余水文站实测输沙量则减少 6%～54%,其中兰州站和潼关站实测输沙量减少最多,分别减少 54% 和 49%;与 2019 年相比,兰州站、石嘴山站和小浪底站实测输沙量分别减少 28%、10% 和 40%,头道拐站和花园口站实测输沙量基本保持不变,其余水文站实测输沙量则增加 9%～61%,其中龙门站和潼关站实测输沙量增加最多,分别增加 61% 和 43%。

在黄河支流水文站监测结果方面,在 2020 年,与多年均值比较,各水文站实测输沙量减少 67%~100%,其中窟野河温家川站实测输沙量减少近 100%;与 1987—2020 年均值比较,各水文站实测输沙量减少 6%~100%,其中窟野河温家川站实测输沙量减少近 100%;与 2019 年相比,皇甫川皇甫站、窟野河温家川站、无定河白家川站和泾河张家山站实测输沙量分别减少 55%、95%、80% 和 7%,其余水文站实测输沙量则增加 9%~466%;伊洛河黑石关站和沁河武陟站实测输沙量均为 0。

三、黄河流域的治理及成效

黄河流域不仅历史悠久、流域面积大,而且水土流失严重,洪涝及干旱灾情频发,对经济社会发展造成了严重的影响[33]。作为全世界公认的最难治理的大河之一,黄河治理一直是我国历代安民兴邦的重中之重,新中国成立后,黄河治理也在不断有序地推进[34]。王亚华等把新中国成立之后黄河流域的治理历史分为了如下三个阶段:1949—1999 年是除害兼顾兴利的现代治水时期;2000—2018 年是多目标综合治理时期;2019 年之后黄河治理进入了生态保护和高质量发展新时代[35]。在本部分中,本研究根据水利部黄河水利委员会的黄河记事、《黄河水文网》的水文大事记、黄河上中游管理局的水保记事、《黄河流域水土保持公报》等资料,对黄河流域的综合治理历史进行了梳理,并对当前黄河流域的治理成效进行分析。

在黄河流域综合治理方面,新中国成立之后主要包括如下三个治理阶段。

(一) 除害兼顾兴利的现代治水时期(1949—1999 年)

随着新中国的成立,黄河治理进入了除害兼顾兴利的现代治水时期。所谓除害,是指通过堤坝修建、植树种草等方式,防止黄河流域出现洪水溃决等灾害;所谓兴利,是指对黄河进行积极开发利用,如通过修建水利枢纽工程(该时期兴建了三门峡水利枢纽、刘家峡水利枢纽、龙羊峡水利枢纽、小浪底枢纽工程和黄河大峡水电站等),发挥黄河的灌溉、发电等功能。除害兼顾兴利的现代治水时期(1949—1999 年)的具体大事件见表 2-21。

表 2-21　除害兼顾兴利的现代治水时期(1949—1999 年)的具体大事件

年份	大事件
1949	黄河水利委员会改属政务院水利部领导,开启了黄河流域治理的现代化治水时期
	全国水利会议在北京召开,要求黄河工程实施复堤和引黄灌溉济卫两项任务
1950	黄河水利委员会改为流域性机构,并成立黄河防汛总指挥部
1951	引黄灌溉济卫工程开工
1952	政务院对治黄工作提出具体任务,要求加强石头庄滞洪及其他堤坝工程,扩大引黄灌溉工程
1953	对黄河入海口进行第一次人工改道
	水利部发布《四年水利工作总结与方针任务》,要求黄河要防止异常洪水袭击,在上游黄土高原地区开展水土保持工作,加强堤防修建与防汛工作,并继续研究制订黄河流域规划

续表 2-21

年份	大事件
1954	黄河规划委员会编制完成《黄河综合利用规划技术经济报告》,对黄河下游的防洪和开发流域内的灌溉、工业供水、发电、航运、水土保持等问题提出规划方案
1955	中共中央政治局通过《黄河综合利用规划技术经济报告》
1957	开工建设三门峡水利枢纽工程,该工程位于河南省陕县与山西省平陆县交界处黄河干流上,控制黄河流域面积的91.4%,枢纽任务是防洪、灌溉和发电,建成后有利于缓解下游洪水威胁
1960	三门峡水利枢纽蓄水运用,同年建立三门峡水库管理局
1962	国务院决定三门峡水库的运用方式由"蓄水拦沙"改为"防洪排沙"
1963	黄河水利委员会提出"在上中游拦泥蓄水,在下游防洪排沙",即"上拦下排"的治黄方策
1963	国务院发布《关于黄河中游地区水土保持工作的决定》,指出黄河流域是全国水土保持工作的重点,水土保持是山区的生命线,是山区综合发展农业、林业和牧业生产的根本措施
1964	黄河中游水土保持委员会成立
1965	三门峡水库"两洞四管"改建工程动工兴建
1966	三门峡水库"四管"投入运用
1968	三门峡"两洞"建成,至此,三门峡"两洞四管"工程全部建成运用,枢纽的泄洪能力由3 080 m³/s提高到6 000 m³/s,水库排沙比增至80.5%
1970	三门峡施工导流底孔工程开工
1971	国务院批准成立黄河治理领导小组
1973	三门峡工程改建后具备电厂发电功能
1975	为加强全河的水资源保护工作,水电部批准建立黄河水源保护办公室
1976	国务院正式批准兴建龙羊峡水利枢纽工程
1976	黄河龙羊峡水电站动工兴建,该水电站位于青海省共和县与贵南县交界的龙羊峡进口处,以发电为主,兼有灌溉、防洪和防凌作用,是一座具有多年调节性能的大型综合利用枢纽工程
1978	水电部批准建立黄河水源保护科研所和水质监测中心站
1978	"三北"防护林工程开工
1979	黄河龙羊峡水电站导流隧洞竣工
1980	水利部批准黄河水利委员会建立水文局,撤销水文处
1980	水利部颁发《黄河下游引黄灌溉的暂行规定》,要求搞好引黄灌溉,促进农业生产,兴利避害,不淤河,不碱地

续表 2-21

年份	大事件
1982	黄河水利委员会编制完成《1982—1990 年三门峡库区治理规划》
	黄河水利委员会向水电部报送《关于黄河治理工程"六五"计划后两年安排意见的报告》
1984	黄河防护林绿化工程开工建设
1986	引黄济青工程开工建设
1987	国家计划委员会批复水电部《关于审批黄河小浪底水利枢纽工程设计任务书的请示》
	我国第一台 32 万 kW 立式混流式水轮发电机组——龙羊峡水电站 1 号机组并网发电
1989	龙羊峡水电站基本建成,成为了西北电网的骨干电站和具有多年调节性能的巨型水库
1990	黄河下游防洪工程被列为国家重大建设项目
	水利部批准三门峡水电站扩建工程计划立项
1991	小浪底工程施工规划设计通过审查,并开工建设小浪底水利枢纽前期工程
	三门峡水电站扩装的 6 号机组工程正式开工
	国家"八五"重点建设项目——黄河大峡水电站正式开工,大峡水电站位于甘肃省白银市与兰州市交界处的黄河干流上,该水电站以发电为主,兼顾灌溉等综合效益
1992	水利部发布《关于进一步学习贯彻邓小平南巡讲话和中央 4 号文件精神,加快小浪底工程建设步伐的通知》,要求以实际行动加快小浪底工程建设
	国务院批准建立"山东黄河三角洲国家级自然保护区"
1993	国家计划委员会同意小浪底工程初设优化方案
1994	三门峡水电站扩装的 6 号机组正式并网发电
1996	小浪底水利枢纽导流洞全线贯通
1997	三门峡水电站 7 号机组通过验收,从此三门峡水电站进入国家大型水电站行列
	《黄河治理开发规划纲要》通过国家计划委员会和水利部审查
1998	黄河防汛指挥系统开始建设,该系统是国家防汛指挥系统的重要组成部分
	小浪底大坝防渗墙建成
	三门峡水利枢纽增开的 11 号、12 号底孔工程开工建设
1999	江泽民主持召开黄河治理开发工作座谈会,强调黄河的治理开发要兼顾防洪、水资源合理利用和生态环境建设,要制定黄河治理开发的近期目标和中长期目标,以实现经济建设与人口、资源、环境的协调发展,同时要加强流域水资源统一管理和保护,实行全河水量统一调度

(二)多目标综合治理时期(2000—2018 年)

进入 21 世纪以后,黄河治理进入了多目标综合治理时期。黄河的治理开发开始兼顾防洪、水资源合理利用和生态环境建设等目标,以实现经济建设与人口、资源、环境的协调发展。多目标综合治理时期(2000—2018 年)的具体大事件可见表 2-22。

表 2-22　多目标综合治理时期(2000—2018 年)的具体大事件

年份	大事件
2000	小浪底水利枢纽首台机组正式并网发电
	经国家环保总局批准,黄河三角洲国家生态经济示范区建设正式启动
	黄河水利委员会组织修订了《黄河流域黄土高原地区水土保持建设规划》
2001	"数字黄河"工程正式启动
	小浪底水利枢纽发电厂最后一台机组投产发电,至此,小浪底水利枢纽主体工程全部完工
2002	黄河水量调度管理系统总调度中心建成并投入使用
	黄河流域首座省界水质自动监测站在黄河潼关水文站建成启用
2003	黄土高原地区水土保持淤地坝工程全面启动,这是继国家实施退耕还林政策以来,又一项重大的水土保持工程建设项目
2004	黄河水利委员会发布《黄河水权转换管理实施办法(试行)》,要求黄河水权转换应遵循总量控制、统一调度、水权明晰、可持续利用、政府监管和市场调节相结合原则
2005	黄河水利委员会批复《内蒙古自治区黄河水权转换总体规划报告》,这是我国大江大河首次批复的省级水权转换总体规划
2006	国务院审议通过了《黄河水量调度条例(草案)》,确立了黄河水量调度的管理体制
	黄河超算中心成立,该中心以黄河水利水电大型科学计算、数学模拟与仿真分析为主要任务
2007	黄河水利委员会制定出台了《黄河堤防工程管理标准(试行)》,对现今条件下黄河管理、保护、监测和现代化建设赋予了新的详细规范
	黄河小浪底水利枢纽的配套工程——西霞院反调节水库大坝正式下闸蓄水
2008	国家发展和改革委员会批复《黄河水量调度管理系统项目建议书》,标志着黄河水量调度管理系统建设工程正式通过国家立项批复
	国务院批复黄河水利委员会组织编制的《黄河流域防洪规划》
2009	黄河小浪底水利枢纽工程竣工验收,该工程被视为世界水利工程史上最具挑战的项目,是黄河治理开发最重要的关键性控制工程,历经 10 年建设和 8 年运行考验后顺利通过竣工验收
2010	《黄河流域综合规划》通过水利部审查
2011	黄河小浪底水利枢纽配套工程——西霞院反调节水库通过国家竣工验收,从根本上消除了小浪底电站调峰对黄河下游的不利影响,对生态、环境保护和工农业生产用水发挥了重要作用

续表 2-22

年份	大事件
2012	《黄河水沙调控体系建设规划》通过水利部水利水电规划设计总院审查
	黄河水利委员会颁布实施《黄河流域水环境监测共建共管实验室管理办法》
2013	《黄河流域综合规划（2012—2030 年）》获批，规划为黄河水资源的开发利用划出一系列"红线"，意在实行最严格的水资源管理，维持黄河健康生命
2015	黄河水利委员会出台《关于全面推进依法治河管河的实施方案》
2016	黄河水文局出台《黄河水文测报能力提升指导意见》
2018	黄河水文局编制完成《黄河水文发展规划》

（三）生态保护和高质量发展新时代（2019 年之后）

2019 年 9 月 18 日，习近平总书记在河南省郑州市主持召开黄河流域生态保护和高质量发展座谈会，提出黄河流域生态保护和高质量发展的重大国家战略，开启了黄河流域生态保护和高质量发展新时代。习近平总书记强调，黄河流域要坚持"绿水青山就是金山银山"的理念，坚持生态优先、绿色发展，以水而定、量水而行，因地制宜、分类施策，上下游、干支流、左右岸统筹谋划，共同抓好大保护，协同推进大治理，着力加强生态保护治理、保障黄河长治久安、促进全流域高质量发展、改善人民群众生活、保护传承弘扬黄河文化，让黄河成为造福人民的幸福河。习近平总书记还对黄河流域提出了"加强生态环境保护""保障黄河长治久安""推进水资源节约集约利用""推动黄河流域高质量发展"以及"保护、传承、弘扬黄河文化"五项具体要求。在随后的 2021 年 10 月，中共中央、国务院正式印发了《黄河流域生态保护和高质量发展规划纲要》。《纲要》作为指导当前和今后一个时期黄河流域生态保护和高质量发展的纲领性文件（《纲要》规划期至 2030 年，中期展望至 2035 年，远期展望至 21 世纪中叶），是制定实施相关规划方案、政策措施和建设相关工程项目的重要依据。《纲要》要求黄河流域要按照"坚持生态优先、绿色发展""坚持量水而行、节水优先""坚持因地制宜、分类施策""坚持统筹谋划、协同推进"四项基本原则进行流域治理与经济社会发展，并具体提出了"加强上游水源涵养能力建设""加强中游水土保持""推进下游湿地保护和生态治理""加强全流域水资源节约集约利用""全力保障黄河长治久安""强化环境污染系统治理""建设特色优势现代产业体系""构建区域城乡发展新格局""加强基础设施互联互通""保护传承弘扬黄河文化""补齐民生短板和弱项""加快改革开放步伐""推进规划实施"共计 13 项发展策略，为新时代黄河流域生态保护和高质量发展指明了战略方向。

以上内容梳理了新中国成立后，黄河流域治理的三个主要时期，包括 1949—1999 年的"除害兼顾兴利的现代治水时期"、2000—2018 年的"多目标综合治理时期"以及 2019 年之后的"生态保护和高质量发展新时代"。下面本书主要从水土保持项目生产建设、水土保持监督管理、淤地坝建设、水土保持率以及植被覆盖情况对黄河流域的治理、监管及成效进行分析。

根据《黄河流域水土保持公报》，在黄河流域水土保持项目生产建设方面（见

表2-23),2016—2020年,黄河流域共计审批水土保持方案22 762项,涉及防治责任范围面积98.86万hm²,水土保持方案投资总计1 770.90亿元。分省(自治区)来看,水土保持方案审批数由高到低依次为甘肃、内蒙古、河南、陕西、山西、青海、宁夏、山东和四川,水土保持方案审批数依次为5 533项、3 354项、3 336项、3 307项、2 533项、1 923项、1 639项、1 060项和77项,分别占黄河流域水土保持方案审批总数的24.31%、14.74%、14.66%、14.53%、11.13%、8.45%、7.20%、4.66%和0.34%;防治责任范围面积由高到低依次为内蒙古、甘肃、山西、青海、陕西、河南、宁夏、山东和四川,防治责任范围面积依次为34.09万hm²、19.07万hm²、9.51万hm²、9.44万hm²、9.01万hm²、7.10万hm²、6.25万hm²、3.99万hm²和0.40万hm²,分别占黄河流域防治责任总面积的34.48%、19.29%、9.62%、9.55%、9.11%、7.18%、6.32%、4.04%和0.40%;水土保持方案投资由高到低依次为河南、内蒙古、甘肃、青海、山西、陕西、宁夏、山东和四川,水土保持方案投资依次为650.50亿元、280.19亿元、257.78亿元、155.58亿元、150.81亿元、116.64亿元、80.12亿元、72.44亿元和6.84亿元,分别占黄河流域水土保持方案投资总额的36.73%、15.82%、14.56%、8.79%、8.52%、6.59%、4.52%、4.09%和0.39%。

表2-23 2016—2020年黄河流域各省(自治区)水土保持项目生产建设情况

省(自治区)	方案审批数量/项	防治责任范围面积/万hm²	水土保持方案投资/亿元
青海	1 923	9.44	155.58
四川	77	0.40	6.84
甘肃	5 533	19.07	257.78
宁夏	1 639	6.25	80.12
内蒙古	3 354	34.09	280.19
陕西	3 307	9.01	116.64
山西	2 533	9.51	150.81
河南	3 336	7.10	650.50
山东	1 060	3.99	72.44
总计	22 762	98.86	1 770.90

注:数据来源于《2020年黄河流域水土保持公报》。

在黄河流域水土保持监督管理方面(见表2-24),2016—2020年,黄河流域共计水土保持监督检查46 723次,设施验收5 651项,补偿费征收225.22亿元,违法违规案件查处9 410件。分省(自治区)来看,水土保持监督检查次数由高到低依次为甘肃、河南、山西、内蒙古、青海、宁夏、山东、陕西和四川,水土保持监督检查次数依次为13 812次、8 448次、7 847次、7 169次、4 169次、2 808次、1 606次、739次和125次,分别占黄河流域水土保持监督检查总次数的29.56%、18.08%、16.79%、15.34%、8.92%、6.01%、3.44%、1.58%和0.27%;水土保持设施验收项目数由高到低依次为内蒙古、甘肃、山西、陕西、宁夏、河南、青海、山东和四川,水土保持设施验收项目数依次为1 480项、1 038项、797项、691项、545项、488项、312项、273项和27项,分别占黄河流域水土保持设施验收项目总数的 26.19%、18.37%、14.10%、12.23%、9.64%、8.64%、5.52%、4.83% 和 0.48%;水土保
持补偿费征收额度由高到低依次为陕西、内蒙古、甘肃、河南、青海、山西、宁夏、山东和四
川,水土保持补偿费征收额度依次为 117.30 亿元、71.36 亿元、12.61 亿元、6.78 亿元、
6.75 亿元、3.85 亿元、3.85 亿元、2.64 亿元和 0.08 亿元,分别占黄河流域水土保持补偿
费征收总额的 52.08%、31.68%、5.60%、3.01%、3.00%、1.71%、1.71%、1.17% 和 0.04%;
水土保持违法违规案件查处件数由高到低依次为山西、青海、河南、宁夏、甘肃、山东、陕
西、内蒙古和四川,水土保持违法违规案件查处件数依次为 2 499 件、1 941 件、1 864 件、
1 809 件、763 件、263 件、166 件、85 件和 20 件,分别占黄河流域水土保持违法违规案件查
处总件数的 26.56%、20.63%、19.81%、19.22%、8.11%、2.79%、1.76%、0.90% 和 0.21%。

表 2-24　2016—2020 年黄河流域各省(自治区)水土保持监督管理情况

省(自治区)	监督检查/次	设施验收/项	补偿费征收/亿元	违法违规案件查处/件
青海	4 169	312	6.75	1 941
四川	125	27	0.08	20
甘肃	13 812	1 038	12.61	763
宁夏	2 808	545	3.85	1 809
内蒙古	7 169	1 480	71.36	85
陕西	739	691	117.30	166
山西	7 847	797	3.85	2 499
河南	8 448	488	6.78	1 864
山东	1 606	273	2.64	263
总计	46 723	5 651	225.22	9 410

注:数据来源于《2020 年黄河流域水土保持公报》。

　　淤地坝建设有助于水土保持,防止水土流失。在黄河流域淤地坝建设方面(见
表 2-25 和图 2-10),截至 2020 年,黄河流域黄土高原地区当前已经建成淤地坝 58 129 座,
包括大型淤地坝、中型淤地坝和小型淤地坝各计 5 858 座、11 996 座和 40 275 座,分别占
比约 10.08%、20.64% 和 69.29%;分省(自治区)来看,各省(自治区)淤地坝建设座数从
高到低依次为陕西、山西、内蒙古、甘肃、宁夏、青海和河南,淤地坝建设座数分别为 34 008
座、18 161 座、2 241 座、1 600 座、1 104 座、674 座和 341 座,分别占黄河流域淤地坝建设
总座数的 58.50%、31.24%、3.86%、2.75%、1.90%、1.16% 和 0.59%;从淤地坝类型来看,
在大型淤地坝建设方面,各省(自治区)大型淤地坝座数从高到低依次为陕西、山西、内蒙
古、甘肃、宁夏、青海和河南,大型淤地坝座数分别为 2 645 座、1 191 座、844 座、560 座、
338 座、173 座和 107 座;在中型淤地坝建设方面,各省(自治区)中型淤地坝座数从高到
低依次为陕西、山西、内蒙古、甘肃、宁夏、河南和青海,中型淤地坝座数分别为 9 361 座、
844 座、673 座、450 座、372 座、168 座和 128 座;在小型淤地坝建设方面,各省(自治区)小
型淤地坝座数从高到低依次为陕西、山西、内蒙古、甘肃、宁夏、青海和河南,小型淤地坝座
数分别为 22 002 座、16 126 座、724 座、590 座、394 座、373 座和 66 座。

表 2-25　黄河流域黄土高原地区分省(自治区)淤地坝建设情况

省(自治区)	总计	大型淤地坝		中型淤地坝		小型淤地坝	
		座数	占比/%	座数	占比/%	座数	占比/%
青海	674	173	25.67	128	18.99	373	55.34
甘肃	1 600	560	35.00	450	28.13	590	36.88
宁夏	1 104	338	30.62	372	33.70	394	35.69
内蒙古	2 241	844	37.66	673	30.03	724	32.31
陕西	34 008	2 645	7.78	9 361	27.53	22 002	64.70
山西	18 161	1 191	6.56	844	4.65	16 126	88.79
河南	341	107	31.38	168	49.27	66	19.35
总计	58 129	5 858	10.08	11 996	20.64	40 275	69.29

注:数据来源于《2020 年黄河流域水土保持公报》。

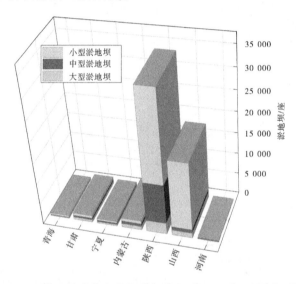

图 2-10　黄河流域黄土高原地区分省(自治区)淤地坝建设情况

　　黄河流域的治理已初见成效。在水土保持率方面(见表 2-26 和图 2-11),2020 年,黄河流域水土保持率约为 66.94%;就重点区域来看,水土保持率从高到低依次为黄河源区、黄河流域黄土高原地区、黄河中游多沙区、黄河中游多沙粗沙区、黄河中游粗泥沙集中来源区,水土保持率分别为 79.60%、63.44%、56.60%、45.67%、47.87%。

表 2-26　2020 年黄河流域及其重点区域水土保持率情况　　　　　　　　　%

区域		水土保持率
黄河流域		66.94
重点区域	黄河源区	79.60
	黄河流域黄土高原地区	63.44
	黄河中游多沙区	56.60
	黄河中游多沙粗沙区	45.67
	黄河中游粗泥沙集中来源区	47.87

注:数据来源于《2020 年黄河流域水土保持公报》。

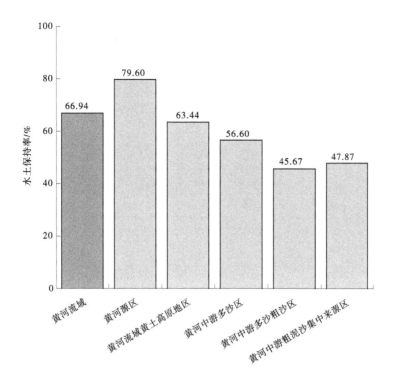

图 2-11 2020 年黄河流域及其重点区域水土保持率情况

在植被覆盖方面(见表 2-27 和图 2-12),2020 年,黄河流域植被覆盖面积合计 54.95 万 km²,其中,植被高覆盖、中高覆盖、中覆盖、中低覆盖、低覆盖面积分别为 21.61 万 km²、7.91 万 km²、7.80 万 km²、8.63 万 km²、9.00 万 km²,分别占黄河流域植被覆盖总面积的 39.33%、14.39%、14.19%、15.71%、16.38%;就黄河流域重点区域来看,黄河源区、黄河流域黄土高原地区、黄河中游多沙、黄河中游多沙粗沙区、黄河中游粗泥沙集中来源区植被覆盖总面积分别为 11.62 万 km²、42.95 万 km²、14.10 万 km²、6.02 万 km²、1.54 万 km²。从重点区域植被覆盖率来看,在植被高覆盖方面,覆盖率从高到低的区域依次为黄河源区、黄河流域黄土高原地区、黄河中游多沙区、黄河中游多沙粗沙区、黄河中游粗泥沙集中来源区,分别占相应区域植被覆盖总面积的 48.10%、36.75%、21.42%、6.64%、0;在植被中高覆盖方面,覆盖率从高到低的区域依次为黄河中游多沙粗沙区、黄河中游多沙区、黄河源区、黄河中游粗泥沙集中来源区、黄河流域黄土高原地区,分别占相应区域植被覆盖总面积的 24.42%、21.13%、20.57%、18.83%、12.64%;在植被中覆盖方面,覆盖率从高到低的区域依次为黄河中游粗泥沙集中来源区、黄河中游多沙粗沙区、黄河中游多沙区、黄河流域黄土高原地区、黄河源区,分别占相应区域植被覆盖总面积的 56.87%、45.18%、30.42%、14.99%、11.45%;在植被中低覆盖方面,覆盖率从高到低的区域依次为黄河中游粗泥沙集中来源区、黄河中游多沙区、黄河中游多沙粗沙区、黄河流域黄土高原地区、黄河源区,分别占相应区域植被覆盖总面积的 24.03%、20.43%、19.77%、17.53%、9.38%;在植被低覆盖方面,覆盖率从高到低的区域依次为黄河流域黄土高原地区、黄河源区、黄河中游多沙区、黄河中游多沙粗沙区、黄河中游粗泥沙集中来源区,分别占相应区域植被覆盖总面积的 18.09%、10.50%、6.60%、3.99%、0.65%。

表 2-27　2020 年黄河流域及其重点区域植被覆盖情况

区域		合计	高覆盖	中高覆盖	中覆盖	中低覆盖	低覆盖
黄河流域	面积/万 km²	54.95	21.61	7.91	7.80	8.63	9.00
	占比/%	100.00	39.33	14.39	14.19	15.71	16.38
重点区域 / 黄河源区	面积/万 km²	11.62	5.59	2.39	1.33	1.09	1.22
	占比/%	100.00	48.10	20.57	11.45	9.38	10.50
黄河流域黄土高原地区	面积/万 km²	42.95	15.78	5.43	6.44	7.53	7.77
	占比/%	100.00	36.75	12.64	14.99	17.53	18.09
黄河中游多沙区	面积/万 km²	14.10	3.02	2.98	4.29	2.88	0.93
	占比/%	100.00	21.42	21.13	30.42	20.43	6.60
黄河中游多沙粗沙区	面积/万 km²	6.02	0.40	1.47	2.72	1.19	0.24
	占比/%	100.00	6.64	24.42	45.18	19.77	3.99
黄河中游粗泥沙集中来源区	面积/万 km²	1.54	0	0.29	0.87	0.37	0.01
	占比/%	100.00	0	18.83	56.87	24.03	0.65

注:数据来源于《2020 年黄河流域水土保持公报》。

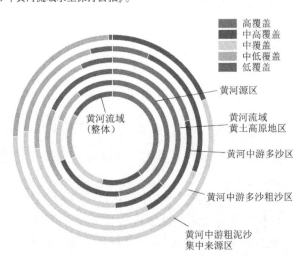

图 2-12　2020 年黄河流域及其重点区域植被覆盖比率情况

第三章　黄河流域水资源集约与保护的相关政策

一、"黄河流域生态保护和高质量发展"的提出历程

黄河流域是我国重要的生态保护屏障、经济开发区与人口集聚区，但随着改革开放以来经济社会的快速发展，黄河流域生态脆弱性问题愈发突出，区域经济也存在着高质量发展不充分的短板[36]。党的十八大以后，在国内生态环境保护和经济转型升级双轮驱动下，党和国家开始高度重视黄河流域的生态治理和经济发展问题，习近平总书记曾多次实地考察黄河流域生态保护和经济社会发展状况，多次就三江源、祁连山、秦岭等重点区域生态保护建设提出要求。十八大以来黄河流域生态保护和高质量发展大事记见表3-1。

2019年9月18日，习近平总书记在河南省郑州市主持召开黄河流域生态保护和高质量发展座谈会并发表重要讲话，首次提出黄河流域生态保护和高质量发展，同京津冀协同发展、长江经济带发展、粤港澳大湾区建设、长三角一体化发展一样，是重大国家战略。习近平总书记强调，黄河流域构成了我国重要的生态屏障，是我国重要的经济地带和打赢脱贫攻坚战的重要区域，因此保护黄河是事关中华民族伟大复兴的千秋大计；同时，习近平总书记肯定了新中国成立以来黄河治理取得的巨大成就，在党中央的坚强领导下，沿黄军民和黄河建设者开展了大规模的黄河治理保护工作，使得黄河流域水沙治理取得显著成效、生态环境持续明显向好、发展水平不断提升；当然，黄河流域仍然存在一些突出困难和问题，如洪水风险、流域生态环境脆弱、水资源保障形势严峻以及发展质量有待提高等，因此沿黄各省（自治区）需要继续加强生态环境保护、保障黄河长治久安、推进水资源节约集约利用、推动黄河流域高质量发展以及保护、传承、弘扬黄河文化；最后，习近平总书记指出，要通过抓紧开展顶层设计、加强重大问题研究、着力创新体制机制等方面，加强对黄河流域生态保护和高质量发展的领导。

2019年11月15日，国家发展和改革委员会表示正组织有关方面抓紧开展制定黄河流域生态保护和高质量发展新的国家战略，一是正开展重大问题研究，为顶层设计和领导决策提供参考；二是正组织《黄河流域生态保护和高质量发展规划纲要》的编制工作。2020年1月3日，习近平总书记主持召开中央财经委员会第六次会议，研究了黄河流域生态保护和高质量发展问题，要求黄河流域必须下大气力进行大保护、大治理，走生态保护和高质量发展的路子；会议还重点讨论了黄河流域生态治理、水资源保护与开发、高质量发展道路等问题。2020年4月、5月和6月，习近平总书记先后来到黄河流域的陕西省、山西省和宁夏回族自治区，对黄河流域的生态治理保护状况进行了重点考察。2020年8月31日，中共中央政治局审议了《黄河流域生态保护和高质量发展规划纲要》，要求把黄河流域生态保护和高质量发展作为事关中华民族伟大复兴的千秋大计，贯彻新发展

表 3-1　十八大以来黄河流域生态保护和高质量发展大事记

时间(年-月)	大事记
2014-03	习近平在河南兰考了解黄河防汛和滩区群众生产生活情况
2016-07	习近平在宁夏考察时强调要加强黄河保护,坚决杜绝污染黄河的行为,让母亲河永远健康
2016-08	习近平在青海听取黄河源头鄂陵湖-扎陵湖观测点生态保护情况汇报,嘱托要确保"一江清水向东流"
2019-08	习近平在甘肃调研黄河流域生态和经济发展,并强调要推动黄河流域高质量发展,让黄河成为造福人民的幸福河
2019-09	习近平在河南郑州主持召开黄河流域生态保护和高质量发展座谈会并发表重要讲话,首次提出黄河流域生态保护和高质量发展,同京津冀协同发展、长江经济带发展、粤港澳大湾区建设、长三角一体化发展一样,是重大国家战略
2019-11	国家发展和改革委员会称,正组织有关方面抓紧开展《黄河流域生态保护和高质量发展规划纲要》编制工作
2020-01	习近平主持召开中央财经委员会第六次会议,研究黄河流域生态保护和高质量发展需要把握的重大原则和重大问题
2020-03	国家发展和改革委员会地区司主持召开会议,听取沿黄河9省(自治区)发展和改革委员会对《黄河流域生态保护和高质量发展规划纲要》编制工作的意见建议
2020-04	习近平在陕西考察并强调要推动黄河流域从过度干预、过度利用向自然修复、休养生息转变,改善流域生态环境质量
2020-05	习近平在山西考察黄河第二大支流汾河综合治理、流域生态修复等情况,指出要扎实实施黄河流域生态保护和高质量发展国家战略
2020-05	李克强在十三届全国人大三次会议上作《政府工作报告》时表示,要加快落实区域发展战略,编制黄河流域生态保护和高质量发展规划纲要
2020-06	习近平在宁夏考察黄河生态治理保护状况,强调要把保障黄河长治久安作为重中之重
2020-08	中共中央政治局召开会议,审议《黄河流域生态保护和高质量发展规划纲要》,会议指出,黄河是中华民族的母亲河,要把黄河流域生态保护和高质量发展作为事关中华民族伟大复兴的千秋大计。会议强调,要因地制宜、分类施策、尊重规律,改善黄河流域生态环境;要大力推进黄河水资源集约节约利用,把水资源作为最大的刚性约束,以节约用水扩大发展空间
2020-12	中共中央政治局常委、国务院副总理、推动黄河流域生态保护和高质量发展领导小组组长韩正主持召开推动黄河流域生态保护和高质量发展领导小组全体会议,强调黄河流域要把水资源作为最大的刚性约束,坚持以水定城、以水定地、以水定人、以水定产,坚定走绿色可持续的高质量发展之路

续表 3-1

时间(年-月)	大事记
2021-05	为贯彻落实黄河流域生态保护和高质量发展战略,加快山东新旧动能转换综合试验区建设,发挥山东半岛城市群龙头作用,国家发展和改革委员会印发了《济南新旧动能转换起步区建设实施方案》,支持济南建设新旧动能转换起步区,以形成黄河流域生态保护和高质量发展的新示范
2021-07	中共中央政治局常委、国务院副总理、推动黄河流域生态保护和高质量发展领导小组组长韩正在济南主持召开推动黄河流域生态保护和高质量发展领导小组全体会议,强调黄河流域要坚持问题导向,狠抓问题整改,做好黄河流域生态保护和高质量发展这篇大文章
2021-07	由国务院参事室指导,国务院参事室公共政策研究中心、青海省政府参事室承办,以"推动黄河流域生态保护和高质量发展"为主题的黄河论坛在西宁举办。政府参事同政产学研等,围绕"加强生态环境保护""完善水沙调控,科学利用水资源""推动黄河流域高质量发展""保护、传承、弘扬黄河文化"四个专题进行了交流研讨
2021-09	水利部召开深入推动黄河流域生态保护和高质量发展工作座谈会,对习近平总书记在黄河流域生态保护和高质量发展座谈会上的重要讲话精神进行再学习再领悟,对贯彻落实工作进行再盘点再推动
2021-10	中共中央、国务院正式印发《黄河流域生态保护和高质量发展规划纲要》,提出要将黄河流域生态保护和高质量发展作为事关中华民族伟大复兴的千秋大计,要让黄河成为造福人民的幸福河
2021-10	习近平在济南主持召开深入推动黄河流域生态保护和高质量发展座谈会并发表重要讲话,强调要科学分析当前黄河流域生态保护和高质量发展形势,把握好推动黄河流域生态保护和高质量发展的重大问题,咬定目标、脚踏实地,埋头苦干、久久为功,确保"十四五"时期黄河流域生态保护和高质量发展取得明显成效,为黄河永远造福中华民族而不懈奋斗
2022-01	黄河流域生态保护和高质量发展省际合作联席会召开。会议通过了黄河流域生态保护和高质量发展省际合作联席会议主报告和会议制度。联席会议各方将在强化水安全保障能力携手发力,扎实推动高水平保护和高质量发展
2022-01	中共中央政治局常委、国务院副总理、推动黄河流域生态保护和高质量发展领导小组组长韩正在北京主持召开推动黄河流域生态保护和高质量发展领导小组全体会议,指出要牢牢把握共同抓好大保护、协同推进大治理的战略导向,全方位贯彻"四水四定"原则,始终坚持问题导向,推动黄河流域生态保护和高质量发展不断取得新进展
2022-01	中国石化发布黄河流域生态保护和能源化工高质量发展专项规划,提出到2025年在黄河流域基本建成节能节水型清洁能源高效供给基地,打造行业领先的绿色发展新标杆,成为推动黄河流域生态保护和高质量发展的央企排头兵,助力黄河这条中华民族母亲河成为造福人民的幸福河

续表 3-1

时间(年-月)	大事记
2022-01	最高人民检察院印发《最高人民检察院关于充分发挥检察职能服务保障黄河流域生态保护和高质量发展的意见》,提出要充分发挥检察职能作用,服务保障《黄河流域生态保护和高质量发展规划纲要》实施,共同抓好大保护,协同推进大治理,为黄河流域生态保护和高质量发展提供有力检察保障
2022-03	水利部指出,要坚持节水优先,严格节水指标管理,强化节水定额管理、水效标准监管,推进合同节水管理和节水认证工作,打好黄河流域深度节水控水攻坚战
2022-04	黄河流域"清废行动"正式启动,全面推进黄河流域"清废行动"排查整治工作取得成效
2022-04	经国务院批复同意,国家发展和改革委员会印发了《支持宁夏建设黄河流域生态保护和高质量发展先行区实施方案》,实施方案指出,支持宁夏建设先行区,有利于通过政策先行先试为黄河流域其他地区积累可复制经验,以点带面助推黄河流域生态保护和高质量发展,有利于通过制度创新增强黄河流域生态绿色发展活力,书写"绿水青山转化为金山银山"的"黄河答卷"

理念,遵循自然规律和客观规律,统筹推进山水林田湖草沙综合治理、系统治理、源头治理,改善黄河流域生态环境,优化水资源配置,促进全流域高质量发展,改善人民群众生活,保护传承弘扬黄河文化,让黄河成为造福人民的幸福河。2020 年 12 月 9 日,中共中央政治局常委、国务院副总理、推动黄河流域生态保护和高质量发展领导小组组长韩正主持召开了推动黄河流域生态保护和高质量发展领导小组全体会议,强调黄河流域要把水资源作为最大的刚性约束,坚持以水定城、以水定地、以水定人、以水定产,坚定走绿色可持续的高质量发展之路。2021 年 5 月 8 日,为贯彻落实黄河流域生态保护和高质量发展战略,加快山东新旧动能转换综合试验区建设,发挥山东半岛城市群龙头作用,国家发展和改革委员会印发了《济南新旧动能转换起步区建设实施方案》,支持山东省济南市建设新旧动能转换起步区,以形成黄河流域生态保护和高质量发展的新示范。2021 年 7 月 6 日,中共中央政治局常委、国务院副总理、推动黄河流域生态保护和高质量发展领导小组组长韩正在山东省济南市主持召开了推动黄河流域生态保护和高质量发展领导小组全体会议,强调黄河流域要坚持问题导向,狠抓问题整改,做好黄河流域生态保护和高质量发展这篇大文章。2021 年 7 月 21 日,以"推动黄河流域生态保护和高质量发展"为主题的黄河论坛在青海省西宁市举办,论坛围绕"加强生态环境保护""完善水沙调控,科学利用水资源""推动黄河流域高质量发展""保护、传承、弘扬黄河文化"四个专题进行了交流研讨。2021 年 9 月 18 日,水利部召开深入推动黄河流域生态保护和高质量发展工作座谈会,对习近平总书记在黄河流域生态保护和高质量发展座谈会上的重要讲话精神进行再学习再领悟,对贯彻落实工作进行再盘点再推动。

2021 年 10 月,中共中央、国务院正式印发《黄河流域生态保护和高质量发展规划纲要》,提出要将黄河流域生态保护和高质量发展作为事关中华民族伟大复兴的千秋大计,要让黄河成为造福人民的幸福河,并用15章的内容对黄河流域生态保护和高质量发展进行了纲领性的规划和指导。同月,习近平总书记在济南主持召开深入推动黄河流域生态保护和高质量发展座谈会并发表重要讲话,指出沿黄河省(自治区)要落实好黄河流域生态保护和高质量发展战略部署,坚定不移走生态优先、绿色发展的现代化道路,并分别从"坚持正确政绩观,准确把握保护和发展关系""统筹发展和安全两件大事,提高风险防范和应对能力""提高战略思维能力,把系统观念贯穿到生态保护和高质量发展全过程""坚定走绿色低碳发展道路,推动流域经济发展质量变革、效率变革、动力变革"四个方面对沿黄省(自治区)提出了工作要求;习近平总书记还强调,"十四五"是推动黄河流域生态保护和高质量发展的关键时期,要抓好重大任务贯彻落实,力争尽快见到新气象,并从"加快构建抵御自然灾害防线""全方位贯彻'四水四定'原则""大力推动生态环境保护治理""加快构建国土空间保护利用新格局""在高质量发展上迈出坚实步伐"五个方面给出了黄河流域生态保护和高质量发展需要重点努力的方向。

在《黄河流域生态保护和高质量发展规划纲要》正式发布之后,各级国家部委和省市也纷纷对黄河流域生态保护和高质量发展国家战略的推进展开积极协作。2022年1月7日,黄河流域生态保护和高质量发展省际合作联席会召开,会议通过了黄河流域生态保护和高质量发展省际合作联席会议主报告和会议制度,联席会议各方将在强化水安全保障能力携手发力,扎实推动高水平保护和高质量发展。2022年1月19日,推动黄河流域生态保护和高质量发展领导小组组长韩正在北京主持召开推动黄河流域生态保护和高质量发展领导小组全体会议,会议指出,推动黄河流域生态保护和高质量发展,是以习近平同志为核心的党中央做出的重大决策部署,要牢牢把握共同抓好大保护、协同推进大治理的战略导向,全方位贯彻"四水四定"原则,始终坚持问题导向,推动黄河流域生态保护和高质量发展不断取得新进展,同时强调要从防洪安全、项目建设、水资源节约集约利用、生态系统保护修复等方面抓好黄河流域生态保护和高质量发展的各项工作。2022年1月21日,中国石化发布黄河流域生态保护和能源化工高质量发展专项规划,提出到2025年在黄河流域基本建成节能节水型清洁能源高效供给基地,打造行业领先的绿色发展新标杆,成为推动黄河流域生态保护和高质量发展的央企排头兵,助力黄河这条中华民族母亲河成为造福人民的幸福;专项规划主要从"全面加强生态环境保护和环境治理,践行绿色发展理念""积极推进传统业务高质量发展,保障国家能源安全""大力发展战略新兴业务,推进产业链供应链创新链协同发展"和"巩固拓展脱贫成果,助力黄河流域乡村振兴"四个重点方面支持黄河流域生态保护和高质量发展。2022年1月25日,最高人民检察院印发《最高人民检察院关于充分发挥检察职能服务保障黄河流域生态保护和高质量发展的意见》,提出要充分发挥检察职能作用,服务保障《黄河流域生态保护和高质量发展规划纲要》实施,共同抓好大保护,协同推进大治理,为黄河流域生态保护和高质量发展提供有力检察保障;意见要求,检察机关要依法严惩破坏黄河安全和环境资源犯罪,充分履行公益诉讼职能,强化流域生态环境公益保护,同时要深入推行"河长+检察长"依法治河新模式,提高服务保障黄河流域生态保护和高质量发展质效。2022年3月14日,水利部指出,要坚持节水优先,严格节水指标管理,强化节水定额管理、水效标准监管,推进合同节水管理和节水认证工作,打好黄河流域深度节水控水攻坚战,要严控水资源开发利用总量,严格生态流量监管和地下水水位管控,严格建设项目水资源论证,实行水资源用途管制,同时要开展水资源承载能力动态监测预警,对水资源超载地区暂停新增取水许可,临界超载地区限制审批新增取水许可,推动形成节约水资源、保护水环境的空间格局、产业结构、生产方式、生活方式;水利部还发布了《黄河流域高校节水专项行动方案》,启动了黄河流域高校节水专项行动。2022年4月26日,黄河流域"清废行动"正式启动,全面推进黄河流域"清废行动"排查整治工作取得成效。2022年4月29日,经国务院批复同意,国家发展和改革委员会印发了《支持宁夏建设黄河流域生态保护和高质量发展先行区实施方案》,实施方案指出,支持宁夏建设先行区,有利于通过政策先行先试为黄河流域其他地区积累可复制经验,以点带面助推黄河流域生态保护和高质量发展,有利于通过制度创新增强黄河流域生态绿色发展活力,书写"绿水青山转化为金山银山"的"黄河答卷",并强调要坚持"改革创新、服务全域""以水而定、量水而行""生态优先、保护为主""绿色发展、低碳引领"的基本原则,准确把握保护和发展关系,统筹发展和安全两件大事,把系统观念贯穿到生态保护和高质量发展全过程。

二、黄河流域水资源政策

2019年9月18日,习近平总书记主持召开黄河流域生态保护和高质量发展座谈会时指出了黄河流域水资源利用所存在的问题,即黄河流域水资源利用较为粗放,农业用水效率不高且水资源开发利用率远超生态警戒线,因此要求黄河流域在水资源利用方面要坚持以水定城、以水定地、以水定人、以水定产,把水资源作为最大的刚性约束,合理规划人口、城市和产业发展,坚决抑制不合理用水需求,大力发展节水产业和技术,大力推进农业节水,实施全社会节水行动,推动用水方式由粗放向节约集约转变。2020年1月3日,习近平总书记主持召开中央财经委员会第六次会议时强调了黄河流域水资源保护与利用的问题,要求黄河流域要实施水源涵养提升、水土流失治理、水污染综合治理、黄河三角洲湿地生态系统修复等工程,推进黄河流域生态保护修复和污染治理,同时要坚持节水优先,还水于河,先上游后下游,先支流后干流,实施河道和滩区综合提升治理工程,全面实施深度节水控水行动等,推进水资源节约集约利用。2020年12月9日,推动黄河流域生态保护和高质量发展领导小组组长韩正主持召开推动黄河流域生态保护和高质量发展领导小组全体会议时指出,黄河流域要通过"大力保护修复生态系统""加大环境污染综合治理力度""增强抵御洪涝灾害能力""实施最严格的水资源保护利用制度"等方式实现水源涵养、水质提升、水沙关系调节、用水方式转变等目标。

2021年10月,中共中央、国务院正式印发了《黄河流域生态保护和高质量发展规划纲要》,对黄河流域水资源生态保护与开发利用提出了更加明确的要求。《纲要》的规划范围为黄河干支流流经的青海、四川、甘肃、宁夏、内蒙古、山西、陕西、河南、山东9省(自治区)相关县级行政区,陆域国土面积约130万 km^2,2019年年末总人口约1.6亿。《纲要》是指导当前和今后一个时期黄河流域生态保护和高质量发展的纲领性文件,是制定实施相关规划方案、政策措施和建设相关工程项目的重要依据。《纲要》规划期至2030年,中期展望至2035年,远期展望至21世纪中叶。《纲要》指出,黄河流域最大的矛盾是水资源短缺,最大的问题是生态脆弱,因此《纲要》重点对黄河流域水资源利用和保护提出了纲领性的要求和规划。

在《纲要》指导思想方面,提出要统筹推进山水林田湖草沙综合治理、系统治理、源头治理,着力保障黄河长治久安,着力改善黄河流域生态环境,着力优化水资源配置。

在主要原则方面,一是要坚持量水而行、节水优先。把水资源作为最大的刚性约束,坚持以水定城、以水定地、以水定人、以水定产,合理规划人口、城市和产业发展;统筹优化生产生活生态用水结构,深化用水制度改革,用市场手段倒逼水资源节约集约利用,推动用水方式由粗放低效向节约集约转变。二是要坚持统筹谋划、协同推进。立足于全流中央文件域和生态系统的整体性,坚持共同抓好大保护,协同推进大治理,统筹谋划上中下游、干流支流、左右两岸的保护和治理,统筹推进堤防建设、河道整治、滩区治理、生态修复等重大工程,统筹水资源分配利用与产业布局、城市建设等。建立健全统分结合、协同联动的工作机制,上下齐心、沿黄各省(自治区)协力推进黄河保护和治理,守好改善生态环境生命线。

在战略定位方面,一是将黄河流域治理打造为大江大河治理的重要标杆。深刻分析黄河长期复杂难治的问题根源,准确把握黄河流域气候变化演变趋势以及洪涝等灾害规律,克服就水论水的片面性,突出黄河治理的全局性、整体性和协同性,推动由黄河源头至入海口的全域统筹和科学调控,深化流域治理体制和市场化改革,综合运用现代科学技术、硬性工程措施和柔性调蓄手段,着力防范水之害、破除水之弊、大兴水之利、彰显水之善,为重点流域治理提供经验和借鉴,开创大江大河治理新局面。二是将黄河流域打造为国家生态安全的重要屏障。充分发挥黄河流域兼有青藏高原、黄土高原、北方防沙带、黄河口海岸带等生态屏障的综合优势,以促进黄河生态系统良性永续循环、增强生态屏障质量效能为出发点,遵循自然生态原理,运用系统工程方法,综合提升上游“中华水塔”水源涵养能力、中游水土保持水平和下游湿地等生态系统稳定性,加快构建坚实稳固、支撑有力的国家生态安全屏障,为欠发达和生态脆弱地区生态文明建设提供示范。

在发展目标方面,到2030年,黄河流域人水关系要进一步改善,流域治理水平要明显提高,水资源保障能力要进一步提升。到2035年,黄河流域水资源节约集约利用水平要全国领先。

在战略布局方面,指出要构建黄河流域生态保护“一带五区多点”空间布局。“一带”,是指以黄河干流和主要河湖为骨架,连通青藏高原、黄土高原、北方防沙带和黄河口海岸带的沿黄河生态带。“五区”,是指以三江源、秦岭、祁连山、六盘山、若尔盖等重点生态功能区为主的水源涵养区,以内蒙古高原南缘、宁夏中部等为主的荒漠化防治区,以青海东部、陇中陇东、陕北、晋西北、宁夏南部黄土高原为主的水土保持区,以渭河、汾河、涑水河、乌梁素海为主的重点河湖水污染防治区,以黄河三角洲湿地为主的河口生态保护区。“多点”,是指藏羚羊、雪豹、野牦牛、土著鱼类、鸟类等重要野生动物栖息地和珍稀植物分布区。

《纲要》还对黄河流域全域及上、中、下游的水资源利用和保护提出了具体要求和实施措施(见表3-2)。对黄河流域全域而言,一是要加强全流域水资源节约集约利用。实施最严格的水资源保护利用制度,全面实施深度节水控水行动,坚持节水优先,统筹地表水与地下水、天然水与再生水、当地水与外调水、常规水与非常规水,优化水资源配置格局,提升配置效率,实现用水方式由粗放低效向节约集约的根本转变,以节约用水扩大发展空间。二是要全力保障黄河长治久安,紧紧抓住水沙关系调节这个"牛鼻子",围绕以疏为主、疏堵结合、增水减沙、调水调沙,健全水沙调控体系,健全"上拦下排、两岸分滞"防洪格局,研究修订黄河流域防洪规划,强化综合性防洪减灾体系建设,构筑沿黄人民生命财产安全的稳固防线。三是要强化环境污染系统治理。以汾河、湟水河、涑水河、无定河、延河、乌梁素海、东平湖等河湖为重点,统筹推进农业面源污染、工业污染、城乡生活污染防治和矿区生态环境综合整治,"一河一策""一湖一策",加强黄河支流及流域腹地生态环境治理,净化黄河"毛细血管",将节约用水和污染治理成效与水资源配置相挂钩。四是要完善黄河流域管理体系。形成中央统筹协调、部门协同配合、属地抓好落实、各方衔接有力的管理体制,实现统一规划设计、统一政策标准、协同生态保护、综合监管执法。深化流域管理机构改革,推行政事分开、事企分开、管办分离,强化水利部黄河水利委员会在全流域防洪、监测、调度、监督等方面职能,实现对干支流监管"一张网"全覆盖。赋予沿黄各省(自治区)更多生态建设、环境保护、节约用水和防洪减灾等管理职能,实现流域治理权责统一。加强全流域生态环境执法能力建设,完善跨区域跨部门联合执法机制,实现对全流域生态环境保护执法"一条线"全畅通。建立流域突发事件应急预案体系,提升生态环境应急响应处置能力。落实地方政府生态保护、污染防治、节水、水土保持等目标责任,实行最严格的生产建设活动监管。五是要增强国土空间治理能力。全面评估黄河流域及沿黄省份资源环境承载能力,统筹生态、经济、城市、人口以及粮食、能源等安全保障对空间的需求,开展国土空间开发适宜性评价,确定不同地区开发上限,合理开发和高效利用国土空间,严格规范各类沿黄河开发建设活动。在组织开展黄河流域生态现状调查、生态风险隐患排查的基础上,以最大限度保持生态系统完整性和功能性为前提,加快黄河流域生态保护红线、环境质量底线、自然资源利用上线和生态环境准入清单"三线一单"编制,构建生态环境分区管控体系。合理确定不同水域功能定位,完善黄河流域水功能区划。加强黄河干流和主要支流、湖泊水生态空间治理,开展水域岸线确权划界并严格用途管控,确保水域面积不减。

对上游而言,《纲要》提出要遵循自然规律、聚焦重点区域,通过自然恢复和实施重大生态保护修复工程,加快遏制生态退化趋势,恢复重要生态系统,强化水源涵养功能。一是筑牢"中华水塔"。上游三江源地区是名副其实的"中华水塔",要从系统工程和全局角度,整体施策、多措并举,全面保护三江源地区山水林田湖草沙生态要素,恢复生物多样性,实现生态良性循环发展。二是保护重要水源补给地。上游青海玉树和果洛、四川阿坝和甘孜、甘肃甘南等地区河湖湿地资源丰富,是黄河水源主要补给地。要严格保护国际重要湿地和国家重要湿地、国家级湿地自然保护区等重要湿地生态空间。三是加强重点区域荒漠化治理。坚持依靠群众、动员群众,推广库布齐、毛乌素、八步沙林场等治沙经验,开展规模化防沙治沙,创新沙漠治理模式,筑牢北方防沙带。四是降低人为活动过度影响。正确处理生产生活和生态环境的关系,着力减少过度放牧、过度资源开发利用、过度旅游等人为活动对生态系统的影响和破坏。

对中游而言,要突出抓好黄土高原水土保持,全面保护天然林,持续巩固退耕还林还草、退牧还草成果,加大水土流失综合治理力度,稳步提升城镇化水平,改善中游地区生态面貌。一是大力实施林草保护。遵循黄土高原地区植被地带分布规律,密切关注气候暖湿化等趋势及其影响,合理采取生态保护和修复措施。二是增强水土保持能力。以减少入河入库泥沙为重点,积极推进黄土高原塬面保护、小流域综合治理、淤地坝建设、坡耕地综合整治等水土保持重点工程。三是发展高效旱作农业。以改变传统农牧业生产方式、提升农业基础设施、普及蓄水保水技术等为重点,统筹水土保持与高效旱作农业发展。

表 3-2　黄河流域水资源利用和保护的要求及措施

区域	要求	措施
黄河流域全域	加强全流域水资源节约集约利用	1. 强化水资源刚性约束; 2. 科学配置全流域水资源; 3. 加大农业和工业节水力度; 4. 加快形成节水型生活方式
	全力保障黄河长治久安	1. 科学调控水沙关系; 2. 有效提升防洪能力; 3. 强化灾害应对体系和能力建设
	强化环境污染系统治理	1. 强化农业面源污染综合治理; 2. 加大工业污染协同治理力度; 3. 统筹推进城乡生活污染治理; 4. 开展矿区生态环境综合整治
	完善黄河流域管理体系	1. 实现对干支流监管"一张网"全覆盖; 2. 实现流域治理权责统一; 3. 实现对全流域生态环境保护执法"一条线"全畅通; 4. 实行最严格的生产建设活动监管
	增强国土空间治理能力	1. 严格规范各类沿黄河开发建设活动; 2. 构建生态环境分区管控体系; 3. 完善黄河流域水功能区划; 4. 开展水域岸线确权划界并严格用途管控,确保水域面积不减
上游	加强上游水源涵养能力建设	1. 筑牢"中华水塔"; 2. 保护重要水源补给地; 3. 加强重点区域荒漠化治理; 4. 降低人为活动过度影响

续表 3-2

区域	要求	措施
中游	加强中游水土保持	1. 大力实施林草保护； 2. 增强水土保持能力； 3. 发展高效旱作农业
下游	推进下游湿地 保护和生态治理	1. 保护修复黄河三角洲湿地； 2. 建设黄河下游绿色生态走廊； 3. 推进滩区生态综合整治

对下游而言,提出要建设黄河下游绿色生态走廊,加大黄河三角洲湿地生态系统保护修复力度,促进黄河下游河道生态功能提升和入海口生态环境改善,开展滩区生态环境综合整治,促进生态保护与人口经济协调发展。一是保护修复黄河三角洲湿地。研究编制黄河三角洲湿地保护修复规划,谋划建设黄河口国家公园。保障河口湿地生态流量,创造条件稳步推进退塘还河、退耕还湿、退田还滩,实施清水沟、刁口河流路生态补水等工程,连通河口水系,扩大自然湿地面积。二是建设黄河下游绿色生态走廊。以稳定下游河势、规范黄河流路、保证滩区行洪能力为前提,统筹河道水域、岸线和滩区生态建设,保护河道自然岸线,完善河道两岸湿地生态系统,建设集防洪护岸、水源涵养、生物栖息等功能为一体的黄河下游绿色生态走廊。三是推进滩区生态综合整治。合理划分滩区类型,因滩施策、综合治理下游滩区,统筹做好高滩区防洪安全和土地利用。

水资源是人类赖以生存和发展的物质基础,是工业的动力和农业的根基[37]。我国是一个缺水的国家,水资源总储量约为 2.8×10^{12} m³,但人均仅有 2 062 m³ 左右。作为中国第二大河和世界第五大河,黄河连接着华北平原、黄土高原和青藏高原,沿线分布着 7 个城市群,是我国北方重要的水源地[38]。黄河流域农业用地总量约占全国的 13%,农作物总产量占全国的 33% 以上,我国有大约 15% 的农业灌溉面积和 12% 的居民用水依赖于黄河[39]。黄河流域水资源对确保国家粮食安全有至关重要的作用,在中国经济社会发展和生态安全方面具有举足轻重的地位。但随着气候变化及人类活动的影响,黄河流域水资源时空分布不均衡、水环境恶化、水资源短缺等水资源问题日益突出[31,40],成为制约黄河流域社会经济发展的重要因素[41]。因此,《黄河流域生态保护和高质量发展规划纲要》对水资源的高度重视,为未来黄河流域水资源的合理利用和保护提供了根本性的指导方略,通过科学用水和治水助力黄河流域生态保护和高质量发展的实现。

三、黄河流域主要省市水资源政策

黄河流域是我国重要的生态屏障、重要的经济地带和打赢脱贫攻坚的重要区域。自"十三五"期间黄河流域生态保护和高质量发展上升为重大国家战略后,黄河流域各省(自治区)主要从水污染治理和水资源开发利用等方面对黄河流域水资源进行合理保护与开发,因地制宜制定政策,切实落实相关政策的实施,使我国母亲河的发展与保护进入了新篇章。

(一) 青海

在水污染治理方面,湟水河作为黄河上游的一级支流且作为黄河流域入河排污口排查整治试点之一,青海省生态环境厅专门成立排查整治工作领导小组,制定并印发多项排查整治试点工作方案,全面开展针对 1 693 个湟水河流域入河排污口的检测溯源整治行动,坚决贯彻落实"一口一档"全要素审核方针,确保高质量完成检测工作;与此同时,青海省正全力打造国家公园示范新高地,印发《关于加快把青藏高原打造成为全国乃至国际生态文明高地的行动方案》,拟开展新形式的黄河源头水资源保护工作。在中共中央办公厅、国务院办公厅印发的《三江源国家公园体制试点方案》的指导下,以三江源国家公园建设为试点,通过建立以玛多县为核心,政府和群众共治的生态保护机制,让"千湖之县"在黄河水的围绕下重新焕发生机。

在工程建设方面,目前青海省黄河干流防洪工程一期进入竣工验收阶段,二期正积极推进,届时将重点对黄河干流沿黄 4 州(市)14 县 36 乡镇,布置 155 处防洪工程。按照黄河流域生态保护与高质量发展总体部署和要求,对青海段黄河干流及支流进行全面有效治理,提高青海段黄河上游局部地区水源涵养,改善青海段黄河下游水生态环境状况;在地区联动上,四川省阿坝州、甘肃省甘南州、青海省果洛州三州中级人民法院、人民检察院,在阿坝州若尔盖县签订《黄河上游川甘青水源涵养区生态环境保护司法协作框架协议》。三省司法机关将构建内部联动、外部协作、跨省跨区域的黄河上游生态保护协作机制,共同化解生态安全保障中区域分割与流域整体性、部门分治与生态系统性之间的矛盾,共同应对生态环境保护的具体问题,为黄河上游生态环境保护提供有力司法保障,让黄河水资源保护工作形成多省共治、协同配合的局面;在基层治理上,为让河湖自然修复、休养生息,目前青海黄河流域共落实五级河长湖长 5 003 名,落实河湖管护员 13 140 名,并提交《青海省实施河长制湖长制条例》省人大常委审议。

未来,青海省将继续加大黄河水资源的保护力度,《青海省"十四五"水安全保障规划》《"中华水塔"水生态保护规划》《黄河青海流域生态保护和高质量发展水安全保障规划》等重点规划陆续上报待批,"引黄济宁"工程可研报告也已报水利部专题会和部务会研究审议。

在水资源开发利用方面,装机容量 850 MW 的龙羊峡水光互补光伏电站充分利用地形,一年内共计发电 14.94 kW·h,创造了良好的生态环境效益。而《青海打造国家清洁能源产业高地行动方案(2021—2030 年)》中明确,青海将进一步深度挖掘黄河上游水电开发潜力,通过建设黄河上游梯级电站大型储能项目,助力黄河生态保护和高质量发展。以在建的玛尔挡水电站为例,作为西电东送骨干配套电源点,这是破解青海新能源"装得上、带得满、送得出"难题的关键。在投入后既可减少弃光电量,促进新能源消纳,又可保障电网安全稳定运行,提高输电利用效率。

在水污染治理以及水资源利用上,各地级市也采取了相关行动。

在水污染治理方面,地处三江源头的玉树县自 2021 年 8 月至 2023 年底在相关政策指导下开展全域无垃圾和禁塑减废专项行动,积极建立全域无一次性塑料制品的多元化治理体系,全面做好黄河源头的生态治理以保证水资源的质量。

在水资源利用方面,贵德县充分利用黄河上游龙羊峡水电站截流蓄水的功能,向上级呈报"治黄造田工程"建议并在获批后全县出动7 600余人苦干三个月,共筑堤7段共26.16 km,干、支、斗渠209条共124 km;提灌站8座,渠系建筑物562座,开垦黄河滩地24 763亩(1亩=1/15 hm²,后同),完成了黄河水资源利用的创举,西久公路旁二连村沃野千里的良田展示着贵德县人民"治黄造田"的成果。与此同时,该村充分利用独有的黄河浅滩湿地资源,大力发展集观光、休闲、采摘、体验为一体的乡村旅游业,改造民宿20间,发展家庭宾馆、农家乐14家,进一步增加旅游附加值,走出了一条以乡村旅游发家致富的新路子。

(二)四川

为实现对黄河流域的生态保护,四川省林草部门强化规划引领作用,先后完成了《四川林草2025——四川林草建设长江黄河上游生态屏障规划(2019—2025)》《川西北地区生态保护和高质量发展三年行动方案(2020—2022)》等编制,着力构建"四区八带"的生态修复空间格局、"一轴五屏"的自然保护空间格局、"五区协同、集群发展"的林草产业发展空间格局,努力让黄河流域断面达标率以及水质等级维持在合理水平;而针对黄河上游生态环境及水质维护,四川先后成立省生态环境保护委员会、省推动黄河流域生态保护和高质量发展领导小组,出台生态保护、资源环境、产业发展等专项政策措施。同时提出加快构建"一干多支、五区协同"区域发展新格局,明确把甘孜州、阿坝州确立为川西北生态示范区,全面强化高原生态环境保护,推动长江黄河流域四川段高水平保护、高质量发展;在地区联动上,四川、甘肃两省开展联合巡河、联合执法共计10余次,清理了数起跨区域违法采砂等案件。与此同时,四川也与青海建立了交界地带林区巡防、案件查处、信息研判等工作机制,积极做好地区协同治理工作。在基层治理上,四川省先后实施河长制、湖长制。截至目前,该省在黄河流域共设立省市县乡村河湖长165名。通过具体方针的指导,在设置黄河省级双河长职位并强化其管理保护责任义务的同时,四川省在黄河及支流的黑河、白河沿岸的乡镇聘请生态联络员,以期全面实现四川境内黄河干支流、湿地、湖泊管护力量全覆盖。而对未来,四川省也进行了相关规划方案的编制工作,目前印发实施《黄河流域"一河一策"管理保护方案》,以5年为期,针对黄河干流和所有支流及流域内湖泊湿地,进行城乡污水处理设施建设运行、防洪和岸线保护、水资源调度与节水路径、水土流失治理管控,以及部门协作下的生态补偿机制的建立工作。开始启动《黄河流域水污染防治规划》的编制,以期实现每条河流、每个湖泊、每个湿地差异化管理,以确保黄河四川段实现河道河势稳定和水量水质达标。

(三)甘肃

在水污染治理方面,甘肃省紧盯黄河流域重点生态问题,分区分类部署开展水源涵养能力提升、水土保持、废弃矿山生态修复治理和生物多样性保护等生态修复治理工程,扎实推进甘肃省黄河流域生态系统整体保护、系统修复。

　　甘肃省生态环境厅组织编制了《甘肃省黄河流域环境保护与污染治理专项实施方案》(简称《方案》),《方案》的实施范围覆盖黄河流域流经甘肃省的9市州及兰州新区、58个县(区),同时结合不同区域自然地理特征和突出环境问题,将实施区域划分黄河上游源头水源涵养保护区、中部沿黄工业城乡污染综合整治区和渭河泾河水环境质量改善区。确定5项涉及污染防治工作的量化指标,分别是"地表水质量达到或优于Ⅲ类水体比例""地表水质量劣Ⅴ类水体比例""地级及以上城市空气质量优良天数比率""城镇生活污水收集率"和"县级及以上城市建成区医疗废物无害化处置率"。重点任务章节紧扣污染防治"3+1"(工业、农业、城乡+矿山)任务,结合黄河流域的重点问题,分类梳理汇总形成7类重点任务、37方面具体工作。

　　甘肃省生态修复专责组各成员单位以黄河上游水源涵养提升、祁连山河西走廊区域生态建设、陇中陇东黄土高原水土保持为重点,不断完善生态保护修复制度机制,持续推进黄河流域生态保护修复工作,有效落实了18项重点任务。

　　在水资源开发利用方面,甘肃省发展和改革委员会印发了《关于甘肃省黄河流域基础设施高质量发展专项实施方案的通知》,聚焦黄河流域基础设施重点领域短板补齐和全面提质增效等重点内容,提出九大方面23条举措,加强规划引领和统筹协调,推动黄河流域基础设施高质量发展。坚持生态优先和集约集聚建设理念,系统评估黄河流域国土空间开发适宜性,合理确定基础设施布局、结构和规模,做好重要通道、重大设施和重要项目的空间预控。

　　甘肃已开工建设黄河大河家至炳灵电站航运建设工程,这标志着甘肃省"十四五"水运项目正式拉开建设序幕。该项目是交通运输部投资建设的内河水运重点项目。项目的开工建设,对改善黄河沿岸民众安全便捷出行、巩固拓展脱贫攻坚成果与乡村振兴有效衔接、协同推进黄河治理等均具有十分重要的意义。同时加快提升水利基础设施保障能力。建设引洮供水二期、甘肃中部生态移民扶贫开发供水等骨干工程,力争开工建设白龙江引水工程,谋划推进引洮济渭、临夏州供水保障生态保护水源置换等重大工程前期工作。加快建设天水曲溪城乡供水工程、平凉新集水库等项目。

　　甘肃省还积极推进祁连山生态保护与综合治理和古浪八步沙区域综合治理规划实施,加快引洮二期配套城乡供水、中部生态移民供水、白龙江引水、引哈济党以及新一轮退耕还林还草、天然林保护二期、三北防护林五期、退牧还草等重大引调水和国家重点生态工程建设,沿黄流域生态保护能力和水平不断提升,生态环境质量持续改善。

　　甘肃省部分地级市对黄河流域水资源开发与治理也分别制定了相应的规划政策。

　　兰州全面完成黄河干流(兰州段)防洪治理工程。近年来,兰州市对黄河干流、江河支流、中小河流、河洪沟道进行了分层次系统治理,全面完成了总投资16.8亿元的黄河干流(兰州段)防洪治理工程,累计治理河道54.1 km,有效满足城市防洪需要,也极大地改善了市容市貌。兰州市紧紧围绕黄河流域生态保护和高质量发展,狠抓系统治理、源头治理、综合治理。

　　在源头治理方面,兰州市水务局持续开展城市黑臭水体整治、城区内涝防治、实施城区四座污水处理厂提标改扩建项目,对城区23处突出积水点进行工程整治,目前已全面完成改造。兰州市城关区作为黄河穿辖区而过的省会中心区,是省市黄河流域生态保护和高质量发展的主战场，近年来，城关区充分发挥自身地缘和区位作用，深入落实省市委安排部署，统筹推进黄河生态保护和高质量发展各项工作，因地制宜做好"黄河文章"，努力建设水清、岸绿、景美、惠民的生态河、幸福河。

兰州突出规划引领，建设生态宜居品质城区；坚持保护优先，持续改善区域生态环境；治理养护并重，全力保障辖区水质安全；加快转型升级，提升经济社会发展质量；弘扬黄河文化，打造城关文旅新的品牌。

兰州市目前正在实施总投资超过 66 亿元的黄河干流防洪治理、污水处理厂提标改造、黑臭水体治理、积水点改造、河洪道生态水系治理五大类项目，加大黄河保护治理投资力度，以生态优先、绿色发展、文化铸魂、民生为本为思路，将黄河风情线打造成黄河流域生态保护样板。

（四）宁夏

在水污染治理方面，宁夏科技厅目前已围绕黄河流域和高质量发展先行区建设的重大科技需求，以"一河三山"保护、治理为重点，立足"一带三区"生态特点和发展实际，聚焦黄河安澜保障、生态保护修复、环境污染治理、资源综合高效利用等重点领域，提出推进技术创新和成果转化、培育壮大绿色产业、培养引进高端科技人才、建设创新平台和科普基地的具体措施，确定生态环境保护、污染防治科技创新工作努力方向，形成具有宁夏特色的生态环境科技创新体系。

在纵向生态补偿逐渐铺开的同时，宁夏开始在横向生态补偿方面发力，主要是协同建立黄河宁夏段上下游横向生态补偿机制和黄河流域省际间上下游横向生态补偿机制。从2021 年起，设立黄河宁夏过境段干支流及入黄重点排水沟流域上下游横向生态保护补偿专项资金，自治区和市、县（区）按照 1∶1 比例共同筹措资金，资金规模 2 亿元，支持引导建立区内县域横向生态补偿机制。

2020 年以来，根据财政部、生态环境部、水利部、国家林草局印发的《支持引导黄河全流域横向生态补偿机制试点实施方案》要求，宁夏正按照国家有关支持引导黄河全流域横向生态补偿机制试点要求，积极推进与甘蒙两省（自治区）共同建立黄河干流上下游省际横向生态补偿机制。目前，宁夏与甘肃政府层面有关黄河干流（甘肃—宁夏段）横向生态补偿协议已进入征求意见阶段；宁夏与内蒙古就黄河干流横向生态补偿事宜正进行相关部门层面的会商。宁夏以先行区建设为统领，以黄河保护治理为中心，大力实施"四水同治"，加快构建现代水网体系，深入推进水资源集约安全利用，全面推进水利现代化，为建设黄河流域生态保护和高质量发展先行区提供坚实水安全保障。

此外，编制完成了《黄河宁夏段河道治理工程可行性研究报告》，通过重点加固、全线贯通、消除隐患、整体美化、全面提升，实现黄河宁夏段标准化堤防全面闭合，进一步增强河道抵御洪凌灾害的能力。同时，出台《关于建设黄河流域生态保护和高质量发展先行区的实施意见》，通过重塑发展空间、产业格局、区域环境等一系列顶层设计和配套措施，为黄河流域生态保护和高质量发展创造并积累经验，取得可喜成效。

在水资源开发利用方面，宁夏落实以水定需管控率先突破。坚决落实"把水资源作为最大的刚性约束"要求，加快破解"黄河流域最大的矛盾是水资源短缺"的问题，出台《关于落实水资源"四定"原则深入推进用水权改革的实施意见》，通过优化分配用水量、精细核定用水权、合理确定用水价、构建市场化交易机制、建立监测监管体系,推动水资源向高效益领域流转。编制了《宁夏重点特色产业高质量发展用水保障方案》,以高标准供水保证体系建设支撑9大特色产业高质量发展用水安全。深入推进农业节水领跑、工业节水增效、城镇节水普及、节水减排开源、科技创新引领"五大节水"行动,出台了《宁夏回族自治区有关行业用水定额(修订)》。此外,宁夏还不断夯实节水科技支撑,颁布了自治区各行业用水定额标准,制定了骨干渠道防渗砌护、微灌工程规划设计等9项农业节水技术标准,出台了覆盖城市、灌区、企业等7类载体的节水评价标准。

国家发展和改革委员会印发了《支持宁夏建设黄河流域生态保护和高质量发展先行区实施方案》,提出要大力推动水资源节约集约利用,坚持以水定城、以水定地、以水定人、以水定产,做到"有多少汤泡多少馍",把节约用水贯穿经济社会发展各领域各方面,精打细算用好水资源,严控不合理用水需求,加快建设节水型社会。一是优化水资源配置格局。实行水资源消耗总量和强度双控,分市(县)设定生产用水限额,保障生活、生态用水,健全覆盖各行业各领域的节水定额标准,建立年度节水目标责任制。建立"总量控制、指标到县、分区管理、空间均衡"的配水体系,开展水资源承载能力监测预警,合理确定水资源严重短缺地区城市发展规模,严格限制高耗水项目建设和大规模种树,坚决遏制"造湖大跃进"。落实水资源超载地区新增用水项目和取水许可"双限批"制度。严控新增高耗水产能,提高工业用水循环化水平。严格落实地下水用水总量、水位控制指标,加快地下水超采治理。提升取用水计量能力,对黄河干支流取水口全面实施动态监管。二是实施深度节水控水行动。坚持适水种植、量水生产,加快推进灌区现代化改造,优先将灌区有效灌溉面积建设成高标准农田,原则上不再扩大灌溉面积和新增灌溉用水量。削减高耗水作物种植面积,发展农田管灌、喷灌、微灌等高效节水灌溉,推进农业灌排水网建设,提高水资源利用率。选育耐盐碱植物,挖掘盐碱地开发利用潜力。推进重点工业节水改造,2025年火电、石化、冶金、有色等行业水效达到国内先进水平。加强工业废水资源化利用,引导企业间实现串联用水、分质用水、一水多用和循环利用,宁东能源化工基地试点建立非常规水利用激励约束机制。提高矿井水资源化综合利用水平。大力创建节水型城市,深入开展公共领域节水,加强建筑工程节水管理,推广普及节水型用水器具。三是开展智慧水利建设。运用物联网、卫星遥感等技术手段,强化对水文、气象、地质的监测分析。建设"宁夏黄河云",支持水利设施智能化升级改造,打造数字治水样板。在具备条件的地区开展"互联网+城乡供水"示范区建设。推进城乡供水网络建设,实施银川城乡供水、清水河流域城乡供水等重大工程,建设城市应急水源,开展农村集中供水工程维修养护。

宁夏部分地级市对黄河流域水资源开发与治理也分别指定了相应的规划政策。

银川市目前正努力打造黄河流域环境优美的"塞上江南",致力于黄河银川段水质保持Ⅱ类优。实施黄河银川段治理项目,压实河湖长制,持续推进河湖"清四乱",完成城镇污水、工业废水入河排污口整治,农村集中式饮用水水源地规范化建设,保持黄河银川段水质稳定Ⅱ类进出。加强农业面源、涉重金属企业等污染治理,危险废物安全处置率达到100%。同时,银川还严格规范取用水行为,黄河流域高质量发展最大的矛盾就是水资源短缺,因此精打细算用好水资源,从严从细管好水资源至关重要。银川市开展"四水四定"深度研究,制订实施管控方案,强化水资源消耗总量和强度控制。严格项目和用水"双限批",强化计划用水与定额管理,抓好地下水开采管控、黄河干流取用水管理等专项整治,严格规范取用水行为。推进县域节水型社会达标建设。加快现代化生态灌区建设,深化农业水价综合改革,农田灌溉水有效利用系数达到 0.55。推广高效冷却等工业节水工艺,推进节水型工业园区达标建设,单位 GDP 用水量下降 4%。实施污水资源化利用项目,再生水综合利用率力争达到 40%。在治理方面,持续打好新时代黄河保卫战,接续整治黄河滩地,实施典农河等水生态修复项目,恢复湿地 5.3 万亩,并完善以拦洪库提标改造为重点的贺兰山防洪体系建设,持续加强黄河保护治理,实现河畅、水清、岸绿、景美。

(五) 内蒙古

内蒙古正加大沿黄地区生态环境保护治理力度。坚持把推进水资源节约集约利用放在优先位置,强化水资源消耗总量和强度双控,努力使黄河流域宝贵的水资源得到有效保护、高效利用。巩固绿进沙退的良好态势,全面提升生态系统质量和稳定性,加快构建坚实稳固、支撑有力的我国北方重要生态安全屏障,一是加强防沙治沙和水土流失综合治理;二是统筹推进流域环境污染系统治理;三是坚持深度节水控水;四是确保黄河岁岁安澜。

此外,在黄河沿线构建现代产业体系。流域内已拥有 5 个国家级特色农产品优势区,要加快新型城镇化建设,推进工业园区整合,沿黄沿线工业园区数量将由目前的 56 个调整为 49 个,不断推进黄河流域高质量发展。同时,严格黄河流域入河排污口排查整治工作,目前开展黄河流域排查整治专项行动包括呼和浩特市、包头市、鄂尔多斯市、巴彦淖尔市、乌海市、阿拉善盟 6 个地区。生态环境部启动黄河流域入河排污口排查整治专项行动以来,自治区生态环境厅结合自治区实际,制定印发了《内蒙古自治区生态环境厅黄河流域(内蒙古段)入黄排污口排查整治专项行动工作方案》。自治区专门成立领导小组,拟制行动方案,全面推动各项工作,确保排查整治专项行动有序展开。

内蒙古部分地级市对黄河流域水资源开发与治理也分别制定了相应的规划政策。

乌海市启动了"黄河流域内蒙古段湖泊底泥污染控制与生态化利用关键技术研究"项目。项目将以解决"乌海湖底泥淤泥安全处置与生态高值化利用"及"乌海及周边地区矿山及堆填场生态修复与可持续发展"为目标。同时加大乌海及周边地区生态保护、污染治理科技支撑力度,不断强化科技创新对乌海及周边地区黄河流域生态保护和高质量发展的支撑引领作用。同时,完善科技投入机制、支持鼓励企业创新、组织重大关键技术攻关,进一步推动黄河流域生态保护,加大乌海及周边地区污染治理科技支撑。

(六) 陕西

在行动规划方面,2020 年 4 月,《陕西省推动黄河流域生态保护和高质量发展 2020年工作要点》(简称《工作要点》)印发实施,明确了 22 项重点任务。根据《工作要点》,陕西省将切实加强黄河流域生态环境保护,实施水源涵养提升、水土流失治理、水污染综合治理、大气污染综合治理等工程,加强农业面源污染治理和垃圾分类。力争全年完成营造林 280 万亩,完成黄河流域水土流失治理与生态修复面积 2 000 km^2。完成关中地区剩余70 余万户散煤治理任务,实现城市生活垃圾无害化处理率达到 100%。实施饮用水水源地保护和河道综合提升治理工程,加强汛情旱情和自然资源调查与监测,保障黄河长治久安;实施深度节水控水行动,推进重点水源工程建设,推进水资源节约集约利用。

为落实《黄河流域生态保护和高质量发展规划纲要》要求,陕西省人民检察院与黄河上中游管理局、陕西省河长制办公室、陕西省发展和改革委员会(省黄河办)、陕西省水利厅、陕西黄河河务局联合制定了《关于建立陕西省黄河流域监督协调机制,推动黄河流域生态保护和高质量发展的意见》(简称《陕西省意见》),旨在通过加强检察机关与黄河流域行政监管部门的沟通协作,共同打造黄河流域"流域管理+行政执法+检察监督"依法治河管水新模式,助推陕西省黄河流域生态保护和修复工作质效全面提升,服务保障黄河流域生态保护和高质量发展。《陕西省意见》指出,检察机关与涉黄河流域监管的机关和部门要坚持问题导向,充分发挥各自职能优势,全面加强黄河流域生态环境依法监管,重点针对河湖岸线管理、水资源管理、水土保持、河湖采砂监管及水利工程建设方面5大类28项违法行为开展监督,着力解决陕西省黄河流域生态保护中的突出问题,保障黄河长治久安。《陕西省意见》要求,检察机关、相关行政机关、流域管理单位要增进沟通协调,加强协作配合,形成治河管水合力。要加强信息共享,定期召开联席会议,相互通报执法办案重大情况。要加强办案协作和工作协同,行政机关、流域管理单位对于执法检查中发现涉及违法犯罪及公益损害问题及时移交检察机关办理,行政机关和流域管理单位存在调查取证困难需要检察机关给予支持的,检察机关应当予以协助。要加强能力共建,通过业务培训、调研交流等方式共同提升生态环境保护行政司法保障能力。《陕西省意见》强调,要共同加强对黄河流域生态环境保护重大工作动态、重要政策、重大典型案例的宣传,回应民众和社会各界的关注和期盼,共同为全社会参与黄河流域依法治河管水发挥积极的推动作用。

陕西省部分地市对黄河流域水资源开发与治理也分别制定了相应的规划政策。

潼关为扎实推进潼关黄河流域生态保护与治理,采取多项措施,积极探索黄河流域生态保护和高质量发展"双轮驱动"发展新模式,着力构建高质量的经济社会发展新格局。一是突出黄河流域生态保护。提升水土保持能力,抓好水土流失重点区域造林绿化、美化。推进潼关黄河台塬区水土流失治理工程,加强湿地保护修复。加快推进修复水源涵养功能,提升水利智慧化管理和服务水平,推进对水源地、河流水域岸线、水生态环境等涉水信息动态监测。二是全力保障黄河长久安澜。科学调控水沙关系,健全水土流失治理体系,最大限度减少入黄泥沙。切实提高防洪水平,推进渭河右岸潼关堤防零起点、列斜沟入渭口堤顶道路硬化、绿化及亮化,双桥河重点段防洪工程、潼河入黄口堤防工程等重点工程,形成完善的防洪减灾体系。三是推进水资源节约集约利用。科学合理利用水资源,加快抽黄供水末级渠系改造工程,继续实施港口抽黄工程。提高自产地表水可利用量,大力挖掘地表水开发潜力,加强雨水、再生水等非常规水资源利用。实施以水定产、以水定城,加强机井管控,慎批慎建灌溉机井。全面扎实实行最严格水资源管理,强化水资源承载能力刚性约束。严格控制用水总量,推进取水许可证明确取水权,鼓励开展水权转让,盘活水资源存量。

(七)山西

在水污染治理方面,山西省注重于防护责任的落实、生态保护和环境修复。在责任落实方面,山西省已全面推行河湖长制,充分发挥河湖长制河湖管理保护平台作用。各级河长以身作则、带头履职,河湖长助理加强统筹、协调推进,推动解决了一大批涉河湖治理保护重点难点问题。同时,山西省加大河湖管理基础工作力度,积极推进河湖管理范围划界工作。

为进一步巩固提升黄河流域水环境质量,山西省实施《山西省黄河流域国考断面水质稳定达标管理办法(试行)》。其中规定,依据国考断面未达到地表水环境质量考核指标的不同情形,对相关市县党委和政府负责人进行问责。国考断面,即国家地表水考核断面。黄河流域国考断面水质每年年均值均达到国家年度考核目标,即为稳定达标。市、县级政府是保障国考断面水质稳定达标的责任主体。市级政府制定市级年度实施方案,确定重点工程,细化工作任务,明确部门分工;结合实际,分时段科学管控,精准治污,力争实现高标准稳定达标。对保障国考断面水质稳定达标主体责任落实不力、突出问题久拖不改,造成连续两个季度断面水质均值超标,且影响年度考核指标完成的,开展省级生态环境保护定点督察。山西省还强化考核问责制度,依据辖区内国考断面未达到地表水环境质量考核指标的不同情形,对相关市县党委和政府负责人进行问责,违规排放造成严重后果的,对党政主要负责人及直接责任人依法依规追责问责。

环境修复方面,2021 年 5 月,山西省委、省政府印发《山西省黄河流域生态保护和高质量发展规划》,将推进汾河保护与治理、五湖治理、开展国土绿化彩化财化行动、推进黄土高原水土流失综合治理等作为重点任务。在黄河流域重点地区,山西省大力开展废弃露天矿山生态修复,在 6 市 29 县实施了 1 223 hm² 治理修复任务。扎实推进汾河中上游山水林田湖草生态保护修复工程试点项目,总投资 83.07 亿元,涉及 2 个市和 6 个县(市、区)共 81 个项目,治理面积 1 472.95 km²;项目完成后,可综合治理地表塌陷及地质灾害面积 74.77 km²,水源涵养面积 233 km²,农用地整治面积 44.10 km²,沟坡治理面积 34.09 km²。

(八) 河南

在水污染治理方面,河南省人民政府负责制定流域重要支流污染物排放等事项的地方标准,推进流域重要支流水环境综合治理,打造“小河清、大河净”的水域环境。一是强化流域工业污染协同治理,在煤炭、火电、钢铁、焦化、化工、有色等行业企业实施强制性清洁生产,支持其他行业企业实施清洁生产,加快构建覆盖黄河干支流所有入河排污口的在线监测系统。二是统筹推进流域城乡生活污染治理,以全覆盖、全收集、全处理为目标,统筹安排建设城镇污水集中处理设施及配套管网,推动农村因地制宜建设污水处理设施,巩固提升城市黑臭水体治理成效,有序开展农村黑臭水体治理,持续改善城乡水环境质量。三是实施环境污染强制责任保险制度,健全环境信息强制性披露制度。严格落实排污许可制度,严禁在黄河干流和主要支流临岸一定范围内新建“两高一资”(高耗能、高污染和资源性)项目及相关产业园区。四是健全流域生态保护补偿机制,完善排污权交易、碳排放权交易、用水权交易、用能权交易等制度,严格落实生态环境损害赔偿制度。

在水资源开发利用方面,河南省十三届人大常委会第二十七次会议通过了《河南省人民代表大会常务委员会关于促进黄河流域生态保护和高质量发展的决定》(简称《决定》,《决定》)共 16 条,内容涵盖生态保护修复、水资源利用、水污染防治、黄河安澜、高质量发展等方面,提出河南省要高水平建设大河治理和生态保护示范区、水资源节约集约利用和现代农业发展先行区、高质量发展引领区、黄河文化优势彰显区,流域"九市、一示范区"要共同奏响"黄河大合唱"。

围绕水资源利用,《决定》坚持节水优先,提出了落实"四水四定"、水资源总量强度"双控"要求的一系列措施,从农业、工业、城乡建设三个方面规定了相应的节水控水措施。统筹黄河流域生态保护和高质量发展、南水北调后续工程高质量发展,提出构建流域现代水网体系、推进水网互联互通等,全面提升水安全保障能力。黄河滩区所在地人民政府应当会同黄河河务部门开展滩区综合提升治理工作,探索实行洪水分级设防、泥沙分区落淤和滩区分区治理,实施滩区国土空间差别化用途管制,明确滩区功能区划分、生态治理模式、安全与保障措施。流域各级人民政府应当因地制宜开展生态保护修复。在黄河中游全面加强林草植被建设、水土流失综合治理和矿山生态环境修复,持续巩固退耕还林还草成果,恢复提升区域水土保持、水源涵养等功能。在黄河下游开展生态综合整治,分区分类推进农田、水域和湿地保护修复,提升生态系统稳定性和多样性。加强豫北黄河海河、豫东黄淮冲积平原区综合治理,加快平原防风固沙林建设等,构建平原生态绿网。

(九)山东

为促进黄河流域生态保护和高质量发展,山东财政下达了 120 亿元专项债券额度,集中支持全省引黄灌区农业节水工程建设。该工程总投资 212 亿元,涉及沿黄 9 市 48 个县(市、区)的 63 个项目。同时,安排其中 34 亿元用作节水项目资本金,带动社会资本参与投资建设,加快补齐山东水利基础设施短板。根据山东农发行的规划,2019—2021 年,全行黄河流域生态保护相关贷款(水利建设、生态环境建设与保护、农村人居环境、贫困村提升工程、林业资源开发与保护等绿色信贷产品)实现"两高",即年均增速高于全省农发行各项贷款平均增速、高于金融同业贷款平均增速,力争审批黄河流域生态保护相关贷款 500 亿元、投放 260 亿元,支持黄河流域生态保护和高质量发展有体量、有特色、有亮点,成为支持山东黄河流域生态保护的主力和骨干银行。

此外,山东省高级人民法院、黄河水利委员会山东黄河河务局联合发布了《关于建立黄河流域生态保护与高质量发展服务保障机制的意见》(简称《山东省意见》),要求建立涉黄河流域案件绿色通道,为黄河流域生态保护和高质量发展提供服务和保障。《山东省意见》指出,建立绿色通道,对涉黄河流域案件快立、快审、快判、快执,为黄河流域生态保护与高质量发展提供有力司法保障;加强黄河流域执法与司法审判工作的有效衔接,建立人民法院与黄河河务部门协作、配合、联动的黄河流域生态保护与高质量发展服务保障机制;在黄河工程保护、生态保护、资源保护和文化保护等方面形成合力,努力让黄河成为造福人民的幸福河。《山东省意见》要求,建立执法与司法衔接机制,对侵占、毁坏黄河水工程及堤防等违法行为,黄河河务部门作出行政处罚决定后,向人民法院申请强制执行,符合法律规定的,人民法院裁定准予强制执行;对黄河管理范围内乱占、乱采、乱堆、乱建行为,人民法院支持黄河河务局依法采取行政强制措施,予以强制清除。此外,《山东省意见》还提出,建立巡回审判机制、案件集中审理机制、环境司法修复机制、生态环境损害赔偿审判机制,人民法院与黄河河务部门加强协作配合,加大宣传力度,开展联合培训,强化信息互通。

山东省于 2022 年 2 月印发了《山东省黄河流域生态保护和高质量发展规划》,提出要推进水资源节约集约利用,坚持"节水优先、空间均衡、系统治理、两手发力"的治水思路,全面实施深度节水控水行动,强化水资源总量红线约束,不随意扩大用水量,优化水资源调配体系和机制,大力发展节水产业和技术,确保有限的黄河水资源发挥最大效益。一是系统优化水资源配置。完善干支水网体系。着力破解工程性缺水瓶颈,统筹黄河水、长江水、地表水、地下水和非常规水资源,完善"四方连通、全省一体,多源调剂、统筹兼顾"的水资源调配格局。充分发挥南水北调一期工程效益,根据国家统一规划,稳步推进南水北调东线二期(干线)工程,实施南水北调东线二期山东省干线及配套工程。将东平湖打造成为山东省水资源的调配中枢。推进引黄涵闸改造提升,对引黄干支渠系进行疏浚防渗整治,建设董口水库等引黄调蓄工程,完善引黄供水体系。发挥峡山水库水源地战略调蓄作用,提升水库水质,论证实施岸堤、跋山、青峰岭、墙夼、峡山五库连通工程和南四湖水资源利用北调工程,相机调引沂沭河、南四湖及东平湖雨洪水到峡山水库及胶东半岛地区。论证开展沂沭河洪水利用南线—日临双向调水工程等跨流域、跨区域调水工程前期工作。完善市县水网,加强局域水系连通和水资源调配工程建设,打通水系脉络,联合调度保障供水安全。建设雨洪资源调蓄利用工程。加快实施老岚水库、官路水库及输配水工程、长会口水库、双堠水库等调蓄工程,推进马头山水库、卧龙水库、平畅河地下水库、黄垒河地下水库等区域性水库工程建设,实施岩马水库、周村水库、马河水库等水库增容工程,发挥水库调蓄雨洪作用。推进徒骇河黄桥、潍河昌邑等拦河闸坝建设。实施塘坝、坑塘等小型水源工程。加快海绵城市建设,加大城市降雨就地消纳和利用比重。加快非常规水源开发利用。推动非常规水源纳入水资源统一配置。建设城镇污水处理设施,完善污水收集系统。优化再生水处理工艺,完善再生水利用设施及配套管网,制定再生水利用优惠政策,加强城镇再生水回用。将淡化海水纳入沿海地区水资源统一配置,完善海水淡化项目用电用地政策,推动海水淡化规模化、产业化和全产业链协同发展,支持沿海城市创建国家海水淡化与综合利用示范城市,实施龙口裕龙岛、鲁北碧水源、烟台万华等海水淡化工程,建设国家海水淡化产业基地。保障城乡供水安全。全面完成流域内"千吨万人"以上饮用水水源保护区划定和规范化建设,健全完善应急备用水源体系,加快城乡供水一体化、农村供水规模化建设,实施农村供水工程规范化改造项目。优化城市供水水源布局,实施供水系统连通、互为备用,提高供水保证率和应对突发性水安全事件等应急能力。二是全面建设节水型社会。严格实施水资源消耗总量和强度双控制度。健全省、市、县三级行政区域规划期及年度用水总量、用水强度控制指标体系,强化节水约束性指标管理。有序推进区域流域水量分配。严控水资源开发利用强度,强化水资源承载能力在区域发展、产业布局等方面的刚性约束。完善节水标准体系,修订省级农业、工业、服务业以及非常规水利用等各领域节水标准。规范计划用水管理,加强重点监控用水单位取用水情况监管。将节水作为约束性指标纳入当地党政领导班子和领导干部政绩考核范围,坚决抑制不合理用水需求,坚决遏制"造湖大跃进",建立排查整治各类人造水面景观长效机制,严把引黄调蓄项目准入关。促进农业节水增效。扩大节水灌溉规模,以大中型灌区为重点,推进灌溉体系现代化改造,实施引黄灌区农业节水工程,打造高效节水灌溉示范区。完善引黄灌区骨干灌排工程及田间节水工程体系,建设计量监测与管理信息系统,配套计量基础设施,推进农业灌溉定额内优惠水价、超定额累进加价制度,建立农业用水精准补贴和节水奖励机制。选育推广耐旱农作物新品种,提高低耗水、高耐旱作物种植比例。提升工业节水效能。严格高耗水行业用水定额管理,对超过取水定额标准的企业实施分类分步限期节水改造。提高工业用水超定额水价,倒逼高耗水项目和产业有序退出。大力推广节水技术、设备和工艺,加快节水及水循环利用设施建设,促进企业分质用水、一水多用和循环利用。全面提升工业用水重复利用率,建设一批节水标杆企业和园区。推进城镇生活节水。全面推进节水型城市建设,将节水落实到城市规划、建设、管理各环节,实现优水优用、循环循序利用。实施城镇供水体系和供水管网改造提升工程。鼓励中水产业化发展,工业、环卫、绿化等领域优先使用再生水。大力推广绿色建筑,在公共区域和城镇居民家庭推广普及节水型用水器具,新建、改建、扩建工程必须安装节水型器具。支持济南建设黄河流域节水典范城市。激发节水内生动力。加大公共财政投入,实行节水奖励补贴制度,落实国家节能节水税收优惠政策,鼓励金融机构对符合贷款条件的节水项目优先给予支持,引导社会资本通过合同节水等方式参与节水项目建设和运营。开展节水统计调查,加强对农业、工业、生活、生态环境补水四类用水户的涉水信息管理。探索将节水型单位建设结果与创建文明城市、文明单位等挂钩。加强节水宣传教育,建设一批节水教育基地,进一步增强全社会节水意识。

山东省部分地市对黄河流域水资源开发与治理也分别制定了相应的规划政策。

济南市统筹协调山水林田湖草沙生态要素和"山泉湖河城"独特禀赋,提升沿黄生态系统的稳定性。在 183 km 的河段实施生态保护修复行动,推进入河排污口、滩区环境综合整治,系统保护济西、龙湖、玫瑰湖等沿黄湿地群落。同时,积极打造黄河下游绿色生态廊道,开展郊野公园、生态防护林保护提升行动,有序推进投资 24 个生态保护重点项目,黄河百里生态风貌带初步形成景观效果。通过系统保护,聚力打造黄河流域生态保护示范标杆。济南从发展、民生、保泉需要出发,实施最严格的水资源管理制度,聚力打造节水典范城市,万元 GDP 用水量约为全国 1/3,重点泉群连续 18 年保持喷涌。同时试点再生水利用,优化水资源配置,坚持"以水定城、以水定地、以水定人、以水定产"。

齐河县全面践行新时代党的建设总要求和新时代党的组织路线,深化党建对黄河流域生态保护和高质量发展的引领作用,推动黄河流域生态保护和高质量发展有魂、有序、有力、有效。成立由县委、县政府主要负责人任组长的工作领导小组,在全国黄河流域县(市、区)中率先启动《黄河流域生态保护和高质量发展规划》编制工作,围绕 18 项重大课题系统调查研究,谋划发展路径;制定《关于贯彻落实新时代党的建设总要求全面加强党的政治建设的实施意见》,切实增强党组织政治功能和党员队伍的凝聚力;举办"齐河大讲堂",每月开展 1 期,邀请专家学者围绕乡村振兴、黄河流域生态保护和高质量发展等中央重大决策和战略进行专题解读。创设实体化运行的"巡回党校",开展"四史教育"、黄河流域生态保护和高质量发展等方面内容专题培训,把上级精神送到基层党员家门口;完善体制机制,让人才"引得进"。完善专业人才培养机制,成立黄河河务领域创新工作室,集结包括高级工程师、工程师等在内的 20 名优秀专业技术人才,针对当前治黄工作中的重点、难点问题开展技术攻关,获得黄河水利委员会科技"进步奖" 1 项、黄河水利委员会"三新" 11 项。

第四章 国内外河流开发及治理经验

一、国外河流开发及治理经验

(一)莱茵河

1. 基本情况介绍

莱茵河发源于瑞士境内的阿尔卑斯山,流经德国、列支敦士登、奥地利、法国及荷兰,最后从鹿特丹附近注入北海,是西欧第一大河。莱茵河是一条融雪和雨水灌溉的河流,其全长 1 232 km,流域面积约为 22 km²[42]。莱茵河造福了德国、法国、卢森堡、荷兰等 9 个欧洲国家包括 5 千万人口的生活,是重要饮用水源[43],其中德国占最大部分,占流域面积的 55%,瑞士占总流域面积的 18%,法国占流域面积的 13%,荷兰占流域面积的 6%,而列支敦士登、意大利、比利时、奥地利和卢森堡只占小部分[44]。以巴塞尔、宾根、科隆为界,其可依次被划分为阿尔卑斯莱茵河、上莱茵河、中莱茵河和下莱茵河。其主要支流包括摩泽尔河、内卡尔河、鲁尔河、美因河等[45]。

2. 面临的问题

由于人们的不合理开发和对莱茵河保护意识的缺乏,莱茵河流域逐渐出现水质污染、生态破坏、洪灾频发等问题,一度被称为"欧洲的下水道"。

1) 水质污染和生态破坏

莱茵河曾经是一条非常重要的鲑鱼河流,但在 20 世纪 30 年代,由于大坝建设、过度捕捞和水质恶化,鲑鱼种群数量减少[46]。随着工业的高速发展,大批能源、化工、冶炼企业在将莱茵河作为工业用水的同时,又将所产出的废水排入莱茵河中,致使水质恶化[47]。同时,人口密度的提高和粗放的农业生产也进一步加剧了水质的恶化。20 世纪 70 年代中期,莱茵河水质恶化达到顶峰,河水中溶解氧几乎为零,鱼类完全消失。

2) 洪灾频发

为实现快速发展,沿岸国家对莱茵河流域的土地大肆开发和利用,不断建造水利和航运基础设施,使得天然洪泛区域不断减少,流域洪水问题变得十分突出。1882 年莱茵河流域发生了流域性大洪水,但当时影响到的人口相对较少[45]。19 世纪和 20 世纪对河流的管制使得莱茵洪泛区的大规模淹没不那么频繁,但同时也鼓励人类对流域土地的进一步侵占,使得洪水造成的威胁不断加大[48]。1993 年 12 月的洪灾造成近 30 亿美元的损失,并迫使超过 25 万人撤离[49]。洪灾的频繁发生,给沿岸国家居民的生活带来了巨大危险,经济损失不断增加。

3. 治理的方案

面对莱茵河流域发展中出现的一系列问题,人们幡然醒悟,开始对莱茵河进行治理。如今,莱茵河已成为是世界上管理得最好的一条河流。

1）建立跨国合作机制统一管理

莱茵河的管理,特别是保护莱茵河国际委员会(ICPR)经常被视为国际河流流域管理的典范案例[50]。为进一步推进莱茵河保护工作的跨国管理和协调,1950 年 7 月,保护莱茵河国际委员会(ICPR)正式成立。成立之初,组织的成员国是瑞士、德国、法国、卢森堡和荷兰,1976 年欧洲共同体也正式加入该组织[46]。ICPR 成立后,各国针对莱茵河流域的治理,制定了完善的法律法规和工程措施,实施流域综合管理[45]。经过各国近几十年的努力,莱茵河流域的水质再次清澈。

除 ICPR 外,还有莱茵河水文委员会、保护摩泽尔和萨尔河国际委员会、莱茵河流域水处理厂国际协会、保护康斯坦斯湖国际委员会及莱茵河航运中心委员会等国际组织也致力于莱茵河流域的治理[51]。

2）优先发展航运

由于天然的地理条件,欧洲具有优越的航运系统。通过运河,多瑙河、内卡尔河、易北河和莱茵河之间构成了一条发达的航运网络。其中,莱茵河最为繁忙[51]。为大力发展航运,莱茵河实行了免费和免税的自由航行政策,因此逐步成为了世界内河航运最繁忙、最发达的航道之一。莱茵河沿岸各国为进一步发展航运,不断对河道进行整治,对航道进行升级。同时,将公路运输、管道运输、铁路运输与航运相连,构建了立体的交通运输体系[45]。

3）高度重视水生态保护与修复

面对日益严重的水生态环境问题,莱茵河沿岸各国逐渐加强了水生态保护与修复。以污染控制和改善生态环境为目标,1987 年 ICPR 正式通过了"2000 年鲑鱼计划"。早在计划实行的第 7 年,即 1994 年,工业和城市污染减少 50% 的目标和最优先物质投入减少 70%~100% 的目标皆已实现。2000 年,在实施过程结束时,几乎所有减排目标都已实现,一些重点污染物质不再被检测到[52]。

4）加强洪水防治

为降低洪水对沿岸居民安全和货物保存的威胁,并扩展和加强莱茵河的洪泛区,1998 年的 ICPR 成立了"洪水行动计划"。计划目标在 2020 年实现洪水损坏风险降低 25%,蓄水区下游的极端洪水期减少至 70 cm,使居住在莱茵河附近的居民了解现有风险,明显延长洪水预报的周期以避免潜在的破坏[52]。

（二）泰晤士河

1. 基本情况介绍

泰晤士河横贯英国,是英国的母亲河。泰晤士河流经英格兰南部,贯穿整个大伦敦,流域人口约 1 500 万,从河口的绍森德到伦敦西部的特丁顿(约 80 km),河流潮汐强劲[53]。同时,该河及其河口是一个重要的生态系统,支持着 125 余种处于不同发育阶段的海洋和淡水鱼类[54]。在伦敦上游,泰晤士河沿岸有许多名胜之地,诸如伊顿公学、牛津大学、亨利小镇和温莎堡等。泰晤士河的河口挤满了繁忙的英国商船,但上游的河流却以其静态美而闻名。泰晤士河流域在英国历史上也扮演着重要角色。

2. 面临的问题

1）塑料污染严重,水质恶化

到 19 世纪为止,泰晤士河的河水很清澈,但是随着工业革命的崛起和两岸人口的激增,泰晤士河迅速被污染,水质严重恶化。1878 年,"爱丽丝"号的游船沉没共有 640 人死亡。事后调查显示,很多牺牲者的死因并不是溺水,而是因河水严重污染中毒而死亡。20 世纪 50 年代末,泰晤士河的污染进一步恶化,水中的氧气含量几乎等于零,1849—1954 年,滨河地区约有 2.5 万人死于霍乱。

2）洪涝灾害发生风险高,后果严重

伦敦和英格兰东南部泰晤士河口的洪泛区容易受到风暴潮的洪水的影响,地区洪水的后果十分严重,持续时长可达两周[55]。大洪水会造成严重破坏,并可能对主要高速公路造成交通网锁定,暂停供应伦敦的几个主要饮用水抽取,并威胁到多达 20 个当地变电站。

3. 治理的方案

面对泰晤士河流域发展中出现的一系列问题,英国政府在 1960 年接管了相关机构,开始了对泰晤士河的全面治理。

1）建立适应的法律制度,严格限制二次污染

在 2000 年欧洲大陆遭受严重洪灾之后,联合王国政府于 2005 年公布了其政策文件《Making Space for Water》,其目标之一是根据政府的可持续发展原则,提供最大的环境效益、社会效益和经济效益[56]。通过立法,严格规定泰晤士河直接排放工业废水和生活污水的要求。有关当局重建并延长了伦敦的下水道,建设了 450 多个污水处理厂。为了促进这种整体方法,环境署对所有洪水和海岸侵蚀风险进行了总体战略概述。现在,泰晤士河沿岸的生活污水集中在污水处理厂处理后再排入泰晤士河,而污水处理费用则被计入居民的自来水费。

2）施行洪水防治战略,做好战略评估工作

针对严重的洪涝灾害,英国政府决定对泰晤士河下游河段施行洪水风险管理(FRM)战略,该战略涵盖了英格兰洪涝风险最大的发达但未设防的平原之一,涉及 21 000 处房产和近 50 000 人,年超标概率(AEP)洪水风险超过 0.5%。另外,根据《2004 年计划和方案环境评估条例》《泰晤士河下游战略》要求,相关机构需要对不同的战略选择进行评估,作为其编制工作的一部分。战略环境评估的目的是确保在计划制订和执行时收集和提供关于计划或方案的环境影响的信息[56]。

3）完善河流管理机构体系,提高运行效率

在泰晤士河的治理过程中,完善的管理体系起到了重要的作用。在水监管领域,英国环境、食品和农村事务局(Defra)负责制定和实施相关的水相关政策和法律,并负责水监管机构的宏观管理。政府成立了四个独立的监督机构,负责水环境、水管理、饮用水质量和给水排水服务,并逐步建立了与私有化相适应的水监测系统。监管机构包括 Ccwater、DWI、Ofwat 和 EA[57]。

4）建立资金保障机制,拓宽治理融资渠道

泰晤士河的治理从 1858 年至 20 世纪末,泰晤士河的治理花费了大量资金,整治费用

多达300多亿英镑,如此庞大的资金仅靠政府的支持是远远不够的。为了解决资金缺口问题,泰晤士河采取了多种融资方式,这些融资方式成功的一个主要特点是市场化运作。公用事业承办向用户提供有偿供水和排水服务,收取相应费用,同时利用向用户收取的费用建设和运营公共供水设施及公共排水设施。

5)加强宣传教育,提高公民环保意识

水环境管理与每个人的生活息息相关,保护水资源也是每个人的职责。泰晤士河的污染与当时人们环保意识薄弱有很大关系,因此英国政府和公益组织通过多种宣传途径向公民科普水环境污染的危害,并积极提倡环保行为,极大提高了公民在泰晤士河污染治理上的参与度[58]。

(三)密西西比河

1. 基本情况介绍

密西西比河是世界第四长河,也是北美洲流程最长、流域面积最广、水量最大的河流。该河支流非常多,支流和干流交织在一起覆盖了约40%的美国国土面积[59]。流域各州包括肯塔基州、田纳西州、阿肯色州、密西西比州、明尼苏达州、威斯康星州、艾奥瓦州、伊利诺伊州、密苏里州、路易斯安那州等10个州。加上分支占了美国29个州,其中包括俄亥俄州、蒙大拿州、印第安纳州等。密西西比河流域是世界上第三大水系。密西西比河本身长达3 700多km,与俄亥俄河和密苏里河一起,排入了美国31个州和加拿大2个省的全部或部分地区[60]。由于密西西比河是重要的美国交通走廊,美国政府长期以来主要关注可通航河道的开发和维护。

2. 面临的问题

由于未能平衡发展与保护的关系,美国的密西西比河曾受到严重污染。流域各州过量的农药使用、工业废水和政府居民生活污水的排放,导致河流水质严重恶化。土地的不当开发、水利工程过度建设造成了密西西比河水文条件的大幅度变化,影响了河水的直接流动和分配。

1)水体富营养化

富营养化会使水生生物特别是藻类大量繁殖,使生物量的种群种类数量发生改变,破坏了水体的生态平衡。由于大量使用氮基(硝酸盐、亚硝酸盐和铵态盐)肥料,密西西比河中的硝酸盐/亚硝酸盐浓度经常超过3 mg/L(N),这些多余的氮(和磷)最终进入了密西西比河流域,并最终排入了墨西哥湾[62]。

2)水土流失严重

为了加速经济的发展,密西西比河沿线各州过度建设水利工程,加大对沿线的土地开发和利用,通过开发航道和防洪工程对生态环境造成严重的破坏。例如,密西西比河三角洲自20世纪30年代以来就已经失去了大约5 000 km²的沿海湿地。湿地的减少使得河流水土不稳定,容易出现各种灾害。

3. 治理的方案

密西西比河的生态环境变得逐渐恶劣,联邦和流域各州政府纷纷采取了一系列措施来解决密西西比河出现的问题,并取得了一定的成效。

1）健全法律体系

成功治理的保障就是不断健全法律体系，美国国会通过健全内河航道的法治体系，使水资源、水利、水电、水运工程建设与管理均有法可依，先后通过了《1936 年防洪法》和《水资源规划法》，之后《清洁水法》的颁布正式建立了排污许可制度。1986 年，继续颁布了《水资源发展法案》，之后联邦政府又先后颁布了《河流流域管理局法案》《联邦洪水保险法》《国家洪水保险法》《洪水灾害防御法》《洪水保险计划修正案》。

2）开展较为全面的检测计划

通过对河流进行全面的检测，利用 pH 值、温度、导电性、大肠杆菌群等 9 项指标和 1 项生物指标进行长期监测，利用水质随季节变动来评估河流的健康状况。同时还设立风险的识别和等级机制，通过对风险的研判进而对其进行检测。

3）生态环境改进和修复建设

沿岸各州通过采取各种各样的技术，因地制宜地解决问题，包括实施改变侧渠、疏浚工程建设、洪泛区森林多样化建设等措施，对密西西比河流域的生态环境进行修复性建设，并在此基础上适当地进行改进。

4）建立土地使用计划

通过加强对沿岸的土地进行管理，有效地利用密西西比河沿岸流域土地，将土地划分为项目运营区、娱乐密集使用区、野生动物保护管理自然区等。野生动物自然保护区主要是保存各种资源以及濒危野生动植物，在此类区域一般限制或者禁止公共活动。通过对土地的使用进行规划，增强了对密西西比河流域的生态保护。

5）增强洪水控制能力

加大对密西西比河流域洪水的控制作用。密西西比河的沿岸堤防在密西西比河的洪水控制中发挥着至关重要的作用，它防止或消除了大多数历史上在高水位事件期间的河岸过度洪水[60]。沿线通过加固堤防等措施增强了人们对洪水的预防和控制能力。

（四）韩国汉江

1. 基本情况介绍

汉江流域位于朝鲜半岛中部，是韩国第二长的河流，全长约 500 km，流域面积 417 km²。汉江位于朝鲜半岛中部，在农业、航运、娱乐供水方面发挥着重要作用，还为大约一半的韩国人口（2 400 万人）提供了饮用水源[63]。汉江流域的年平均降水量为 1 300 mm，东部高海拔地区降水较多，西部低地降水较少，在降水的季节分布方面，全年大约 70% 的年降水量集中在夏季，而冬季降水较少。汉江河流流量反映了降水的季节变化，其最大流量出现在多雨的夏季季风季节，而最小流量出现在干燥的冬季[64]。

2. 面临的问题

1）水污染问题

由于 19 世纪 70 年代韩国中部地区经济和工业的快速发展，汉江的水质急剧恶化。尽管自 19 世纪 80 年代后期以来，由于加大了对干流水质管理的投入力度，汉江流域水质取得了一定程度的改善，但汉江干流及其支流水体仍存在严重的污染问题[65]。

2）河道过度开发

汉江流域的过度开发，河岸河道硬化问题严重，导致许多水生植被无法生存，众多生灵失去生存环境。在19世纪60年代之前,韩国汉江河岸绿地被系统地用于洪水管理和防风林。然而,自19世纪70年代以来,由于工业化和城市化的快速发展,汉江河岸绿地被无谓地拆除,其固有功能已经消失[66]。

3. 治理的方案

针对汉江流域出现的问题,韩国政府也采取了一系列措施进行治理并取得了一定的成效。

1) 河岸带立法保护

随着河岸带的重要性得到认可,韩国环境部于1999年以汉江流域为首,对韩国国内四大河流的供水区进行了河岸带保护立法,为河岸绿地建设奠定了制度基础。河岸带指定面积约为1 200 km²,约占韩国陆地面积的1%。韩国各流域环保办还积极推进河岸带土地收购,清除水污染源,开展河岸绿地建设等生态修复工程[66],旨在保护水源和生态恢复。

2) 水污染治理

由地方政府规划、建设和运营,综合利益相关者目标并调动公众参与,实施河流修复计划。政府在尊重当地居民意见的前提下,并考虑可行的方案,凭借公开听证会和咨询会议,以协商一致的方式就相关问题做出决定。通过恢复生物功能、改善水质、加强防洪设施和提供休闲设施等河流治理手段,使得汉江的水污染问题得到明显解决[67]。

二、国内河流开发及治理经验

(一) 秦淮河

1. 基本情况介绍

秦淮河位处长江下游地区,经江苏省南京市主城,全长约1 100 km,流域面积达2 631 km²。东起于句容市宝华镇,南起于溧水县东庐山,至江宁县西北村汇合,而在武定门闸附近又分为内外两支[68]。秦淮河四周低山丘陵面积占总面积的80%,同时其支流丰富,是典型的一干多支树状形河道[69]。秦淮河在保护地区生态、农田供水以及人畜水资源供应方面起着不可替代的作用[70]。此外,流域内城市化发展进程较快,极大地推动了地区的经济发展。

2. 面临的问题

1) 水位变动异常

随着我国东部地区大规模城市化,秦淮河流域的水位受到一定程度的影响。20世纪80年代至2010年,城市化使秦淮河不透水面积扩大了8倍,且结构简化现象严重,因此导致月平均水位显著上升。其中原低水位对城市化的干扰更为敏感,枯水期水位和最小低水位脉动均表现明显增大水平[71]。

2) 水质污染和生态破坏

城市化带来的秦淮河流域污染问题日益严重。塑料制品使秦淮河生态环境发生变化,MPs(微塑料)的沉降对水域内造成极大的生态污染,微生物在微塑料上定植将会影响区域内的生态运输行为[72]。与此同时,上游秦淮河干流、沿线友谊河、运粮河和南河等支流河道水质较差,即汇入河道水质不达标。此外,沿河雨水泵站、排口排出水体水质受污染现象严重,控源截污尚不彻底[73],并且内外河水质污染程度也存在差异,与外秦淮河比,内秦淮河由于旅游业的发展污染现象更为严重,汉中门等河段硬质化现象仍然存在[74]。

3) 河网结构变化

秦淮河流域近25年来河网密度、水面率和河网复杂度整体程度降低,整体规模呈现萎缩态势,河道受城市人口快速增长以及生活垃圾的随意倾倒而产生淤积。与此同时,流域内整体水系连通度呈下降趋势。大量二、三级河道的淤积和填埋将会对河网稳定性产生一定程度的破坏,对流域内生态环境以及洪水防治产生影响[75]。

3. 治理的方案

1) 实施项目法人制,打破流域治理的融资壁垒

秦淮河的治理需要大量资金,为此南京政府创新性地实施了秦淮河工程的项目法人制。秦淮河综合整治工程包括水利、环保、安居、景观、路网5大项目,必须有高度统一的规划和指挥。2003年7月,南京市政府授权成立集投融资、建设、管理和经营为一体的秦淮河建设开发有限公司。社会公益性工程实施项目法人制,公司打破条块壁垒,5大项目统筹推进。随后,南京市巧用政策,成功打开了市场化融资大门:沿河200 m范围内开发3 000亩土地融资;自来水费中城市污水处理费上涨0.15元/立方米,每年7 500万,20年用于秦淮河治理。与此同时,南京市赋予公司两个特许经营权,一个是旅游特许经营权,另一个是广告特许经营权。特许经营权的项目所得用来弥补秦淮河建设的资金缺口[76]。

2) 加强水污染防治和水环境治理

对支流如运粮河、友谊河、南河开展水环境提升工程,使水质不低于Ⅴ类。在加强雨污分流工程建设的同时进行排口整治,查清水体来源并尽量减少非必要排口数量[73]。加强秦淮河上、中、下游的治污行动的统筹协调工作,开展系列清洁农业生产[69]。与此同时,开展河网水系的综合整治和调水引流,促进河道水体循环以及水体自净能力。着重恢复和增强农村河网的引排能力,江河湖水系综合整治与生态修复工程结合,增强农田抗旱防灾能力并最大程度地改善周边地区农民的生产生活用水条件[69]。

(二) 永定河

1. 基本情况介绍

永定河是海河五大支流之一,流经内蒙古、山西、河北、北京及天津等5个省及直辖市,全长759 km[77],是京津冀晋地区重要水源涵养区和生态安全屏障。永定河流域上游一级支流为桑干河和洋河,两支合并后始称为永定河。永定河流域属半湿润半干旱季风气候,多年平均降水量为360~650 mm,6—8月降水量约占年均降水量的80%。干流官厅水库以上流域属于山区,面积为4.51万 km²,占全流域总面积的95.8%,是主要产流区。册田水库、响水堡水库分别为永定河一级支流桑干河、洋河的主要水库,集水面积分别为1.71万 km²和1.45万 km²[78]。

2. 面临的问题

20世纪60年代以来,由于上游来水减少以及工农业生产和城市用水的增加,永定河部分河段一度出现连续断流、水位下降、河道干涸的现象。

1)径流减少,直至断流

自 20 世纪 70 年代末以来,永定河的气候状况已经向愈发干旱的方向转变[79]。近十年来,北京的年平均降水量比长期历史均值 585 mm 低 30%。永定河上修建的一系列水利工程,在承担防洪、蓄水、分流、发电等功能方面起到了重要作用,但也切断了永定河的自然生态系统,大部分水源用于工农业生产和居民生活,从而使永定河的径流量不断减少。

2)水污染日趋严重

工农业用水和生活用水剧增,随之污水排放量也不断增加,永定河生态系统遭受冲击。永定河上淡水生态系统的丧失,导致了裸露的沙质通道,这被认为是造成北京沙尘事件的关键因素[80]。日益富营养化的水体不但对永定河流域的生态系统造成严重损害,也危及环境稳定与人体健康。

3)沙源及风沙灾害增加

历史上永定河多次决口,迁徙改道,在北京地区留下了许多纵横交错的故道,使永定河沿岸形成大面积沙地。从 1970 年末开始,由于持续干旱,上游来水量减少,永定河平原段河道断流,不少河段成为垃圾填埋场,一些人直接将垃圾和渣土倾倒到河道中,这些渠道变成了砾石矿、污水和垃圾的倾倒场。随着城市化的进程加快,砂石的需求量不断增大,这又使永定河成为一些不法分子滥采乱挖的场所,河床中大量泥沙裸露出来,形成了多个大小不一的沙坑,泥沙堆积较厚的地区出现了移动的沙带,成为京西最大的风沙源。

3. 治理的方案

近些年,中央和北京市政府及相关水利部门为了遏制永定河流域生态环境的恶化,采取了一系列措施,对永定河进行生态修复和治理。流域生态环境有所好转,森林覆盖率上升,风沙灾害减少,特别是三家店到宛平湖一带河水复现,河道湖泊替代了干涸的河床。

1)水源保护

2009 年,北京水务局(BWA)批准建设永定河绿色生态走廊,从而"确保水生态系统服务,以改善社会经济条件,提高城市宜居性"。绿色生态走廊试图通过建设 6 个湖泊和 3 个功能性湿地来解决环境破坏问题,这将为永定河带来 1.3 亿 m³ 的水[81]。2016 年,国家发展和改革委员会联合水利部、国家林业局及相关省(市)联合编制《永定河综合治理与生态修复总体方案》,作为永定河重要水源地的山西省、河北省也被纳入总体方案。

2)水环境修复

永定河流域生态脆弱,最小生态需水保证程度较低。上游良好生态的维持,对下游及整个流域物质生产的进行和生态服务价值的发挥具有重要意义[82]。永定河上游峡谷区存在大面积林地,其固碳释氧、吸收有害气体能力较强。中游河道两侧的防护林区域及下游部分地区的农田生态系统可起到吸收 SO_2 等有害气体、减低噪声等作用[83]。2010 年,永定河绿色生态发展带建设正式实施,成立了永定河绿色生态发展带建设领导小组,启动 8 项治理工程。通过优化调度水资源,增加河道蓄水,形成由溪流联通的湖泊和湿地,恢复河流自然形态,形成良好的城市景观河流[84]。

3)沙源治理

1990 年初期,国家和地方政府在永定河上游地区展开了小流域综合治理工作。2000

年以后,京津风沙源治理工程启动,河北、山西、内蒙古等省(自治区)开始大规模退耕还林、荒山造林、草地治理和小流域治理,客观上保护了永定河上游水源地,在一定程度上阻止了生态环境的持续恶化。在新的治理模式下,永定河综合治理与生态修复取得了一系列令人瞩目的成就。2017 年以来,已累计向桑干河、永定河生态补水 7.98 亿 m^3,沿线发现野大豆、黑鹳、震旦鸦雀等多种珍稀动植物。截至 2020 年底,永定河治理水利项目已开工 32 项,开工率达到 62.7%[85]。

三、经验启示

根据对国内外河流开发及治理经验的总结,发现大江大河的开发及治理需要建立长效机制,需要法律法规、污染防治技术、河流综合管理、资金支持、居民环保意识等各方面的共同保障。

第一,建立健全法律体系。立法保障是河流开发与治理的根本,通过立法,健全河流航道的法治体系,使水利、水电、水运工程建设与管理均有法可依,同时对工业废水和生活污水的排放也要制定规范化的要求与条例。

第二,研发污染防治技术,提高河流修复能力。通过采取多项先进技术,对河流的不同污染原因导致的生态环境破坏进行综合治理,对农业、工业和生活废污水排放进行严格整治,查明排污来源并尽量减少非必要排放,同时开展全面的污染物检测计划,通过多种指标对河流进行长期动态监测,实时掌握河流健康状况。

第三,规范化河流综合管理。大江大河一般流经众多区域,需要建立统一的河流管理机构专项化负责河流的管理与协调工作,同时设立必要的监督机构也是保证河流高效管理的重要手段。

第四,创新融资渠道,保障河流开发及治理的资金支持。河流开发及治理需要投入大量的资金,不能仅仅依靠政府的财政支持,这就需要建立资金保障机制,创新融资方式以拓宽河流治理融资渠道,如秦淮河的项目法人制、泰晤士河的有偿供水、排水服务制。

第五,加强公众宣传教育,提高公民环境保护意识。公民自觉的环境保护意识是保障河流长期清洁健康的重要力量,而且公众环保关注度的提高也能通过公众监督促进河流管理机构管理水平的提高。

综合分析篇

第五章　研究概述

一、选题来源及意义

水资源是生产生活系统重要的投入要素,是实现生态系统健康循环的基础性资源。中国水资源总量相对丰富(居世界第 6 位❶,2019 年约为 29 041 亿 m³),人均严重不足(约为世界平均水平的 1/4,2019 年约为 2 077.75 m³/人,处于"中度缺水"边缘线❷),地区分布不均,同时还存在地下水超采及污染严重的问题,已成为限制地区经济可持续发展的阻力[86]。

2019 年 9 月 18 日,习近平总书记在河南省郑州市主持召开黄河流域生态保护和高质量发展座谈会并发表重要讲话,首次提出黄河流域生态保护和高质量发展,同京津冀协同发展、长江经济带发展、粤港澳大湾区建设、长三角一体化发展一样,是重大国家战略[87]。2020 年 8 月 31 日,中共中央政治局召开会议,审议《黄河流域生态保护和高质量发展规划纲要》,会议指出,黄河是中华民族的母亲河,要把黄河流域生态保护和高质量发展作为事关中华民族伟大复兴的千秋大计。同时强调要大力推进黄河水资源集约节约利用,把水资源作为最大的刚性约束,以节约用水扩大发展空间[34,88]。2021 年 10 月 8 日,中共中央、国务院正式印发了《纲要》,指出黄河流域最大的矛盾是水资源短缺,最大的问题是生态脆弱,最大的短板是高质量发展不充分,同时还强调黄河流域要强化城镇开发边界管控,并支持城市群合理布局产业集聚区[89]。

黄河流域生态保护与高质量发展国家战略之所以强调水资源的集约节约利用,是因为黄河流域的水资源极为稀缺。2019 年,黄河流域省份(山西、内蒙古、山东、河南、四川、陕西、甘肃、青海和宁夏)水资源占有量仅为全国总量的 19%,并以中国 21.28% 的水资源利用量贡献了 25.11% 的国内生产总值,可见水资源是黄河流域经济持续稳定增长的约束性资源。从万元 GDP 用水量(见图 5-1)来看,在去除价格波动因素的影响后,黄河流域万元 GDP 用水量在 2003—2019 年期间一直呈现下降趋势,万元 GDP 用水量从 2003 年的 328.90 m³ 下降到 2019 年的 72.37 m³,减少约 78.00%,可见近年来黄河流域在水资源的集约利用方面取得了长足的进步。然而,从用水量及 GDP 在全国层面的占比来看,根据图 5-2 可知,自 2014 年起,黄河流域用水量占比持续上升,而 GDP 占比却持续下降,集约节约用水之路仍然任重道远。

此外,《纲要》还提出黄河流域要强化边界管控和促进产业集聚。作为我国重要的粮食产区和能源基地,黄河流域经济系统以重化工等传统产业为主,各省份第一产业和第二

❶ 前五位依次为巴西、俄罗斯、加拿大、美国及印度尼西亚。
❷ 按照国际公认标准,人均水资源低于 3 000 m³ 为轻度缺水,人均水资源低于 2 000 m³ 为中度缺水,人均水资源低于 1 000 m³ 为重度缺水,低于 500 m³ 为极度缺水,其中 1 700 m³ 为缺水警戒线。

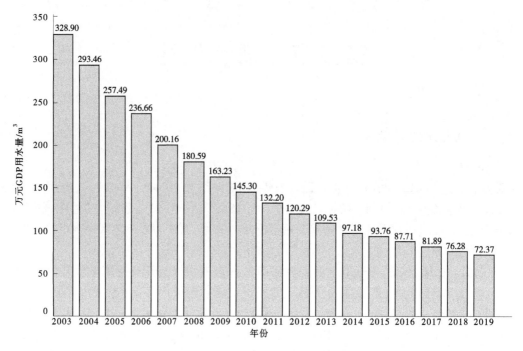

注:数据来源于《中国水资源公报》与《中国统计年鉴》。

图 5-1 黄河流域万元 GDP 用水量

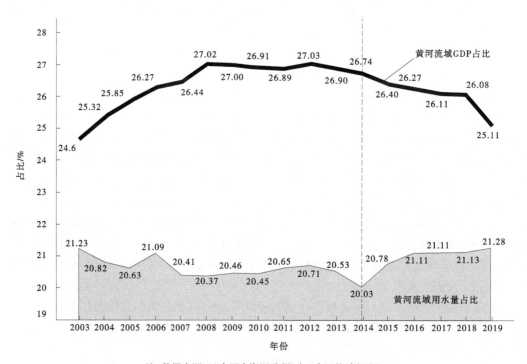

注:数据来源于《中国水资源公报》与《中国统计年鉴》。

图 5-2 黄河流域用水量及 GDP 全国占比情况

产业比重较高[90-91]。根据图5-3所示,在2019年,除山西外,黄河流域各省份第一产业占比均超过了全国水平(7.11%);除甘肃和四川外,各省份第二产业占比也均超过了全国水平(38.97%);除甘肃外,各省份第一产业和第二产业合计占比较高,均超过了全国水平(46.08%),而第三产业占比则相对较低。在水资源短缺的背景下,在生态保护和高质量发展的要求下,黄河流域亟须优化产业结构,积极推动节水型产业发展与集聚,探索不同形式产业集聚趋势下黄河流域水资源利用效率增长的实现路径,这是黄河流域解决水资源危机,实现未来区域高质量发展的重要手段[92-93]。

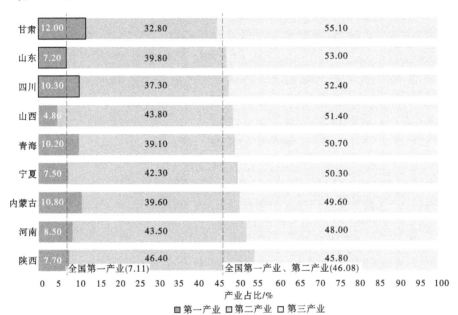

注:数据来源于《中国统计年鉴—2020》。

图5-3 黄河流域省份产业结构状况

在黄河流域生态保护和高质量发展成为国家战略的政策背景下,在水资源短缺成为其面临的严峻资源约束条件下,在控制城镇开发边界和支持城市群合理布局产业集聚区的发展要求下,系统评估黄河流域水资源利用状况并探究产业集聚可能发挥的作用就具有重要的现实意义。本书基于流域视角、省份视角和城市视角,从用水总量LMDI分解、用水效率测算、节水减排潜力分析等方面综合评价黄河流域各区域水资源利用状况和面临的问题,并通过考察产业集聚对黄河流域水资源利用效率的影响及作用机制,探讨提升水资源利用效率的驱动机制,在产业集聚布局下通过用水效率提升助力黄河流域生态保护和高质量发展。

在DEA效率分析理论方面,将不包含非期望产出的技术效率(A)与包含非期望产出的技术效率(B)纳入同一分析框架,通过考察在包含非期望产出后决策单元技术效率的排位变化,可以探究决策单元在非期望产出方面的决策动机,规避过去只关注技术效率值时无法直接比较A与B数值大小的问题,为DEA效率分析提供了新的分析思路;在产业集聚理论方面,提出在产业集聚程度较低时可能存在"资源诅咒效应",拓展了过去仅对"集聚效应"和"拥挤效应"的讨论,并进一步探究了产业集聚对用水效率的非线性影响,同时从社会环境视角和用水技术视角考察了产业集聚对用水效率的作用机制,从而部分地拓展了产业集聚理论;在效率回归模型选择方面,提出可以通过对决策单元效率值进行排序,之后采用排序模型进行回归分析,为使用 Tobit 模型进行效率影响因素分析提供了另一视角的稳健性检验方案。

二、研究范围界定

本书的研究范围是黄河流域 9 省份(包括青海省、四川省、甘肃省、宁夏回族自治区、内蒙古自治区、陕西省、山西省、河南省和山东省)所辖的共 98 个地级市(见表 5-1)。结合黄河流域各省(自治区)的自然环境和社会经济特点,将青海省、甘肃省、内蒙古自治区、宁夏回族自治区界定为上游,陕西省和山西省定为中游,河南省和山东省定为下游[94]。尽管部分地级市在地理位置上并不属于黄河流经地区,但考虑到黄河流域各省(自治区)对本区域内部在水资源综合开发与治理方面的决策权,本书将研究范围界定为了黄河流域各省(自治区)所辖的 98 个地级市。

表 5-1　研究范围界定

省(自治区)	所辖地级市
青海	西宁市
四川	成都市、自贡市、攀枝花市、泸州市、德阳市、绵阳市、广元市、遂宁市、内江市、乐山市、南充市、眉山市、宜宾市、广安市、达州市、雅安市、巴中市、资阳市
甘肃	兰州市、嘉峪关市、金昌市、白银市、天水市、武威市、张掖市、平凉市、酒泉市、庆阳市、定西市、陇南市
宁夏	银川市、石嘴山市、吴忠市、固原市
内蒙古	呼和浩特市、包头市、乌海市、赤峰市、通辽市、鄂尔多斯市、呼伦贝尔市、巴彦淖尔市、乌兰察布市
陕西	西安市、铜川市、宝鸡市、咸阳市、渭南市、延安市、汉中市、榆林市、安康市、商洛市
山西	太原市、大同市、阳泉市、长治市、晋城市、朔州市、晋中市、运城市、忻州市、临汾市、吕梁市
河南	郑州市、开封市、洛阳市、平顶山市、安阳市、鹤壁市、新乡市、焦作市、濮阳市、许昌市、漯河市、三门峡市、南阳市、商丘市、信阳市、周口市、驻马店市
山东	济南市、青岛市、淄博市、枣庄市、东营市、烟台市、潍坊市、济宁市、泰安市、威海市、日照市、临沂市、德州市、聊城市、滨州市、菏泽市

三、内容安排与技术路线

本书在黄河流域生态保护和高质量发展政策背景下,以 2010—2019 年黄河流域 9 个省份所辖 98 个城市为研究对象,对黄河流域水资源利用状况及产业集聚所发挥的作用进行系统分析,从而提出缓解黄河流域水资源短缺矛盾和解决水生态环境脆弱问题的政策建议。综合分析篇共计 9 个章节,具体章节安排和研究内容如下:

第五章:研究概述。对本书的选题来源及意义、研究范围、内容安排与技术路线、研究方法与创新等内容进行概述。

第六章:理论回顾及相关研究进展。首先回顾了可持续发展与生态文明建设的相关理论,之后总结了有关产业集聚理论、水资源利用总量驱动力分解、水资源利用效率及其影响因素研究的现有文献,同时对以黄河流域为研究对象分析水资源利用效率及其影响因素的文献进行梳理,最后根据现有研究提出本书可以进一步拓展的研究内容。

第七章:产业集聚对水资源利用效率影响的效应分析及模型构建。首先对产业集聚对水资源利用效率的影响效应进行分析,之后从传统经济增长理论出发构建了产业集聚对水资源利用效率影响的理论模型。

第八章:黄河流域用水总量的驱动力分解分析。从流域、省份、城市层面对黄河流域用水总量的变化即用水总效应进行分解,研究经济发展效应、人口规模效应及用水强度效应对用水总效应的贡献率,从而在用水强度视角说明了用水效率对黄河流域集约用水的重要意义,也从联系现实的角度说明了后文对黄河流域用水效率及产业集聚对其发挥的作用进行研究是具有现实意义的。

第九章:黄河流域水资源利用的效率分析。从流域、省份、城市层面对黄河流域传统用水效率和绿色用水效率进行客观评价。

第十章:黄河流域水资源利用的节水、减排潜力分析。通过测度节水潜力和减排潜力,分别从流域视角、省份视角和城市视角探讨了黄河流域各地区在节水减排上所能发挥的作用。

第十一章:产业集聚对黄河流域用水效率影响的实证分析。首先识别了不同形式的产业集聚对黄河流域用水效率的非线性影响,之后从流域层面、城市类型层面和产业结构层面探讨了该影响的异质性,最后基于指标设定和模型设定对产业集聚与用水效率之间的非线性关系进行了稳健性检验。

第十二章:产业集聚对黄河流域用水效率影响的机制分析。从社会环境(基础设施建设、市场化水平和环境规制)和用水技术(用水强度和排污强度)层面探讨了产业集聚对用水效率发挥作用的影响机制。

第十三章:研究结论、政策建议及研究展望。总结本书的研究结论,并基于黄河流域水资源方面的集约利用和生态保护提出政策建议,之后从三个角度指出了本书可进一步拓展的研究方向。

本书的技术路线如图 5-4 所示。

四、研究方法与创新

本书主要采用了对数平均迪氏指数(logarithmic mean divisia lndex, LMDI)分解方法、数据包络分析(data envelopment analysis, DEA)方法、面板 Tobit 模型、固定效应模型以及面板排序模型等方法或模型。

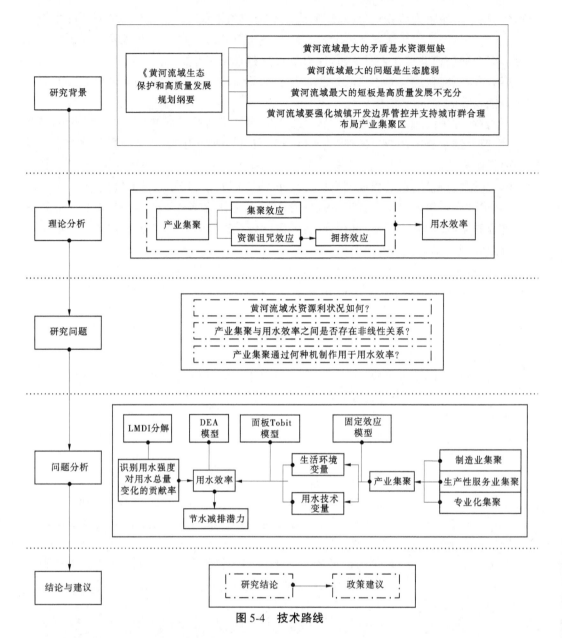

图 5-4　技术路线

（一）对数平均迪氏指数分解方法

LMDI 分解方法可通过分解关键变量，识别出各分解变量对关键变量的贡献率。本书采用 LMDI 方法对黄河流域各地区历年用水总量的变化进行分解，从而得出经济发展效应、人口规模效应和用水强度效应分别引致的用水总量变化及相应的贡献率。

（二）数据包络分析方法

DEA 方法是效率分析中较常用的方法之一。为计算用水效率，本书将投入指标设置为劳动力、资本和用水总量，期望产出指标设置为地区生产总值，非期望产出指标设置为废污水排放总量。为进行区分，将不包括非期望产出的用水效率称为传统用水效率，将包括非期望产出的用水效率称为绿色用水效率。

(三)面板 Tobit 模型

在研究制造业集聚、生产性服务业集聚和多样化集聚对用水效率是否存在非线性影响时,考虑到被解释变量——用水效率具有数据截断的特征,本书采用了面板 Tobit 模型进行回归分析。

(四)固定效应模型

在研究产业集聚对用水效率的社会环境作用机制(包括基础设施建设、市场化水平和环境规制)和用水技术作用机制(包括用水强度和排污强度)时,为控制不同地区的个体特征,采用了固定效应模型进行估计。

(五)面板排序模型

当被解释变量具有排序特征时,适合采用面板排序模型进行回归分析。在基于模型设定进行稳健性检验时,本书首先对历年各城市的用水效率进行排序,之后采用面板排序模型研究了产业集聚对用水效率排位的影响。

在研究创新方面,本书主要包含如下三个方面的创新:

第一,在研究对象方面,紧跟黄河流域生态保护和高质量发展国家战略步伐,从用水总量变化的驱动力分解、用水效率、节水减排潜力等多个维度对黄河流域各地区的水资源利用状况进行了系统全面的分析。

第二,在理论研究方面,已有研究较少关注产业集聚对用水效率的影响,本书考虑到产业集聚的正负效应及不同产业集聚形式所具有的差异性,研究了制造业集聚、生产性服务业集聚和多样化集聚对用水效率的非线性影响,并从社会环境和用水技术层面探讨了产业集聚对用水效率可能的作用机制。

第三,在分析视角方面,将传统用水效率和包含非期望产出的绿色用水效率纳入同一分析框架。鉴于不同指标体系得到的效率值无法进行数值比较,本书分别对传统用水效率和绿色用水效率进行排序,之后考察纳入非期望产出后地区的排序变化,从而可以分析各地区对非期望产出的决策动机。

第六章　理论回顾及相关研究进展

一、可持续发展

1992年,联合国各参会国家于里约热内卢召开的世界环境与发展大会上共同签署了《21世纪议程》,使得可持续发展理念成为了全世界的共识[95]。根据联合国的定义,可持续发展是指在不损害后代人满足其自身需要的能力的前提下满足当代人的需要的发展。可持续发展要求为人类和地球建设一个具有包容性、可持续性和韧性的未来而共同努力,要实现可持续发展,必须协调经济增长、社会包容和环境保护三大核心要素,这些因素是相互关联的,且对个人和社会的福祉都至关重要。消除一切形式和维度的贫穷是实现可持续发展的必然要求,为此必须促进可持续、包容和公平的经济增长,为所有人创造更多的机会,减少不平等,提高基本生活标准,促进社会公平发展和包容性,推动自然资源和生态系统的综合和可持续管理。

2015年,联合国所有会员国一致通过了17项目标,这是2030年可持续发展议程的组成部分,该议程为世界各国在15年内实现17项目标指明了方向。可持续发展目标呼吁全世界共同采取行动,消除贫困、保护地球、改善所有人的生活和未来。17项可持续发展目标分别是:"无贫穷""零饥饿""良好健康与福祉""优质教育""性别平等""清洁饮水和卫生设施""经济适用的清洁能源""体面工作和经济增长""产业、创新和基础设施""减少不平等""可持续城市和社区""负责任消费和生产""气候行动""水下生物""陆地生物""和平、正义与强大机构""促进目标实现的伙伴关系"。联合国秘书长呼吁社会各界要在三个层面上积极开展行动:在全球层面,采取全球行动,为实现可持续发展目标提供更强的领导力、更多资源和更明智的解决方案;在地方层面,政府、城市和地方当局的政策、预算、制度和监管框架应进行必要的转型;在个人层面,青年、民间社会、媒体、私营部门、联盟、学术界和其他利益攸关方应发起一场不可阻挡的运动,推动必要的变革。

我国于1994年制定了《中国21世纪议程》,既考虑了自身发展需要,又积极履行了在联合国环境与发展大会上做出的承诺。《中国21世纪议程》从我国人口、环境与发展的总体联系出发,提出促进经济、社会、资源和环境相互协调、可持续发展的总体战略、对策和行动方案,是中国面向21世纪实施可持续发展战略的指导性文件[96]。我国学者牛文元指出,可持续发展理论的"外部响应"表现在对于"人与自然"之间关系的认识,即人的生存和发展离不开各类物质与能量的保证,离不开环境容量和生态服务的供给,离不开自然演化进程所带来的挑战和压力,如果没有人与自然之间的协同进化,人类社会就无法延续;可持续发展理论的"内部响应"表现在对于"人与人"之间关系的认识,即可持续发展作为人类文明进程的一个新阶段,其核心内容包括了对于社会的有序程度、组织水平、理性认知与社会和谐的推进能力,以及对于社会中各类关系的处理能力,诸如当代人与后代人的关系、本地区和其他地区乃至全球之间的关系,必须在和衷共济、和平发展的氛围中才能求得整体的可持续进步；可持续发展具有五个基本内涵：一是可持续发展内蕴了"整体、内生、综合"的系统本质，二是可持续发展揭示了"发展、协调、持续"的运行基础，三是可持续发展反映了"动力、质量、公平"的有机统一，四是可持续发展规定了"和谐、有序、理性"的人文环境，五是可持续发展体现了"速度、数量、质量"的绿色标准[95,97]。

二、生态文明建设

可持续发展理论的一个重要创新是生态文明思想的提出，中国共产党第十七次代表大会报告提出将"建设生态文明"作为中国实现全面建设小康社会奋斗目标的新要求，强调建设生态文明，要求基本形成节约能源资源和保护生态环境的产业结构、增长方式、消费模式，循环经济形成较大规模，可再生能源比重显著上升，主要污染物排放得到有效控制，生态环境质量明显改善，生态文明观念在全社会牢固树立[98]。中国共产党第十八次代表大会报告则进一步以"大力推进生态文明建设"为题，独立成篇地系统论述了生态文明建设，将生态文明建设提高到一个前所未有的高度，报告明确指出生态文明建设是关系人民福祉、关乎民族未来的长远大计，要求把生态文明建设放在突出地位，融入经济建设、政治建设、文化建设、社会建设的各方面和全过程[99]。

中国共产党历来高度重视环境保护和生态建设。以毛泽东同志为核心的党的第一代中央领导集体，提出了"全面规划、合理布局，综合利用、化害为利，依靠群众、大家动手，保护环境、造福人民"的32字环保方针。以邓小平同志为核心的党的第二代中央领导集体，把环境保护确定为基本国策，强调要在资源开发利用中重视生态环境保护。以江泽民同志为核心的党的第三代中央领导集体，将环境与发展统筹考虑，把可持续发展确定为国家发展战略，提出推动整个社会走上生产发展、生活富裕、生态良好的文明发展道路。以胡锦涛同志为总书记的党中央，把节约资源作为基本国策，把建设生态文明确定为国家发展战略和全面建成小康社会的重要目标，强调发展的可持续性，把生态文明建设纳入中国特色社会主义事业"五位一体"总布局。以习近平同志为总书记的新一届中央领导集体，积极推进生态文明建设的理论创新和实践探索，明确提出走向社会主义生态文明新时代，建设美丽中国，是实现中华民族伟大复兴的中国梦的重要内容，强调良好生态环境是最公平的公共产品，是最普惠的民生福祉，要正确处理经济发展同生态环境保护的关系，牢固树立保护生态环境就是保护生产力、改善生态环境就是发展生产力的理念，更加自觉地推动绿色发展、循环发展、低碳发展，决不以牺牲环境为代价去换取一时的经济增长[100]。

建设生态文明，不是要放弃工业文明，回到原始的生产生活方式，而是要以资源环境承载能力为基础，以自然规律为准则，以可持续发展、人与自然和谐为目标，建设生产发展、生活富裕、生态良好的文明社会。中国共产党把握规律，审时度势，及时做出大力推进生态文明建设的战略决策，对建设中国特色社会主义具有重大现实意义和深远历史意义。第一，推进生态文明建设是保持我国经济持续健康发展的迫切需要；第二，推进生态文明建设是坚持以人为本的基本要求；第三，推进生态文明建设是实现中国梦的重要内容；第四，推进生态文明建设是实现中华民族永续发展的必然选择；第五，推进生态文明建设是应对全球气候变化的必由之路。我国要立足战略全局，运用底线思维，注重宏观思考，准确把握国内外形势，全面认识我国生态文明建设的成就和存在的问题，才能激发强烈的忧患意识和责任意识,进一步坚定信心,推动生态文明建设不断取得新进展[100]。

三、产业集聚理论

产业集聚是指属于某种特定产业及其相关支撑产业,或属于不同类型的产业在一定地域范围内的地理集中,形成强劲、持续竞争优势的现象[101]。产业集聚的系统研究始于马歇尔的《经济学原理》[102],认为技术外溢、劳动力市场专业化和中间投入品共享等外部经济的益处,是产业集聚现象的主要原因[103]。韦伯的《工业区位论》也对产业集聚现象进行了系统研究,从交通和交易成本分析、资源禀赋等角度解了产业集聚现象发生的原因[103]。到了20世纪90年代,以克鲁格曼为代表的新经济地理学逐渐兴起,该理论将运输成本等空间因素纳入了一般均衡分析框架中,通过数理模型阐释了产业集聚发生的内在机制[103-104]。

产业集聚作为一种区域组织形式,对区域经济的发展和区域竞争力的提升起着重要推进作用,并逐步成为地区经济发展的主要模式[105]。Ciccone and Hall 研究了美国经济活动密度对劳动生产率的影响,并发现就业密度每增加一倍,美国平均劳动生产率将会提高约6%[106]。Ciccone 则将研究视角转向欧洲,并发现欧洲国家的集聚效应略小于美国,其平均劳动生产率相对于就业密度的弹性约为 4.5%[107]。Fujita et al.、Lall et al.、Castells-Quintana et al.、Pessoa、Aritenang 等学者也从不同角度证明了产业集聚相对于孤立的生产方式更具有优势,其对地区经济具有增长效应[108-112]。

通常认为,产业集聚出现在产业革命以后,是工业化时期的典型现象[113]。产业集聚源于共享、匹配和学习,这三种影响可能发生在同一部门内或跨部门内[114]。产业集聚所形成的向心力会吸引生产要素在空间上的因果循环聚集,即产业集聚可以使得一个产业在特定地理区域内不断聚集,引致人才、资本、技术等要素在空间内趋于集中,并最终推动经济在区域上的持续增长[115-116]。在新的经济地理学中,产业集聚可以带来共享基础设施和规模经济等优势,从而提高企业的生产效率,对改善生产服务具有积极作用,产业集聚所产生的知识和技术溢出也有利于企业创新,对提高企业生产效率至关重要,此外,产业集聚区的竞争效应将鼓励企业想方设法促进生产设备的升级,从而改善生产成本并提供更多的生产服务[116]。产业集聚作为经济结构优化的一种形式,产业集聚程度的提高不仅为区域的经济发展提供助力,同时也为区域生态环境质量的改善提供了可能[117]。工业化进程如火如荼推进的同时,中国国内产业集聚虽快速形成,但城市化进程仍落后于工业化,城市集聚规模明显低于发达国家,集聚仍然是未来经济要素在空间形态发展的主旋律[118]。

根据集聚外部性是否来自同一产业,产业集聚一般可分为专业化集聚和多样化集聚两种模式[119-120]。

专业化集聚效应,即马歇尔集聚效应,指同一个行业的大量企业向某一个地区集中[121]。产业区内集中了大量种类相似的中小型企业,这些企业规模经济较低,但专业化程度较高,联系较为密切[103]。马歇尔从产业竞争的角度研究外部性的产业集聚理论,认为同行业的知识能够营造协同创新的环境,降低企业的信息成本,有助于技术创新和信息交换,提高创新效率[117]。马歇尔指出了导致特定产业地方化的外部性性质的三个主要原因:一是产业专属技能的劳动力市场,二是非贸易的特定投入品,三是信息溢出导致了生产者函数的改进[122]。马歇尔还阐明了这种外部经济给集聚企业带来的如下优势:一是专业化集聚区内可以提供不可贸易的特殊投入品,并且能为专业化供应商队伍的形成做准备;二是专业化集聚区有利于促进劳动力的共享,并为专业技术的工人提供了一个公共市场的平台;三是专业化集聚区内独特的非正式信息扩散方式有助于知识外溢[123]。产业专业化集聚一般发生在城市发展初期,源于相邻地区的劳动者彼此分享同样的技术或信息所得到的优势,本质是某行业的企业生产成本随着行业总产量的提高而降低[124]。产业专业化集聚作为区域比较优势的集中体现,不仅能提高区域特色竞争力,还能推动区域间产业互补,实现区域"提档换速"[125]。但另外,这种类型的集聚方式决定了产业的专业化集聚趋向于形成结构单一的生产模式,区域内企业的行为趋同,相互模仿,但缺乏前后关联性[117]。

多样化集聚效应,即雅各比集聚效应,指不同的甚至不相关行业的许多企业向某一个地区集中[121]。多样化集聚是不同互补产业的集聚现象,由于互补产业之间的相互竞争及异质化的信息沟通,所以能够促进当地产业创新绩效的提高和当地经济的增长[123]。在多样化集聚区,产业结构多元,行业之间要么存在技术关联,要么处在产业链的上下游,劳动力可以实现互补型共享[126]。雅各布认为知识溢出主要发生于产业之外,不同的产业集聚在一起,互补的知识在产业间的溢出更能促进产业的创新搜寻[117]。具有横向或纵向关联的企业为了降低成本、享受规模效应的好处倾向自发形成多样化集聚区,随着集聚区的发展,行业间逐渐进行有效关联[126]。多样化集聚促使不同类型的企业集聚在同一区域,促进了知识的溢出、互补和交换,并产生新知识,形成多元化的"知识蓄水池",同时,大量不同技能的人才的集聚可以形成多元化的"劳动力蓄水池",这些知识和技术的集聚,降低了企业的研发风险,共同为产业的技术创新创造条件,提高集聚区的技术转化,进而提高区域的经济效率[117]。产业多样化集聚来源于互补的知识在不同类别的企业之间进行交换,从而促进技术创新,强调知识能够在互补而非相同的产业间溢出,本质是企业的生产成本随着地区总产量的上升而下降[124]。多样化集聚有利于产业间的联系,消除产业间信息不对称,优化资本和劳动在各产业间的合理配置[127]。雅各布斯认为产业多样化集聚的原因至少包括三个方面:一是安全、交往和同化;二是偏好多样性;三是对制造业的促进作用,一方面,小企业必须依赖外部的技术供应,对于市场变化反应更为敏感,另一方面,无论大小企业都需要与外部人员进行交流[122]。产业多样化集聚在减少各类冲击对区域经济的破坏力与提升冲击过后区域经济的恢复力等方面发挥着重要作用[125]。

两种不同产业集聚模式的创新溢出效应是不同的,因此二者对经济社会所产生的影响也会存在异质性[128]。钟顺昌等探究了专业化集聚和多样化集聚对我国城市化的影响,发现二者对我国城市化进程存在着方向相反的影响,其中前者抑制了城市化的发展,而后者则显著推动了城市化的发展[129]。Nielsen et al. 基于丹麦93个城市企业微观数据的研究发现,专业化集聚和多样化集聚对本土企业和外资企业在区位选择方面存在差异化影响,这为企业管理者决定在何处定位和运营企业的经济活动提供了富有价值的全新见解[130]。陈劲等、Cainelli et al.、Shen and Peng、Nielsen et al.、Zhang et al.、Cai and Hu 等学者也分别从技术创新、经济效率、负外部性、投资与贸易等方面探究了专业化集聚和多样化集聚对经济社会的影响,证实了二者对经济社会发展会带来差异化的影响效果[119,130-134]。在指标度量方面,两种产业集聚模式分别有着不同的计算方式。专业化集聚一般采用区位熵、就业密度等指标度量[121,135]。多样化集聚则一般采用赫芬达尔-赫希曼指数的倒数等指标度量[135]。

四、水资源利用总量驱动力分解研究

在有关水资源利用总量的驱动力分解方面,已有部分文献做出了较为重要的探索,其中使用最为普遍的方法是对数平均迪氏指数分解方法,该分解方法可通过分解关键变量,识别出各分解变量对关键变量的贡献率。

张强等采用 LMDI 分解方法对大连市 1980—2009 年间的水资源利用变动进行了分析,将其影响因素分解为定额效应、产业结构变动效应、经济规模效应及人口效应,结果表明经济效应和人口效应为水资源利用的拉动效应,其中经济效应为主要因素,定额效应和产业结构变动效应为水资源利用的抑制效应,其中定额效应为主要因素[136]。秦昌波等采用 LMDI 方法从经济规模效应、产业结构效应和用水技术效应三个方面分析了陕西省用水变动的驱动因素及影响程度,根据对陕西省 2001—2011 年生产用水量变化的因素分解分析,发现陕西省生产用水消费量呈波动增长趋势,用水的增长速度远远落后于 GDP 的增长速度,生产用水量和经济发展呈现明显的"脱钩"效应,经济规模效应是驱动陕西省生产用水增加的主要因素,经济增长带来的用水压力依然巨大,农业生产比重的下降是经济结构效应驱动陕西省生产用水下降的主要原因,但是其他行业的结构调整总体上对抑制用水增加起负面作用,技术进步效应是抑制陕西省用水量增加的主要因素,特别是农业、石油和天然气开采业、金属矿采矿业、化学工业、金属冶炼及压延加工业、通用专用设备制造业等耗水行业的用水效率提高有效减少了用水总需求[137]。Li et al. 采用改进的 LMDI 方法研究了中国用水总量的关键驱动力,将用水量变化的总效应分解为工业用水量、产业结构、经济规模和人口规模四个驱动因素,结果表明人口规模和人均 GDP 的增长是驱动用水消耗的主导因素,而用水强度的降低是抑制用水消耗增长的因素[138]。Zhang et al. 采用 LMDI 方法对中国 2003—2017 年生产用水和生活用水的驱动因素进行了分解,并发现经济发展是推动用水总量增加的首要因素,生活强度和人口规模对用水总量增加起到促进作用,生产强度是抑制用水总量增加的主要因素,产业结构也同样促进了用水总量的减少[139]。孙思奥等以二级流域为基本单元,采用 LMDI 分解方法分析了 2003—2015 年黄河流域用水量的时空演变特征,揭示了流域用水时空变化的主要影响因素,结果表明各二级流域用水量随时间变化的主导因素不一致,人口与人均 GDP 增长为用水量增加的主导因素,用水强度降低与产业结构升级能起到抑制用水量增长的作用,黄河二级流域人均用水量空间差异显著,用水强度对人均用水量空间差异的影响最显著,各因素对二级流域人均用水量空间差异的影响逐年减小,研究结果可为黄河流域水资源需求管理提供科学依据[140]。

部分学者还对具体产业的用水总量进行了驱动力分解研究。孙才志等综合考虑了经济水平、产业结构、用水强度及人口规模四大因素对产业用水量的影响,基于扩展的 Kaya

恒等式建立因素分解模型,应用 LMDI 分解方法对中国 1997—2007 年的三次产业用水量变化进行分解分析,结果表明经济水平的提高和人口规模的扩大拉动了我国产业用水量的增长,而产业结构效应和用水强度效应对产业用水量的扩展起到一定的遏制作用[141]。刘翀等针对工业用水消耗问题,采用 LMDI 法从工业行业经济规模效应、工业行业经济结构效应和工业行业用水定额效应这三个方面分析了 2002—2010 年安徽省工业用水消耗变动的情况及影响程度,结果表明工业行业经济规模因素是驱动安徽省工业用水消耗增加的主要因素,工业行业用水定额因素有效促进了工业用水消耗减少,工业行业经济结构因素也一定程度上抑制了工业用水消耗增加[142]。Zou et al. 使用 LMDI 分解方法的加法和乘法形式量化了 1985—2014 年黑河流域灌溉需水量驱动因素的变化,结果表明该地区样本期内的总灌溉需水量增加了 3.249 亿 m^3,灌溉需水量的变化主要源自四个驱动因素——种植规模、种植模式、气候变化和节水技术,对灌溉需水量的贡献分别为 1.981 亿 m^3、0.933 亿 m^3、1.523 亿 m^3 和 -1.188 亿 m^3,这些驱动因素对应的平均贡献率分别为 60.96%、28.72%、46.86% 和 -36.53%[143]。Zhang et al. 采用 LMDI 分解方法定量分析了黑河流域中游农业用水的主要驱动因素,选择了不同农业作物的种植规模、种植方式、灌溉定额和灌溉效率作为农业用水驱动力的代表因素,研究表明农作物种植规模的扩大和不合理的种植方式增加了农业用水量,而灌溉配额的减少和灌溉效率的提高减少了农业用水量,此外,不同研究时期农业作物对农业用水的影响存在差异,因此黑河流域中游减少农业用水的最佳措施是控制种植规模,优化种植方式[144]。

五、水资源利用效率研究

水资源利用效率是指利用水资源获得的经济和环境产出与劳动力、资本、水资源等生产要素投入的比率[93]。从对水资源利用效率的测度方法来看,传统度量水资源利用效率的指标主要是单要素投入指标,例如常用的"万元 GDP 水耗",该指标衡量水资源投入与经济产出之间的比例关系,但是没有考虑水资源要素投入与其他生产要素投入之间的相互影响。水资源的开发利用是多种生产要素协同作用的结果,水资源投入本身不能直接带来经济效益产出,必须和劳动力、资本等生产要素相结合才能带来经济产出,此外,在对水资源的利用过程中也会存在非期望产出的排放问题。因此,从多要素协同作用的角度看,以单要素投入指标来衡量水资源效率利用效率存在一定局限性[145]。目前,多数学者主要借助参数法中的随机前沿分析法和非参数法中的数据包络分析法来测度水资源利用效率,并且由于基于多投入多产出分析框架的数据包络分析法无须设置生产函数,避免了函数设置偏差,且允许非期望产出的存在,因此该方法是目前衡量用水效率最常用的方法[146]。

在水资源利用效率的研究对象方面,当前的研究主要集中于对行业用水效率和区域用水效率的研究,其中行业用水效率主要集中于对农业用水效率和工业用水效率的研究。在农业用水效率方面,佟金萍等基于 1998—2011 年长江流域 10 个省份的面板数据,运用超效率 DEA 模型对长江流域各省份的农业用水效率进行了测度[147];马剑锋等则进一步将样本拓展到全国各省份,基于 2007—2015 年中国省际面板数据,运用全局 DEA 方法测算了全要素农业用水效率,并利用 Global-Malmquist 指数法分解得到各省技术进步指数和效率追赶指数[148]。上述作者的研究在农业投入产出指标的设定中未考虑到非期望产出的存在,忽视了农业生产潜在的环境污染问题,方琳等则将农业碳排放和农业面源污染两类非期望产出纳入了农业用水效率分析的投入产出分析框架,基于共同前沿下的非期望产出 SBM 模型重新对中国 31 个省(直辖市)1998—2015 年的农业用水效率进行了测算[149]。

在工业用水效率方面,Chen et al. 采用 Bootstrap 数据包络分析法计算了 2005—2015 年中国 31 个省份的工业用水效率,并对工业用水效率的区域差异和空间溢出效应进行分析,但该研究的工业用水效率投入产出框架并未纳入工业非期望产出,使得无法分析工业用水导致的环境影响[146];李静等则将工业 COD 排放量和氨氮排放量作为工业非期望产出纳入了工业用水效率的分析框架,并基于中国 30 个省(自治区)2005—2015 年的面板数据,利用 Min DS 模型估计了各省份的工业用水效率[150];Liu et al. 则是把工业废水排放量作为工业非期望产出,使用改进的 SBM-DEA 模型调查了 2012—2015 年中国 30 个省份的工业用水量及其发展过程[151];Zou et al. 考虑了工业 COD 排放量作为非期望产出,采用方向距离函数(DDF)模型测量了中国 2005—2016 年 30 个省级行政区(省)的工业水资源利用效率[152];张峰等则考虑把工业废水排放量作为工业非期望产出,并引入松弛因子的方向性距离函数构建工业绿色全要素水资源效率测度模型,对中国 30 个省份 2000—2017 年的工业绿色全要素水资源效率进行比较分析[153]。

在区域用水效率方面,主要是针对省份用水效率的研究,马海良等使用 2003—2013 年中国 30 个省(直辖市)的面板数据,选取 Malmquist-Luenberger 生产率指数测算了考虑环境污染的绿色水资源利用效率,并在此基础上进行了各地区水资源利用效率的收敛性检验[154];孙才志等基于数据包络分析技术,对 2000—2014 年中国大陆 31 个省份进行水资源绿色效率测度,将其与传统的水资源经济效率、环境效率测度结果进行比较分析,并运用 ESDA 方法进行空间格局研究[155];Song et al. 使用基于不良产出的 Malmquist-Luenberger 生产率指数,从静态和动态角度对 2006—2015 年中国省级水资源效率进行了分析[156];Chen et al. 基于 EBM-DEA 模型对 2008—2013 年中国 31 个省的水资源利用效率进行了度量[157];丁绪辉等以长江经济带 11 省(直辖市)为研究对象,以 GDP 与废水排放量分别作为合意产出与非合意产出,采用 SE-SBM 模型对 2005—2017 年长江经济带的省际用水效率进行测度[158];Chang et al. 基于 SBM-DEA 模型,考虑了不良产出,对中国 30 个省 2008—2017 年的水资源利用和处理效率进行测算分析,并应用 Tapio 解耦模型来检验政策实施之间的关系[159];杨超等则进一步将研究视角转向城市,采用数据包络分析法测度了中国 286 个地级及以上城市 2000—2015 年水资源利用效率,并且利用面板模型对水资源利用效率的影响因素进行分析[160]。

在黄河流域生态保护和高质量发展重大国家战略出台后,已有部分学者开始转向对黄河流域的研究。在对黄河流域的用水效率分析方面,邢霞等以 2004—2018 年黄河流域 64 个地级市为研究对象,从用水效率和经济发展两个维度构建评价指标体系,借助耦合协调度模型和障碍度模型,探究了两个子系统之间的耦合协调关系及作用机制,发现黄河流域经济发展与用水效率综合水平均呈现增长趋势,但经济发展水平明显滞后于用水效率,并且各地区经济发展与用水效率协调发展的主要影响因素存在地区差异[161]。刘华军等通过构建基于非期望产出的全局至强有效前沿最近距离模型(MinDS 模型),对2000—2017 年黄河流域用水效率进行科学测度,从全国视角、区域比较视角及流域内部视角全面刻画黄河流域用水效率的空间格局,并借助扩展的分布动态学模型探究黄河流域用水效率的动态演进趋势[162]。左其亭等通过构建资源−环境−经济−社会多元投入产出指标体系,将基于全新投入视角的 Super−SBM 模型应用于黄河流域 9 个省(自治区)、7个城市群、62 个主要城市的水资源利用效率研究,多尺度识别其水资源利用水平的时间变动情况和空间分布特征[163]。

　　在用水效率的测度方面,现有文献从不同视角对用水效率进行了测算,但仍存在以下问题:一是部分学者对用水效率进行分析时没有考虑非期望产出,仅得到了传统用水效率,即假设生产过程中不会伴随“坏产出”的生产或者不考虑生产过程中的“负外部性”,该假设在工业化发展的早期存在一定的合理性,因为该时期生产对环境的不利影响并没有累积到可以严重影响生产过程的程度,但在当前中国环境污染问题已经严重影响到地区生产过程的背景下(如空气重污染条件下需要停产),这种假设便缺乏了其合理性;二是多数文献在评估水资源利用效率时考虑到了非期望产出,即将“环境约束”纳入分析框架,得到了绿色用水效率,但这些文献并未将其与传统用水效率的结果进行对比分析以得出不同地区对待非期望产出的决策取向,这主要是因为不同分析框架下得到的用水效率值并不能直接进行数值上的比较分析。本书在现有研究基础上,将传统用水效率和绿色用水效率纳入同一分析框架,通过分析在考虑“环境约束”后各地区用水效率的排序变化,从而有助于判断各地区是否存在“牺牲环境换经济发展”的问题。

六、水资源利用效率影响因素研究

　　在水资源利用效率影响因素方面,现有研究主要关注了水资源禀赋、地区发展水平和产业结构等因素对用水效率的影响。在回归模型选择方面,考虑到水资源利用效率的“归并”特点,学者主要采用 Tobit 模型进行影响因素的分析。

　　在水资源禀赋对用水效率的影响方面,马海良等[164]和丁绪辉等[158]的研究并未证实水资源禀赋对用水效率存在显著影响;任俊霖等[165]和 Zou et al. [152]则认为人均水资源占有量越多,越有利于用水效率的提升,即认为水资源禀赋对用水效率存在正向影响;由于资源诅咒效应的存在,大多数学者认为水资源禀赋对用水效率的影响较为消极,钱文婧等[145]、丁绪辉等[166]、Song et al. [156]和 Chen et al. [146]的研究均证实了水资源禀赋对用水效率存在负向影响。

　　在地区发展水平对用水效率的影响方面,丁绪辉等认为其并不利于用水效率的提升[166],但多数学者的研究认为地区发展水平对用水效率存在显著的正向影响。Chen et al.则考虑了地区发展水平对用水效率的非线性影响,在回归模型中加入了地区发展水平的二次项,结果表明地区发展水平与用水效率之间呈现“U”形曲线关系[146]。

　　在产业结构对用水效率的影响方面,钱文婧等[145]和 Song et al. [156]均研究了第一产业占 GDP 比重和第二产业占 GDP 比重对用水效率的影响,并发现第一产业占比和第二产业占比的增加均不利于用水效率的提升。任俊霖等探究了第三产业占比对用水效率的影响,并发现其对用水效率呈现显著的正向影响[165]。Zou et al. [152] 和 Chen et al. [146] 在研究工业用水效率的影响因素时,发现工业总产值占 GDP 比重的增加有利于工业用水效率的提升。

部分学者还研究了技术水平、对外贸易和环境规制对用水效应的影响。在技术水平方面,李俊鹏等研究了地方财政科学技术支出对用水效率的影响,并发现其对用水效率存在显著的负向影响[167]。丁绪辉等则使用每万人拥有的发明授权数量作为地区技术水平的衡量指标,发现其对用水效率存在显著的正向影响。在对外贸易方面,丁绪辉等发现出口总额的增加和进口总额的增加均有利于用水效率的增加[166],钱文婧等则发现虽然进口总额对用水效率存在正向影响,但出口总额的影响却显著为负[145]。在环境规制方面,Chen et al. 和 Zou et al. 均使用工业污染治理成本占工业生产增加值的比重作为环境规制的衡量指标,并发现其对工业用水效率存在显著的负向影响。李俊鹏等则将废水中主要污染物(化学需氧量排放量和氨氮物排放量)线性标准化与等权加和平均计算得来的污染排放强度的倒数作为环境规制的衡量指标,实证结果并没有发现环境规制对用水效率存在显著影响[167]。其他学者还分别研究了水资源利用结构、政府影响力、人口承载力及人均受教育水平等因素对用水效率的影响[152,156,166]。

在黄河流域用水效率影响因素分析方面,高孟菲等通过建立 SBM-Undesirable 模型对 2003—2017 年黄河流域绿色水资源效率的时空演变规律进行实证分析,并借助空间杜宾模型揭示其空间驱动因素,发现驱动因子对黄河流域绿色水资源效率的影响存在空间异质性,并且本地区绿色水资源效率还会受到邻近地区经济发展水平、水资源污染程度的显著影响[168]。巩灿娟等采用超效率 DEA 模型、GIS 空间分析方法、动态面板的系统 GMM 估计方法对 2010—2017 年黄河中下游沿线城市水资源利用效率时空格局及影响因素进行分析,发现环境规制、经济发展水平、产业结构优化、技术水平对水资源利用效率呈显著正向影响,农田水利设施建设、城镇化对水资源利用效率呈显著负向影响[93]。岳立等基于 2007—2019 年黄河流域 56 个城市面板数据,从河流生态水文分区视角进行划区,通过 Super-DDF 模型测度城市绿色水资源效率并构建 Tobit 模型来分析影响黄河流域绿色水资源效率的因素,发现城镇化、环境规制、水资源可用度和人力资本水平显著促进效率值的改善,水资源供求和水资源禀赋影响显著为负,经济发展水平对效率的影响呈现出先降后升的“U”形曲线关系[169]。何伟等基于数据包络法的超效率 SBM 模型、DEA-Malmquist 指数、泰尔指数、变异系数和 Tobit 回归模型,对黄河流域 54 个地级以上城市的市辖区水资源利用效率、区域差异和影响因素展开测算和分析,发现经济发展水平、产业结构等与水资源利用效率呈正相关,市场化程度、水资源禀赋与水资源利用效率的相关性不显著,水效管理政策、水污染物排放与水资源利用效率呈现较为显著的负相关关系[170]。

在对用水效率的影响因素分析方面,当前的文献虽然已经做出了较多有益的探索,但仍然少有文献研究产业集聚对用水效率的影响。产业集聚是经济发展过程中出现的一种重要现象,可以同时产生对经济的正向影响和负向影响,因此对用水效率的影响会具有较大的不确定性。鉴于此,本文深入讨论了制造业集聚、生产性服务业集聚和多样化集聚对用水效率的非线性影响,并基于不同流域和不同城市类型探讨了产业集聚对用水效率影响存在的区域异质性,之后还从社会环境层面和用水技术层面对产业集聚的作用机制进行了分析,从而更好地理解产业集聚对用水效率可能产生的非线性影响。此外,产业集聚也是黄河流域生态保护和高质量发展的政策要求,因此研究产业集聚对用水效率的影响也就具有了更重要的现实价值。

第七章　产业集聚对水资源利用效率影响的效应分析及模型构建

一、产业集聚对水资源利用效率影响的集聚效应

已有文献认为产业集聚主要通过集聚效应和拥挤效应对经济活动施加影响。集聚效应对经济活动表现为正向影响,当企业在某一地理范围内的集聚时,能够带来密集的劳动力市场、中间投入品共享和知识溢出[171]。集聚的微观机制可划分为共享、匹配和学习。共享包括共享不可分割的产品或基础设施、共享中间投入品、共享专业化的收益以及分担风险,匹配包括提高匹配的质量、增加匹配的机会;学习包括知识的产生、传播和积累,即知识、信息和技术等的溢出[171]。集聚效应对用水效率会表现为正向影响,当企业向某一区域范围内趋于集聚时,可以获得集聚效应所带来的技术外溢、劳动力市场专业化和中间投入品共享等外部经济的益处[103]。在集聚区内,节水技术的溢出效应可以节约该区域整体的水资源投入,同时给水排水管道等基础设施的配套建设,也可以减少对地下水资源的私自采用。集聚效应降低了集聚区域内部整体水资源的投入,因此产业集聚的集聚效应将会有助于区域用水效率的提高。

集聚效应主要体现在单位产品的平均成本下降,从而促进生产效率和资源利用效率的提高[172]。陈建军等在借鉴新古典增长分析框架基础上提出了垄断竞争增长的分析框架,从宏观增长的视角对产业在既定空间中心——外围式的集聚给集聚地区带来的经济发展、技术进步和索洛剩余递增三类集聚效应进行了理论和实证分析,研究发现产业在既定空间集聚产生的自我集聚可以改善集聚区域居民生活水平,促进地区技术进步,增强区域产业竞争力,带来增长、产业结构升级和区域经济索洛剩余递增[173]。王海宁等鉴于产业外部性即产业集聚会促进经济增长、全要素生产率的已有研究,提出了产业集聚也可以提高能源效率的假说,并借助中国 2001—2007 年 25 个工业行业的数据测度了全要素能源效率以及产业集聚程度指标,实证结果验证了产业集聚及其所导致的外部性可以有效提高全要素能源效率和单要素能源效率的假说[174]。陈迅等采用区位熵对重庆市制造业的集聚情况进行分析,从而得到具有代表性的产业——交通运输设备制造业,实证分析发现交通运输设备制造业对重庆市经济增长具有推动作用,提升交通运输设备制造业的集聚程度可以提升区域经济增长水平[175]。刘修岩对省级层面的集聚效应进行了研究,发现了其既是推动地区经济发展的重要因素,也是导致地区之间经济差距拉大的重要原因[176]。Liu et al. 同样探究了产业集聚对能源效率所发挥的作用,其以我国 285 个城市为研究对象,利用动态空间面板模型进行了实证研究,结果表明产业集聚有助于能源效率的改善但其作用存在地区差异,表现为产业集聚对东部地区能源效率的作用存在门槛效应,对中西部地区能源效率始终存在积极影响,且西部地区的正向效应要大于中部地区[177]。陈抗等基于 2009—2016 年中国 31 个省(自治区、直辖市)的面板数据测算了中

国高新技术产业的 Malmquist 生产率指数并研究了产业集聚效应对高新技术产业全要素生产率的影响,发现高新技术企业平均资产规模和研发经费支出对全要素生产率增速有显著制约作用,而平均收入规模、区位熵、有效专利数量对全要素生产率增速有显著促进作用,因此要注重培育特色化高新技术产业集群,发挥产业集群的正向外溢效应[178]。

二、产业集聚对水资源利用效率影响的拥挤效应

尽管产业集聚带来的集聚效应有助于用水效率的提高,但是产业过度集聚带来的拥挤效应会对用水效率的提高产生阻碍作用,这里的拥挤效应就是指在产业集聚过程中,大量企业进入同一集聚地区引致的过度集聚问题[171]。区域产业规模的不断持续发展和扩大,企业会过度进入,土地、能源等资源要素的相对稀缺性和劳动、资本要素的过度密集性以及交通道路的拥挤性则日益明显,某些生产要素的价格也会随着产业规模的增大而上升,对经济增长产生负面影响[179]。因此,拥挤效应在现实经济中主要体现在两方面:一方面是要素密度过度集中,导致生产率下降,如人口过多引致道路交通拥挤;另一方面是要素相对稀缺性,导致要素价格上升,如土地、劳动力缺乏[115]。拥挤效应是产业集聚过程中水资源利用效率提高的阻力,导致在集聚效应和拥挤效应的综合作用下,产业集聚和水资源利用效率之间可能存在着非线性关系[171]。

现有研究已证实,在集聚效应和拥挤效应的共同作用下,产业集聚与经济变量之间可能存在着非线性关系。Pei et al. 探究了长三角地区产业专业化集聚和多样化集聚对环境污染的影响,结果表明专业化和多样化集聚对环境污染的影响呈现显著的阈值特征,其中专业化集聚与环境污染水平之间存在 U 形曲线关系,多样化集聚与环境污染水平之间存在正相关的关系,但对环境污染水平的正向影响随着多样化集聚程度的提高而减弱[120]。张平淡等基于 2006—2016 年中国地级及以上城市面板数据对制造业集聚的聚集效应、拥挤效应以及两者共同作用的净效应进行估计,研究发现中国制造业集聚对绿色经济效率的集聚效应为 19.51%,拥挤效应为 8.96%,净效应为 10.55%,通过面板门槛模型分析发现,在高发展水平阶段,随着制造业集聚专业化水平的提升,净效应对绿色经济效率的边际效应呈 U 形变化,而随着制造业集聚的空间等级水平的提升,净效应对绿色经济效率的边际效应呈递增趋势[180]。刘信恒利用 1998—2007 年工业企业数据库,在测算企业成本加成率的基础上,从理论和实证两方面研究产业集聚对企业成本加成率的影响及其内在机制,研究发现产业集聚对企业成本加成率具有明显的抑制作用,通过作用渠道检验发现,产业集聚通过提高企业生产率促进了企业成本加成率的提升,即集聚效应,还通过抑制企业的定价能力对成本加成率产生负影响,即拥挤效应,但是集聚效应的促进作用小于拥挤效应的抑制作用,最终表现为产业集聚对成本加成率具有抑制作用[181]。王立勇等在制造业集聚与生产效率关系的两部门经济中引入运输成本,讨论交通运输条件在制造业集聚与生产效率中发挥的作用,并应用门槛面板模型实证检验不同交通运输条件下制造业集聚对生产效率的非线性影响,研究发现制造业集聚对生产效率的影响存在典型的门槛效应,且该效应受交通运输条件的影响,在交通运输条件发达的地区,制造业集聚更容易带来规模经济,提高生产效率;反之,在交通运输条件薄弱的地区,一味追求集聚难免造成当地生产要素配置不平衡,不利于提高生产效率[182]。Zhang et al.（2021）以

我国 269 个地级及以上城市为研究对象,基于空间 Durbin 模型探究了产业集聚对生态效率的影响,结果发现产业集聚与生态效率之间存在显著的 U 形曲线关系,当产业集聚水平超过一定程度后,产业集聚将有助于城市生态效率的改善[183]。

总之,产业集聚带来的集聚效应有助于用水效率水平的提高,但是当产业过度集聚时,产业集聚带来的拥挤效应占主导地位,并对用水效率水平的提高产生阻碍作用。在集聚效应和拥挤效应的共同作用下,产业集聚带来的净效应和生产率之间呈非线性关系。

三、产业集聚对水资源利用效率影响的"资源诅咒"效应

在经济发展过程中,一些资源丰富的国家经济增长速度要慢于自然资源相对稀缺的国家,这被概括为经济学中的一个重要概念,即"资源诅咒"[184]。余鑫等通过使用 1992—2011 年中部六省的面板数据对中部地区的资源开发、制度约束与经济增长之间的相关性进行分析,实证研究发现中部地区的经济增长与自然资源禀赋之间存在较为显著的负相关性,即"资源诅咒"的现象普遍存在,同时发现自然资源的垄断会导致权力寻租,并最终削弱制度在中部地区经济增长的作用[185]。薛雅伟等则针对"资源诅咒"研究中自然资源度量指标选取存在的科学性问题,利用资源产业空间集聚代替自然资源丰裕度和资源产业依赖度作为自然资源丰裕程度的解释变量,基于我国 30 个省(直辖市)层面的数据量化了 1999—2013 年间资源产业的空间集聚程度并采用多种计量分析和检验方法考察资源产业空间集聚度与区域经济增长之间的直接和间接关系,研究发现资源产业空间集聚与区域经济增长间的关系呈现负相关,符合"资源诅咒"的基本假设[186]。王承武等采用由 10 个截面单位和 14 年的时间序列资料组成的面板数据,运用回归分析模型,对我国西部地区省级层面的资源诅咒程度及传导机制进行分析和论证,研究结果表明西部省际层面资源开发利用中确实存在"资源诅咒",资源开发利用对科研投入、人力资本投入和环保投入等促进经济发展因素产生"挤出效应",西部地区要想走出"资源诅咒",减小"挤出效应",需要改革与完善资源产权制度,调整资源开发中各主体之间的利益分配关系,提高资源地居民参与当地资源开发的程度,强化西部少数民族地区的资源配置权[187]。Yang et al. 使用非线性自回归分布滞后模型模型分析了 1988—2019 年俄罗斯的天然气市场的"资源诅咒问题",并证实了俄罗斯存在由天然气租金的积极冲击引发的"资源诅咒"[188]。Wu et al. 利用 2003—2017 年中国 30 个省份的面板数据,运用空间杜宾模型研究能源禀赋对碳排放的影响,研究结果表明能源禀赋对碳排放有显著促进作用,即从省级角度来看,在碳排放背景下存在"资源诅咒"现象[189]。

本书认为在产业集聚初始阶段,可能会有"资源诅咒"效应的存在。已有研究通常认为,当产业集聚发展到一定程度之后,会由于集聚区内公共交通、通信设备、存储装备等基础设施的不足而产生拥挤效应,阻碍了集聚效应引致的知识溢出、通行成本下降等积极作用的发挥。但是当集聚区处于产业集聚初期时,产业集聚的程度较低,拥挤效应发挥的作用十分有限,反而是政府为了吸引企业入驻集聚区,为集聚区提供了了大量的资源,从而使得在集聚初期集聚区内企业可得到相对丰富的各类资源。在这种情况下,"资源诅咒"效应可能会发挥作用。因此,本书认为产业集聚初期会存在"资源诅咒"效应,而当集聚程度加强之后,拥挤效应才真正发挥作用。

总之,在产业集聚初期的集聚效应与"资源诅咒"效应,以及产业集聚程度提高之后的集聚效应与拥挤效应的共同作用下,产业集聚和水资源利用效率之间可能存在非线性关系。在第四部分,本书将会从传统的经济增长理论出发,推导产业集聚对水资源利用效率影响的理论模型。

四、产业集聚对水资源利用效率影响的模型构建

本书借鉴 Fisher-Vanden et al.、师博等、乔海曙等、Liu et al.、刘习平等、Wang et al. 等学者对能源效率的分析思路[177,190-194],建立了产业集聚对水资源利用效率影响的理论模型。假设生产过程中存在资本 K、劳动力 L 和水资源 W 三种类型的投入要素,根据传统的经济增长理论,在追求成本最小化的情况下可构造如下 Cobb-Douglas 形式的成本函数:

$$C(P_K, P_L, P_W, Q) = A^{-1} P_K^{\alpha_K} P_L^{\alpha_L} P_W^{\alpha_W} Q \qquad (7-1)$$

式中, C 为生产成本; A 为全要素生产率; P_K、P_L 和 P_W 分别为资本、劳动力和水资源的价格; Q 为产出水平; α_K、α_L、α_W 分别为资本、劳动力和水资源的产出弹性。

根据本章前三部分的介绍,产业集聚具有集聚效应、拥挤效应和"资源诅咒"效应。其中,集聚效应所带来的规模报酬递增可以降低生产成本;拥挤效应所导致的要素过度竞争则会提高要素价格,从而增加生产成本;而"资源诅咒"效应导致的资源浪费也可能会使得生产成本提高。因此,产业集聚与生产成本之间可能存在着非线性关系。本书将产业集聚纳入式(7-1)所示的成本函数中以修改此模型,修正后的 Cobb-Douglas 成本函数如下所示:

$$C(P_K, P_L, P_W, Q) = A^{-1} J^{-\gamma} P_K^{\alpha_K} P_L^{\alpha_L} P_W^{\alpha_W} Q \qquad (7-2)$$

式中, J 为产业集聚; γ 为产业集聚对生产成本的有效程度,其大小取决于产业集聚的集聚效应、拥挤效应和"资源诅咒"效应。在成本最小化的前提下,根据谢泼德引理,将成本函数对要素价格求偏导数可得到条件要素需要函数,因此在式(7-2)中,将成本函数对水资源价格 P_W 求偏导数可得到水资源需求 W,计算式如下:

$$W = \alpha_W A^{-1} J^{-\gamma} P_K^{\alpha_K} P_L^{\alpha_L} P_W^{\alpha_W - 1} Q = (\alpha_W A^{-1} J^{-\gamma} P_K^{\alpha_K} P_L^{\alpha_L} P_W^{\alpha_W} Q)/P_W \qquad (7-3)$$

在式(7-3)的基础上,进一步假设产出品的价格 P_Q 取决于资本 K、劳动力 L 和水资源 W 三种投入要素的价格,即

$$P_Q = P_K^{\alpha_K} P_L^{\alpha_L} P_W^{\alpha_W} \qquad (7-4)$$

在式(7-4)中, $\sum \alpha_i = \alpha_K + \alpha_L + \alpha_W = 1$。将式(7-4)带入式(7-3)中可得:

$$W = (\alpha_W A^{-1} J^{-\gamma} P_Q Q)/P_W \qquad (7-5)$$

进一步将式(7-5)转化为如下形式:

$$Q/W = \alpha_W^{-1} A J^{\gamma} (P_W/P_Q) \qquad (7-6)$$

分析式(7-6)可知,由用水强度倒数表征的用水效率取决于水资源的产出弹性 α_W、全要素生产率 A、产业集聚 J 和实际水资源价格 P_W/P_Q。其中,用水效率与全要素生产率、实际水资源价格成正比,与产业集聚的关系则不确定,这主要取决于 γ 是正值还是负值。根据以往的研究,全要素生产率主要由技术水平、市场化水平、产业结构、对外开放程

度、人力资本等因素决定[177,190-194]。因此,在对式(7-6)取对数的基础上可得到如下计量经济学模型:

$$\ln(Q/W) = \gamma \ln J + \beta X + \varepsilon_{it} \qquad (7\text{-}7)$$

在式(7-7)中,X 为影响用水效率的其他重要因素。由于产业集聚所具有的集聚效应、拥挤效应和"资源诅咒"效应,其对用水效率可能存在非线性的影响关系,因此本书在式(7-7)中引入了产业集聚的二次型,得到如下产业集聚对用水效率影响的实证模型:

$$\ln(Q/W) = \gamma_1 \ln J + \gamma_2 (\ln J)^2 + \beta X + \varepsilon_{it} \qquad (7\text{-}8)$$

由式(7-8)可知,产业集聚对用水效率存在非线性的影响关系。本章所推导的理论模型为后文的实证分析提供了理论基础,又由于产业集聚存在专业化集聚和多样化集聚两种主要的集聚形式,因此后文将会从专业化和多样化的角度分析不同产业集聚形式对用水效率的异质性影响。

第八章　黄河流域用水总量的
驱动力分解分析

一、方法与数据说明

本书在 Kaya 恒等式所建立的二氧化碳排放量与经济、政策和人口之间关系的基础上[195]，构建了用水总量与经济发展、人口规模和用水强度之间的关系式，即

$$W = \frac{W}{\text{GDP}} \frac{\text{GDP}}{P} P \qquad (8\text{-}1)$$

式中，W 为用水总量；P 为人口规模；$\frac{W}{\text{GDP}}$ 为用水强度，记为 Q ；$\frac{\text{GDP}}{P}$ 为经济发展水平，记为 E 。

为了分解出经济发展 E 、人口规模 P 和用水强度 Q 对用水总量变化的贡献，使用 LMDI 加法分解模型对用水总量的变化进行分解[196]：

$$\Delta W = \Delta W_E + \Delta W_P + \Delta W_Q \qquad (8\text{-}2)$$

式中，ΔW 为用水总量的变化，称为用水总效应；ΔW_E 为经济发展变化引致的用水总量的变化，称为经济发展效应；ΔW_P 为人口规模变化引致的用水总量的变化，称为人口规模效应；ΔW_Q 为用水强度变化引致的用水总量的变化，称为用水强度效应。其中，$\Delta W_E = \rho \ln(E_t/E_0)$，$\Delta W_P = \rho \ln(P_t/P_0)$，$\Delta W_Q = \rho \ln(Q_t/Q_0)$，$\rho = (W_t - W_0)/(\ln W_t - \ln W_0)$。以上所需数据均来自《中国城市统计年鉴》。

后文采用本部分所介绍的 LMDI 方法，对黄河流域的用水总效应进行分解分析，以识别经济发展、人口规模和用水强度的变化对黄河流域用水总效应的贡献程度，在分析视角上，分别从黄河流域、省份及城市视角对用水总效应及其驱动因素的贡献进行对比分析，从用水强度视角说明用水效率对黄河流域集约用水的重要意义，也从联系现实的角度说明后文对黄河流域用水效率及产业集聚对其发挥的作用进行研究是具有现实意义的。

二、黄河流域用水总效应及分解分析

从历年变化趋势来看，黄河流域用水总效应在 2010—2019 年基本呈现"M"形变化趋势（见图 8-1）。样本期内平均用水总效应为 32 611.4 万 m^3，其中 2014 年、2016 年及 2017 年的用水总效应超过了历年用水总效应的均值，且在 2017 年达到了最大值，为 68 522.9 万 m^3。值得注意的是，黄河流域用水总效应自 2017 年达到峰值之后，在随后的两年均呈现降低的趋势，并在 2019 年首次出现负的用水总效应，为 5 399.6 万 m^3，说明 2019 年黄河流域用水总量较 2018 年呈现降低趋势，同时也初步表明黄河流域整体用水效率在 2019 年呈现出较大幅度的提升。

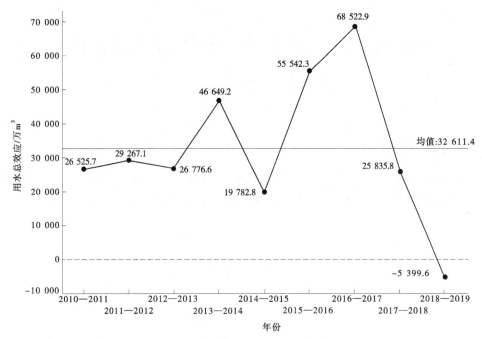

图 8-1　黄河流域历年用水总效应变化

为探究黄河流域用水总效应的驱动因素,本部分使用 LMDI 方法将历年黄河流域用水总效应分解为用水强度效应、经济发展效应及人口规模效应,并从变化值和贡献率两方面进行分析(见表 8-1)。从历年均值来看,黄河流域的用水强度效应、经济发展效应及人口规模效应分别为 $-42\,101.7$ 万 m^3、$71\,095.9$ 万 m^3 和 $3\,617.2$ 万 m^3,对用水总效应($32\,611.4$ 万 m^3)的贡献率分别为 -129.1%、218.0% 和 11.1%,说明历年平均用水强度的降低使黄河流域平均用水总量降低了 129.1%,但用水强度的降低并未抵消经济快速发展和人口规模增加所引致的对水资源的大量需求,其中经济发展使黄河流域平均每年增加用水量达 $71\,095.9$ 万 m^3。

2019 年用水总效应的分解同样值得注意,虽然经济发展带动了用水总量 $60\,445.3$ 万 m^3 的增加,但用水强度的降低则直接节约了 $-70\,404.8$ 万 m^3 的用水总量,这也直接导致了黄河流域在 2019 年的用水总效应首次呈现出负值,用水强度的贡献再次表明了黄河流域整体用水效率在 2019 年出现大幅提升。2019 年黄河流域用水总效应呈现负值这一现象所带来的启示也是显而易见的,即在不阻碍经济发展的同时,用水强度的降低可以发挥较大的作用,使得出现“经济快速增长”与“资源消耗减少”双赢的局面。

三、各省份用水总效应及分解分析

根据黄河流域各省份历年平均用水总效应的结果(见图 8-2),山东和四川的年均用水总效应较多,分别达到 $11\,179.6$ 万 m^3 和 $9\,945.5$ 万 m^3,均超过了第三名陕西年均用水总效应($4\,685.9$ 万 m^3)的 2 倍,同时,这三个省份的年均用水总效应也都超过了黄河流域各省份的平均用水总效应($3\,623.5$ 万 m^3);河南与内蒙古的年均用水总效应均超过了$2\,000$ 万 m^3,而山西、宁夏和青海的年均用水总效应都小于 $1\,000$ 万 m^3;甘肃的用水总效应则为负值,为-916.1万 m³,说明该省年均用水量的降低较为明显。

表 8-1　黄河流域历年用水总效应及 LMDI 分解

年份	总效应/万 m³	LMDI 分解					
		用水强度效应		经济发展效应		人口规模效应	
		变化值/万 m³	贡献率/%	变化值/万 m³	贡献率/%	变化值/万 m³	贡献率/%
2010—2011	26 525.7	-66 751.6	-251.6	86 320.6	325.4	6 956.8	26.2
2011—2012	29 267.1	-55 180.7	-188.5	83 399.2	285.0	1 048.7	3.6
2012—2013	26 776.6	-51 101.1	-190.8	78 917.3	294.7	-1 039.7	-3.9
2013—2014	46 649.2	-25 186.4	-54.0	63 522.7	136.2	8 312.8	17.8
2014—2015	19 782.8	-48 237.3	-243.8	71 505.6	361.5	-3 485.6	-17.6
2015—2016	55 542.3	-13 858.5	-25.0	61 496.0	110.7	7 904.8	14.2
2016—2017	68 522.9	-2 105.8	-3.1	68 752.1	100.3	1 876.5	2.7
2017—2018	25 835.8	-46 088.8	-178.4	65 503.9	253.5	6 420.7	24.9
2018—2019	-5 399.6	-70 404.8	1 303.9	60 445.3	-1 119.4	4 559.9	-84.4
历年平均	32 611.4	-42 101.7	-129.1	71 095.9	218.0	3 617.2	11.1

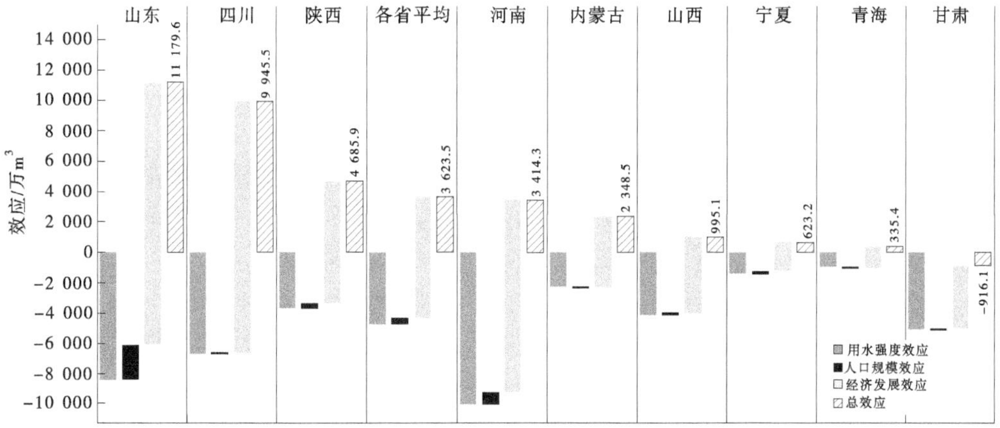

图 8-2　黄河流域各省份年均用水总效应及 LMDI 分解

从 LMDI 的分解结果(见表 8-2)能够发现各省用水总效应差异较为明显的原因所在。对于用水总效应较高的山东、四川和陕西三个省而言,其用水总效应较高的原因是用水强度所发挥的积极作用较为有限,三个省用水强度的降低对用水总量降低的贡献率分别为75.1%、67.1%和78.5%,低于各省(自治区)用水强度贡献率的平均水平(131.2%);对于用水总效应为负值的甘肃而言,用水强度则发挥了较为积极的作用,该省用水强度的降低较为明显,导致年均用水总量降低 5 132.1 万 m³,贡献率达 560.2%。甘肃省的分析结果同样与本章第二部分的研究结论相呼应,即资源使用强度的降低完全可以同时实现经济增长与资源节约的双重目的。

表 8-2   黄河流域各省份年均用水总效应及 LMDI 分解

省份	总效应/万 m³	LMDI 分解					
		用水强度效应		经济发展效应		人口规模效应	
		变化值/万 m³	贡献率/%	变化值/万 m³	贡献率/%	变化值/万 m³	贡献率/%
山东	11 179.6	−8 397.1	−75.1	17 334.0	155.0	2 242.8	20.1
四川	9 945.5	−6 674.3	−67.1	16 582.3	166.7	37.5	0.4
陕西	4 685.9	−3 678.4	−78.5	8 071.6	172.3	292.7	6.2
河南	3 414.3	−10 016.9	−293.4	12 682.6	371.5	748.7	21.9
内蒙古	2 348.5	−2 293.0	−97.6	4 702.7	200.2	−61.2	−2.6
山西	995.1	−4 146.8	−416.7	4 987.4	501.2	154.6	15.5
宁夏	623.2	−1 483.7	−238.1	1 902.5	305.3	204.3	32.8
青海	335.4	−968.6	−288.8	1 391.6	414.9	−87.6	−26.1
甘肃	−916.1	−5 132.1	560.2	4 139.3	−451.8	76.7	−8.4
各省平均	3 623.5	−4 754.6	−131.2	7 977.1	220.1	400.9	11.1

四、各城市用水总效应及分解分析

根据黄河流域各城市历年平均用水总效应的结果(见图 8-3),成都市用水总效应最大,为 5 413.3 万 m³;西安市次之,为 3 904.2 万 m³;济南市和青岛市也均超过 2 000 万 m³;潍坊市排名第五,为 1 384.3 万 m³;其余城市的年均用水总效应都小于 1 000 万 m³,说明平均每年用水量的增加不超过 1 000 万 m³。在多数城市年均用水总效应为正值的情况下,部分城市则表现出了负的年均用水总效应,实现了对水资源的集约利用,这些城市包括金昌、白银、漯河、阳泉、安康、石嘴山、咸阳、安阳、新乡、雅安、兰州、嘉峪关、天水、淄博、固原和平凉。

表 8-3 呈现了用水总效应排名前十位和后十位城市的 LMDI 分解结果,以分析各城市用水总效应差异的原因。对于用水总效应排名前十位的城市而言,除郑州市外,其余城市的用水强度均未能表现出较为积极的作用,城市用水强度的降低对用水总效应降低的贡献率均小于所有城市平均的用水强度贡献率(131.0%),而潍坊市和聊城市的用水强度甚至表现为消极作用,两个城市样本期内年均用水强度表现为增长态势,分别导致年均用水总量增加 218.3 万 m³ 和 349.6 万 m³。

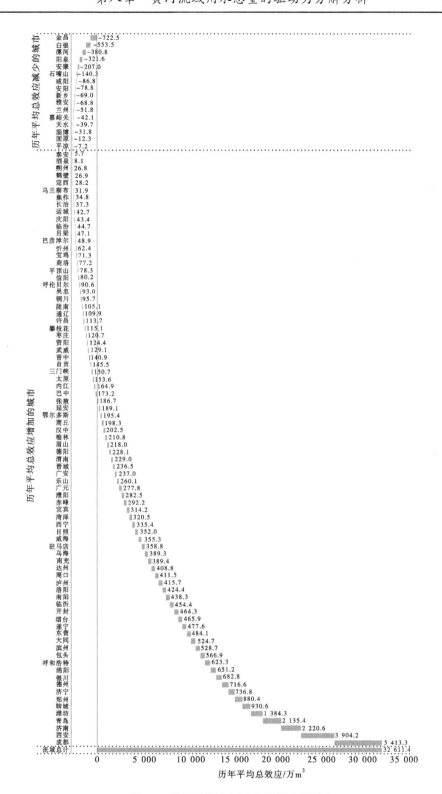

图 8-3　黄河流域各城市年均用水总效应

对于用水总效应排名后十位的城市而言,尽管部分城市用水总效应较低的原因是经济增长的乏力和人口规模的减少,但这些城市的年均用水强度的积极贡献均超过了所有城市的平均水平。以河南省新乡市为例,该城市经济发展和人口规模对用水总效应增长的贡献率均超过了所有城市的平均水平,但由于其用水强度的降低对用水总效应降低的贡献率达 1 659.9%,导致该城市年均用水量减少 1 146.0 万 m³,并最终使得该城市年均用水总效应呈现负值,在经济增长和人口规模扩张的同时仍能保持年均用水总量的减少,可见该城市用水强度的积极贡献是较为显著的。

表 8-3 年均用水总效应前十和后十名城市用水总效应及 LMDI 分解

| 排序 | 城市 | 所属省份 | 总效应/万 m³ | LMDI 分解 | | | | | |
| | | | | 用水强度效应 | | 经济发展效应 | | 人口规模效应 | |
				变化值/万 m³	贡献率/%	变化值/万 m³	贡献率/%	变化值/万 m³	贡献率/%
1	成都	四川	5 413.3	−2 598.9	−48.0	5 129.2	94.8	2 883.0	53.3
2	西安	陕西	3 904.2	−1 040.0	−26.6	3 366.4	86.2	1 577.8	40.4
3	济南	山东	2 220.6	−683.8	−30.8	1 504.2	67.7	1 400.2	63.1
4	青岛	山东	2 135.4	−1 349.2	−63.2	3 036.5	142.2	448.1	21.0
5	潍坊	山东	1 384.3	218.3	15.8	1 083.7	78.3	82.3	5.9
6	聊城	山东	930.6	349.6	37.6	510.9	54.9	70.1	7.5
7	郑州	河南	880.4	−2 235.4	−253.9	3 401.7	386.4	−285.9	−32.5
8	济宁	山东	736.8	−416.5	−56.5	1 051.5	142.7	101.8	13.8
9	德州	山东	716.6	−59.5	−8.3	720.5	100.5	55.6	7.8
10	银川	宁夏	682.8	−384.2	−56.3	741.2	108.6	325.8	47.7
89	雅安	四川	−68.8	−283.4	412.2	217.8	−316.8	−3.2	4.7
90	新乡	河南	−69.0	−1 146.0	1 659.9	941.8	−1 364.2	135.1	−195.7
91	安阳	河南	−78.8	−948.3	1 203.8	779.2	−989.1	90.4	−114.7
92	咸阳	陕西	−86.8	−1 261.7	1 454.3	1 371.3	−1 580.8	−196.4	226.4
93	石嘴山	宁夏	−140.3	−870.6	620.4	730.3	−520.4	0	0
94	安康	陕西	−207.0	−393.5	190.1	186.6	−90.1	0	0
95	阳泉	山西	−321.6	−659.4	205.1	332.4	−103.4	5.5	−1.7
96	漯河	河南	−380.8	−1 154.8	303.3	816.7	−214.5	−42.7	11.2
97	白银	甘肃	−553.5	−970.8	175.4	413.4	−74.7	3.9	−0.7
98	金昌	甘肃	−722.5	−985.4	136.4	271.3	−37.6	−9.0	1.2
所有城市平均			332.8	−435.9	−131.0	689.9	207.3	78.7	23.7

　　从城市视角分解用水总效应所得到的结论,与本章第二部分的流域视角和第三部分的省份视角所得到的结论是一致的,即发挥用水强度的积极作用是在保证经济增长的同时实现用水总量减少的关键,并且结果分析中也确实存在部分地区出现了该积极现象,实现了经济增长与资源节约的"双赢"局面。正如"第六章理论回顾及相关研究进展"所描述的,用水强度属于衡量用水效率的单一要素投入指标,并未考虑水资源要素投入与其他生产要素投入之间的相互影响。因此,"第九章黄河流域水资源利用的效率分析"采用了可以考虑多投入与多产出的 DEA 方法来对黄河流域的用水效率进行更具体的测算。

五、小结

　　本章在二氧化碳排放 Kaya 恒等式的基础上,建立了有关水资源利用的 Kaya 恒等式,并使用 LMDI 方法识别了经济发展、人口规模和用水强度的变化对黄河流域用水总效应的贡献程度。

　　研究结果发现,在黄河流域整体视角,黄河流域用水总效应在 2010—2019 年基本呈现"M"形变化趋势,并且黄河流域用水总效应自 2017 年达到峰值之后,在随后的两年均呈现降低的趋势;通过 LMDI 分解,发现黄河流域的用水强度效应、经济发展效应及人口规模效应分别为 $-42\,101.7$ 万 m^3、$71\,095.9$ 万 m^3 和 $3\,617.2$ 万 m^3,对用水总效应($32\,611.4$ 万 m^3)的贡献率分别为 -129.1%、218.0% 和 11.1%。在省份视角,山东和四川的年均用水总效应较多,分别达到 $11\,179.6$ 万 m^3 和 $9\,945.5$ 万 m^3,陕西省年均用水总效应为 $4\,685.9$ 万 m^3,河南与内蒙古的年均用水总效应均超过了 $2\,000$ 万 m^3,山西、宁夏和青海的年均用水总效应都小于 $1\,000$ 万 m^3,甘肃省的用水总效应为负值,为 -916.1 万 m^3;根据 LMDI 的分解结果,发现山东、四川和陕西用水总效应较高的原因是用水强度所发挥的积极作用较为有限,三个省用水强度的降低对用水总量降低的贡献率均低于各省用水强度贡献率的平均水平(131.2%),而对于用水总效应为负值的甘肃省,其用水强度则发挥了较为积极的作用,以致年均用水总量降低 $5\,132.1$ 万 m^3,贡献率达 560.2%。在城市视角,成都市用水总效应最大,为 $5\,413.3$ 万 m^3,西安市为 $3\,904.2$ 万 m^3,济南市和青岛市也均超过 $2\,000$ 万 m^3,潍坊市排名第五,为 $1\,384.3$ 万 m^3,其余城市的年均用水总效应都小于 $1\,000$ 万 m^3,当然,还有部分城市表现出了负的年均用水总效应,实现了对水资源的集约利用,这些城市包括金昌、白银、漯河、阳泉、安康、石嘴山、咸阳、安阳、新乡、雅安、兰州、嘉峪关、天水、淄博、固原和平凉;LMDI 分解结果则表明,对于用水总效应较高的城市而言,城市用水强度的降低对用水总效应降低的贡献率均小于所有城市平均的用水强度贡献率(131.0%),对于用水总效应较低的城市而言,城市年均用水强度的积极贡献均超过了所有城市的平均水平。

第九章　黄河流域水资源利用的效率分析

一、方法与数据说明

本章使用 DEA 方法对用水效率进行估计,考虑到效率在年际之间的可比问题,采用全局参比得到用水效率值。考虑到非期望产出的设置问题,采用了 SBM 模型进行效率测算。DEA-SBM 模型的基本原理是:基于松弛测度的 SBM 模型处理非期望产出,假设存在 n 个决策单元,均有三个投入产出向量:投入、期望产出和非期望产出,其元素可表示成 $x \in R^m, y^g \in R^{s_1}$ 及 $y^b \in R^{s_2}$,定义矩阵 $X = [x_1, \cdots, x_n] \in R^{m \times n}, Y^g = [y_1^g, \cdots, y_n^g] \in R^{s_1 \times n}$, $Y^b = [y_1^b, \cdots, y_n^b] \in R^{s_2 \times n}$,其中 $x_i > 0, y_i^g > 0, y_i^b > 0$。

生产可能性集合为 $P = \{(x, y^g, y^b) \mid x \geq X\lambda, y^g \leq Y^g\lambda, y^b \geq Y^b\lambda, \lambda \geq 0\}$,其中 λ 为权重向量。若其和为 1,则表示生产技术为规模报酬可变,否则表示规模报酬不变。非期望产出的 SBM 模型可写为

$$\rho^* = \min \frac{1 - \dfrac{1}{m}\sum_{i=1}^{m}\dfrac{s_1^-}{x_{i0}}}{1 + \dfrac{1}{s_1 + s_2}\left(\sum_{r=1}^{s_1}\dfrac{s_r^g}{y_{r0}^g} + \sum_{r=1}^{s_2}\dfrac{s_r^b}{y_{r0}^b}\right)} \tag{9-1}$$

$$\text{s. t.} \begin{cases} x_0 = X\lambda + s^- \\ y_0^g = Y^g\lambda - s^g \\ y_0^b = Y^b\lambda + s^b \\ s^- \geq 0, s^g \geq 0, s^b \geq 0, \lambda \geq 0 \end{cases}$$

式中,$s^- \in R^m$ 为投入过度;$s^g \in R^{s_1}$ 为期望产出不足;$s^b \in R^{s_2}$ 为非期望产出过多;λ 为权重向量。目标函数 ρ^* 的分子与分母分别表示生产决策单元实际投入与产出相对于生产前沿的平均可缩减比例与平均可扩张比例,即投入无效率与产出无效率。此外,ρ^* 是关于 s^-, s^g, s^b 严格递减的,且 $0 \leq \rho^* \leq 1$。对于特定的被评价单元,当且仅当 $\rho^* = 1$,即 $s^- = 0$, $s^g = 0, s^b = 0$ 时是技术有效率的。

在用水效率的指标设定方面,投入指标包括劳动力、资本存量和水资源供给,期望产出指标为地区生产总值,非期望产出指标为污水排放量,其中资本存量的计算参考了单豪杰的估计方法[197]。需要注意的是,本书所测用水效率为去除了农业用水后的用水效率。当投入产出指标中不包括非期望产出(污水排放)时,得到的用水效率称为传统用水效率,当投入产出指标包括非期望产出(污水排放)时,得到的用水效率称为绿色用水效率。各指标数据均来自 EPS 数据平台、国泰安数据库、《中国城市统计年鉴》和《中国城市建设统计年鉴》,其描述性统计见表 9-1。

表 9-1　投入产出指标的描述性统计

变量	样本数	均值	标准差	中位数	最小值	最大值
劳动力/万人	980	45	55	35	5	649
资本存量/万亿	980	53 372 423	53 317 665	36 704 839	3 621 779	412 091 207
水资源供给/万 m³	980	9 509	13 075	5 565	234	114 498
实际 GDP/亿元	980	1 320	1 387	897	67	10 183
污水排放量/万 m³	980	8 049	11 527	4 610	300	107 301

以下内容采用本部分所介绍的 DEA 效率测算方法,分别从无约束的传统用水效率和考虑"环境约束"的绿色用水效率两方面对黄河流域的水资源利用效率进行测算,从而在流域视角、省份视角和城市视角全面评估黄河流域的用水效率情况。

二、黄河流域水资源利用效率分析

在全国及流域整体视角方面(见图 9-1 和表 9-2),就传统用水效率而言,从历年趋势来看,全国整体、黄河流域及长江流域的用水效率基本呈现"N"形趋势,在 2013 年出现短暂降低后,用水效率一直处于稳步上升的趋势,并在 2019 年达到历年最高效率水平,但应该注意的是,即使用水效率处于上升趋势,三者均尚未达到用水有效率的状态;从区域比较来看,黄河及长江两大流域的用水效率一直低于全国整体水平,同时长江流域的用水效率也一直低于黄河流域,考虑到长江流域的水资源相比黄河流域较为丰富,而其用水效率却始终低于黄河流域,初步验证了水资源利用效率方面的"资源诅咒"的存在,水资源丰富地区在用水效率方面并没有占据绝对优势。

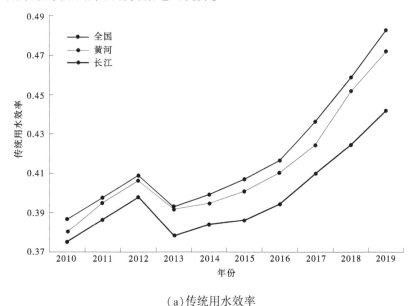

(a)传统用水效率

图 9-1　全国整体、黄河流域及长江流域历年用水效率变化

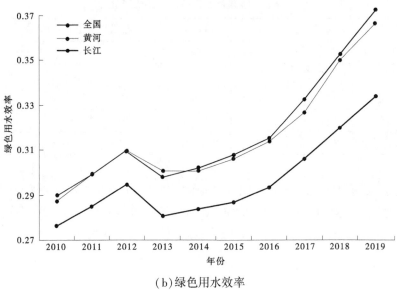

（b）绿色用水效率

续图 9-1

就绿色用水效率而言，从历年趋势来看，全国整体、黄河流域及长江流域的用水效率同样呈现"N"形趋势；从区域比较来看，尽管多数年份黄河流域绿色用水效率低于全国整体水平，但在 2013 年却高于全国整体水平，并且二者的差距要小于传统用水效率中二者的差距；长江流域的绿色用水效率始终低于全国整体水平和黄河流域，并且其与黄河流域的差距要比传统用水效率中二者的差距更大。总之，在考虑到"环境约束"后，黄河流域相对长江流域在用水效率方面的优势在扩大，表明黄河流域要比长江流域更加重视有关水资源方面的环境保护。

表 9-2　全国整体、黄河流域及长江流域历年用水效率值

年份	传统用水效率			绿色用水效率		
	全国	黄河	长江	全国	黄河	长江
2010	0.386 3	0.380 5	0.375 1	0.289 6	0.287 2	0.276 3
2011	0.397 6	0.394 5	0.386 2	0.299 2	0.299 0	0.284 7
2012	0.408 5	0.406 0	0.397 7	0.309 7	0.309 3	0.294 6
2013	0.392 7	0.391 8	0.378 7	0.298 0	0.300 8	0.280 7
2014	0.399 1	0.394 6	0.383 6	0.301 7	0.300 7	0.283 6
2015	0.406 7	0.400 5	0.386 1	0.307 7	0.306 0	0.286 6
2016	0.416 5	0.409 9	0.394 3	0.315 2	0.313 8	0.293 5
2017	0.436 1	0.424 1	0.409 6	0.332 4	0.326 8	0.305 9
2018	0.458 9	0.451 5	0.424 5	0.352 5	0.349 9	0.319 7
2019	0.482 7	0.471 8	0.441 7	0.372 2	0.366 1	0.333 8
均值	0.418 5	0.412 5	0.397 7	0.317 8	0.315 9	0.295 9

　　在黄河流域内部视角方面(见图9-2和表9-3),从历年趋势来看,黄河流域上游和下游在传统用水效率和绿色用水效率方面均呈现"N"形趋势,且在2013年之后一直稳步上升,黄河流域中游用水效率虽存在波动,但也基本保持着上升势头。从区域比较来看,无论是传统用水效率还是绿色用水效率,黄河流域上游用水效率与黄河流域整体用水效率基本保持一致,黄河流域下游用水效率始终高于上游和中游的用水效率,黄河流域中游用水效率则始终低于上游和下游的用水效率,即在用水效率方面存在"下游>上游>中游"的规律。该研究结论表明,黄河流域下游相对更加节水,且更加重视水资源方面的环境保护,但同时也要注意到,黄河流域上游、中游、下游在水资源利用方面均处于无效率的状态,节水减排任务仍然艰巨。

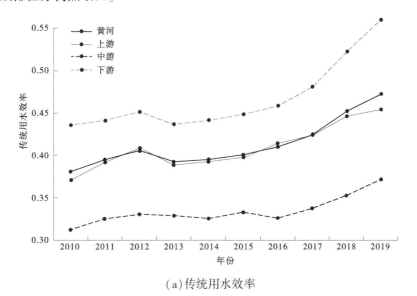

(a)传统用水效率

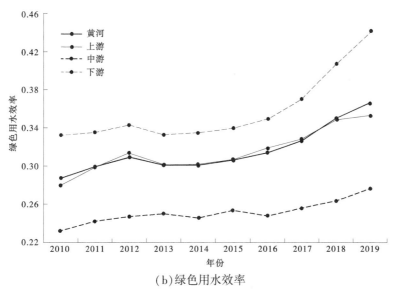

(b)绿色用水效率

图9-2　黄河流域上游、中游、下游历年用水效率变化

表9-3 黄河流域上游、中游、下游历年用水效率值

年份	传统用水效率			绿色用水效率		
	上游	中游	下游	上游	中游	下游
2010	0.371 4	0.312 3	0.436 1	0.279 8	0.232 0	0.332 1
2011	0.392 4	0.325 4	0.441 2	0.298 9	0.241 9	0.335 4
2012	0.407 9	0.330 5	0.451 6	0.313 9	0.247 0	0.342 7
2013	0.388 4	0.328 9	0.436 3	0.301 1	0.249 6	0.332 9
2014	0.392 4	0.325 3	0.441 6	0.301 3	0.245 2	0.335 0
2015	0.397 4	0.332 4	0.447 9	0.305 7	0.253 3	0.339 8
2016	0.413 9	0.326 0	0.458 0	0.318 9	0.247 4	0.349 2
2017	0.423 3	0.337 0	0.480 7	0.328 0	0.256 0	0.370 1
2018	0.445 7	0.352 3	0.522 4	0.348 6	0.263 3	0.406 7
2019	0.454 2	0.370 8	0.559 5	0.353 2	0.276 3	0.440 5
均值	0.408 7	0.334 1	0.467 5	0.314 9	0.251 2	0.358 4

三、各省份水资源利用效率分析

在黄河流域省份视角方面(见图9-3和表9-4),从历年趋势来看,无论是传统用水效率还是绿色用水效率,内蒙古和山东除在2013年出现短暂降低外,其余年份均保持较为明显的增长态势;其他省份的表现并不突出,用水效率小幅波动且增长态势并不明显。从区域比较来看,无论是传统用水效率还是绿色用水效率,除去2019年河南的用水效率超过四川外,各省份之间的用水效率基本保持"内蒙古>山东>四川>河南>(陕西、山西、甘肃)>宁夏>青海"的规律,说明用水效率方面的区域差异较为明显。

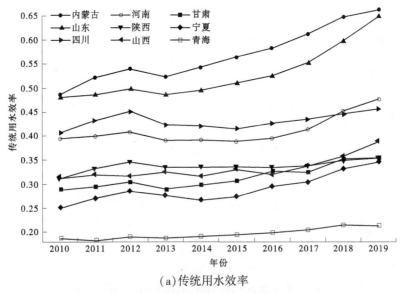

(a)传统用水效率

图9-3 黄河流域各省份历年用水效率变化

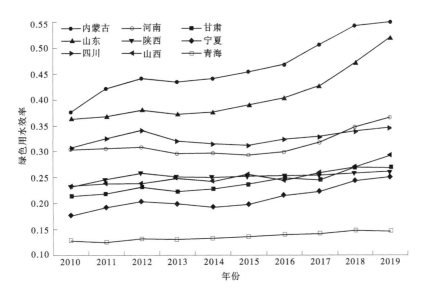

（b）绿色用水效率

续图9-3

表9-4　黄河流域各省份历年用水效率值

效率	年份	内蒙古	山东	四川	河南	陕西	山西	甘肃	宁夏	青海
传统用水效率	2010	0.486 3	0.479 9	0.406 9	0.394 8	0.311 6	0.312 9	0.287 9	0.249 6	0.186 4
	2011	0.521 2	0.485 7	0.432 1	0.399 4	0.332 3	0.319 1	0.294 4	0.270 4	0.181 4
	2012	0.539 1	0.497 9	0.451 3	0.407 9	0.345 8	0.316 6	0.303 7	0.285 0	0.189 4
	2013	0.522 2	0.485 5	0.423 0	0.390 0	0.334 0	0.324 3	0.290 4	0.276 0	0.187 3
	2014	0.542 1	0.494 7	0.420 5	0.391 7	0.335 0	0.316 6	0.297 0	0.266 2	0.190 2
	2015	0.562 5	0.510 4	0.414 7	0.389 1	0.335 2	0.330 0	0.306 4	0.272 2	0.194 0
	2016	0.581 3	0.525 4	0.426 9	0.394 5	0.333 1	0.319 6	0.326 4	0.294 6	0.198 9
	2017	0.610 9	0.552 1	0.434 9	0.413 6	0.337 9	0.336 2	0.323 3	0.303 6	0.204 6
	2018	0.646 3	0.598 1	0.446 9	0.451 1	0.347 7	0.356 4	0.350 8	0.331 6	0.214 0
	2019	0.660 9	0.648 1	0.456 3	0.476 1	0.352 9	0.387 1	0.352 6	0.344 6	0.212 5
	均值	0.567 3	0.527 8	0.431 4	0.410 8	0.336 5	0.331 9	0.313 3	0.289 4	0.195 9

续表9-4

效率	年份	内蒙古	山东	四川	河南	陕西	山西	甘肃	宁夏	青海
绿色用水效率	2010	0.376 1	0.362 7	0.307 2	0.303 3	0.231 0	0.232 8	0.213 5	0.176 2	0.128 2
	2011	0.421 4	0.366 8	0.325 0	0.305 9	0.246 1	0.238 1	0.218 2	0.192 0	0.124 3
	2012	0.440 8	0.378 8	0.340 7	0.308 8	0.257 4	0.237 6	0.230 9	0.202 9	0.130 8
	2013	0.433 8	0.372 2	0.319 6	0.295 9	0.250 9	0.248 5	0.222 2	0.198 6	0.129 6
	2014	0.440 6	0.375 7	0.314 4	0.296 7	0.249 8	0.241 1	0.227 7	0.192 1	0.132 0
	2015	0.453 6	0.389 9	0.311 4	0.292 6	0.251 7	0.254 9	0.236 7	0.197 0	0.134 8
	2016	0.468 6	0.402 6	0.323 7	0.298 9	0.251 9	0.243 3	0.249 2	0.214 9	0.138 6
	2017	0.506 6	0.426 5	0.328 6	0.317 1	0.254 1	0.257 8	0.244 0	0.221 7	0.141 1
	2018	0.542 1	0.471 0	0.339 2	0.346 2	0.257 7	0.268 4	0.269 5	0.242 9	0.146 7
	2019	0.549 3	0.519 4	0.346 9	0.366 3	0.260 3	0.290 9	0.267 1	0.250 0	0.145 5
	均值	0.463 3	0.406 6	0.325 7	0.313 2	0.251 1	0.251 3	0.237 9	0.208 9	0.135 2

根据图9-4展示的黄河流域各省份历年平均用水效率的排位结果,无论是传统用水效率还是绿色用水效率,内蒙古、山东、四川和河南均排名前四位,而甘肃、宁夏和青海三个省份均排名后三位。值得注意的是,在考虑到"环境约束"后,陕西的排位从第五名下降为第六名,而山西的排名则从第六名上升为第五名,这种排位的变化说明了陕西相对而言在水资源环境保护方面的工作仍需进一步加强。另一点值得注意的是,第八章第三部分的结果表明,甘肃的用水强度效应对用水总效应的贡献率超过了各省的平均水平,该结果似乎与本部分中甘肃用水效率排名靠后的结果相互矛盾,但其实不然,正是因为甘肃用水效率较低,即用水强度较高,其在用水强度降低方面才大有作为,因此才表现出用水强度效应对用水总效应的贡献较为突出。

四、考虑"环境约束"后各城市排位变化:牺牲环境换经济发展

由于指标设定差异导致的生产前沿面的不同,传统用水效率和绿色用水效率之间并不能直接进行数值比较,因此本部分对各城市的用水效率排名进行了排序,通过分析考虑废污水排放的"环境约束"后各城市用水效率的排位变化,来识别"牺牲环境换经济发展"型城市。图9-5展示了黄河流域各城市历年平均用水效率的排位变化,除部分城市排名保持稳定外,多数城市的排名变化较为明显,表9-5和表9-6则进一步展示了黄河流域各城市平均传统用水效率值和平均绿色用水效率值。在考虑到"环境约束"后,陇南、吕梁、定西、榆林和庆阳5个城市排名进步最为明显,均提升超过了10个名次,说明这些城市在水资源环境保护方面的重视程度相对较高。相反,部分城市则出现排名下降的情况,其中呼和浩特和淄博分别下降9个名次和7个名次;乌海和漯河均下降6个名次;济南、洛阳、

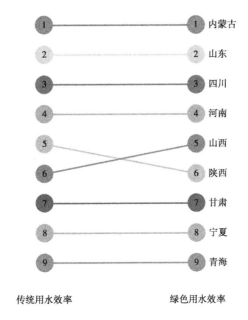

传统用水效率		绿色用水效率
1	——	1 内蒙古
2	——	2 山东
3	——	3 四川
4	——	4 河南
5		5 山西
6		6 陕西
7	——	7 甘肃
8	——	8 宁夏
9	——	9 青海

图9-4 黄河流域各省份年均用水效率排位变化

焦作、平顶山、张掖和宝鸡均下降5个名次;青岛、枣庄、赤峰、遂宁和兰州均下降4个名次;成都、临沂和开封等14个城市均下降3个名次;其余部分城市也存在不同程度的下降。尽管部分城市的绿色用水效率本身就相对较高(如德阳、淄博、呼和浩特、青岛、济南和临沂等城市的绿色用水效率均超过了各城市的平均水平),但这些城市确实存在在考虑"环境约束"后用水效率排名下降的情况,即"牺牲环境换经济发展",因此需要在水资源环境保护方面继续加强监管和约束力度。就平均绿色用水效率而言,黄河流域各城市均未达到用水有效率的状态,具体而言,乌兰察布、威海、巴彦淖尔、鄂尔多斯、东营、呼伦贝尔和资阳等城市的绿色用水效率较高,均高于0.500;而阳泉、忻州、西安、金昌、太原、石嘴山、嘉峪关、西宁和银川等城市的绿色用水效率较低,均小于0.200。

五、小结

本章使用全局参比的DEA-SBM模型计算得到不包括非期望产出的传统用水效率和包括非期望产出的绿色用水效率,并分别从流域视角、省份视角和城市视角全面评估黄河流域的用水效率情况。

研究结果发现,在流域视角方面,就传统用水效率而言,全国整体、黄河流域及长江流域的用水效率基本呈现"N"形趋势,且在2013年出现短暂降低后,用水效率一直处于稳步上升的趋势,但黄河及长江两大流域的用水效率一直低于全国整体水平,同时长江流域的用水效率也一直低于黄河流域;就绿色用水效率而言,全国整体、黄河流域及长江流域的用水效率同样呈现"N"形趋势,黄河流域绿色用水效率总体低于全国平均水平,但二者的差距要小于传统用水效率中二者的差距,且在考虑到"环境约束"后,黄河流域相对长江流域在用水效率方面的优势在扩大;在黄河流域内部视角方面,黄河流域上游和下游在

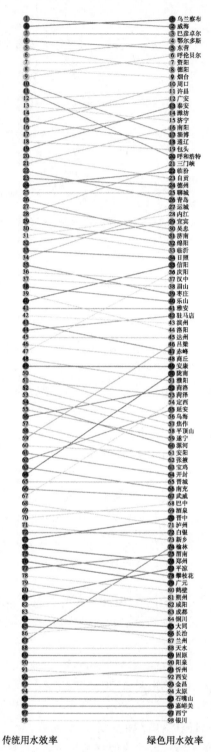

传统用水效率   绿色用水效率

图 9-5 黄河流域各城市历年平均用水效率的排位变化

表9-5　黄河流域各城市平均传统用水效率值

排名	城市	传统用水效率	排名	城市	传统用水效率	排名	城市	传统用水效率
1	威海	0.756 6	34	运城	0.465 0	67	定西	0.330 3
2	乌兰察布	0.756 3	35	枣庄	0.445 5	68	泸州	0.329 1
3	巴彦淖尔	0.657 8	36	汉中	0.445 5	69	酒泉	0.324 1
4	东营	0.645 6	37	眉山	0.440 2	70	巴中	0.322 5
5	德阳	0.636 6	38	乐山	0.434 9	71	新乡	0.322 0
6	鄂尔多斯	0.619 7	39	洛阳	0.433 1	72	白银	0.319 8
7	资阳	0.597 3	40	信阳	0.428 4	73	晋中	0.319 3
8	烟台	0.597 2	41	雅安	0.426 5	74	郑州	0.315 5
9	呼伦贝尔	0.596 4	42	滨州	0.426 3	75	攀枝花	0.314 3
10	淄博	0.573 1	43	赤峰	0.425 8	76	广元	0.309 9
11	呼和浩特	0.570 7	44	驻马店	0.419 1	77	渭南	0.304 5
12	许昌	0.561 3	45	达州	0.409 3	78	鹤壁	0.302 6
13	济宁	0.553 0	46	商丘	0.407 1	79	咸阳	0.300 0
14	广安	0.551 6	47	庆阳	0.402 6	80	成都	0.299 7
15	通辽	0.550 2	48	濮阳	0.389 1	81	平凉	0.298 0
16	周口	0.550 0	49	安康	0.388 7	82	朔州	0.294 8
17	潍坊	0.549 1	50	乌海	0.384 5	83	兰州	0.294 6
18	包头	0.544 3	51	菏泽	0.382 0	84	大同	0.291 6
19	泰安	0.539 9	52	焦作	0.379 6	85	长治	0.291 3
20	自贡	0.532 4	53	平顶山	0.375 0	86	铜川	0.290 0
21	南阳	0.523 7	54	漯河	0.371 3	87	榆林	0.288 8
22	青岛	0.517 0	55	遂宁	0.367 3	88	天水	0.279 8
23	德州	0.510 2	56	商洛	0.366 5	89	固原	0.276 2
24	临汾	0.501 6	57	张掖	0.357 8	90	阳泉	0.272 4
25	聊城	0.501 0	58	宝鸡	0.357 5	91	西安	0.269 9
26	济南	0.499 1	59	吕梁	0.356 4	92	忻州	0.263 6
27	吴忠	0.499 1	60	安阳	0.355 5	93	金昌	0.262 3
28	三门峡	0.495 3	61	开封	0.355 3	94	太原	0.254 3

续表 9-5

排名	城市	传统用水效率	排名	城市	传统用水效率	排名	城市	传统用水效率
29	绵阳	0.493 3	62	延安	0.354 1	95	石嘴山	0.211 4
30	临沂	0.482 0	63	南充	0.346 4	96	嘉峪关	0.210 0
31	内江	0.480 0	64	陇南	0.344 4	97	西宁	0.195 9
32	宜宾	0.473 1	65	晋城	0.340 6	98	银川	0.170 9
33	日照	0.466 7	66	武威	0.335 7			

表 9-6　黄河流域各城市平均绿色用水效率值

排名	城市	绿色用水效率	排名	城市	绿色用水效率	排名	城市	绿色用水效率
1	乌兰察布	0.722 6	34	日照	0.344 1	67	武威	0.247 1
2	威海	0.663 0	35	信阳	0.342 2	68	巴中	0.240 0
3	巴彦淖尔	0.553 4	36	庆阳	0.339 7	69	酒泉	0.239 7
4	鄂尔多斯	0.553 0	37	汉中	0.337 7	70	晋中	0.235 9
5	东营	0.512 0	38	眉山	0.330 0	71	泸州	0.234 7
6	呼伦贝尔	0.506 8	39	枣庄	0.327 3	72	白银	0.233 4
7	资阳	0.505 3	40	乐山	0.324 7	73	新乡	0.231 2
8	德阳	0.486 0	41	雅安	0.321 8	74	榆林	0.226 0
9	烟台	0.481 6	42	驻马店	0.318 5	75	渭南	0.223 0
10	周口	0.478 7	43	滨州	0.317 3	76	郑州	0.222 6
11	许昌	0.460 7	44	洛阳	0.314 7	77	平凉	0.221 7
12	广安	0.450 7	45	达州	0.311 5	78	攀枝花	0.221 0
13	泰安	0.435 8	46	吕梁	0.305 5	79	广元	0.219 9
14	潍坊	0.432 0	47	赤峰	0.304 6	80	鹤壁	0.216 6
15	济宁	0.423 1	48	商丘	0.302 5	81	朔州	0.216 1
16	南阳	0.422 7	49	安康	0.293 4	82	咸阳	0.214 0
17	淄博	0.421 9	50	陇南	0.288 0	83	成都	0.211 5
18	通辽	0.421 6	51	濮阳	0.286 9	84	铜川	0.208 3
19	包头	0.417 7	52	商洛	0.285 9	85	大同	0.207 9
20	呼和浩特	0.416 2	53	菏泽	0.284 6	86	长治	0.207 5

续表 9-6

排名	城市	绿色用水效率	排名	城市	绿色用水效率	排名	城市	绿色用水效率
21	三门峡	0.405 9	54	定西	0.282 1	87	兰州	0.206 1
22	临汾	0.404 1	55	延安	0.277 6	88	天水	0.202 3
23	自贡	0.387 9	56	乌海	0.273 8	89	固原	0.202 1
24	德州	0.387 1	57	焦作	0.272 9	90	阳泉	0.194 8
25	聊城	0.383 0	58	平顶山	0.268 6	91	忻州	0.192 5
26	青岛	0.376 2	59	遂宁	0.266 8	92	西安	0.187 6
27	运城	0.371 4	60	漯河	0.264 3	93	金昌	0.185 6
28	内江	0.370 7	61	安阳	0.260 3	94	太原	0.177 5
29	宜宾	0.367 0	62	张掖	0.259 2	95	石嘴山	0.151 7
30	吴忠	0.365 2	63	宝鸡	0.257 3	96	嘉峪关	0.149 8
31	济南	0.363 0	64	开封	0.254 5	97	西宁	0.135 2
32	绵阳	0.362 5	65	晋城	0.251 4	98	银川	0.116 4
33	临沂	0.352 8	66	南充	0.250 2			

传统用水效率和绿色用水效率方面均呈现"N"形趋势,且在 2013 年之后一直稳步上升,黄河流域中游用水效率虽存在波动,但也基本保持着上升势头;从区域比较来看,无论是传统用水效率还是绿色用水效率,均存在"下游>上游>中游"的规律。在黄河流域省份视角方面,无论是传统用水效率还是绿色用水效率,内蒙古和山东除在 2013 年出现短暂降低外,其余年份均保持较为明显的增长态势,其他省份的表现并不突出,用水效率小幅波动且增长态势并不明显;从区域比较来看,无论是传统用水效率还是绿色用水效率,各省份之间的用水效率基本保持"内蒙古>山东>四川>河南>(陕西、山西、甘肃)>宁夏>青海"的规律;根据黄河流域各省份历年平均用水效率的排位结果,无论是传统用水效率还是绿色用水效率,内蒙古、山东、四川和河南 4 个省份均排名前四位,而甘肃、宁夏和青海 3 个省份均排名后三位。在城市视角方面,考虑废污水排放的"环境约束"后,除部分城市排名保持稳定外,多数城市的排名变化较为明显,其中陇南、吕梁、定西、榆林和庆阳五个城市排名进步最为明显,均提升超过了 10 个名次,而部分城市则出现排名下降的情况,如呼和浩特和淄博分别下降 9 个名次和 7 个名次。

第十章 黄河流域水资源利用的节水、减排潜力分析

一、方法与数据说明

第九章的研究结果表明,黄河流域在水资源利用方面处于无效率状态,若要达到用水有效率的水平,各地区就需要充分发挥在节水减排方面的潜能。

为计算黄河流域的节水和减排潜力,本章基于第九章中关于绿色用水效率的测算结果,将非效率值与用水总量和污水排放量数据作乘,得到考虑非期望产出之后的节水和减排潜力值,并分别从流域视角、省份视角和城市视角对黄河流域的节水潜力和减排潜力进行分析,从而对黄河流域的水资源利用潜力状况进行更加全面的评估。本章所需数据来自《中国城市统计年鉴》及第九章中所评估的绿色用水效率值。

二、黄河流域节水、减排潜力分析

根据潜力的计算方式,潜力的变化既与该地区效率的变化有关,又与该地区本身的要素规模总量有关。图 10-1 展示了黄河流域历年在节水潜力和减排潜力方面的表现情况。在节水潜力方面,就节水潜力总量而言,在 2010—2017 年期间,黄河流域节水潜力总量始终保持增长态势,而在 2018—2019 年期间,黄河流域节水潜力开始呈现下降趋势,这主要是因为黄河流域用水效率持续提升,使得节水潜力得到了释放;就节水潜力占比而言,黄河流域节水潜力所占全国比重基本呈现"M"形变化趋势,并且历年平均占比在 19.46% 左右。

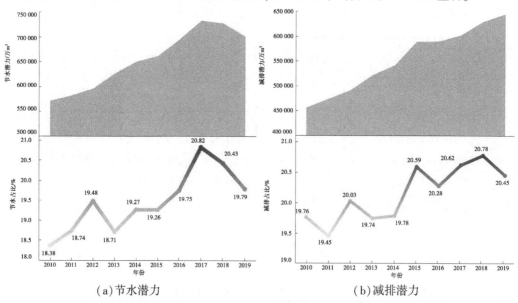

(a) 节水潜力 (b) 减排潜力

图 10-1 黄河流域历年节水、减排潜力及占全国比重

在减排潜力方面,就减排潜力总量而言,黄河流域在2010—2019年期间的减排潜力始终呈现增长趋势,在黄河流域绿色用水效率自2013年后一直保持增长的背景下,其减排潜力仍然增加较快,说明黄河流域经济发展对废污水排放具有较高的需求;就减排潜力占比而言,黄河流域减排潜力所占全国比重波动较为明显,但基本保持波动中增长的趋势,并且历年平均占比在20.15%左右,略高于平均节水潜力所占比重(19.46%),再次说明了黄河流域经济发展对废污水排放的高度依赖。

三、各省份节水、减排潜力分析

图10-2展示了黄河流域各省份历年平均节水减排潜力的表现情况。无论是节水潜力还是减排潜力,各省份之间的潜力总量均呈现出"山东>四川>河南>陕西>山西>甘肃>内蒙古>宁夏>青海"的特点。根据第九章的结果,山东用水效率较高,而其节水减排潜力仍然最高,这主要与其经济规模较大,对水资源和废污水排放的需求总量本身就较高有关;同样的道理,宁夏和青海尽管用水效率处于所有省份的最低水平,但其节水减排潜力也同样最低,这主要与二者经济规模较小,对水资源和废污水排放的需要总量本身就较低有关;四川的经济规模略小于河南,用水效率又略高于河南,但其节水减排潜力却较高,说明四川目前的经济发展对水资源和废污水排放的依赖度要高于河南;此外,内蒙古的表现较为突出,其经济规模与山西相当,同时又远大于甘肃,但其节水减排潜力比山西和甘肃低,这主要与内蒙古的用水效率位居黄河流域所有省份中最高水平有关。以上结果表明,在保证经济规模增长的条件下,用水效率的提升是释放节水减排潜力的关键。

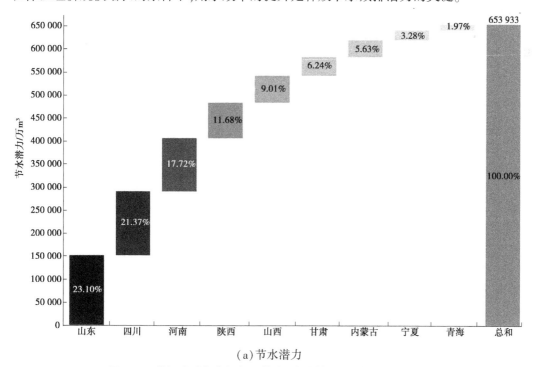

(a)节水潜力

图10-2 黄河流域各省份年均节水、减排潜力及占黄河流域比重

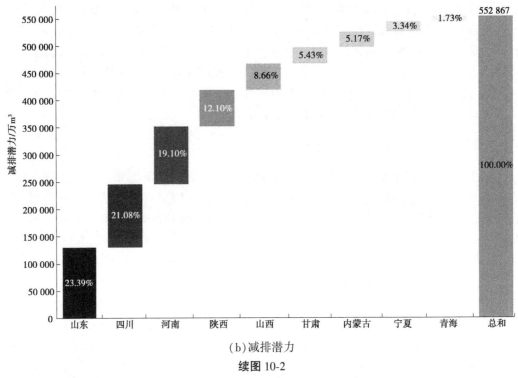

（b）减排潜力

续图 10-2

从节水潜力占比和减排潜力占比的角度来分析,山东、河南、陕西和宁夏 4 省份各自的减排潜力占比要高于各自的节水潜力占比,说明 4 省份经济发展对废污水排放的依赖要高于对水资源投入的依赖,需要在废污水排放监管和技术更新方面投入更多的关注;相反,四川、山西、甘肃、内蒙古和青海 5 省份各自的节水潜力占比要高于各自的减排潜力占比,说明 5 省份经济发展对水资源投入的依赖要高于对废污水排放的依赖,需要在节水监管和技术更新方面投入更多的关注。

四、各城市节水、减排潜力分析:资源拉动与环境牺牲并重

表 10-1 列示了年均节水、减排潜力较高的前 15 位城市的排名情况,其中成都、西安、郑州、青岛、太原、济南、兰州和淄博共 8 个城市无论在节水潜力方面还是在减排潜力方面均处于前 8 位且相互之间排位没有发生改变。成都市年均节水潜力和减排潜力均较大,占黄河流域年均节水潜力和减排潜力的比重均超过了 11%,这一方面归因于成都市本身经济规模较大,另一方面则归因于其较低的绿色用水效率(年均用水效率仅 0.21),在 98 个城市中仅排名 83 位(见图 9-5);西安市年均节水潜力和减排潜力也较高,分别占比达 7.21% 和 7.54%;郑州、青岛、太原和济南 4 个城市的年均节水潜力和减排潜力也均占比超过 3.50%。

表 10-1　年均节水、减排潜力较高的前 15 位城市

排名	节水潜力			减排潜力		
	城市	总量/万 m³	占比/%	城市	总量/万 m³	占比/%
1	成都	72 707	11.12	成都	64 027	11.58
2	西安	47 118	7.21	西安	41 711	7.54
3	郑州	29 415	4.50	郑州	28 431	5.14
4	青岛	28 127	4.30	青岛	24 218	4.38
5	太原	26 551	4.06	太原	21 376	3.87
6	济南	24 029	3.67	济南	21 123	3.82
7	兰州	21 596	3.30	兰州	15 916	2.88
8	淄博	15 467	2.37	淄博	13 147	2.38
9	临沂	12 995	1.99	银川	12 944	2.34
10	西宁	12 889	1.97	临沂	11 062	2.00
11	银川	11 539	1.76	洛阳	10 272	1.86
12	洛阳	11 092	1.70	西宁	9 584	1.73
13	咸阳	10 200	1.56	平顶山	7 858	1.42
14	攀枝花	9 949	1.52	新乡	7 692	1.39
15	新乡	9 792	1.50	攀枝花	7 638	1.38
所有城市均值		6 673	—	—	5 642	—

　　正如第九章所提到的,尽管部分地区绿色用水效率较高,但由于其经济规模较大,对水资源和废污水排放的需求总量本身就较高,因此表现为节水潜力和减排潜力较高的现象。表 10-1 所展示的节水潜力和减排潜力较高的城市本身经济规模就较大,因此为了剔除经济规模对潜力分析结果的影响,可以将各城市的节水潜力和减排潜力分别除以各自的 GDP,从而得到单位 GDP 所承担的节水潜力和减排潜力,以对各城市节水减排情况进行更为客观的对比分析。

　　表 10-2 展示了各城市年均单位 GDP 节水潜力和减排潜力的分类情况。当单位 GDP 节水潜力大于平均水平(5.76 万 m³/亿元)时,说明该城市单位 GDP 承担的节水任务高于平均水平,属于"资源拉动"型城市,否则属于"资源节约"型城市;当单位 GDP 减排潜力大于平均水平(4.61 万 m³/亿元)时,说明该城市单位 GDP 承担的减排任务高于平均水平,属于"环境牺牲"型城市,否则属于"环境保护"型城市。根据表 10-2 所示结果,"资源拉动"型城市有 31 个,"资源节约"型城市有 67 个,"环境牺牲"型城市有 32 个,"环境保护"型城市有 66 个。值得注意的是,银川、西宁、嘉峪关、石嘴山、太原、攀枝花、兰州、

西安、成都、金昌、乌海、白银、阳泉、郑州等 29 个城市的单位 GDP 节水潜力和减排潜力均高于各城市的平均水平,属于典型的"资源拉动"与"环境牺牲"并重的城市,这些城市需要加大力度关注水资源节约利用和保护。值得注意的是,新乡、石嘴山、阳泉、漯河、白银和金昌等城市既属于"资源拉动"与"环境牺牲"并重的城市,又同时属于第八章第四部分中用水强度效应贡献较多的城市,这两个研究结论其实并不矛盾。这些城市用水效率较低,即用水强度较高,因此一方面导致了其单位 GDP 需要承担的节水任务较高,成为了"资源拉动"型城市;另一方面又使得其在用水强度降低方面可以大有作为,表现出用水强度效应对用水总效应的贡献较为突出。

表 10-2　黄河流域各城市节水、减排潜力分类

	单位 GDP 节水潜力小于平均水平	单位 GDP 节水潜力大于平均水平
单位 GDP 减排潜力大于平均水平	忻州、宝鸡、焦作	银川、西宁、嘉峪关、石嘴山、太原、攀枝花、兰州、西安、成都、金昌、乌海、白银、阳泉、郑州、漯河、大同、泸州、长治、鹤壁、广元、开封、咸阳、铜川、天水、平顶山、新乡、张掖、赤峰、南充
单位 GDP 减排潜力小于平均水平	乌兰察布、威海、鄂尔多斯、巴彦淖尔、呼伦贝尔、资阳、周口、许昌、烟台、泰安、庆阳、三门峡、吕梁、定西、南阳、临汾、东营、广安、潍坊、陇南、信阳、运城、德阳、济宁、通辽、内江、延安、聊城、包头、商洛、德州、宜宾、榆林、驻马店、汉中、雅安、眉山、达州、乐山、滨州、日照、呼和浩特、安康、菏泽、淄博、绵阳、临沂、吴忠、商丘、青岛、濮阳、枣庄、巴中、平凉、酒泉、晋城、武威、洛阳、晋中、自贡、济南、朔州、渭南、遂宁	固原、安阳

五、小结

本章是在第九章所计算的黄河流域绿色用水效率的基础上,对黄河流域的节水潜力、减排潜力进行测算,并分别从流域视角、省份视角和城市视角对黄河流域的节水潜力和减排潜力进行分析,从而对黄河流域的水资源利用潜力状况进行更加全面的评估。

研究结果发现,在流域视角方面,就节水潜力而言,2010—2017 年黄河流域节水潜力总量始终保持增长态势,2018—2019 年黄河流域节水潜力开始呈现下降趋势,此外,黄河流域节水潜力所占全国比重基本呈现"M"形变化趋势,并且历年平均占比在 19.46% 左右;就减排潜力而言,2010—2019 年黄河流域减排潜力始终呈现增长趋势,此外,黄河流域减排潜力所占全国比重波动较为明显,但基本保持波动中增长的趋势,并且历年平均占比在 20.15% 左右,略高于平均节水潜力所占比重(19.46%)。在省份视角方面,无论是节水潜力还是减排潜力,各省份之间的潜力总量均呈现出"山东>四川>河南>陕西>山

西>甘肃>内蒙古>宁夏>青海"的特点;从节水潜力占比和减排潜力占比的角度来分析,山东、河南、陕西和宁夏4省份各自的减排潜力占比要高于各自的节水潜力占比,而四川、山西、甘肃、内蒙古和青海5省份各自的节水潜力占比要高于各自的减排潜力占比。在城市视角方面,成都、西安、郑州、青岛、太原、济南、兰州和淄博等城市的节水潜力和减排潜力均较大;考虑年均单位GDP节水潜力和减排潜力后,各城市的平均单位GDP节水潜力为5.76万 m³/亿元,平均单位GDP减排潜力为4.61万 m³/亿元,其中新乡、石嘴山、阳泉、漯河、白银和金昌等城市的单位GDP承担的节水任务高于平均水平,而单位GDP承担的减排任务也高于平均水平,属于"资源拉动"与"环境牺牲"并重的城市。

第十一章　产业集聚对黄河流域用水效率影响的实证分析

一、模型设定与数据说明

本章将探究产业集聚对黄河流域用水效率的影响。为了区分不同产业集聚类型对用水效率作用的异质性，本书将产业集聚划分为专业化集聚和多样化集聚，其中专业化集聚又重点关注了制造业集聚和生产性服务业集聚的作用特征。之后，考虑到黄河不同流域生态环境保护面临问题的差异性，以及不同城市当前在水资源利用和污染排放上具有的不同特征，本书分别对黄河流域上游、中游、下游、"资源拉动—环境牺牲"型城市和能源化工城市的产业集聚和用水效率的关系进行了异质性分析，以期根据实证结论提出更有针对性的建议。

根据第七章理论机制分析部分的阐述，为探究产业集聚对用水效率可能存在的非线性影响，同时考虑到被解释变量的截断特征以及固定效应的 Tobit 模型得到的估计量不一致且有偏[198]，本书选择使用如下随机效应的 Tobit 模型来进行研究：

$$E_{it} = \alpha_0 + \alpha_1 C_{it} + \alpha_2 C_{it}^2 + \beta X + \mu_i + \varepsilon_{it} \tag{11-1}$$

式中，E_{it} 为用水效率；α_0 为截距项；C_{it} 为核心解释变量，即产业集聚；X 为一系列控制变量；μ_i 和 ε_{it} 分别为个体效应和随机扰动项；i 为不同城市；t 为不同年份。

被解释变量用水效率包括无约束下的传统用水效率和"环境约束"下的绿色用水效率，具体计算方式参见第九章第一部分。核心解释变量产业集聚包括专业化集聚和多样化集聚，前者使用区位熵来衡量[199]，后者使用赫希曼-赫芬达尔指数的倒数来衡量[200]，二者具体计算方式分别如下：

$$Z_i = s_{ij} / s_j \tag{11-2}$$

$$D_i = 1 / \sum (s_{ij})^2 \tag{11-3}$$

式中，s_{ij} 为城市 i 产业 j 的就业人数占城市 i 总就业人数的比重；s_j 为全国层面产业 j 的就业人数占全国总就业人数的比重[135]。

Z_i 越大，表示该城市产业集聚的专业化程度越高；同理，D_i 越大，表示该城市产业集聚的多样化程度越高。在专业化集聚方面，考虑到制造业和生产性服务业是经济发展的驱动型产业[201]，是塑造区域产业结构的主导产业[202]，因此本书重点关注了制造业集聚和生产性服务业集聚对用水效率的异质性作用。参考已有文献关于生产性服务业的划分[203]，对照国家统计局发布的《生产性服务业统计分类（2019）》及历年《国民行业分类》，本书将"交通运输、仓储和邮政业""信息传输、软件和信息技术服务业""金融业""租赁和商务服务业""科学研究和技术服务业"共 5 个门类行业划归为生产性服务业。

在控制变量方面，根据第六章中多数研究的选择，并考虑到城市层面数据的可得性，本书选取了如下控制变量:①基础设施建设,以人均道路面积(m²)来表示[204];②市场化水平,以城镇私营和个体从业人员数与城镇单位从业人员数之比来表示[205];③环境规制,以工业废水排放量与第二产业增加值之比(百万 t/亿元)来表示[146];④经济发展水平,以人均地区生产总值(万元)来表示,同时加入二次项以控制其对用水效率可能存在的非线性影响[156];⑤产业结构,以第二产业增加值与地区生产总值之比来表示[158];⑥科创投入,以科技支出与地区生产总值之比来表示[205];⑦对外开放程度,以外商实际投资额与地区生产总值之比来表示[206-207];⑧人力资本,以普通高等学校在校学生数与总人口之比来表示[204,208];⑨水资源禀赋,以人均水资源供应量(m³/人)来表示[156]。对于受价格因素影响的变量,根据第九章中计算资本存量时基期的选择,均已折算到以 2003 年为基期。以上所有变量计算所用到的基础数据均来自 EPS 数据平台、中宏城市数据库、国泰安数据库、《中国城市统计年鉴》和《中国城市建设统计年鉴》。对于部分缺失数据,首先通过各城市统计局网站查找补充,之后对于仍然存在空缺的变量则采用插值法进行补充,最终获得了黄河流域 98 个地级市 2010—2019 年的面板数据。各变量的描述性统计见表 11-1。

表 11-1　变量的描述性统计

变量	样本数	均值	标准差	中位数	最小值	最大值
传统用水效率	980	0.413	0.131	0.389	0.126	1.000
绿色用水效率	980	0.316	0.120	0.294	0.086	1.000
制造业集聚	980	0.767	0.452	0.697	0.017	2.491
生产性服务业集聚	980	0.747	0.270	0.694	0.280	1.941
多样化集聚	980	6.463	2.557	5.936	1.778	22.872
基础设施建设	980	17.130	7.367	15.321	4.172	37.197
市场化水平	980	0.958	0.561	0.823	0.235	3.087
环境规制	980	0.067	0.181	0.047	0.002	5.472
经济发展水平	980	3.273	2.585	2.517	0.394	17.874
产业结构	980	0.500	0.111	0.503	0.156	0.819
科创投入	980	0.002	0.002	0.002	0	0.063
对外开放程度	980	0.012	0.015	0.006	0	0.198
人力资本	980	0.017	0.024	0.009	0	0.131
水资源禀赋	980	26.285	29.230	16.557	0.830	190.060

二、基础回归分析

本部分基于黄河流域 98 个地级市 2010—2019 年的面板数据,使用截断数据的面板 Tobit 模型,并通过"由大到小"的建模策略剔除不显著的核心解释变量,以探究产业集聚是否对黄河流域用水效率存在非线性影响。表 11-2 报告了基础回归分析的实证结果,列(1)、(2)的被解释变量是传统用水效率,列(3)、(4)的被解释变量是绿色用水效率,其中重点关注列(2)、(4)的回归结果。

就传统用水效率而言,在控制了其他变量影响的前提下,制造业集聚对其影响呈现"U"形曲线关系,当制造业集聚指数小于 1.565 0 时,制造业集聚对传统用水效率存在负向影响,而当制造业集聚指数大于 1.565 0 时,制造业集聚对传统用水效率则存在正向影响;生产性服务业集聚对其影响呈现"倒 U"形曲线关系,当生产性服务业集聚指数小于 0.683 3 时,生产性服务业集聚对传统用水效率存在正向影响,当生产性服务业集聚指数大于 0.683 3 时,生产性服务业集聚对传统用水效率则存在负向影响;多样化集聚对传统用水效率的影响为负,尚未发现存在非线性关系。绿色用水效率的实证结果与传统用水效率相似,在控制了其他变量后,制造业集聚与绿色用水效率呈"U"形曲线关系,转折点在制造业集聚指数等于 1.407 6 处;生产性服务业集聚与绿色用水效率呈"倒 U"形曲线关系,转折点在生产性服务业集聚指数等于 0.725 3 处;多样化集聚则对绿色用水效率存在负向影响。

表 11-2　基础回归分析的实证结果

变量	传统用水效率		绿色用水效率	
	(1)	(2)	(3)	(4)
制造业集聚	-0.181 9***	-0.178 1***	-0.174 4***	-0.170 6***
	(-9.50)	(-9.68)	(-9.10)	(-9.26)
(制造业集聚)^2	0.059 1***	0.056 9***	0.062 9***	0.060 6***
	(6.43)	(6.59)	(6.81)	(7.00)
生产性服务业集聚	0.069 3**	0.069 7**	0.070 1**	0.070 5**
	(2.08)	(2.09)	(2.09)	(2.10)
(生产性服务业集聚)^2	-0.050 7***	-0.051 0***	-0.048 3***	-0.048 6***
	(-2.90)	(-2.92)	(-2.74)	(-2.76)
多样化集聚	-0.005 4*	-0.007 5***	-0.003 7	-0.005 8***
	(-1.71)	(-6.30)	(-1.18)	(-4.92)
(多样化集聚)^2	-0.000 1		-0.000 1	
	(-0.72)		(-0.72)	
基础设施建设	0.001 5***	0.001 5***	0.001 7***	0.001 7***
	(3.98)	(4.05)	(4.47)	(4.54)
市场化水平	0.015 9***	0.015 9***	0.012 7***	0.012 7***
	(5.46)	(5.48)	(4.31)	(4.33)
环境规制	-0.012 9*	-0.013 0*	-0.012 2*	-0.012 3*
	(-1.87)	(-1.89)	(-1.76)	(-1.78)
经济发展水平	0.022 8***	0.022 9***	0.015 4***	0.015 4***
	(6.07)	(6.08)	(4.11)	(4.12)
(经济发展水平)^2	0.000 3*	0.000 3*	0.000 7***	0.000 7***
	(1.73)	(1.73)	(3.46)	(3.47)

续表 11-2

变量	传统用水效率		绿色用水效率	
	（1）	（2）	（3）	（4）
产业结构	-0.078 0***	-0.077 5***	-0.073 6***	-0.073 1***
	(-3.06)	(-3.04)	(-2.89)	(-2.87)
科创投入	-0.355 3	-0.352 5	-0.272 6	-0.269 8
	(-0.68)	(-0.67)	(-0.51)	(-0.51)
对外开放程度	0.001 4	-0.004 4	-0.040 7	-0.046 6
	(0.01)	(-0.03)	(-0.31)	(-0.35)
人力资本	-0.314 5	-0.309 4	-0.259 7	-0.254 9
	(-1.36)	(-1.34)	(-1.14)	(-1.12)
水资源禀赋	-0.001 1***	-0.001 1***	-0.001 1***	-0.001 1***
	(-8.35)	(-8.33)	(-8.20)	(-8.19)
常数项	0.478 9***	0.484 9***	0.376 0***	0.382 2***
	(16.48)	(17.44)	(13.14)	(14.00)

注: *、**、*** 分别表示在 10%、5%、1% 显著性水平下显著,括号内数值表示 t 值;上标"2"代表对应指标的二次项。

基础回归分析的实证结果可说明如下问题:

第一,在制造业集聚初期,"资源诅咒"效应要大于集聚效应,集聚区制造业企业较少而资源相对充裕,导致制造业企业对资源的节约意识较为薄弱,集聚对用水效率具有负向影响;当制造业集聚程度进一步加强并超过一定值后,"资源诅咒"效应不复存在而拥挤效应则开始发挥更大作用,但此时的拥挤效应要小于集聚效应,集聚区制造业企业较多而资源出现紧缺,企业会更加重视对资源的集约利用,通过升级技术、降低成本以提升企业在集聚区的竞争力,同时企业间更密集的知识和技术交流也改善了整个集聚区的用水效率,集聚对用水效率具有正向影响。因此,制造业集聚与用水效率之间呈现"U"形曲线关系。

第二,在生产性服务业集聚初期,"资源诅咒"效应要小于集聚效应,孙浦阳(2013)[121]指出,第二、三产业集聚的目的和影响存在明显差异,前者主要以共享熟练劳动力市场和靠近资源生产地为目的,后者则主要以获得技术和知识的溢出效应为目的,这就意味着生产性服务业对资源的需求要相对小于制造业,因此"资源诅咒"效应发挥的作用较为有限,而集聚效应产生的知识和技术溢出效应较为明显,导致集聚对用水效率存在正向影响;当生产性服务业集聚程度进一步加强并跨越转折点后,拥挤效应发挥的作用开始呈现,且要大于集聚效应,生产性服务业包括"交通运输、仓储和邮政业""金融业"等在内的五大门类行业,这些行业虽然对水资源等自然资源的需求远小于制造业,但对集聚区内的交通、通信、存储等基础设施的要求较高,集聚程度的加强使得集聚区内出现基础设施的拥挤现象,服务业原本较为依赖的知识和技术溢出也因此出现堵塞,并最终导致集聚对用水效率产生负向影响。因此,生产性服务业集聚与用水效率之间呈现"倒U"形曲线关系。

第三,多样化集聚对用水效率始终呈现消极影响。多样化集聚是指不同行业企业间的集聚现象,但结果表明该种形式的集聚发挥的集聚效应较为有限。不同行业之间交流与协作较少,集聚效应所伴随的知识和技术溢出在不同行业的企业之间沟通不畅,从而使得集聚初期"资源诅咒"效应大于集聚效应,而当集聚程度进一步加强后,拥挤效应又同样大于集聚效应,最终导致多样化集聚对用水效率的作用始终为负。

第四,一方面,制造业集聚对传统用水效率正向影响的转折点要晚于绿色用水效率,绿色用水效率纳入了制造业企业的污染排放活动,上述现象说明污染的负外部性使得制造业企业更早地关注对减排技术的升级,从而污染排放活动出现改善,并最终导致绿色用水效率的率先提升;另一方面,生产性服务业集聚对传统用水效率负向影响的转折点要早于绿色用水效率,这是因为生产性服务业的污染排放活动相对制造业来说并不活跃,因此其对污染活动下拥挤效应的敏感性较弱,从而导致绿色用水效率较晚才出现下降。

三、流域异质性分析

黄河不同流域水资源利用和生态环境保护面临问题与功能目标存在较大差异,《黄河流域生态保护和高质量发展规划纲要》指出要综合提升上游水源涵养能力、中游水土保持水平和下游湿地等生态系统稳定性[89]。为此,本部分将黄河流域 98 个地级市分为上游、中游、下游不同流域,使用截断数据的面板 Tobit 模型以探究黄河不同流域产业集聚与用水效率之间关系的异质性。本部分将黄河流域上游界定为青海、四川、甘肃、宁夏和内蒙古 5 个省份所辖的 44 个城市,中游为陕西和山西所辖的 21 个城市,下游为河南和山东所辖的 33 个城市。各流域变量的描述性统计见表 11-3。

表 11-3　分流域的变量描述性统计

分组	变量	样本数	均值	标准差	中位数	最小值	最大值
上游	传统用水效率	440	0.409	0.144	0.381	0.126	0.875
	绿色用水效率	440	0.315	0.134	0.286	0.086	0.878
	制造业集聚	440	0.640	0.424	0.563	0.017	2.491
	生产性服务业集聚	440	0.789	0.276	0.740	0.280	1.774
	多样化集聚	440	6.267	2.153	5.957	1.778	16.495
	基础设施建设	440	16.451	7.550	14.390	4.172	37.197
	市场化水平	440	1.136	0.585	1.010	0.235	3.087
	环境规制	440	0.073	0.265	0.042	0.004	5.472
	经济发展水平	440	3.101	2.502	2.269	0.394	12.639
	产业结构	440	0.478	0.127	0.496	0.156	0.819
	科创投入	440	0.002	0.003	0.001	0	0.063
	对外开放程度	440	0.007	0.011	0.003	0	0.076
	人力资本	440	0.016	0.023	0.007	0	0.131
	水资源禀赋	440	31.714	37.718	15.560	0.830	190.060

续表 11-3

分组	变量	样本数	均值	标准差	中位数	最小值	最大值
中游	传统用水效率	210	0.334	0.072	0.309	0.230	0.584
	绿色用水效率	210	0.251	0.065	0.230	0.161	0.476
	制造业集聚	210	0.554	0.277	0.547	0.130	1.388
	生产性服务业集聚	210	0.814	0.293	0.734	0.443	1.941
	多样化集聚	210	7.551	3.340	6.600	3.751	22.872
	基础设施建设	210	13.768	4.503	13.250	4.840	28.192
	市场化水平	210	0.718	0.424	0.649	0.235	2.975
	环境规制	210	0.052	0.040	0.042	0.002	0.324
	经济发展水平	210	2.199	1.032	2.000	0.744	6.413
	产业结构	210	0.521	0.099	0.521	0.340	0.737
	科创投入	210	0.002	0.001	0.001	0.001	0.006
	对外开放程度	210	0.009	0.011	0.004	0	0.052
	人力资本	210	0.018	0.028	0.009	0	0.131
	水资源禀赋	210	20.272	21.283	12.342	2.551	99.976
下游	传统用水效率	330	0.468	0.114	0.463	0.266	1.000
	绿色用水效率	330	0.358	0.109	0.346	0.189	1.000
	制造业集聚	330	1.071	0.421	1.000	0.279	2.196
	生产性服务业集聚	330	0.648	0.212	0.603	0.295	1.422
	多样化集聚	330	6.030	2.277	5.375	2.550	12.866
	基础设施建设	330	20.188	7.439	20.660	4.172	35.780
	市场化水平	330	0.872	0.528	0.719	0.255	3.087
	环境规制	330	0.069	0.048	0.057	0.006	0.255
	经济发展水平	330	4.185	3.040	3.237	0.785	17.874
	产业结构	330	0.514	0.087	0.506	0.332	0.725
	科创投入	330	0.002	0.001	0.002	0	0.006
	对外开放程度	330	0.020	0.018	0.015	0.001	0.198
	人力资本	330	0.018	0.022	0.011	0.002	0.122
	水资源禀赋	330	22.872	16.799	19.347	1.548	85.259

表11-4展示了针对传统用水效率的分流域分组回归的实证结果,列(1)、(2)为上游估计结果,列(3)、(4)为中游估计结果,列(5)、(6)为下游估计结果,其中重点关注列(2)、(4)、(6)的回归结果。在制造业集聚方面,其对上游传统用水效率的影响呈现"U"形曲线关系,对中游和下游传统用水效率的影响同样呈现"U"形曲线关系但二次项系数

并不显著;在生产性服务业集聚方面,其对上游和中游的传统用水效率的影响呈现"倒U"形曲线关系,对下游传统用水效率的影响为负;在多样化集聚方面,其对上游和下游的传统用水效率存在显著的负向影响,对中游传统用水效率影响为负但不显著。

表 11-4 分流域估计结果(传统用水效率为被解释变量)

变量	上游		中游		下游	
	(1)	(2)	(3)	(4)	(5)	(6)
制造业集聚	-0.236 7***	-0.215 8***	-0.058 6	-0.052 3**	-0.146 7***	-0.106 1***
	(-8.78)	(-8.67)	(-1.21)	(-2.48)	(-4.01)	(-7.48)
(制造业集聚)²	0.084 5***	0.074 1***	0.003 8		0.019 7	
	(6.22)	(5.89)	(0.10)		(1.16)	
生产性服务业集聚	0.168 9***	0.176 2***	0.141 2***	0.141 3***	-0.136 7*	-0.081 6***
	(3.39)	(3.53)	(3.06)	(3.06)	(-1.71)	(-3.64)
(生产性服务业集聚)²	-0.092 5***	-0.095 7***	-0.058 0***	-0.058 1***	0.041 7	
	(-3.71)	(-3.83)	(-2.58)	(-2.59)	(0.76)	
多样化集聚	0.001 8	-0.008 7***	-0.005 9	-0.002 0	-0.007 8	-0.010 8***
	(0.32)	(-5.41)	(-1.12)	(-1.10)	(-0.71)	(-4.18)
(多样化集聚)²	-0.000 6**		0.000 1		-0.000 2	
	(-1.98)		(0.83)		(-0.26)	
基础设施建设	0.001 4***	0.001 5***	0.000 5	0.000 5	0.002 6***	0.002 6***
	(2.66)	(2.88)	(0.87)	(0.86)	(3.89)	(4.01)
市场化水平	0.020 4***	0.021 2***	-0.005 6	-0.005 3	0.010 2**	0.010 2**
	(4.70)	(4.89)	(-1.04)	(-0.98)	(2.25)	(2.28)
环境规制	-0.006 6	-0.006 0	-0.036 3	-0.044 4	0.050 4	0.051 5
	(-0.91)	(-0.82)	(-0.60)	(-0.74)	(0.80)	(0.83)
经济发展水平	0.031 6***	0.030 3***	0.052 4***	0.049 1***	0.035 6***	0.035 1***
	(4.39)	(4.23)	(4.22)	(4.14)	(5.75)	(5.67)
(经济发展水平)²	-0.001 3***	-0.001 2***	-0.001 5	-0.001 3	0.000 5**	0.000 6**
	(-2.93)	(-2.72)	(-0.92)	(-0.80)	(2.11)	(2.30)
产业结构	-0.109 0***	-0.111 4***	-0.019 3	-0.026 3	-0.063 9	-0.066 6
	(-3.13)	(-3.19)	(-0.52)	(-0.72)	(-1.08)	(-1.13)
科创投入	-0.376 4	-0.359 2	0.784 4	1.027 3	2.133 1	1.995 0
	(-0.69)	(-0.66)	(0.23)	(0.31)	(0.69)	(0.65)
对外开放程度	-0.146 7	-0.165 1	-0.794 9***	-0.753 3***	-0.042 3	-0.038 2
	(-0.45)	(-0.50)	(-3.12)	(-3.00)	(-0.30)	(-0.27)
人力资本	-0.198 0	-0.150 9	-0.715 7**	-0.703 1**	0.089 9	0.180 4
	(-0.41)	(-0.31)	(-2.34)	(-2.30)	(0.27)	(0.58)
水资源禀赋	-0.000 8***	-0.000 8***	-0.002 7***	-0.002 7***	-0.004 3***	-0.004 3***
	(-5.27)	(-4.95)	(-6.39)	(-6.33)	(-8.19)	(-8.55)
常数项	0.417 7***	0.443 4***	0.304 4***	0.291 3***	0.618 9***	0.595 6***
	(9.42)	(10.45)	(5.95)	(5.93)	(9.82)	(12.95)

注:*、**、***分别表示在10%、5%、1%显著性水平下显著,括号内数值表示 t 值;上标"2"代表对应指标的二次项。

　　表11-5报告了针对绿色用水效率的分流域分组回归的实证结果,列(1)、(2)为上游估计结果,列(3)、(4)为中游估计结果,列(5)、(6)为下游估计结果,其中重点关注列(2)、(4)、(6)的回归结果。在制造业集聚方面,其对上游和下游的绿色用水效率的影响呈现"U"形曲线关系,对中游绿色用水效率的影响虽同样为"U"形曲线关系但二次项系数并不显著;在生产性服务业集聚方面,其对上游和中游的绿色用水效率的影响呈现"倒U"形曲线关系,对下游绿色用水效率的影响为负;在多样化集聚方面,其对上游和下游的绿色用水效率存在显著的负向影响,对中游绿色用水效率影响为负但不显著。

表11-5　分流域估计结果(绿色用水效率为被解释变量)

变量	上游		中游		下游	
	(1)	(2)	(3)	(4)	(5)	(6)
制造业集聚	-0.2173*** (-8.08)	-0.1977*** (-7.96)	-0.0659 (-1.46)	-0.0484** (-2.47)	-0.1639*** (-4.32)	-0.1468*** (-4.28)
(制造业集聚)²	0.0802*** (5.90)	0.0704*** (5.60)	0.0142 (0.40)		0.0390** (2.20)	0.0282* (1.95)
生产性服务业集聚	0.1775*** (3.55)	0.1842*** (3.68)	0.1194*** (2.78)	0.1192*** (2.78)	-0.1101 (-1.33)	-0.0803*** (-3.46)
(生产性服务业集聚)²	-0.0930*** (-3.72)	-0.0961*** (-3.84)	-0.0469** (-2.24)	-0.0475** (-2.27)	0.0234 (0.41)	
多样化集聚	0.0028 (0.50)	-0.0071*** (-4.40)	-0.0021 (-0.42)	-0.0002 (-0.14)	0.0029 (0.26)	-0.0091*** (-3.41)
(多样化集聚)²	-0.0006* (-1.86)		0.0001 (0.45)		-0.0008 (-1.09)	
基础设施建设	0.0014*** (2.79)	0.0015*** (3.01)	0.0005 (0.85)	0.0005 (0.80)	0.0027*** (3.99)	0.0027*** (3.97)
市场化水平	0.0165*** (3.80)	0.0173*** (3.98)	-0.0057 (-1.14)	-0.0056 (-1.13)	0.0091* (1.93)	0.0092** (1.97)
环境规制	-0.0064 (-0.87)	-0.0058 (-0.79)	-0.0245 (-0.43)	-0.0298 (-0.53)	0.0429 (0.66)	0.0334 (0.52)
经济发展水平	0.0291*** (4.13)	0.0279*** (3.96)	0.0446*** (3.85)	0.0426*** (3.85)	0.0267*** (4.24)	0.0267*** (4.28)
(经济发展水平)²	-0.0011*** (-2.62)	-0.0010** (-2.42)	-0.0015 (-1.01)	-0.0014 (-0.96)	0.0010*** (3.95)	0.0011*** (3.99)
产业结构	-0.0933*** (-2.69)	-0.0959*** (-2.77)	-0.0304 (-0.87)	-0.0339 (-1.00)	-0.0260 (-0.43)	-0.0319 (-0.54)
科创投入	-0.2620 (-0.48)	-0.2454 (-0.45)	2.0732 (0.66)	2.3789 (0.77)	0.2162 (0.07)	0.4460 (0.14)
对外开放程度	-0.1417 (-0.43)	-0.1608 (-0.49)	-0.8342*** (-3.51)	-0.8025*** (-3.43)	-0.0683 (-0.46)	-0.0668 (-0.45)
人力资本	-0.6045 (-1.30)	-0.5628 (-1.21)	-0.7295** (-2.52)	-0.7141** (-2.48)	0.5857* (1.74)	0.6405** (2.00)

续表 11-5

变量	上游		中游		下游	
	（1）	（2）	（3）	（4）	（5）	（6）
水资源禀赋	−0.000 7***	−0.000 7***	−0.002 4***	−0.002 4***	−0.005 0***	−0.005 0***
	（−4.73）	（−4.43）	（−6.12）	（−6.12）	（−9.41）	（−9.62）
常数项	0.304 3***	0.329 2***	0.223 1***	0.215 8***	0.469 8***	0.499 1***
	（7.05）	（8.02）	（4.68）	（4.73）	（7.28）	（10.59）

注：*、**、***分别表示在10%、5%、1%显著性水平下显著,括号内数值表示t值;上标"2"代表对应指标的二次项。

分流域分组回归的结果表明,上游和中游的产业集聚对用水效率的影响虽然存在部分变量的回归系数不显著的问题,但各变量回归系数的方向同总样本回归的结果保持一致。对于下游回归结果而言,生产性服务业集聚对用水效率存在显著的负向影响,原因可能是下游地区属于黄河流域人口最稠密地区,各类资源的人均占有量都相对稀缺,导致生产性服务业在集聚的初级阶段就面临着交通、通信、存储等基础设施的拥挤问题,生产性服务业集聚所依赖的知识和技术溢出也因此出现堵塞,最终使得集聚对用水效率产生负向影响。

四、城市类型异质性分析

在第十章的分析中,发现部分城市的经济发展同时存在"资源拉动"和"环境牺牲"的问题,即表现为该城市单位 GDP 承担的节水任务要高于平均水平,且单位 GDP 承担的减排任务也高于平均水平。为识别该类城市的产业集聚与用水效率的关系,从而更有针对性地提出政策建议,本部分将黄河流域城市总样本划分为了"资源拉动-环境牺牲"型和非"资源拉动-环境牺牲"型两类。不同类型城市变量的描述性统计见表 11-6。

表 11-6　分城市类型的变量描述性统计

分组	变量	样本量	均值	标准差	中位数	最小值	最大值
"资源拉动-环境牺牲"型	传统用水效率	290	0.301	0.066	0.296	0.126	0.502
	绿色用水效率	290	0.214	0.049	0.211	0.086	0.362
	制造业集聚	290	0.829	0.454	0.705	0.230	2.491
	生产性服务业集聚	290	0.799	0.352	0.714	0.280	1.941
	多样化集聚	290	6.868	3.189	6.360	1.778	22.872
	基础设施建设	290	14.976	5.634	14.190	6.020	37.197
	市场化水平	290	0.897	0.501	0.785	0.235	3.087
	环境规制	290	0.080	0.321	0.045	0.007	5.472
	经济发展水平	290	3.321	1.920	2.756	0.652	10.290
	产业结构	290	0.514	0.120	0.507	0.195	0.819
	科创投入	290	0.002	0.001	0.002	0	0.006
	对外开放程度	290	0.015	0.021	0.005	0	0.198
	人力资本	290	0.027	0.033	0.012	0.001	0.131
	水资源禀赋	290	48.910	39.340	33.238	8.588	190.060

续表 11-6

分组	变量	样本量	均值	标准差	中位数	最小值	最大值
非"资源拉动－环境牺牲"型	传统用水效率	690	0.459	0.123	0.452	0.228	1.000
	绿色用水效率	690	0.359	0.116	0.343	0.166	1.000
	制造业集聚	690	0.741	0.449	0.680	0.017	2.180
	生产性服务业集聚	690	0.725	0.223	0.689	0.297	1.774
	多样化集聚	690	6.292	2.219	5.679	2.550	15.767
	基础设施建设	690	18.042	7.811	16.300	4.172	37.197
	市场化水平	690	0.983	0.583	0.834	0.235	3.087
	环境规制	690	0.062	0.055	0.048	0.002	0.629
	经济发展水平	690	3.252	2.818	2.353	0.394	17.874
	产业结构	690	0.494	0.106	0.503	0.156	0.737
	科创投入	690	0.002	0.003	0.002	0	0.063
	对外开放程度	690	0.010	0.011	0.006	0	0.115
	人力资本	690	0.013	0.018	0.007	0	0.119
	水资源禀赋	690	16.776	16.091	12.292	0.830	87.507

表 11-7 报告了针对传统用水效率的不同城市类型分组回归的实证结果,列(1)、(2)为"资源拉动－环境牺牲"型城市的估计结果,列(3)、(4)为非"资源拉动－环境牺牲"型城市的估计结果,其中重点关注列(2)、(4)的回归结果。在制造业集聚方面,其对"资源拉动－环境牺牲"型城市传统用水效率的影响并不稳健,在列(1)中为"U"形曲线关系,而在列(2)中二次项系数并不显著,一次项系数显著为负,对非"资源拉动－环境牺牲"型城市传统用水效率的影响则呈显著的"U"形曲线关系;在生产性服务业集聚方面,其对"资源拉动－环境牺牲"型城市传统用水效率的影响呈现"倒 U"形曲线关系,而对非"资源拉动－环境牺牲"型城市的影响不显著;在多样化集聚方面,其对所有类型城市传统用水效率的影响均显著为负。

表 11-7　分城市类型估计结果(传统用水效率为被解释变量)

变量	"资源拉动－环境牺牲"型		非"资源拉动－环境牺牲"型	
	(1)	(2)	(3)	(4)
制造业集聚	−0.069 0***	−0.063 3***	−0.189 8***	−0.187 6***
	(−3.22)	(−2.99)	(−7.34)	(−7.82)
(制造业集聚)²	0.014 9*	0.011 2	0.047 7***	0.046 2***
	(1.69)	(1.32)	(3.38)	(3.65)
生产性服务业集聚	0.063 3*	0.066 5*	−0.000 7	0.001 3
	(1.78)	(1.87)	(−0.02)	(0.09)
(生产性服务业集聚)²	−0.042 5***	−0.043 7***	0.001 3	
	(−2.68)	(−2.75)	(0.04)	
多样化集聚	−0.000 8	−0.004 6***	−0.010 8*	−0.012 3***
	(−0.29)	(−4.03)	(−1.67)	(−7.22)

续表 11-7

变量	"资源拉动-环境牺牲"型		非"资源拉动-环境牺牲"型	
	(1)	(2)	(3)	(4)
(多样化集聚)^2	-0.000 2 (-1.48)		-0.000 1 (-0.23)	
基础设施建设	0.001 2** (2.53)	0.001 2*** (2.71)	0.000 9** (2.18)	0.000 9** (2.17)
市场化水平	0.042 6*** (9.75)	0.043 6*** (10.06)	0.005 2 (1.60)	0.005 2 (1.60)
环境规制	-0.002 8 (-0.61)	-0.003 0 (-0.66)	-0.007 8 (-0.24)	-0.007 8 (-0.24)
经济发展水平	0.025 6*** (4.54)	0.025 9*** (4.58)	0.047 4*** (9.88)	0.047 6*** (10.00)
(经济发展水平)^2	-0.001 6*** (-3.35)	-0.001 6*** (-3.43)	-0.000 1 (-0.47)	-0.000 1 (-0.49)
产业结构	-0.013 2 (-0.42)	-0.010 7 (-0.35)	-0.059 9** (-2.03)	-0.060 0** (-2.04)
科创投入	-2.322 4 (-1.18)	-2.660 9 (-1.36)	-0.034 4 (-0.07)	-0.031 0 (-0.06)
对外开放程度	0.020 8 (0.18)	0.013 1 (0.12)	-0.241 0 (-1.23)	-0.241 4 (-1.23)
人力资本	-0.251 6 (-1.36)	-0.234 5 (-1.26)	0.659 0* (1.91)	0.663 7* (1.93)
水资源禀赋	-0.000 6*** (-6.27)	-0.000 6*** (-6.32)	-0.004 9*** (-10.18)	-0.004 9*** (-10.23)
常数项	0.270 9*** (8.12)	0.280 7*** (8.54)	0.567 5*** (14.39)	0.571 0*** (18.71)

注：*、**、***分别表示在10%、5%、1%显著性水平下显著,括号内数值表示 t 值;上标"2"代表对应指标的二次项。

表 11-8 报告了针对绿色用水效率的不同城市类型分组回归的实证结果,列(1)、(2)为"资源拉动-环境牺牲"型城市的估计结果,列(3)、(4)为非"资源拉动-环境牺牲"型城市的估计结果,其中重点关注列(2)、(4)的回归结果。在制造业集聚方面,其对"资源拉动-环境牺牲"型城市绿色用水效率的影响也同样不稳健,其中列(1)为"U"形曲线关系,列(2)中则二次项系数不显著,一次项系数显著为负,对非"资源拉动-环境牺牲"型城市绿色用水效率的影响则呈显著的"U"形曲线关系;在生产性服务业集聚方面,其对"资源拉动-环境牺牲"型城市绿色用水效率的影响为负,而对非"资源拉动-环境牺牲"型城市绿色用水效率的影响不显著;在多样化集聚方面,其对所有类型城市绿色用水效率的影响均显著为负。

表 11-8 分城市类型估计结果(绿色用水效率为被解释变量)

变量	"资源拉动-环境牺牲"型		非"资源拉动-环境牺牲"型	
	(1)	(2)	(3)	(4)
制造业集聚	-0.051 8*** (-3.16)	-0.040 0** (-2.50)	-0.196 9*** (-7.34)	-0.184 6*** (-7.42)
(制造业集聚)²	0.011 6* (1.71)	0.004 9 (0.77)	0.064 2*** (4.38)	0.056 2*** (4.27)
生产性服务业集聚	0.040 8 (1.50)	-0.020 4** (-2.28)	0.024 0 (0.46)	0.004 2 (0.30)
(生产性服务业集聚)²	-0.029 0** (-2.39)		-0.011 7 (-0.38)	
多样化集聚	-0.000 6 (-0.28)	-0.003 4*** (-3.92)	-0.001 6 (-0.24)	-0.009 5*** (-5.42)
(多样化集聚)²	-0.000 1 (-1.41)		-0.000 5 (-1.21)	
基础设施建设	0.001 0*** (2.95)	0.001 1*** (3.09)	0.001 2*** (2.70)	0.001 2*** (2.68)
市场化水平	0.031 9*** (9.52)	0.032 6*** (9.72)	0.005 5 (1.61)	0.005 4 (1.57)
环境规制	-0.002 4 (-0.68)	-0.002 3 (-0.64)	0.000 4 (0.01)	0.002 1 (0.06)
经济发展水平	0.017 7*** (4.15)	0.016 6*** (3.88)	0.039 8*** (8.03)	0.040 7*** (8.28)
(经济发展水平)²	-0.000 9*** (-2.66)	-0.000 8** (-2.32)	0.000 3 (1.22)	0.000 3 (1.14)
产业结构	-0.005 5 (-0.23)	0.000 6 (0.03)	-0.065 4** (-2.15)	-0.064 3** (-2.12)
科创投入	-1.472 3 (-0.98)	-1.463 0 (-0.97)	-0.011 9 (-0.02)	0.010 6 (0.02)
对外开放程度	0.026 9 (0.31)	0.014 0 (0.16)	-0.267 9 (-1.31)	-0.267 5 (-1.30)
人力资本	-0.202 7 (-1.46)	-0.184 2 (-1.32)	0.746 5** (2.12)	0.746 9** (2.13)

续表 11-8

变量	"资源拉动–环境牺牲"型		非"资源拉动–环境牺牲"型	
	(1)	(2)	(3)	(4)
水资源禀赋	-0.000 5***	-0.000 5***	-0.005 6***	-0.005 6***
	(-7.05)	(-7.25)	(-11.40)	(-11.54)
常数项	0.194 2***	0.227 0***	0.434 6***	0.465 1***
	(7.71)	(10.04)	(10.81)	(15.23)

注：*、**、***分别表示在10%、5%、1%显著性水平下显著，括号内数值表示 t 值；上标"2"代表对应指标的二次项。

　　分城市类型分组回归的结果与总样本回归的结果存在部分差异。由于"资源拉动–环境牺牲"型城市在节水减排任务上的艰巨性，且制造业是水资源利用和污染排放的主要部门，因此重点分析"资源拉动–环境牺牲"型城市制造业集聚与用水效率的关系。对于"资源拉动–环境牺牲"型城市，制造业集聚对用水效率的影响并不稳健，但一次项系数始终显著为负，说明现阶段该类城市制造业集聚所产生的拥挤效应要大于集聚效应，导致制造业集聚对用水效率存在消极影响。基础回归结果认为当制造业集聚达到一定程度后，集聚区内制造业企业较多而资源出现紧缺，企业会更加重视对资源的集约利用，通过技术升级改善用水效率。"资源拉动–环境牺牲"型城市显然未出现该积极转变，原因可能是企业间在出现资源紧缺后反而采用恶性竞争的方式争夺集聚区内的各类资源，并未考虑投资新技术以实现资源的集约利用；另一个原因可能在于当地政府仍然以 GDP 为绩效目标，放任和忽视企业的污染活动，对环境污染的监管和处罚力度较弱，虽实现了吸引制造业企业投资设厂的目标，但也客观上导致了集聚区废污水的大量排放[193]。以上两个原因最终都会导致集聚区内用水效率的降低。

五、产业结构异质性分析

　　在城市各产业中，以钢铁、煤炭、有色金属、石油化工为代表的能源化工产业是典型的水资源消耗较大且水污染问题突出的产业。由于天然的资源禀赋特征，黄河流域分布着众多以能源化工为支柱产业的城市。为分析能源化工城市的产业集聚与用水效率之间的关系，且鉴于当前城市工业数据未细分到具体子工业部门，本研究根据《中国 300 个城市产业地图》报告公布的各城市支柱产业，鉴别出了黄河流域产业结构中以能源化工为支柱产业的城市，包括青海省的西宁，四川省的攀枝花和乐山，甘肃省的嘉峪关、庆阳、武威、金昌和白银，宁夏回族自治区的银川、石嘴山和吴忠，内蒙古自治区的包头、鄂尔多斯、巴彦淖尔、赤峰和乌海，陕西省的汉中、渭南、宝鸡、咸阳、榆林、铜川和延安，山西省的太原、长治、临汾、晋城、阳泉、晋中、大同、吕梁、朔州和运城，河南省的安阳、平顶山、三门峡、焦作、鹤壁、洛阳、商丘和濮阳，山东省的枣庄、济宁、菏泽、东营、淄博和滨州，共计 47 个城市。能源化工城市和其他城市变量的描述性统计见表 11-9。

表 11-9　分产业结构的变量描述性统计

分组	变量	样本量	均值	标准差	中位数	最小值	最大值
能源化工城市	传统用水效率	470	0.380	0.123	0.363	0.126	0.872
	绿色用水效率	470	0.287	0.107	0.267	0.086	0.737
	制造业集聚	470	0.766	0.438	0.674	0.017	2.491
	生产性服务业集聚	470	0.716	0.246	0.674	0.280	1.739
	多样化集聚	470	7.146	2.968	6.454	1.779	22.872
	基础设施建设	470	16.722	7.252	14.995	4.172	37.197
	市场化水平	470	0.888	0.530	0.759	0.236	3.087
	环境规制	470	0.076	0.255	0.052	0.004	5.472
	经济发展水平	470	3.467	2.674	2.627	0.731	17.874
	产业结构	470	0.544	0.102	0.543	0.156	0.819
	科创投入	470	0.002	0.003	0.002	0	0.063
	对外开放程度	470	0.011	0.013	0.006	0	0.070
	人力资本	470	0.014	0.018	0.010	0	0.131
	水资源禀赋	470	33.395	35.717	19.709	2.535	190.060
其他城市	传统用水效率	510	0.442	0.132	0.433	0.228	1.000
	绿色用水效率	510	0.342	0.126	0.328	0.166	1.000
	制造业集聚	510	0.768	0.466	0.720	0.032	2.196
	生产性服务业集聚	510	0.775	0.287	0.721	0.297	1.941
	多样化集聚	510	5.833	1.905	5.310	2.550	14.023
	基础设施建设	510	17.514	7.458	15.858	4.172	35.780
	市场化水平	510	1.022	0.582	0.896	0.236	3.087
	环境规制	510	0.059	0.053	0.042	0.002	0.343
	经济发展水平	510	3.094	2.489	2.324	0.394	15.267
	产业结构	510	0.459	0.102	0.471	0.159	0.697
	科创投入	510	0.002	0.001	0.002	0	0.011
	对外开放程度	510	0.012	0.016	0.006	0	0.198
	人力资本	510	0.020	0.029	0.008	0	0.131
	水资源禀赋	510	19.733	19.449	13.403	0.830	96.844

　　表 11-10 报告了针对传统用水效率的不同产业结构分组回归的实证结果,列(1)、(2)为能源化工城市的估计结果,列(3)为其他城市的估计结果,其中重点关注列(2)、(3)的回归结果。在制造业集聚方面,其对能源化工城市和其他城市传统用水效率的影响均呈现显著的“U”形曲线关系;在生产性服务业集聚方面,其对能源化工城市传统用水

效率的影响并不显著,但影响方向始终为正,其对其他城市传统用水效率的影响则呈现显著的"倒 U"形曲线关系;在多样化集聚方面,其对能源化工城市传统用水效率的影响显著为负,而对其他城市传统用水效率的影响则呈现显著的"倒 U"形曲线关系。

表 11-10　分产业结构估计结果(传统用水效率为被解释变量)

变量	能源化工城市		其他城市
	(1)	(2)	(3)
制造业集聚	-0.138 0***	-0.139 0***	-0.212 8***
	(-6.02)	(-6.32)	(-7.12)
(制造业集聚)²	0.050 0***	0.050 7***	0.060 1***
	(4.72)	(5.17)	(3.99)
生产性服务业集聚	0.010 1	0.011 2	0.095 8*
	(0.25)	(0.87)	(1.96)
(生产性服务业集聚)²	0.000 7		-0.080 6***
	(0.03)		(-3.19)
多样化集聚	-0.004 7	-0.004 1***	0.016 0*
	(-1.36)	(-3.15)	(1.95)
(多样化集聚)²	0		-0.001 8***
	(0.17)		(-3.36)
基础设施建设	0.001 1**	0.001 1**	0.001 4***
	(2.06)	(2.05)	(2.83)
市场化水平	0.015 8***	0.015 8***	0.013 4***
	(3.38)	(3.38)	(3.69)
环境规制	-0.009 6	-0.009 5	-0.002 0
	(-1.59)	(-1.59)	(-0.04)
经济发展水平	0.021 5***	0.021 5***	0.046 0***
	(4.73)	(4.74)	(6.76)
(经济发展水平)²	0.000 4*	0.000 4*	-0.000 5
	(1.86)	(1.86)	(-1.50)
产业结构	-0.123 5***	-0.123 9***	-0.008 6
	(-4.03)	(-4.08)	(-0.22)
科创投入	0.129 6	0.128 6	-4.193 7*
	(0.28)	(0.28)	(-1.84)
对外开放程度	-0.290 7	-0.281 3	0.074 3
	(-1.16)	(-1.15)	(0.48)
人力资本	-1.006 1***	-1.007 4***	-0.020 6
	(-2.86)	(-2.87)	(-0.07)
水资源禀赋	-0.000 8***	-0.000 8***	-0.003 6***
	(-6.55)	(-6.55)	(-7.91)
常数项	0.468 4***	0.466 3***	0.422 8***
	(13.20)	(14.81)	(8.82)

注:*、**、***分别表示在10%、5%、1%显著性水平下显著,括号内数值表示 t 值;上标"2"代表对应指标的二次项。

表 11-11 报告了针对绿色用水效率的不同产业结构分组回归的实证结果,列(1)、(2)为能源化工城市的估计结果,列(3)、(4)为其他城市的估计结果,其中重点关注列(2)、(4)的回归结果。在制造业集聚方面,其对能源化工城市和其他城市绿色用水效率的影响均呈现显著的"U"形曲线关系;在生产性服务业集聚方面,其对能源化工城市绿色用水效率的影响并不显著,但影响方向始终为正,其对其他城市绿色用水效率则呈现显著的负向影响;在多样化集聚方面,其对能源化工城市绿色用水效率的影响显著为负,而对其他城市绿色用水效率的影响则呈现显著的"倒 U"形曲线的关系。

表 11-11 分产业结构估计结果(绿色用水效率为被解释变量)

变量	能源化工城市		其他城市	
	(1)	(2)	(3)	(4)
制造业集聚	−0.111 1*** (−5.40)	−0.112 2*** (−5.69)	−0.211 4*** (−6.69)	−0.210 3*** (−6.62)
(制造业集聚)^2	0.043 1*** (4.53)	0.043 7*** (4.97)	0.067 8*** (4.25)	0.066 6*** (4.15)
生产性服务业集聚	0.009 7 (0.26)	0.010 4 (0.90)	0.085 4 (1.64)	−0.038 4** (−2.17)
(生产性服务业集聚)^2	0.000 4 (0.02)		−0.068 0** (−2.53)	
多样化集聚	−0.003 2 (−1.05)	−0.002 7** (−2.25)	0.017 4** (1.99)	0.017 8** (2.02)
(多样化集聚)^2	0 (0.20)		−0.001 8*** (−3.09)	−0.001 8*** (−3.18)
基础设施建设	0.001 0** (2.05)	0.000 9** (2.04)	0.001 8*** (3.44)	0.001 8*** (3.47)
市场化水平	0.012 8*** (3.05)	0.012 8*** (3.05)	0.010 3*** (2.66)	0.010 7*** (2.75)
环境规制	−0.009 3* (−1.73)	−0.009 3* (−1.73)	0.011 0 (0.23)	0.020 3 (0.42)
经济发展水平	0.015 6*** (3.82)	0.015 6*** (3.83)	0.036 9*** (5.20)	0.035 9*** (5.01)
(经济发展水平)^2	0.000 6*** (2.85)	0.000 6*** (2.85)	0.000 1 (0.33)	0.000 2 (0.57)
产业结构	−0.107 6*** (−3.91)	−0.107 9*** (−3.95)	−0.015 4 (−0.38)	−0.012 4 (−0.30)

续表 11-11

变量	能源化工城市		其他城市	
	(1)	(2)	(3)	(4)
科创投入	0.161 1	0.159 8	−4.382 2*	−4.097 5*
	(0.39)	(0.39)	(−1.81)	(−1.68)
对外开放程度	−0.349 7	−0.339 7	0.055 9	0.085 8
	(−1.55)	(−1.54)	(0.34)	(0.52)
人力资本	−0.886 3***	−0.887 9***	−0.001 3	−0.043 2
	(−2.82)	(−2.83)	(−0.00)	(−0.14)
水资源禀赋	−0.000 7***	−0.000 7***	−0.003 9***	−0.004 0***
	(−6.51)	(−6.50)	(−8.22)	(−8.41)
常数项	0.360 0***	0.357 8***	0.327 8***	0.378 6***
	(11.36)	(12.75)	(6.61)	(8.30)

注:*、**、***分别表示在10%、5%、1%显著性水平下显著,括号内数值表示 t 值;上标"2"代表对应指标的二次项。

分产业结构分组回归的结果与总样本回归的结果存在部分差异。由于能源化工产业耗水与排污均高于其他产业,因此重点分析能源化工城市产业集聚与用水效率的关系。对于能源化工城市,制造业集聚用水效率的影响呈现显著的"U"形曲线的关系,该结果与基础回归的结果一致,说明在制造业集聚初期,该类城市丰富的资源禀赋,使得"资源诅咒"效应要大于集聚效应,而随着集聚程度的增加,集聚效应发挥的作用逐渐增强,企业间技术溢出效应显著,使得集聚效应要大于拥挤效应。因此,能源化工城市制造业集聚与用水效率之间呈现"U"形曲线关系。能源化工城市生产性服务业集聚对用水效率的影响虽然并不显著,但影响关系始终为正,说明能源化工城市对生产性服务业的布局可以较好地发挥该行业在知识溢出方面的优势,有助于帮助能源化工城市实现用水效率的提升。能源化工城市多样化集聚对用水效率则呈现负向影响,该结果与基础回归结果一致,说明多样化集聚所能发挥的集聚效应较为有限,行业间缺乏有效沟通与协作,用水技术的溢出效果不明显,最终导致其对用水效率呈现消极影响。

六、稳健性检验

本部分将对产业集聚与黄河流域用水效率的关系进行稳健性检验。首先基于指标设定进行稳健性检验,第九章中用水效率的测算采用了全局参比的 DEA 模型,本部分则是通过全局参比的超效率 DEA 模型和固定参比的 DEA 模型对用水效率进行重新测度,并使用截断数据的面板 Tobit 模型进行回归分析;之后基于回归模型的设定进行稳健性检验,对用水效率进行城市排序后采用面板数据的排序模型进行回归分析。

表 11-12 的估计结果中被解释变量用水效率的测度采用了全局参比的超效率 DEA 模型,列(1)、(2)的被解释变量是传统用水效率,列(3)、(4)的被解释变量是绿色用水效率,其中重点关注列(2)、(4)的回归结果。无论是传统用水效率还是绿色用水效率,回归结果均较为稳健。具体地,在传统用水效率方面,制造业集聚对其影响为"U"形曲线关

系,转折点在制造业集聚程度为 1.544 0 处;生产性服务业集聚对其影响为"倒 U"形曲线关系,转折点在生产性服务业集聚程度为 0.677 4 处;多样化集聚对传统用水效率的影响为负,不存在非线性关系。在绿色用水效率方面,其实证结果与传统用水效率相似,制造业集聚与绿色用水效率呈"U"形曲线关系,转折点在制造业集聚程度等于 1.393 5 处;生产性服务业集聚与绿色用水效率呈"倒 U"形曲线关系,转折点在生产性服务业集聚程度等于 0.720 2 处;多样化集聚则对绿色用水效率的影响为负。

表 11-12　基于指标设定的稳健性检验估计结果(用水效率由全局参比的超效率模型测度)

变量	传统用水效率		绿色用水效率	
	(1)	(2)	(3)	(4)
制造业集聚	−0.183 3***	−0.179 1***	−0.175 5***	−0.171 4***
	(−9.50)	(−9.66)	(−9.06)	(−9.20)
(制造业集聚)²	0.060 5***	0.058 0***	0.064 0***	0.061 5***
	(6.53)	(6.66)	(6.86)	(7.03)
生产性服务业集聚	0.068 6**	0.069 1**	0.069 6**	0.070 0**
	(2.04)	(2.06)	(2.05)	(2.06)
(生产性服务业集聚)²	−0.050 6***	−0.051 0***	−0.048 2***	−0.048 6***
	(−2.87)	(−2.89)	(−2.71)	(−2.72)
多样化集聚	−0.005 1	−0.007 4***	−0.003 5	−0.005 8***
	(−1.60)	(−6.19)	(−1.09)	(−4.82)
(多样化集聚)²	−0.000 1		−0.000 1	
	(−0.79)		(−0.77)	
基础设施建设	0.001 5***	0.001 5***	0.001 7***	0.001 7***
	(3.96)	(4.04)	(4.44)	(4.51)
市场化水平	0.015 9***	0.015 9***	0.012 7***	0.012 7***
	(5.41)	(5.43)	(4.26)	(4.29)
环境规制	−0.012 9*	−0.013 1*	−0.012 3*	−0.012 4*
	(−1.87)	(−1.88)	(−1.75)	(−1.77)
经济发展水平	0.022 0***	0.022 1***	0.014 7***	0.014 8***
	(5.80)	(5.82)	(3.90)	(3.91)
(经济发展水平)²	0.000 4**	0.000 4**	0.000 7***	0.000 7***
	(2.08)	(2.09)	(3.73)	(3.73)
产业结构	−0.079 8***	−0.079 2***	−0.074 8***	−0.074 3***
	(−3.10)	(−3.08)	(−2.92)	(−2.89)
科创投入	−0.352 2	−0.349 2	−0.270 6	−0.267 6
	(−0.67)	(−0.66)	(−0.50)	(−0.50)
对外开放程度	0.009 7	0.003 3	−0.033 7	−0.040 1
	(0.07)	(0.02)	(−0.25)	(−0.30)
人力资本	−0.285 2	−0.279 6	−0.238 0	−0.232 8
	(−1.23)	(−1.20)	(−1.04)	(−1.01)

续表 11-12

变量	传统用水效率		绿色用水效率	
	（1）	（2）	（3）	（4）
水资源禀赋	−0.001 1***	−0.001 1***	−0.001 1***	−0.001 1***
	（−8.39）	（−8.37）	（−8.21）	（−8.20）
常数项	0.480 0***	0.486 7***	0.376 9***	0.383 5***
	（16.40）	（17.39）	（13.05）	（13.93）

注：*、**、***分别表示在 10%、5%、1%显著性水平下显著，括号内数值表示 t 值；上标"2"代表对应指标的二次项。

表 11-13 的估计结果中被解释变量用水效率的测度采用了固定参比的 DEA 模型，列
（1）、（2）的被解释变量是传统用水效率，列（3）、（4）的被解释变量是绿色用水效率，其中
重点关注列（2）、（4）的回归结果。由表 11-13 可知，两类用水效率的回归结果依旧稳健。
就传统用水效率而言，制造业集聚与其关系呈"U"形曲线且转折点在制造业集聚程度为
1.572 4 处；生产性服务业集聚与其关系呈"倒 U"形曲线且转折点在生产性服务业集聚
程度为 0.714 6 处；多样化集聚的影响则始终为负。就绿色用水效率而言，制造业集聚与
其关系呈"U"形曲线且转折点在制造业集聚程度等于 1.567 0 处；生产性服务业集聚与
其关系呈"倒 U"形曲线且转折点在生产性服务业集聚程度等于 0.791 7 处；多样化集聚
则对其存在负向影响。

表 11-13　基于指标设定的稳健性检验估计结果（用水效率由固定参比的模型测度）

变量	传统用水效率		绿色用水效率	
	（1）	（2）	（3）	（4）
制造业集聚	−0.240 3***	−0.247 5***	−0.251 9***	−0.264 2***
	（−6.43）	（−6.88）	（−5.31）	（−5.78）
（制造业集聚）²	0.074 2***	0.078 7***	0.076 6***	0.084 3***
	（4.12）	（4.66）	（3.33）	（3.93）
生产性服务业集聚	0.143 9**	0.143 2**	0.192 2**	0.191 6**
	（2.20）	（2.18）	（2.28）	（2.27）
（生产性服务业集聚）²	−0.100 8***	−0.100 2***	−0.121 8***	−0.121 0***
	（−2.92）	（−2.91）	（−2.74）	（−2.72）
多样化集聚	−0.014 7**	−0.010 6***	−0.016 7**	−0.009 7***
	（−2.37）	（−4.62）	（−2.10）	（−3.32）
（多样化集聚）²	0.000 2		0.000 4	
	（0.71）		（0.95）	
基础设施建设	0.002 5***	0.002 4***	0.003 2***	0.003 1***
	（3.45）	（3.41）	（3.54）	（3.47）
市场化水平	0.036 4***	0.036 2***	0.034 9***	0.034 7***
	（6.31）	（6.29）	（4.66）	（4.63）
环境规制	−0.030 8**	−0.030 5**	−0.038 6**	−0.038 0**
	（−2.27）	（−2.25）	（−2.20）	（−2.17）

续表 11-13

变量	传统用水效率		绿色用水效率	
	（1）	（2）	（3）	（4）
经济发展水平	0.053 7***	0.053 6***	0.052 2***	0.052 2***
	(7.69)	(7.68)	(6.09)	(6.08)
（经济发展水平）²	0.000 4	0.000 4	0.001 0**	0.001 0**
	(0.98)	(0.97)	(2.14)	(2.13)
产业结构	−0.146 2***	−0.147 0***	−0.133 9**	−0.135 3**
	(−3.06)	(−3.07)	(−2.26)	(−2.28)
科创投入	−0.407 1	−0.412 8	−0.310 1	−0.318 9
	(−0.39)	(−0.39)	(−0.23)	(−0.23)
对外开放程度	−0.267 5	−0.255 7	−0.516 4	−0.495 5
	(−1.04)	(−0.99)	(−1.55)	(−1.49)
人力资本	−0.982 7**	−0.991 6**	−1.273 5***	−1.288 3***
	(−2.36)	(−2.39)	(−2.60)	(−2.63)
水资源禀赋	−0.001 5***	−0.001 5***	−0.001 7***	−0.001 7***
	(−5.83)	(−5.84)	(−5.45)	(−5.45)
常数项	0.561 5***	0.549 2***	0.441 9***	0.419 8***
	(10.54)	(10.90)	(6.74)	(6.84)

注：*、**、***分别表示在10%、5%、1%显著性水平下显著，括号内数值表示 t 值；上标"2"代表对应指标的二次项。

由于用水效率数据是截断数据，因此本书在模型上选取了面板数据的 Tobit 模型，为了检验 Tobit 模型的结果是否稳健，本部分对回归模型进行了更换。具体做法是，对历年城市的传统用水效率和绿色用水效率分别基于升序进行排序，之后赋予城市对应的历年传统用水效率排序值和绿色用水效率排序值，即每年用水效率最低的城市排序值为1，次低的城市排序值为2，因为本书共涉及黄河流域的 98 个城市，因此每年用水效率最高的城市排序值为98。通过这种排序方式，使得用水效率最高的城市排序值也最高，保证了效率值变化与排序值变化方向的一致性。通过以上处理，可以得到历年分别基于传统用水效率和绿色用水效率的城市排名，之后便可以采用面板数据的排序模型进行回归分析。

表 11-14 为基于面板排序固定效应模型的实证结果。列（1）、（2）的被解释变量是传统用水效率城市排名，列（3）、（4）的被解释变量是绿色用水效率城市排名，其中重点关注列（2）、（4）的回归结果。由表 11-14 可知，采用面板排序模型得到的回归结果与面板 Tobit 模型的结果系数方向均保持一致，说明替换回归模型之后的结果依旧稳健。具体地，在传统用水效率城市排名方面，制造业集聚对其影响呈现"U"形曲线关系，当制造业集聚指数小于 2.321 3 时，制造业集聚对传统用水效率的城市排名存在负向影响，而当制造业集聚指数大于 2.321 3 时，制造业集聚对传统用水效率的城市排名则存在正向影响；生产性服务业集聚对其影响呈现"倒 U"形曲线关系，当生产性服务业集聚指数小于 0.646 4 时，生产性服务业集聚对传统用水效率的城市排名存在正向影响，当生产性服务业集聚指数大于 0.646 4 时，生产性服务业集聚对传统用水效率的城市排名则存在负向

影响;多样化集聚对传统用水效率的城市排名影响为负,不存在非线性关系。绿色用水效率城市排名的实证结果与传统用水效率城市排名的结果相似,制造业集聚与绿色用水效率的城市排名呈"U"形曲线关系,转折点在制造业集聚指数等于 2.091 8 处;生产性服务业集聚与绿色用水效率的城市排名呈"倒 U"形曲线关系,转折点在生产性服务业集聚指数等于 0.667 0 处;多样化集聚则对绿色用水效率的城市排名则存在显著的负向影响。

表 11-14　基于模型设定的稳健性检验估计结果(面板排序固定效应模型)

变量	传统用水效率城市排名		绿色用水效率城市排名	
	(1)	(2)	(3)	(4)
制造业集聚	−13.716 2 ***	−10.149 7 ***	−13.001 7 ***	−9.331 2 ***
	(−5.70)	(−3.65)	(−4.98)	(−3.54)
(制造业集聚)²	4.077 6 ***	2.186 2 **	4.173 2 ***	2.230 4 **
	(3.03)	(2.33)	(3.10)	(2.29)
生产性服务业集聚	8.491 6 ***	10.117 4 ***	8.687 0 ***	10.455 7 ***
	(3.06)	(3.33)	(3.16)	(3.21)
(生产性服务业集聚)²	−6.800 8 ***	−7.826 1 ***	−6.709 5 ***	−7.814 8 ***
	(−4.21)	(−4.29)	(−4.18)	(−3.97)
多样化集聚	1.222 9	−0.616 3 **	1.383 9	−0.548 5 **
	(1.03)	(−2.10)	(1.28)	(−2.26)
(多样化集聚)²	−0.112 0 *		−0.118 1 **	
	(−1.78)		(−1.98)	
基础设施建设	0.051 4	0.053 2	0.045 8	0.044 7
	(1.28)	(1.22)	(1.12)	(1.02)
市场化水平	1.068 2 **	1.130 8 **	0.836 8 **	0.905 2 **
	(2.35)	(2.24)	(2.04)	(2.04)
环境规制	−0.915 6	−0.642 5	−1.187 8	−0.754 6
	(−1.61)	(−1.39)	(−1.44)	(−1.26)
经济发展水平	2.841 7 ***	2.845 4 ***	2.853 5 ***	2.873 1 ***
	(3.21)	(2.82)	(3.65)	(3.35)
(经济发展水平)²	−0.059 6 **	−0.062 9 **	−0.049 1 *	−0.052 0 *
	(−2.30)	(−2.48)	(−1.79)	(−1.89)
产业结构	−1.374 9	−0.812 0	−0.844 7	−0.303 4
	(−0.40)	(−0.23)	(−0.27)	(−0.09)
科创投入	−111.173 8	−107.424 0	−95.606 8	−93.259 1
	(−0.85)	(−0.83)	(−0.97)	(−0.93)
对外开放程度	−3.767 0	−2.792 9	−5.103 8	−4.136 6
	(−0.70)	(−0.50)	(−0.89)	(−0.67)
人力资本	−42.127 2	−32.342 4	−39.819 3	−28.966 9
	(−1.08)	(−0.67)	(−0.89)	(−0.53)
水资源禀赋	−0.128 8 ***	−0.089 5 ***	−0.137 7 ***	−0.094 7 **
	(−3.34)	(−2.64)	(−3.25)	(−2.58)

注:*、**、*** 分别表示在 10%、5%、1% 显著性水平下显著,括号内数值表示 t 值;上标"2"代表对应指标的二次项。

七、小结

本章首先使用 Tobit 模型探究了制造业集聚、生产性服务业集聚和多样化集聚对黄河流域用水效率的影响,并进一步基于流域异质性和城市类型异质性进行了分组检验,最后通过更换用水效率的测度方式和更换回归模型对产业集聚对黄河流域用水效率的影响进行了稳健性检验。

研究结果表明,在基础回归分析方面,就传统用水效率而言,在控制了其他变量影响的前提下,制造业集聚对其影响呈现"U"形曲线关系,生产性服务业集聚对其影响呈现"倒 U"形曲线关系,多样化集聚对传统用水效率的影响为负,尚未发现存在非线性关系;绿色用水效率的实证结果与传统用水效率相似。在流域异质性分析方面,制造业集聚对上游传统用水效率的影响呈现"U"形曲线关系,对中游和下游传统用水效率的影响同样呈现"U"形曲线关系但二次项系数并不显著,生产性服务业集聚对上游和中游的传统用水效率的影响呈现"倒 U"形曲线关系,对下游传统用水效率的影响为负,多样化集聚对上游和下游的传统用水效率存在显著的负向影响,对中游的传统用水效率影响为负但不显著;制造业集聚对上游和下游的绿色用水效率的影响呈现"U"形曲线关系,对中游的绿色用水效率的影响虽同样为"U"形曲线关系但二次项系数并不显著,生产性服务业集聚对上游和中游的绿色用水效率的影响呈现"倒 U"形曲线关系,对下游的绿色用水效率的影响为负,多样化集聚对上游和下游的绿色用水效率存在显著的负向影响,对中游的绿色用水效率影响为负但不显著。在城市类型异质性分析方面,制造业集聚对"资源拉动-环境牺牲"型城市传统用水效率的影响并不稳健,对非"资源拉动-环境牺牲"型城市传统用水效率的影响则呈显著的"U"形曲线关系,生产性服务业集聚对"资源拉动-环境牺牲"型城市传统用水效率的影响呈现"倒 U"形曲线关系,而对非"资源拉动-环境牺牲"型城市的影响不显著,多样化集聚对所有类型城市传统用水效率的影响均显著为负;制造业集聚对"资源拉动-环境牺牲"型城市绿色用水效率的影响不稳健,对非"资源拉动-环境牺牲"型城市绿色用水效率的影响则呈显著的"U"形曲线关系,生产性服务业集聚对"资源拉动-环境牺牲"型城市绿色用水效率的影响为负,而对非"资源拉动-环境牺牲"型城市绿色用水效率的影响不显著,多样化集聚对所有类型城市绿色用水效率的影响均显著为负。在产业结构异质性分析方面,制造业集聚对能源化工城市和其他城市传统用水效率的影响均呈现显著的"U"形曲线关系,生产性服务业集聚对能源化工城市传统用水效率的影响并不显著,但影响方向始终为正,其对其他城市传统用水效率的影响则呈现显著的"倒 U"形曲线的关系,多样化集聚对能源化工城市传统用水效率的影响显著为负,而对其他城市传统用水效率的影响则呈现显著的"倒 U"形曲线的关系;制造业集聚对能源化工城市和其他城市绿色用水效率的影响均呈现显著的"U"形曲线关系,生产性服务业集聚对能源化工城市绿色用水效率的影响并不显著,但影响方向始终为正,其对其他城市绿色用水效率则呈现显著的负向影响,多样化集聚对能源化工城市绿色用水效率的影响显著为负,而对其他城市绿色用水效率的影响则呈现显著的"倒 U"形曲线的关系。在稳健性检验方面,首先通过全局参比的超效率 DEA 模型和固定参比的 DEA 模型对用水效率进行重新测度,并使用截断数据的面板 Tobit 模型进行回归分析,以进行基于指标的稳健性检验,之后对用水效率进行城市排序后采用面板数据的排序模型进行回归分析,以实现基于回归模型设定的稳健性检验,两种类型的稳健性检验的实证结果均支持了基础回归分析中关于产业集聚对黄河流域用水效率影响的结论。

第十二章　产业集聚对黄河流域用水效率影响的机制分析

一、模型设定与数据说明

本章将进一步探究产业集聚对黄河流域用水效率的作用途径。在影响机制的选择上,主要从两个维度进行考虑:一是企业所处社会环境的变化,包括基础设施建设、市场化水平和环境规制三个指标;二是企业用水技术的变化,包括用水强度和排污强度两个指标。产业集聚一方面会直接作用于企业所面临的社会环境,另一方面则是会发挥集聚区内知识和技术溢出效应的作用,使得企业在用水技术方面出现新的变化。

为考察产业集聚对用水效率的影响机制,本部分构建了如下面板数据的固定效应模型:

$$T_{it} = \alpha_0 + \alpha_1 C_{it} + \alpha_2 C_{it}^2 + \beta X + \mu_i + \varepsilon_{it} \qquad (12\text{-}1)$$

式中, T_{it} 为影响机制指标; α_0 为截距项; C_{it} 为产业集聚,并加入其二次项以考察可能存在的非线性关系; X 为一系列控制变量; μ_i 和 ε_{it} 分别为个体固定效应和随机扰动项; i 为不同城市; t 为不同年份。

在影响机制指标方面,主要包含两个维度的指标:一是社会环境层面的影响机制指标,包括基础设施建设、市场化水平和环境规制;二是用水技术层面的影响机制指标,包括用水强度和排污强度。基础设施建设水平的提升可以有效推迟和缓解产业集聚过程中拥挤效应的出现;市场化水平的提升有利于集聚区企业的公平竞争,对知识与技术的传播和交易发挥积极的作用;环境规制可以对企业的污染排放行为施加影响,严格的环境规制能够有效约束企业生产过程中的废污水排放;用水强度和排污强度则是企业用水技术层面的机制指标,通过考察产业集聚对二者发挥作用的形式以识别企业在生产端和排放端是否存在对用水技术升级的选择。

在核心解释变量产业集聚方面,仍然包括制造业集聚、生产性服务业集聚和多样化集聚。在控制变量方面,其选择与第十一章一致,只是当分析某一特定影响机制指标时,要将其在控制变量中去除。以上所有变量的具体衡量方式和描述性统计见第十一章。

二、社会环境层面影响机制分析

表12-1报告了社会环境层面影响机制分析的实证结果,列(1)、(2)为基础设施建设的估计结果,列(3)、(4)为市场化水平的估计结果,列(5)、(6)为环境规制的估计结果,其中重点关注列(2)、(4)、(6)的回归结果。在基础设施建设方面,制造业集聚程度的提升有利于城市基础设施建设水平的显著提高,生产性服务业集聚和多样化集聚对其同样存在积极影响但系数并不显著;在市场化水平方面,制造业集聚和多样化集聚对其影响均显著为负,生产性服务业集聚也同样存在负向影响但系数并不显著;在环境规制方面,由

于该项指标由"工业废水排放量与第二产业增加值之比(百万 t/亿元)"来衡量,因此环境规制的数值越大,代表环境规制越不严格,制造业集聚和生产性服务业集聚对环境规制严格程度的影响均呈现"U"形曲线关系,多样化集聚有助于环境规制严格程度的加强但系数并不显著。

表 12-1　社会环境层面影响机制估计结果

变量	基础设施建设		市场化水平		环境规制	
	(1)	(2)	(3)	(4)	(5)	(6)
制造业集聚	3.283 1 (0.91)	4.155 2** (2.61)	−0.644 1* (−1.85)	−0.439 5** (−2.25)	0.475 8* (1.79)	0.466 5* (1.76)
(制造业集聚)^2	0.522 1 (0.31)		0.114 1 (0.70)		−0.275 3* (−1.90)	−0.269 8* (−1.87)
生产性服务业集聚	1.211 8 (0.31)	0.592 8 (0.44)	−0.004 4 (−0.01)	−0.184 6 (−1.03)	0.298 7* (1.89)	0.297 4* (1.89)
(生产性服务业集聚)^2	−0.340 0 (−0.19)		−0.099 6 (−0.40)		−0.107 5* (−1.70)	−0.106 7* (−1.70)
多样化集聚	0.628 5 (1.39)	0.033 0 (0.16)	−0.031 6 (−0.50)	−0.063 3*** (−2.67)	−0.017 1 (−1.10)	−0.012 0 (−1.20)
(多样化集聚)^2	−0.031 5* (−1.75)		−0.001 5 (−0.56)		0.000 3 (0.31)	
常数项	7.490 0 (1.65)	9.560 3** (2.41)	0.990 9** (2.55)	1.115 3*** (3.35)	0.599 3** (2.03)	0.585 4** (2.07)
控制变量	√	√	√	√	√	√

注:*、**、*** 分别表示在 10%、5%、1% 显著性水平下显著,括号内数值表示 t 值;上标"2"代表对应指标的二次项。

社会环境层面影响机制的回归结果表明,制造业集聚可以同时在基础设施建设、市场化水平和环境规制三个层面对用水效率发挥作用。首先,制造业集聚有利于集聚区内基础设施建设水平的全面提升,从而有效缓解集聚的拥挤效应;其次,制造业集聚会降低集聚区的市场化水平,原因可能是集聚区建设一般由政府规划和主导,政府在集聚经济方面发挥的干预作用较大;最后,制造业集聚对环境规制严格程度的影响呈现"U"形曲线关系,在产业集聚初期,政府为实现经济增长目标,可能会主动放松集聚区内的环境监管,从而导致集聚区内企业污染排放行为的加剧,但随着集聚区污染问题逐渐发展为较为突出的矛盾,政府便开始考虑加强环境监管和处罚。生产性服务业集聚只在环境规制层面对用水效率发挥作用,集聚初期导致环境监管的放松,而在后期则会使得环境规制趋于严格。多样化集聚则只在市场化水平层面对用水效率发挥作用,由于政府主导下的产业集聚在市场化方面进程缓慢,导致集聚区内企业发展动力不足,节水减排技术的交流与传播存在阻力。

三、用水技术层面影响机制分析

表 12-2 报告了用水技术层面影响机制分析的实证结果,列(1)、(2)为用水强度的估计结果,列(3)、(4)为排污强度的估计结果,其中重点关注列(2)、(4)的回归结果。在用

水强度方面,制造业集聚程度的提升会导致用水强度的显著提高,生产性服务业集聚和多样化集聚也同样会导致用水强度提高但结果并不显著;在排污强度方面,制造业集聚程度的提升会导致排污强度的显著提高,多样化集聚对其影响同样为正但系数并不显著,生产性服务业集聚有助于排污强度降低但系数不显著。

表 12-2　用水技术层面影响机制估计结果

变量	用水强度		排污强度	
	（1）	（2）	（3）	（4）
制造业集聚	−1.107 6 (−0.43)	2.841 3*** (2.85)	0.732 6 (0.35)	1.774 0** (2.03)
（制造业集聚）²	2.053 2 (1.49)		0.504 6 (0.43)	
生产性服务业集聚	0.230 6 (0.08)	0.366 2 (0.46)	−3.505 1 (−1.34)	−0.290 9 (−0.39)
（生产性服务业集聚）²	0.079 1 (0.06)		1.790 5 (1.49)	
多样化集聚	0.005 5 (0.01)	0.340 2 (1.62)	−0.032 0 (−0.10)	0.116 9 (0.90)
（多样化集聚）²	0.021 1 (0.80)		0.008 5 (0.57)	
常数项	11.569 8*** (3.07)	9.353 1*** (2.93)	13.563 5*** (4.30)	11.524 5*** (3.99)
控制变量	√	√	√	√

注:*、**、***分别表示在10%、5%、1%显著性水平下显著,括号内数值表示 t 值;上标"2"代表对应指标的二次项。

用水技术层面影响机制的回归结果说明了企业在节水技术和排污技术的投资上动力明显不足,产业集聚导致用水强度的增加,说明集聚区企业并未在节水技术上进行升级以节约生产成本,而是继续增加资源投入进行粗放式生产;制造业集聚和多样化集聚导致排污强度的提升也说明了企业在排污技术上并未采取积极行动,生产性服务业集聚的结果并不显著,虽然其有助于排污强度的降低,但考虑到生产性服务业本身的污废水排放活动远不及制造业,因此也无法有力证明企业在排污技术上的积极作为。

不同形式的产业集聚无论是在社会环境层面影响机制上还是在用水技术层面影响机制上都对用水效率的作用存在明显的差异。总之,通过多种影响机制共同发挥作用,最终使得制造业集聚对用水效率的影响呈现"U"形曲线关系,生产性服务集聚对用水效率的影响呈现"倒U"形曲线关系,多样化集聚对用水效率的影响始终为负。

四、小结

本章探究了产业集聚对黄河流域用水效率的作用途径,共考虑了两个维度的影响机制:一是企业所处社会环境的变化,包括基础设施建设、市场化水平和环境规制三个指标;二是企业用水技术的变化,包括用水强度和排污强度两个指标。

研究结果表明,在社会环境作用机制方面,制造业集聚程度的提升有利于城市基础设施建设水平的显著提高,生产性服务业集聚和多样化集聚对其同样存在积极影响但系数并不显著;制造业集聚和多样化集聚对市场化水平的影响显著为负,生产性服务业集聚也同样存在负向影响但系数并不显著;制造业集聚和生产性服务业集聚对环境规制严格程度的影响均呈现"U"形曲线关系,多样化集聚有助于环境规制严格程度的加强但系数并不显著。在用水技术作用机制方面,制造业集聚程度的提升会导致用水强度的显著提高,生产性服务业集聚和多样化集聚也同样会导致用水强度提高但结果并不显著;制造业集聚程度的提升会导致排污强度的显著提高,多样化集聚对其影响同样为正但系数并不显著,生产性服务业集聚有助于排污强度降低但系数不显著。通过不同形式的影响机制共同发挥作用,最终使得不同形式的产业集聚对用水效率呈现差异化的影响特征。

第十三章　研究结论、政策建议及研究展望

一、研究结论

本书在《黄河流域生态保护和高质量发展规划纲要》实施背景下,聚焦黄河流域面临的水资源短缺问题,从黄河流域用水总效应分解、用水效率与潜力分析、驱动因素识别等方面对黄河流域水资源利用问题进行多维度分析。首先,通过 LMDI 分解方法对黄河流域用水总效应进行分解以探究经济发展、人口规模和用水强度对黄河流域用水变化的贡献率,从用水强度视角初步认知黄河流域用水效率提升对水资源集约利用的重要意义;其次,基于 DEA 方法,并考虑黄河流域生态保护的急迫性,将无约束的传统用水效率和"环境约束"下的绿色用水效率纳入同一框架进行考察,并进一步对黄河流域的节水减排潜力进行测度;最后,考虑到规划纲要提出的"强化城镇开发边界管控"和"支持城市群合理布局产业集聚区"的要求,重点考察了黄河流域产业集聚对用水效率的影响及区域异质性,并从社会环境和用水技术层面识别了产业集聚的作用机制。通过对以上问题的考察,主要得出如下结论:

第一,黄河流域用水总效应在 2010—2019 年基本呈现"M"形变化趋势,LMDI 分解表明,尽管除 2019 年外黄河流域历年用水总量始终保持增长趋势,但用水强度的降低已经使黄河流域历年平均用水总量降低了 129.1%;由省份和城市视角的研究发现,在保证人口和经济社会发展必要水资源供应的前提下,当地区用水强度贡献率较高时,用水总量会呈现年际减少的趋势,说明发挥用水强度的积极作用是在保证经济增长的同时实现用水总量减少的关键,从用水强度视角证实了黄河流域用水效率的提升对区域水资源节约利用的重要意义。

第二,黄河流域用水效率在 2010—2019 年基本呈现"N"形变化趋势,流域内用水效率存在"下游>上游>中游"的规律;从省份视角来看,用水效率基本存在"内蒙古>山东>四川>河南>(陕西、山西、甘肃)>宁夏>青海"的规律,说明用水效率方面的区域差异较为明显;从城市视角来看,通过考察"环境约束"下各城市用水效率的排位变化,发现部分城市存在"牺牲环境换经济发展"的问题;在节水减排潜力方面,山东、河南、陕西和宁夏经济发展对废污水排放的依赖要高于对水资源投入的依赖,四川、山西、甘肃、内蒙古和青海对水资源投入的依赖要高于对废污水排放的依赖,城市层面节水、减排潜力的结果则表明共有 29 个城市属于"资源拉动"与"环境牺牲"并重的城市。

第三,不同类型的产业集聚对用水效率的作用存在明显的异质性,其中制造业集聚与用水效率之间呈现"U"形曲线关系,生产性服务业集聚与用水效率之间呈现"倒 U"形曲线关系,而多样化集聚对用水效率则始终呈现负向影响;分流域异质性分析结果表明,上游和中游产业集聚对用水效率的影响同总样本回归结果基本保持一致,而下游生产性服务业集聚对用水效率则存在显著的负向影响;分城市类型异质性分析结果则表明"资源

拉动-环境牺牲"型城市的制造业集聚对用水效率存在负向影响,现阶段该类城市制造业集聚所产生的拥挤效应要大于集聚效应;分产业结构异质性分析结果表明能源化工城市的生产性服务业集聚对用水效率存在正向影响但不显著;影响机制分析的结果表明,不同形式的产业集聚在社会环境机制层面和用水技术机制层面对用水效率的作用均存在明显差异,制造业集聚通过基础设施建设、市场化水平、环境规制、用水强度和排污强度发挥作用,生产性服务业集聚通过环境规制发挥作用,多样化集聚则主要通过市场化水平发挥作用;通过更换指标和回归模型,结果依旧分别支持制造业集聚、生产性服务业集聚和多样化集聚与用水效率间的"U"形、"倒 U"形和负向关系。

二、政策建议

为促进黄河流域在水资源上的集约利用和生态保护,现基于本节研究结论,提出如下政策建议:

第一,继续严格执行"水耗双控"目标,探索设立"排放双控"目标,以持续释放节水、减排潜力。研究结果证实了用水强度降低对减少用水总量的积极贡献,同理,废污水排放强度对排放总量也存在积极作用。我国从"十三五"期间开始就水资源消耗总量和强度设立阶段性双控目标且已取得较好成效,水资源的管理不能仅从生产利用环节严格管控,对于生产排放环节也要建立目标约束,通过参照对水资源利用的"水耗双控"目标,探索实施废污水排放的"排放双控"目标,从而在"用-排"两端对水资源的利用设立双重保险。

第二,加快建设黄河流域水权交易市场,加强和规范环保税征收工作并探索排污权交易市场纳入废污水的可能性。在水资源利用方面,水利部曾下发通知指导黄河流域水权交易市场建设,因此黄河流域各省份要吸取现有水权交易试点市场的建设经验,积极推进黄河流域水权交易市场建设工作,通过市场指导下的水资源时空配置使黄河流域水资源得到高效利用。同样地,在污废水排放方面,要继续加强和规范环保税的征收工作,同时考虑到现有排污权交易市场仅纳入了多种单项污染物(如 COD、SO_2、NO_x 等),应进一步探索将废污水纳入排污权交易市场的可行性。

第三,优化集聚区基础设施建设,多举措支持集聚区企业节水减排技术的改造升级。基础设施建设可通过延缓和降低集聚区的拥挤效应以促进水资源利用效率的提升,因此在黄河流域严控城镇开发边界的约束下,地方政府要合理利用单位土地,提升集聚区内基础设施的服务能力。本书研究发现,集聚区企业在节水减排技术方面缺乏投资动力,因此各地要积极从税收减免、财政补贴、融资支持等方面鼓励企业节水减排技术的投资。

第四,各集聚区要制定并严格实施集聚区企业准入标准,避免重蹈"资源拉动-环境牺牲"覆辙。本书研究表明,共有 29 个城市属于"资源拉动-环境牺牲"型城市,面临单位GDP 节水和减排任务双高的问题,这类城市在集聚区企业准入标准方面要高标准规划并严格执行,同时要切勿降低对集聚区现有企业污染排放活动的监管和处罚力度。

第五,加快市场化进程,建设和规范知识产权交易市场。黄河流域产业集聚并未有效推动市场化建设,政府对集聚区存在过度干预的问题,因此各集聚区要加快市场化进程,从而释放企业活力以提升集聚区的综合竞争能力。此外,产业集聚的优势在于可以发挥知识和技术的溢出效应(尤其是生产性服务业),但缺乏知识产权交易市场或市场不规范可能会阻碍企业间的知识和技术交流,为此各地要建设和规范知识产权交易市场,通过使企业形成收益预期以更有动力从事节水减排技术的研发活动。

三、研究展望

本书对黄河流域水资源利用和产业集聚所发挥的作用进行了系统分析,但仍存在部分问题需要在未来的研究中进一步深化和展开:一是在水资源利用效率测算方面,由于数据问题而未纳入污水处理活动,无法考察黄河流域污水处理系统的运作效率;二是关于节水、减排潜力的测算是基于历史数据的考察,下一步可以通过设置不同目标场景着眼于对未来节水、减排潜力的预测;三是产业集聚的考察是基于城市层面的数据,未来可以继续拓展到微观数据,考察具体的产业园建设对用水效率的影响。

附　录

附录一　黄河流域生态保护和高质量发展规划纲要

党的十八大以来,习近平总书记多次实地考察黄河流域生态保护和经济社会发展情况,就三江源、祁连山、秦岭、贺兰山等重点区域生态保护建设作出重要指示批示。习近平总书记强调黄河流域生态保护和高质量发展是重大国家战略,要共同抓好大保护,协同推进大治理,着力加强生态保护治理、保障黄河长治久安、促进全流域高质量发展、改善人民群众生活、保护传承弘扬黄河文化,让黄河成为造福人民的幸福河。

黄河发源于青藏高原巴颜喀拉山北麓,呈"几"字形流经青海、四川、甘肃、宁夏、内蒙古、山西、陕西、河南、山东9省区,全长5 464公里,是我国第二长河。黄河流域西接昆仑、北抵阴山、南倚秦岭、东临渤海,横跨东中西部,是我国重要的生态安全屏障,也是人口活动和经济发展的重要区域,在国家发展大局和社会主义现代化建设全局中具有举足轻重的战略地位。

为深入贯彻习近平总书记重要讲话和指示批示精神,编制《黄河流域生态保护和高质量发展规划纲要》。规划范围为黄河干支流流经的青海、四川、甘肃、宁夏、内蒙古、山西、陕西、河南、山东9省区相关县级行政区,国土面积约130万平方公里,2019年年末总人口约1.6亿。为保持重要生态系统的完整性、资源配置的合理性、文化保护传承弘扬的关联性,在谋划实施生态、经济、文化等领域举措时,根据实际情况可延伸兼顾联系紧密的区域。

本规划纲要是指导当前和今后一个时期黄河流域生态保护和高质量发展的纲领性文件,是制定实施相关规划方案、政策措施和建设相关工程项目的重要依据。规划期至2030年,中期展望至2035年,远期展望至本世纪中叶。

第一章　发展背景

黄河是中华民族的母亲河,孕育了古老而伟大的中华文明,保护黄河是事关中华民族伟大复兴的千秋大计。

第一节　发展历程

早在上古时期,黄河流域就是华夏先民繁衍生息的重要家园。中华文明上下五千年,在长达3 000多年的时间里,黄河流域一直是全国政治、经济和文化中心,以黄河流域为代表的我国古代发展水平长期领先于世界。九曲黄河奔流入海,以百折不挠的磅礴气势塑造了中华民族自强不息的伟大品格,成为民族精神的重要象征。

黄河是全世界泥沙含量最高、治理难度最大、水害严重的河流之一,历史上曾"三年两决口、百年一改道",洪涝灾害波及范围北达天津、南抵江淮。黄河"善淤、善决、善徙",在塑造形成沃野千里的华北大平原的同时,也给沿岸人民带来深重灾难。从大禹治水到潘季驯"束水攻沙",从汉武帝时期"瓠子堵口"到清康熙帝时期把"河务、漕运"刻在宫廷的柱子上,中华民族始终在同黄河水旱灾害作斗争。但受生产力水平和社会制度制约,加之"以水代兵"等人为破坏,黄河"屡治屡决"的局面始终没有根本改观,沿黄人民对安宁幸福生活的夙愿一直难以实现。

新中国成立后,毛泽东同志于 1952 年发出"要把黄河的事情办好"的伟大号召,党和国家把这项工作作为治国兴邦的大事来抓。党的十八大以来,以习近平同志为核心的党中央着眼于生态文明建设全局,明确了"节水优先、空间均衡、系统治理、两手发力"的治水思路。经过一代接一代的艰辛探索和不懈努力,黄河治理和黄河流域经济社会发展都取得了巨大成就,实现了黄河治理从被动到主动的历史性转变,创造了黄河岁岁安澜的历史奇迹,人民群众获得感、幸福感、安全感显著提升,充分彰显了党的领导和社会主义制度的优势,在中华民族治理黄河的历史上书写了崭新篇章。

第二节　发展基础

生态类型多样。黄河流域横跨青藏高原、内蒙古高原、黄土高原、华北平原等四大地貌单元和我国地势三大台阶,拥有黄河天然生态廊道和三江源、祁连山、若尔盖等多个重要生态功能区域。

农牧业基础较好。分布有黄淮海平原、汾渭平原、河套灌区等农产品主产区,粮食和肉类产量占全国三分之一左右。

能源资源富集。煤炭、石油、天然气和有色金属资源储量丰富,是我国重要的能源、化工、原材料和基础工业基地。

文化根基深厚。孕育了河湟文化、关中文化、河洛文化、齐鲁文化等特色鲜明的地域文化,历史文化遗产星罗棋布。

生态环境持续明显向好。经过持续不断的努力,黄河水沙治理取得显著成效,防洪减灾体系基本建成,确保了人民生命财产安全,流域用水增长过快的局面得到有效控制,黄河实现连续 20 年不断流。国土绿化水平和水源涵养能力持续提升,山水林田湖草沙保护修复加快推进,水土流失治理成效显著,优质生态产品供给能力进一步增强。

发展水平不断提升。中心城市和城市群加快建设,全国重要的农牧业生产基地和能源基地地位进一步巩固,新的经济增长点不断涌现,人民群众生活得到显著改善,具备在新的历史起点上推动生态保护和高质量发展的良好基础。

第三节　机遇挑战

以习近平同志为核心的党中央将黄河流域生态保护和高质量发展作为事关中华民族伟大复兴的千秋大计,习近平总书记多次发表重要讲话、作出重要指示批示,为工作指明了方向,提供了根本遵循。当前,我国生态文明建设全面推进,绿水青山就是金山银山理念深入人心,沿黄人民群众追求青山、碧水、蓝天、净土的愿望更加强烈。我国加快绿色发展给黄河流域带来新机遇,特别是加强生态文明建设、加强环境治理已经成为新形势下经济高质量发展的重要推动力。改革开放40多年来,我国经济建设取得重大成就,综合国力显著增强,科技实力大幅跃升,中国特色社会主义道路自信、理论自信、制度自信、文化自信更加坚定,有能力有条件解决困扰中华民族几千年的黄河治理问题。共建"一带一路"向纵深发展,西部大开发加快形成新格局,黄河流域东西双向开放前景广阔。国家治理体系和治理能力现代化进程明显加快,为黄河流域生态保护和高质量发展提供了稳固有力的制度保障。

黄河一直"体弱多病",生态本底差,水资源十分短缺,水土流失严重,资源环境承载能力弱,沿黄各省区发展不平衡不充分问题尤为突出。综合表现在:

黄河流域最大的矛盾是水资源短缺。上中游大部分地区位于400毫米等降水量线以西,气候干旱少雨,多年平均降水量446毫米,仅为长江流域的40%;多年平均水资源总量647亿立方米,不到长江的7%;水资源开发利用率高达80%,远超40%的生态警戒线。

黄河流域最大的问题是生态脆弱。黄河流域生态脆弱区分布广、类型多,上游的高原冰川、草原草甸和三江源、祁连山,中游的黄土高原,下游的黄河三角洲等,都极易发生退化,恢复难度极大且过程缓慢。环境污染积重较深,水质总体差于全国平均水平。

黄河流域最大的威胁是洪水。水沙关系不协调,下游泥沙淤积、河道摆动、"地上悬河"等老问题尚未彻底解决,下游滩区仍有近百万人受洪水威胁,气候变化和极端天气引发超标准洪水的风险依然存在。

黄河流域最大的短板是高质量发展不充分。沿黄各省区产业倚能倚重、低质低效问题突出,以能源化工、原材料、农牧业等为主导的特征明显,缺乏有较强竞争力的新兴产业集群。支撑高质量发展的人才资金外流严重,要素资源比较缺乏。

黄河流域最大的弱项是民生发展不足。沿黄各省区公共服务、基础设施等历史欠账较多。医疗卫生设施不足,重要商品和物资储备规模、品种、布局亟需完善,保障市场供应和调控市场价格能力偏弱,城乡居民收入水平低于全国平均水平。

另外,受地理条件等制约,沿黄各省区经济联系度历来不高,区域分工协作意识不强,高效协同发展机制尚不完善,流域治理体系和治理能力现代化水平不高,文化遗产系统保护和精神内涵深入挖掘不足。

第四节　重大意义

推动黄河流域生态保护和高质量发展,具有深远历史意义和重大战略意义。保护好黄河流域生态环境,促进沿黄地区经济高质量发展,是协调黄河水沙关系、缓解水资源供需矛盾、保障黄河安澜的迫切需要;是践行绿水青山就是金山银山理念、防范和化解生态安全风险、建设美丽中国的现实需要;是强化全流域协同合作、缩小南北方发展差距、促进民生改善的战略需要;是解放思想观念、充分发挥市场机制作用、激发市场主体活力和创造力的内在需要;是大力保护传承弘扬黄河文化、彰显中华文明、增进民族团结、增强文化自信的时代需要。

第二章　总体要求

第一节　指导思想

以习近平新时代中国特色社会主义思想为指导,全面贯彻党的十九大和十九届二中、三中、四中全会精神,增强"四个意识"、坚定"四个自信"、做到"两个维护",坚持以人民为中心的发展思想,坚持稳中求进工作总基调,坚持新发展理念,构建新发展格局,坚持以供给侧结构性改革为主线,准确把握重在保护、要在治理的战略要求,将黄河流域生态保护和高质量发展作为事关中华民族伟大复兴的千秋大计,统筹推进山水林田湖草沙综合治理、系统治理、源头治理,着力保障黄河长治久安,着力改善黄河流域生态环境,着力优化水资源配置,着力促进全流域高质量发展,着力改善人民群众生活,着力保护传承弘扬黄河文化,让黄河成为造福人民的幸福河。

第二节　主要原则

——坚持生态优先、绿色发展。牢固树立绿水青山就是金山银山的理念,顺应自然、尊重规律,从过度干预、过度利用向自然修复、休养生息转变,改变黄河流域生态脆弱现状;优化国土空间开发格局,生态功能区重点保护好生态环境,不盲目追求经济总量;调整区域产业布局,把经济活动限定在资源环境可承受范围内;发展新兴产业,推动清洁生产,坚定走绿色、可持续的高质量发展之路。

——坚持量水而行、节水优先。把水资源作为最大的刚性约束,坚持以水定城、以水定地、以水定人、以水定产,合理规划人口、城市和产业发展;统筹优化生产生活生态用水结构,深化用水制度改革,用市场手段倒逼水资源节约集约利用,推动用水方式由粗放低效向节约集约转变。

——坚持因地制宜、分类施策。黄河流域上中下游不同地区自然条件千差万别,生态建设重点各有不同,要提高政策和工程措施的针对性、有效性,分区分类推进保护和治理;从各地实际出发,宜粮则粮、宜农则农、宜工则工、宜商则商,做强粮食和能源基地,因地施策促进特色产业发展,培育经济增长极,打造开放通道枢纽,带动全流域高质量发展。

——坚持统筹谋划、协同推进。立足于全流域和生态系统的整体性,坚持共同抓好大保护,协同推进大治理,统筹谋划上中下游、干流支流、左右两岸的保护和治理,统筹推进堤防建设、河道整治、滩区治理、生态修复等重大工程,统筹水资源分配利用与产业布局、城市建设等。建立健全统分结合、协同联动的工作机制,上下齐心、沿黄各省区协力推进黄河保护和治理,守好改善生态环境生命线。

第三节　战略定位

大江大河治理的重要标杆。深刻分析黄河长期复杂难治的问题根源,准确把握黄河流域气候变化演变趋势以及洪涝等灾害规律,克服就水论水的片面性,突出黄河治理的全局性、整体性和协同性,推动由黄河源头至入海口的全域统筹和科学调控,深化流域治理体制和市场化改革,综合运用现代科学技术、硬性工程措施和柔性调蓄手段,着力防范水之害、破除水之弊、大兴水之利、彰显水之善,为重点流域治理提供经验和借鉴,开创大江大河治理新局面。

国家生态安全的重要屏障。充分发挥黄河流域兼有青藏高原、黄土高原、北方防沙带、黄河口海岸带等生态屏障的综合优势,以促进黄河生态系统良性永续循环、增强生态屏障质量效能为出发点,遵循自然生态原理,运用系统工程方法,综合提升上游"中华水塔"水源涵养能力、中游水土保持水平和下游湿地等生态系统稳定性,加快构建坚实稳固、支撑有力的国家生态安全屏障,为欠发达和生态脆弱地区生态文明建设提供示范。

高质量发展的重要实验区。紧密结合黄河流域比较优势和发展阶段,以生态保护为前提优化调整区域经济和生产力布局,促进上中下游各地区合理分工。通过加强生态建设和环境保护,夯实流域高质量发展基础;通过巩固粮食和能源安全,突出流域高质量发展特色;通过培育经济重要增长极,增强流域高质量发展动力;通过内陆沿海双向开放,提升流域高质量发展活力,为流域经济、欠发达地区新旧动能转换提供路径,促进全国经济高质量发展提供支撑。

中华文化保护传承弘扬的重要承载区。依托黄河流域文化遗产资源富集、传统文化根基深厚的优势,从战略高度保护传承弘扬黄河文化,深入挖掘蕴含其中的哲学思想、人文精神、价值理念、道德规范。通过对黄河文化的创造性转化和创新性发展,充分展现中华优秀传统文化的独特魅力、革命文化的丰富内涵、社会主义先进文化的时代价值,增强黄河流域文化软实力和影响力,建设厚植家国情怀、传承道德观念、各民族同根共有的精神家园。

第四节　发展目标

到 2030 年,黄河流域人水关系进一步改善,流域治理水平明显提高,生态共治、环境共保、城乡区域协调联动发展的格局逐步形成,现代化防洪减灾体系基本建成,水资源保障能力进一步提升,生态环境质量明显改善,国家粮食和能源基地地位持续巩固,以城市群为主的动力系统更加强劲,乡村振兴取得显著成效,黄河文化影响力显著扩大,基本公共服务水平明显提升,流域人民群众生活更为宽裕,获得感、幸福感、安全感显著增强。

到 2035 年,黄河流域生态保护和高质量发展取得重大战略成果,黄河流域生态环境全面改善,生态系统健康稳定,水资源节约集约利用水平全国领先,现代化经济体系基本建成,黄河文化大发展大繁荣,人民生活水平显著提升。到本世纪中叶,黄河流域物质文明、政治文明、精神文明、社会文明、生态文明水平大幅提升,在我国建成富强民主文明和谐美丽的社会主义现代化强国中发挥重要支撑作用。

第五节　战略布局

构建黄河流域生态保护"一带五区多点"空间布局。"一带",是指以黄河干流和主要河湖为骨架,连通青藏高原、黄土高原、北方防沙带和黄河口海岸带的沿黄河生态带。"五区",是指以三江源、秦岭、祁连山、六盘山、若尔盖等重点生态功能区为主的水源涵养区,以内蒙古高原南缘、宁夏中部等为主的荒漠化防治区,以青海东部、陇中陇东、陕北、晋西北、宁夏南部黄土高原为主的水土保持区,以渭河、汾河、涑水河、乌梁素海为主的重点河湖水污染防治区,以黄河三角洲湿地为主的河口生态保护区。"多点",是指藏羚羊、雪豹、野牦牛、土著鱼类、鸟类等重要野生动物栖息地和珍稀植物分布区。

构建形成黄河流域"一轴两区五极"的发展动力格局,促进地区间要素合理流动和高效集聚。"一轴",是指依托新亚欧大陆桥国际大通道,串联上中下游和新型城市群,以先进制造业为主导,以创新为主要动能的现代化经济廊道,是黄河流域参与全国及国际经济分工的主体。"两区",是指以黄淮海平原、汾渭平原、河套平原为主要载体的粮食主产区和以山西、鄂尔多斯盆地为主的能源富集区,加快农业、能源现代化发展。"五极",是指山东半岛城市群、中原城市群、关中平原城市群、黄河"几"字弯都市圈和兰州-西宁城市群等,是区域经济发展增长极和黄河流域人口、生产力布局的主要载体。

构建多元纷呈、和谐相容的黄河文化彰显区。河湟-藏羌文化区,主要包括上游大通河、湟水河流域和甘南、若尔盖、红原、石渠等地区,是农耕文化与游牧文化交汇相融的过渡地带,民族文化特色鲜明。关中文化区,主要包括中游渭河流域和陕西、甘肃黄土高原地区,以西安为代表的关中地区传统文化底蕴深厚,历史文化遗产富集。河洛-三晋文化区,主要包括中游伊洛河、汾河等流域,是中华民族重要的发祥地,分布有大量文化遗存。儒家文化区,主要包括下游的山东曲阜、泰安等地区,以孔孟为代表的传统文化源远流长。红色文化区,主要包括陕甘宁等革命根据地和红军长征雪山草地、西路军西征路线等地区,是全国革命遗址规模最大、数量最多的地区之一。

第三章 加强上游水源涵养能力建设

遵循自然规律、聚焦重点区域,通过自然恢复和实施重大生态保护修复工程,加快遏制生态退化趋势,恢复重要生态系统,强化水源涵养功能。

第一节 筑牢"中华水塔"

上游三江源地区是名副其实的"中华水塔",要从系统工程和全局角度,整体施策、多措并举,全面保护三江源地区山水林田湖草沙生态要素,恢复生物多样性,实现生态良性循环发展。强化禁牧封育等措施,根据草原类型和退化原因,科学分类推进补播改良、鼠虫害、毒杂草等治理防治,实施黑土滩等退化草原综合治理,有效保护修复高寒草甸、草原等重要生态系统。加大对扎陵湖、鄂陵湖、约古宗列曲、玛多河湖泊群等河湖保护力度,维持天然状态,严格管控流经城镇河段岸线,全面禁止河湖周边采矿、采砂、渔猎等活动,科学确定旅游规模。系统梳理高原湿地分布状况,对中度及以上退化区域实施封禁保护,恢复退化湿地生态功能和周边植被,遏制沼泽湿地萎缩趋势。持续开展气候变化对冰川和高原冻土影响的研究评估,建立生态系统趋势性变化监测和风险预警体系。完善野生动植物保护和监测网络,扩大并改善物种栖息地,实施珍稀濒危野生动物保护繁育行动,强化濒危鱼类增殖放流,建立高原生物种质资源库,建立健全生物多样性观测网络,维护高寒高原地区生物多样性。建设好三江源国家公园。

第二节 保护重要水源补给地

上游青海玉树和果洛、四川阿坝和甘孜、甘肃甘南等地区河湖湿地资源丰富,是黄河水源主要补给地。严格保护国际重要湿地和国家重要湿地、国家级湿地自然保护区等重要湿地生态空间,加大甘南、若尔盖等主要湿地治理和修复力度,在提高现有森林资源质量基础上,统筹推进封育造林和天然植被恢复,扩大森林植被有效覆盖率。对上游地区草原开展资源环境承载能力综合评价,推动以草定畜、定牧、定耕,加大退耕还林还草、退牧还草、草原有害生物防控等工程实施力度,积极开展草种改良,科学治理玛曲、碌曲、红原、若尔盖等地区退化草原。实施渭河等重点支流河源区生态修复工程,在湟水河、洮河等流域开展轮作休耕和草田轮作,大力发展有机农业,对已垦草原实施退耕还草。推动建设跨川甘两省的若尔盖国家公园,打造全球高海拔地带重要的湿地生态系统和生物栖息地。

第三节　加强重点区域荒漠化治理

坚持依靠群众、动员群众,推广库布齐、毛乌素、八步沙林场等治沙经验,开展规模化防沙治沙,创新沙漠治理模式,筑牢北方防沙带。在适宜地区设立沙化土地封育保护区,科学固沙治沙防沙。持续推进沙漠防护林体系建设,深入实施退耕还林、退牧还草、三北防护林、盐碱地治理等重大工程,开展光伏治沙试点,因地制宜建设乔灌草相结合的防护林体系。发挥黄河干流生态屏障和祁连山、六盘山、贺兰山、阴山等山系阻沙作用,实施锁边防风固沙工程,强化主要沙地边缘地区生态屏障建设,大力治理流动沙丘。推动上游黄土高原水蚀风蚀交错、农牧交错地带水土流失综合治理。积极发展治沙先进技术和产业,扩大荒漠化防治国际交流合作。

第四节　降低人为活动过度影响

正确处理生产生活和生态环境的关系,着力减少过度放牧、过度资源开发利用、过度旅游等人为活动对生态系统的影响和破坏。将具有重要生态功能的高山草甸、草原、湿地、森林生态系统纳入生态保护红线管控范围,强化保护和用途管制措施。采取设置生态管护公益岗位、开展新型技能培训等方式,引导保护地内的居民转产就业。在超载过牧地区开展减畜行动,研究制定高原牧区减畜补助政策。加强人工饲草地建设,控制散养放牧规模,加大对舍饲圈养的扶持力度,减轻草地利用强度。巩固游牧民定居工程成果,通过禁牧休牧、划区轮牧以及发展生态、休闲、观光牧业等手段,引导牧民调整生产生活方式。

第四章　加强中游水土保持

突出抓好黄土高原水土保持,全面保护天然林,持续巩固退耕还林还草、退牧还草成果,加大水土流失综合治理力度,稳步提升城镇化水平,改善中游地区生态面貌。

第一节　大力实施林草保护

遵循黄土高原地区植被地带分布规律,密切关注气候暖湿化等趋势及其影响,合理采取生态保护和修复措施。森林植被带以营造乔木林、乔灌草混交林为主,森林草原植被带以营造灌木林为主,草原植被带以种草、草原改良为主。加强水分平衡论证,因地制宜采取封山育林、人工造林、飞播造林等多种措施推进森林植被建设。在河套平原区、汾渭平原区、黄土高原土地沙化区、内蒙古高原湖泊萎缩退化区等重点区域实施山水林田湖草生态保护修复工程。加大对水源涵养林建设区的封山禁牧、轮封轮牧和封育保护力度,促进自然恢复。结合地貌、土壤、气候和技术条件,科学选育人工造林树种,提高成活率、改善林相结构,提高林分质量。对深山远山区、风沙区和支流发源地,在适宜区域实施飞播造林。适度发展经济林和林下经济,提高生态效益和农民收入。加强秦岭生态环境保护和修复,强化大熊猫、金丝猴、朱鹮等珍稀濒危物种栖息地保护和恢复,积极推进生态廊道建设,扩大野生动植物生存空间。

第二节　增强水土保持能力

以减少入河入库泥沙为重点,积极推进黄土高原塬面保护、小流域综合治理、淤地坝建设、坡耕地综合整治等水土保持重点工程。在晋陕蒙丘陵沟壑区积极推动建设粗泥沙拦沙减沙设施。以陇东董志塬、晋西太德塬、陕北洛川塬、关中渭北台塬等塬区为重点,实施黄土高原固沟保塬项目。以陕甘晋宁青山地丘陵沟壑区等为重点,开展旱作梯田建设,加强雨水集蓄利用,推进小流域综合治理。加强对淤地坝建设的规范指导,推广新标准新技术新工艺,在重力侵蚀严重、水土流失剧烈区域大力建设高标准淤地坝。排查现有淤地坝风险隐患,加强病险淤地坝除险加固和老旧淤地坝提升改造,提高管护能力。建立跨区域淤地坝信息监测机制,实现对重要淤地坝的动态监控和安全风险预警。

第三节　发展高效旱作农业

以改变传统农牧业生产方式、提升农业基础设施、普及蓄水保水技术等为重点,统筹水土保持与高效旱作农业发展。优化发展草食畜牧业、草产业和高附加值种植业,积极推广应用旱作农业新技术新模式。支持舍饲半舍饲养殖,合理开展人工种草,在条件适宜地区建设人工饲草料基地。优选旱作良种,因地制宜调整旱作种植结构。坚持用地养地结合,持续推进耕地轮作休耕制度,合理轮作倒茬。积极开展耕地田间整治和土壤有机培肥改良,加强田间集雨设施建设。在适宜地区实施坡耕地整治、老旧梯田改造和新建一批旱作梯田。大力推广农业蓄水保水技术,推动技术装备集成示范,进一步加大对旱作农业示范基地建设支持力度。

第五章　推进下游湿地保护和生态治理

建设黄河下游绿色生态走廊,加大黄河三角洲湿地生态系统保护修复力度,促进黄河下游河道生态功能提升和入海口生态环境改善,开展滩区生态环境综合整治,促进生态保护与人口经济协调发展。

第一节　保护修复黄河三角洲湿地

研究编制黄河三角洲湿地保护修复规划,谋划建设黄河口国家公园。保障河口湿地生态流量,创造条件稳步推进退塘还河、退耕还湿、退田还滩,实施清水沟、刁口河流路生态补水等工程,连通河口水系,扩大自然湿地面积。加强沿海防潮体系建设,防止土壤盐渍化和咸潮入侵,恢复黄河三角洲岸线自然延伸趋势。加强盐沼、滩涂和河口浅海湿地生物物种资源保护,探索利用非常规水源补给鸟类栖息地,支持黄河三角洲湿地与重要鸟类栖息地、湿地联合申遗。减少油田开采、围垦养殖、港口航运等经济活动对湿地生态系统的影响。

第二节　建设黄河下游绿色生态走廊

以稳定下游河势、规范黄河流路、保证滩区行洪能力为前提,统筹河道水域、岸线和滩区生态建设,保护河道自然岸线,完善河道两岸湿地生态系统,建设集防洪护岸、水源涵养、生物栖息等功能为一体的黄河下游绿色生态走廊。加强黄河干流水量统一调度,保障河道基本生态流量和入海水量,确保河道不断流。加强下游黄河干流两岸生态防护林建设,在河海交汇适宜区域建设防护林带,因地制宜建设沿黄城市森林公园,发挥水土保持、防风固沙、宽河固堤等功能。统筹生态保护、自然景观和城市风貌建设,塑造以绿色为本底的沿黄城市风貌,建设人河城和谐统一的沿黄生态廊道。加大大汶河、东平湖等下游主要河湖生态保护修复力度。

第三节　推进滩区生态综合整治

合理划分滩区类型,因滩施策、综合治理下游滩区,统筹做好高滩区防洪安全和土地利用。实施黄河下游贯孟堤扩建工程,推进温孟滩防护堤加固工程建设。实施好滩区居民迁建工程,积极引导社会资本参与滩区居民迁建。加强滩区水源和优质土地保护修复,依法合理利用滩区土地资源,实施滩区国土空间差别化用途管制,严格限制自发修建生产堤等无序活动,依法打击非法采土、盗挖河砂、私搭乱建等行为。对与永久基本农田、重大基础设施和重要生态空间等相冲突的用地空间进行适度调整,在不影响河道行洪前提下,加强滩区湿地生态保护修复,构建滩河林田草综合生态空间,加强滩区水生态空间管控,发挥滞洪沉沙功能,筑牢下游滩区生态屏障。

第六章　加强全流域水资源节约集约利用

实施最严格的水资源保护利用制度,全面实施深度节水控水行动,坚持节水优先,统筹地表水与地下水、天然水与再生水、当地水与外调水、常规水与非常规水,优化水资源配置格局,提升配置效率,实现用水方式由粗放低效向节约集约的根本转变,以节约用水扩大发展空间。

第一节　强化水资源刚性约束

在规划编制、政策制定、生产力布局中坚持节水优先,细化实化以水定城、以水定地、以水定人、以水定产举措。开展黄河流域水资源承载力综合评估,建立水资源承载力分区管控体系。实行水资源消耗总量和强度双控,暂停水资源超载地区新增取水许可,严格限制水资源严重短缺地区城市发展规模、高耗水项目建设和大规模种树。建立覆盖全流域的取用水总量控制体系,全面实行取用水计划管理、精准计量,对黄河干支流规模以上取水口全面实施动态监管,完善取水许可制度,全面配置区域行业用水。将节水作为约束性指标纳入当地党政领导班子和领导干部政绩考核范围,坚决抑制不合理用水需求,坚决遏制"造湖大跃进",建立排查整治各类人造水面景观长效机制,严把引黄调蓄项目准入关。

以国家公园、重要水源涵养区、珍稀物种栖息地等为重点区域,清理整治过度的小水电开发。

第二节 科学配置全流域水资源

统筹考虑全流域水资源科学配置,细化完善干支流水资源分配。统筹当地水与外调水,在充分考虑节水的前提下,留足生态用水,合理分配生活、生产用水。建立健全干流和主要支流生态流量监测预警机制,明确管控要求。深化跨流域调水工程研究论证,加快开展南水北调东中线后续工程前期工作并适时推进工程建设,统筹考虑跨流域调水工程建设多方面影响,加强规划方案论证和比选。加强农村标准化供水设施建设。开展地下水超采综合治理行动,加大中下游地下水超采漏斗治理力度,逐步实现重点区域地下水采补平衡。

第三节 加大农业和工业节水力度

针对农业生产中用水粗放等问题,严格农业用水总量控制,以大中型灌区为重点推进灌溉体系现代化改造,推进高标准农田建设,打造高效节水灌溉示范区,稳步提升灌溉水利用效率。扩大低耗水、高耐旱作物种植比例,选育推广耐旱农作物新品种,加大政策、技术扶持力度,引导适水种植、量水生产。加大推广水肥一体化和高效节水灌溉技术力度,完善节水工程技术体系,坚持先建机制、后建工程,发挥典型引领作用,促进农业节水和农田水利工程良性运行。深入推进农业水价综合改革,分级分类制定差别化水价,推进农业灌溉定额内优惠水价、超定额累进加价制度,建立农业用水精准补贴和节水奖励机制,促进农业用水压减。深挖工业节水潜力,加快节水技术装备推广应用,推进能源、化工、建材等高耗水产业节水增效,严格限制高耗水产业发展。支持企业加大用水计量和节水技术改造力度,加快工业园区内企业间串联、分质、循环用水设施建设。提高工业用水超定额水价,倒逼高耗水项目和产业有序退出。提高矿区矿井水资源化综合利用水平。

第四节 加快形成节水型生活方式

推进黄河流域城镇节水降损工程建设,以降低管网漏损率为主实施老旧供水管网改造,推广普及生活节水型器具,开展政府机关、学校、医院等公共机构节水技术改造,严控高耗水服务业用水,大力推进节水型城市建设。完善农村集中供水和节水配套设施建设,有条件的地方实行计量收费,推动农村"厕所革命"采用节水型器具。积极推动再生水、雨水、苦咸水等非常规水利用,实施区域再生水循环利用试点,在城镇逐步普及建筑中水回用技术和雨水集蓄利用设施,加快实施苦咸水水质改良和淡化利用。进一步推行水效标识、节水认证和合同节水管理。适度提高引黄供水城市水价标准,积极开展水权交易,落实水资源税费差别化征收政策。

第七章 全力保障黄河长治久安

紧紧抓住水沙关系调节这个"牛鼻子",围绕以疏为主、疏堵结合、增水减沙、调水调沙,健全水沙调控体系,健全"上拦下排、两岸分滞"防洪格局,研究修订黄河流域防洪规划,强化综合性防洪减灾体系建设,构筑沿黄人民生命财产安全的稳固防线。

第一节　科学调控水沙关系

深入研究论证黄河水沙关系长期演变趋势及对生态环境的影响,科学把握泥沙含量合理区间和中长期水沙调控总体思路,采取"拦、调、排、放、挖"综合处理泥沙。完善以骨干水库等重大水利工程为主的水沙调控体系,优化水库运用方式和拦沙能力。优化水沙调控调度机制,创新调水调沙方式,加强干支流水库群联合统一调度,持续提升水沙调控体系整体合力。加强龙羊峡、刘家峡等上游水库调度运用,充分发挥小浪底等工程联合调水调沙作用,增强径流调节和洪水泥沙控制能力,维持下游中水河槽稳定,确保河床不抬高。以禹门口至潼关、河口等为重点实施河道疏浚工程。创新泥沙综合处理技术,探索泥沙资源利用新模式。

第二节　有效提升防洪能力

实施河道和滩区综合提升治理工程,增强防洪能力,确保堤防不决口。加快河段控导工程续建加固,加强险工险段和薄弱堤防治理,提升主槽排洪输沙功能,有效控制游荡性河段河势。开展下游"二级悬河"治理,降低黄河大堤安全风险。加快推进宁蒙等河段堤防工程达标。统筹黄河干支流防洪体系建设,加强黑河、白河、湟水河、洮河、渭河、汾河、沁河等重点支流防洪安全,联防联控暴雨等引发的突发性洪水。加强黄淮海流域防洪体系协同,优化沿黄蓄滞洪区、防洪水库、排涝泵站等建设布局,提高防洪避险能力。以防洪为前提规范蓄滞洪区各类开发建设活动并控制人口规模。建立应对凌汛长效机制,强化上中游水库防凌联合调度,发挥应急分凌区作用,确保防凌安全。实施病险水库除险加固,消除安全隐患。

第三节　强化灾害应对体系和能力建设

加强对长期气候变化、水文条件等问题的科学研究,完善防灾减灾体系,除水害、兴水利,提高沿黄地区应对各类灾害能力。建设黄河流域水利工程联合调度平台,推进上中下游防汛抗旱联动。增强流域性特大洪水、重特大险情灾情、极端干旱等突发事件应急处置能力。健全应急救援体系,加强应急方案预案、预警发布、抢险救援、工程科技、物资储备等综合能力建设。运用物联网、卫星遥感、无人机等技术手段,强化对水文、气象、地灾、雨情、凌情、旱情等状况的动态监测和科学分析,搭建综合数字化平台,实现数据资源跨地区跨部门互通共享,建设"智慧黄河"。把全生命周期管理理念贯穿沿黄城市群规划、建设、管理全过程各环节,加强防洪减灾、排水防涝等公共设施建设,增强大中城市抵御灾害能力。强化基层防灾减灾体系和能力建设。加强宣传教育,增强社会公众对自然灾害的防范意识,开展常态化、实战化协同动员演练。

第八章　强化环境污染系统治理

黄河污染表象在水里、问题在流域、根子在岸上。以汾河、湟水河、涑水河、无定河、延河、乌梁素海、东平湖等河湖为重点,统筹推进农业面源污染、工业污染、城乡生活污染防治和矿区生态环境综合整治,"一河一策""一湖一策",加强黄河支流及流域腹地生态环境治理,净化黄河"毛细血管",将节约用水和污染治理成效与水资源配置相挂钩。

第一节　强化农业面源污染综合治理

因地制宜推进多种形式的适度规模经营,推广科学施肥、安全用药、农田节水等清洁生产技术与先进适用装备,提高化肥、农药、饲料等投入品利用效率,建立健全禽畜粪污、农作物秸秆等农业废弃物综合利用和无害化处理体系。在宁蒙河套、汾渭、青海湟水河和大通河、甘肃沿黄、中下游引黄灌区等区域实施农田退水污染综合治理,建设生态沟道、污水净塘、人工湿地等氮、磷高效生态拦截净化设施,加强农田退水循环利用。实行耕地土壤环境质量分类管理,集中推进受污染耕地安全利用示范。推进农田残留地膜、农药化肥塑料包装等清理整治工作。协同推进山西、河南、山东等黄河中下游地区总氮污染控制,减少对黄河入海口海域的环境污染。

第二节　加大工业污染协同治理力度

推动沿黄一定范围内高耗水、高污染企业迁入合规园区,加快钢铁、煤电超低排放改造,开展煤炭、火电、钢铁、焦化、化工、有色等行业强制性清洁生产,强化工业炉窑和重点行业挥发性有机物综合治理,实行生态敏感脆弱区工业行业污染物特别排放限值要求。严禁在黄河干流及主要支流临岸一定范围内新建"两高一资"项目及相关产业园区。开展黄河干支流入河排污口专项整治行动,加快构建覆盖所有排污口的在线监测系统,规范入河排污口设置审核。严格落实排污许可制度,沿黄所有固定排污源要依法按证排污。沿黄工业园区全部建成污水集中处理设施并稳定达标排放,严控工业废水未经处理或未有效处理直接排入城镇污水处理系统,严厉打击向河湖、沙漠、湿地等偷排、直排行为。加强工业废弃物风险管控和历史遗留重金属污染区域治理,以危险废物为重点开展固体废物综合整治行动。加强生态环境风险防范,有效应对突发环境事件。健全环境信息强制性披露制度。

第三节　统筹推进城乡生活污染治理

加强污水垃圾、医疗废物、危险废物处理等城镇环境基础设施建设。完善城镇污水收集配套管网,结合当地流域水环境保护目标精准提标,推进干支流沿线城镇污水收集处理效率持续提升和达标排放。在有条件的城镇污水处理厂排污口下游建设人工湿地等生态设施,在上游高海拔地区采取适用的污水、污泥处理工艺和模式,因地制宜实施污水、污泥资源化利用。巩固提升城市黑臭水体治理成效,基本消除县级及以上行政辖区建成区黑臭水体。做好"厕所革命"与农村生活污水治理的衔接,因地制宜选择治理模式,强化污水管控标准,推动适度规模治理和专业化管理维护。在沿黄城市和县、镇,积极推广垃圾分类,建设垃圾焚烧等无害化处理设施,完善与之衔接配套的垃圾收运系统。建立健全农村垃圾收运处置体系,因地制宜开展阳光堆肥房等生活垃圾资源化处理设施建设。保障污水垃圾处理设施稳定运行,支持市场主体参与污水垃圾处理,探索建立污水垃圾处理服务按量按效付费机制。推动冬季清洁取暖改造,在城市群、都市圈和城乡人口密集区普及集中供暖,因地制宜建设生物质能等分布式新型供暖方式。

第四节　开展矿区生态环境综合整治

对黄河流域历史遗留矿山生态破坏与污染状况进行调查评价,实施矿区地质环境治理、地形地貌重塑、植被重建等生态修复和土壤、水体污染治理,按照"谁破坏谁修复"、"谁修复谁受益"原则盘活矿区自然资源,探索利用市场化方式推进矿山生态修复。强化生产矿山边开采、边治理举措,及时修复生态和治理污染,停止对生态环境造成重大影响的矿产资源开发。以河湖岸线、水库、饮用水水源地、地质灾害易发多发区等为重点开展黄河流域尾矿库、尾液库风险隐患排查,"一库一策",制定治理和应急处置方案,采取预防性措施化解渗漏和扬散风险,鼓励尾矿综合利用。统筹推进采煤沉陷区、历史遗留矿山综合治理,开展黄河流域矿区污染治理和生态修复试点示范。落实绿色矿山标准和评价制度,2021年起新建矿山全部达到绿色矿山要求,加快生产矿山改造升级。

第九章　建设特色优势现代产业体系

依托强大国内市场,加快供给侧结构性改革,加大科技创新投入力度,根据各地区资源、要素禀赋和发展基础做强特色产业,加快新旧动能转换,推动制造业高质量发展和资源型产业转型,建设特色优势现代产业体系。

第一节　提升科技创新支撑能力

开展黄河生态环境保护科技创新,加大黄河流域生态环境重大问题研究力度,聚焦水安全、生态环保、植被恢复、水沙调控等领域开展科学实验和技术攻关。支持黄河流域农牧业科技创新,推动杨凌、黄河三角洲等农业高新技术产业示范区建设,在生物工程、育种、旱作农业、盐碱地农业等方面取得技术突破。着眼传统产业转型升级和战略性新兴产业发展需要,加强协同创新,推动关键共性技术研究。在黄河流域加快布局若干重大科技基础设施,统筹布局建设一批国家重点实验室、产业创新中心、工程研究中心等科技创新平台,加大科技、工程类专业人才培养和引进力度。按照市场化、法治化原则,支持社会资本建立黄河流域科技成果转化基金,完善科技投融资体系,综合运用政府采购、技术标准规范、激励机制等促进成果转化。

第二节　进一步做优做强农牧业

巩固黄河流域对保障国家粮食安全的重要作用,稳定种植面积,提升粮食产量和品质。在黄淮海平原、汾渭平原、河套灌区等粮食主产区,积极推广优质粮食品种种植,大力建设高标准农田,实施保护性耕作,开展绿色循环高效农业试点示范,支持粮食主产区建设粮食生产核心区。大力支持发展节水型设施农业。加大对黄河流域生猪(牛羊)调出大县奖励力度,在内蒙古、宁夏、青海等省区建设优质奶源基地、现代牧业基地、优质饲草料基地、牦牛藏羊繁育基地。布局建设特色农产品优势区,打造一批黄河地理标志产品,大力发展戈壁农业和寒旱农业,积极支持种质资源和制种基地建设。积极发展富民乡村产业,加快发展农产品加工业,探索建设农业生产联合体,因地制宜发展现代农业服务业。

构建"田间–餐桌""牧场–餐桌"农产品产销新模式,打造实时高效的农业产业链供应链。

第三节　建设全国重要能源基地

根据水资源和生态环境承载力,优化能源开发布局,合理确定能源行业生产规模。有序有效开发山西、鄂尔多斯盆地综合能源基地资源,推动宁夏宁东、甘肃陇东、陕北、青海海西等重要能源基地高质量发展。合理控制煤炭开发强度,严格规范各类勘探开发活动。推动煤炭产业绿色化、智能化发展,加快生产煤矿智能化改造,加强安全生产,强化安全监管执法。推进煤炭清洁高效利用,严格控制新增煤电规模,加快淘汰落后煤电机组。加强能源资源一体化开发利用,推动能源化工产业向精深加工、高端化发展。加大石油、天然气勘探力度,稳步推动煤层气、页岩气等非常规油气资源开采利用。发挥黄河上游水电站和电网系统的调节能力,支持青海、甘肃、四川等风能、太阳能丰富地区构建风光水多能互补系统。加大青海、甘肃、内蒙古等省区清洁能源消纳外送能力和保障机制建设力度,加快跨省区电力市场一体化建设。开展大容量、高效率储能工程建设。支持开展国家现代能源经济示范区、能源革命综合改革试点等建设。

第四节　加快战略性新兴产业和先进制造业发展

以沿黄中下游产业基础较强地区为重点,搭建产供需有效对接、产业上中下游协同配合、产业链创新链供应链紧密衔接的战略性新兴产业合作平台,推动产业体系升级和基础能力再造,打造具有较强竞争力的产业集群。提高工业互联网、人工智能、大数据对传统产业渗透率,推动黄河流域优势制造业绿色化转型、智能化升级和数字化赋能。大力支持民营经济发展,支持制造业企业跨区域兼并重组。对符合条件的先进制造业企业,在上市融资、企业债券发行等方面给予积极支持。支持兰州新区、西咸新区等国家级新区和郑州航空港经济综合实验区做精做强主导产业。充分发挥甘肃兰白经济区、宁夏银川–石嘴山、晋陕豫黄河金三角承接产业转移示范区作用,提高承接国内外产业转移能力。复制推广自由贸易试验区、国家级新区、国家自主创新示范区和全面创新改革试验区经验政策,推进新旧动能转换综合试验区、产业转型升级示范区、新型工业化产业示范基地建设。支持济南建设新旧动能转换起步区。着力推动中下游地区产业低碳发展,切实落实降低碳排放强度的要求。

第十章　构建区域城乡发展新格局

充分发挥区域比较优势,推动特大城市瘦身健体,有序建设大中城市,推进县城城镇化补短板强弱项,深入实施乡村振兴战略,构建区域、城市、城乡之间各具特色、各就其位、协同联动、有机互促的发展格局。

第一节　高质量高标准建设沿黄城市群

破除资源要素跨地区跨领域流动障碍,促进土地、资金等生产要素高效流动,增强沿黄城市群经济和人口承载能力,打造黄河流域高质量发展的增长极,推进建设黄河流域生态保护和高质量发展先行区。强化生态环境、水资源等约束和城镇开发边界管控,防止城市"摊大饼"式无序扩张,推动沿黄特大城市瘦身健体、减量增效。严控上中游地区新建各类开发区。加快城市群内部轨道交通、通信网络、环保等基础设施建设与互联互通,便利人员往来和要素流动,增强人口集聚和产业协作能力。增强城市群之间发展协调性,避免同质化建设和低水平竞争,形成特色鲜明、优势互补、高效协同的城市群发展新格局。持续营造更加优化的创新环境,支持城市群合理布局产业集聚区,承接本区域大城市部分功能疏解以及国内外制造业转移。

第二节　因地制宜推进县城发展

大力发展县域经济,分类建设特色产业园区、农民工返乡创业园、农产品仓储保鲜冷链物流设施等产业平台,带动农村创新创业。全面取消县城落户限制,大幅简化户籍迁移手续,促进农业转移人口就近便捷落户。有序支持黄河流域上游地区县城发展,合理引导农产品主产区、重点生态功能区的县城发展。推进县城公共服务设施提标改造,并与所属地级市城区公共服务和基础设施布局相衔接,带动乡镇卫生院能力提升,消除中小学"大班额",健全县级养老服务体系。

第三节　建设生态宜居美丽乡村

立足黄河流域乡土特色和地域特点,深入实施乡村振兴战略,科学推进乡村规划布局,推广乡土风情建筑,发展乡村休闲旅游,鼓励有条件地区建设集中连片、生态宜居美丽乡村,融入黄河流域山水林田湖草沙自然风貌。对规模较大的中心村,发挥农牧业特色优势,促进农村产业融合发展,建设一批特色农业、农产品集散、工贸等专业化村庄。保护好、发展好城市近郊农村,有选择承接城市功能外溢,培育一批与城市有机融合、相得益彰的特色乡村。对历史、文化和生态资源丰富的村庄,支持发展休闲旅游业,建立人文生态资源保护与乡村发展的互促机制。以生活污水、垃圾处理和村容村貌提升为主攻方向,深入开展农村人居环境整治,建立农村人居环境建设和管护长效机制。

第十一章　加强基础设施互联互通

大力推进数字信息等新型基础设施建设,完善交通、能源等跨区域重大基础设施体系,提高上中下游、各城市群、不同区域之间互联互通水平,促进人流、物流、信息流自由便捷流动。

第一节　加快新型基础设施建设

以信息基础设施为重点,强化全流域协调、跨领域联动,优化空间布局,提升新型基础设施建设发展水平。加快5G网络建设,拓展5G场景应用,实现沿黄大中城市互联网协议第六版(IPv6)全面部署,扩大千兆及以上光纤覆盖范围,增强郑州、西安、呼和浩特等国家级互联网骨干直联点功能。强化黄河流域数据中心节点和网络化布局建设,提升算力水平,加强数据资源流通和应用,在沿黄城市部署国家超算中心,在部分省份布局建设互联网数据中心,推广"互联网+生态环保"综合应用。依托5G、移动物联网等接入技术,建设物联网和工业互联网基础设施,在交通等重点领域率先推进泛在感知设施的规模化建设及应用。完善面向主要产业链的人工智能平台等建设,提供"人工智能+"服务。

第二节　构建便捷智能绿色安全综合交通网络

优化提升既有普速铁路、高速铁路、高速公路、干支线机场功能,谋划新建一批重大项目,加快形成以"一字型""几字型"和"十字型"为主骨架的黄河流域现代化交通网络,填补缺失线路、畅通瓶颈路段,实现城乡区域高效连通。"一字型"为济南经郑州至西安、兰州、西宁的东西向大通道,加强毗邻省区铁路干线连接和支线、专用线建设,强化跨省高速公路建设,加密城市群城际交通网络,更加高效地连通沿黄主要经济区。"几字型"为兰州经银川、包头至呼和浩特、太原并通达郑州的综合运输走廊,通过加强高速铁路、沿黄通道、货运通道建设,提高黄河"能源流域"互联互通水平。"十字型"为包头经鄂尔多斯经榆林、延安至西安的纵向通道和银川经绥德至太原、兰州经平凉、庆阳至延安至北京的横向通道,建设高速铁路网络,提高普速铁路客货运水平,提升陕甘宁、吕梁山等革命老区基础设施现代化水平。优化完善黄河流域高速公路网,提升国省干线技术等级。加强跨黄河通道建设,积极推进黄河干流适宜河段旅游通航和分段通航。加快西安国际航空枢纽和郑州国际航空货运枢纽建设,提升济南、呼和浩特、太原、银川、兰州、西宁等区域枢纽机场功能,完善上游高海拔地区支线机场布局。

第三节　强化跨区域大通道建设

强化黄河"几"字弯地区至北京、天津大通道建设,推进雄安至忻州、天津至潍坊(烟台)等铁路建设,快捷连通黄河流域和京津冀地区。加强黄河流域与长江经济带、成渝地区双城经济圈、长江中游城市群的互联互通,推动西宁至成都、西安至十堰、重庆至西安等铁路重大项目实施,研究推动成都至格尔木铁路等项目,构建兰州至成都和重庆、西安至成都和重庆及郑州至重庆和武汉等南北向客货运大通道,形成连通黄河流域和长江流域的铁水联运大通道。加强煤炭外送能力建设,加快形成以铁路为主的运输结构,推动大秦、朔黄、西平、宝中等现有铁路通道扩能改造,发挥浩吉铁路功能,加强集疏运体系建设,畅通西煤东运、北煤南运通道。推进青海—河南、陕北—湖北、陇东—山东等特高压输电工程建设,打通清洁能源互补打捆外送通道。优化油气干线管网布局,推进西气东输等跨区域输气管网建设,完善沿黄城市群区域、支线及终端管网。加强黄河流域油气战略储备,因地制宜建设地下储气库。以铁路为主,加快形成沿黄粮食等农产品主产区与全国粮食主销区之间的跨区域运输通道。加强航空、公路冷链物流体系建设,提高鲜活农产品对外运输能力。

第十二章　保护传承弘扬黄河文化

着力保护沿黄文化遗产资源,延续历史文脉和民族根脉,深入挖掘黄河文化的时代价值,加强公共文化产品和服务供给,更好满足人民群众精神文化生活需要。

第一节　系统保护黄河文化遗产

开展黄河文化资源全面调查和认定,摸清文物古迹、非物质文化遗产、古籍文献等重要文化遗产底数。实施黄河文化遗产系统保护工程,建设黄河文化遗产廊道。对濒危遗产遗迹遗存实施抢救性保护。高水平保护陕西石峁、山西陶寺、河南二里头、河南双槐树、山东大汶口等重要遗址,加大对宫殿、帝王陵等大遗址的整体性保护和修复力度,加强古建筑、古镇古村等农耕文化遗产和古灌区、古渡口等水文化遗产保护,保护古栈道等交通遗迹遗存。严格古长城保护和修复措施,推动重点长城节点保护。支持西安、洛阳、开封、大同等城市保护和完善历史风貌特色。实施黄河流域"考古中国"重大研究项目,加强文物保护认定,从严打击盗掘、盗窃、非法交易文物等犯罪行为。提高黄河流域革命文物和遗迹保护水平,加强同主题跨区域革命文物系统保护。完善黄河流域非物质文化遗产保护名录体系,大力保护黄河流域戏曲、武术、民俗、传统技艺等非物质文化遗产。综合运用现代信息和传媒技术手段,加强黄河文化遗产数字化保护与传承弘扬。

第二节　深入传承黄河文化基因

深入实施中华文明探源工程,系统研究梳理黄河文化发展脉络,充分彰显黄河文化的多源性多样性。开展黄河文化传承创新工程,系统阐发黄河文化蕴含的精神内涵,建立沟通历史与现实、拉近传统与现代的黄河文化体系。打造中华文明重要地标,深入研究规划建设黄河国家文化公园。支持黄河文化遗产申报世界文化遗产。推动黄河流域优秀农耕文化遗产活化利用和传承创新,支持其申报全球重要农业文化遗产。综合展示黄河流域在农田水利、天文历法、治河技术、建筑营造、中医中药、藏医藏药、传统工艺等领域的文化成就,推动融入现实生活。大力弘扬延安精神、焦裕禄精神、沂蒙精神等,用以滋养初心、淬炼灵魂。整合黄河文化研究力量,夯实研究基础,建设跨学科、交叉型、多元化创新研究平台,形成一批高水平研究成果。适当改扩建和新建一批黄河文化博物馆,系统展示黄河流域历史文化。

第三节　讲好新时代黄河故事

启动"中国黄河"国家形象宣传推广行动,增强黄河文化亲和力,突出历史厚重感,向国际社会全面展示真实、立体、发展的黄河流域。加强黄河题材精品纪录片创作。在国家文化年、中国旅游年等活动中融入黄河文化元素,打造黄河文化对外传播符号。支持黄河流域与共建"一带一路"国家深入开展多种形式人文合作,促进民心相通和文化认同。加强同尼罗河、多瑙河、莱茵河、伏尔加河等流域的交流合作,推动文明交流互鉴。开展面向海内外的寻根祭祖和中华文明探源活动,打造黄河流域中华人文始祖发源地文化品牌。深化文学艺术、新闻出版、影视等领域对外交流合作,实施黄河文化海外推广工程,广泛翻译、传播优秀黄河文化作品,推动中华文化走出去。引导我国驻外使领馆及孔子学院、中国文化中心等宣介黄河文化。开展国外媒体走近黄河、报道黄河等系列交流活动。

第四节　打造具有国际影响力的黄河文化旅游带

推动文化和旅游融合发展,把文化旅游产业打造成为支柱产业。强化区域间资源整合和协作,推进全域旅游发展,建设一批展现黄河文化的标志性旅游目的地。发挥上游自然景观多样、生态风光原始、民族文化多彩、地域特色鲜明优势,加强配套基础设施建设,增加高品质旅游服务供给,支持青海、四川、甘肃毗邻地区共建国家生态旅游示范区。中游依托古都、古城、古迹等丰富人文资源,突出地域文化特点和农耕文化特色,打造世界级历史文化旅游目的地。下游发挥好泰山、孔庙等世界著名文化遗产作用,推动弘扬中华优秀传统文化。加大石窟文化保护力度,打造中国特色历史文化标识和"中国石窟"文化品牌。依托陕甘宁革命老区、红军长征路线、西路军西征路线、吕梁山革命根据地、南梁革命根据地、沂蒙革命老区等打造红色旅游走廊。实施黄河流域影视、艺术振兴行动,形成一批富有时代特色的精品力作。

第十三章　补齐民生短板和弱项

以上中游欠发达地区为重点,多渠道促进就业创业,加强普惠性、基础性、兜底性民生事业建设,提高公共服务供给能力和水平,进一步保障和改善民生,增强人民群众的获得感、幸福感、安全感。

第一节　提高重大公共卫生事件应对能力

坚持预防为主、防治协同,建立全流域公共卫生事件应急应对机制,实现流行病调查、监测分析、信息通报、防控救治、资源调配等协同联动,筑牢全方位网格化防线,织密疾病防控网络。加快黄河流域疾病预防控制体系现代化建设,提升传染病病原体、健康危害因素等检验检测能力。健全重大突发公共卫生事件医疗救治体系,按照人口规模、辐射区域和疫情防控压力,建设重大疫情救治基地,完善沿黄省市县三级重症监护病区(ICU)救治设施体系,提高中医院应急和救治能力。分级分层分流推动城市传染病救治体系建设,实现沿黄地市级传染病医院全覆盖,加强县级医院感染性疾病科和相对独立的传染病病区建设,原则上不鼓励新建独立的传染病医院。按照平战结合导向,做好重要医疗物资储备。借鉴方舱医院改建经验,提高大型场馆等设施建设标准,使其具备承担救治隔离任务的条件。充分发挥黄河流域中医药传统和特色优势,建立中西医结合的疫情防控机制。

第二节　加快教育医疗事业发展

制定更加优惠的政策措施,支持改善上中游地区义务教育薄弱学校办学条件,切实落实义务教育教师平均工资收入不低于当地公务员平均水平的要求。支持沿黄地区高校围绕生态保护修复、生物多样性保护、水沙调控、水土保持、水资源利用、公共卫生等急需领域,设置一批科学研究和工程应用学科。加大政府投入力度,加强基层公共卫生服务体系建设,强化儿童重点疾病预防保健。设立黄河流域高原病、地方病防治中心。实施"黄河名医"中医药发展计划,打造中医药产业发展综合示范区。广泛开展爱国卫生运动。

第三节　增强基本民生保障能力

千方百计稳定和扩大就业,加强对重点行业、重点群体的就业支持,采取措施吸引高校毕业生投身黄河生态保护事业,支持退役军人、返乡入乡务工人员在生态环保、乡村旅游等领域就业创业,发挥植树造林、基础设施、治污等重大工程拉动当地就业作用。创新户籍、土地、社保等政策,引导沿黄地区劳动力赴新疆、西藏、青海等边疆、高原地区就业创业安居。有序扩大跨省异地就医定点医院覆盖面。统筹城乡社会救助体系,做好对留守儿童、孤寡老人、残障人员、失独家庭等弱势群体的关爱服务。

第四节　提升特殊类型地区发展能力

以上中游民族地区、革命老区、生态脆弱地区等为重点,接续推进全面脱贫与乡村振兴有效衔接,巩固脱贫攻坚成果,全力让脱贫群众迈向富裕。精准扶持发展特色优势产业,支持培育壮大一批龙头企业。加大上中游易地扶贫搬迁后续帮扶力度,继续做好东西部协作、对口支援、定点帮扶等工作。大力实施以工代赈,扩大建设领域、赈济方式和受益对象。编制实施新时代陕甘宁革命老区振兴发展规划。

第十四章　加快改革开放步伐

坚持深化改革与扩大开放并重,充分发挥市场在资源配置中的决定性作用,更好发挥政府作用,加强黄河综合治理体系和能力建设,加快构建内外兼顾、陆海联动、东西互济、多向并进的黄河流域开放新格局,提升黄河流域高质量发展水平。

第一节　完善黄河流域管理体系

形成中央统筹协调、部门协同配合、属地抓好落实、各方衔接有力的管理体制,实现统一规划设计、统一政策标准、协同生态保护、综合监管执法。深化流域管理机构改革,推行政事分开、事企分开、管办分离,强化水利部黄河水利委员会在全流域防洪、监测、调度、监督等方面职能,实现对干支流监管"一张网"全覆盖。赋予沿黄各省区更多生态建设、环境保护、节约用水和防洪减灾等管理职能,实现流域治理权责统一。加强全流域生态环境执法能力建设,完善跨区域跨部门联合执法机制,实现对全流域生态环境保护执法"一条线"全畅通。建立流域突发事件应急预案体系,提升生态环境应急响应处置能力。落实地方政府生态保护、污染防治、节水、水土保持等目标责任,实行最严格的生产建设活动监管。

第二节　健全生态产品价值实现机制

建立纵向与横向、补偿与赔偿、政府与市场有机结合的黄河流域生态产品价值实现机制。中央财政设立黄河流域生态保护和高质量发展专项奖补资金,专门用于奖励生态保护有力、转型发展成效好的地区,补助生态功能重要、公共服务短板较多的地区。鼓励地方以水量、水质为补偿依据,完善黄河干流和主要支流横向生态保护补偿机制,开展渭河、湟水河等重要支流横向生态保护补偿机制试点,中央财政安排引导资金予以支持。在沿黄重点生态功能区实施生态综合补偿试点。支持地方探索开展生态产品价值核算计量，逐步推进综合生态补偿标准化、实用化、市场化。鼓励开展排污权等初始分配与跨省交易制度，以点带面形成多元化生态补偿政策体系。实行更加严格的黄河流域生态环境损害赔偿制度，依托生态产品价值核算，开展生态环境损害评估，提高破坏生态环境违法成本。

第三节　加大市场化改革力度

着力优化沿黄各省区营商环境，制定改进措施清单，逐项推动落实。深化"放管服"改革，全面借鉴复制先进经验做法，深入推进"最多跑一次"改革，打造高效便捷的政务服务环境。研究制定沿黄各省区能源、有色、装备制造等领域国有企业混合所有制改革方案，支持国有企业改革各类试点在黄河流域先行先试，分类实施垄断行业改革。依法平等对待各类市场主体，全面清理歧视性规定和做法，积极吸引民营企业、民间资本投资兴业。探索特许经营方式，引入合格市场主体对有条件的支流河段实施生态建设和环境保护。加强黄河流域要素市场一体化建设，推进土地、能源等要素市场化改革，完善要素价格形成机制，提高资源配置效率。

第四节　深度融入共建"一带一路"

高水平高标准推进沿黄相关省区的自由贸易试验区建设，赋予更大改革开放自主权。支持西安、郑州、济南等沿黄大城市建立对接国际规则标准、加快投资贸易便利化、吸引集聚全球优质要素的体制机制，强化国际交往功能，建设黄河流域对外开放门户。发挥上中游省区丝绸之路经济带重要通道、节点作用和经济历史文化等综合优势，打造内陆开放高地，加快形成面向中亚南亚西亚国家的通道、商贸物流枢纽、重要产业和人文交流基地。支持黄河流域相关省区高质量开行中欧班列，整治和防范无序发展与过度竞争，培育西安、郑州等中欧班列枢纽城市，发展依托班列的外向型经济。在沿黄省区新设若干农业对外开放合作试验区，深化与共建"一带一路"国家农牧业合作，支持有实力的企业建设海外生产加工基地。

第五节　健全区域间开放合作机制

推动青海、四川、甘肃毗邻地区协同推进水源涵养和生态保护修复，建设黄河流域生态保护和水源涵养中心区。支持甘肃、青海共同开展祁连山生态修复和黄河上游冰川群保护。引导陕西、宁夏、内蒙古毗邻地区统筹能源化工发展布局，加强生态环境共保和水污染共治。加强陕西、山西黄土高原交界地区协作，共同保护黄河晋陕大峡谷生态环境。深化晋陕豫黄河金三角区域经济协作，建设郑(州)洛(阳)西(安)高质量发展合作带，推动晋陕蒙(忻榆鄂)等跨省区合作。支持山西、内蒙古、山东深度对接京津冀协同发展，深化科技创新、金融、新兴产业、能源等合作，健全南水北调中线工程受水区与水源区对口协作机制。推动黄河流域与长江流域生态保护合作，实施三江源、秦岭、若尔盖湿地等跨流域重点生态功能区协同保护和修复，加强生态保护政策、项目、机制联动，以保护生态为前提适度引导跨流域产业转移。

第十五章　推进规划实施

黄河流域生态保护和高质量发展是一项重大系统工程,涉及地域广、人口多,任务繁重艰巨。坚持尽力而为、量力而行原则,把握好有所为与有所不为、先为与后为、快为与慢为的关系,抓住每个阶段主要矛盾和矛盾主要方面,对当下急需的政策、工程和项目,要增强紧迫感和使命感,加快推进、早见成效;对需要长期推进的工作,要久久为功,一茬接着一茬干,把黄河流域生态保护和高质量发展的宏伟蓝图变为现实。

第一节　坚持党的集中统一领导

把党的领导始终贯穿于黄河流域生态保护和高质量发展各领域各方面各环节。加强党的政治建设,坚持不懈用红色文化特别是延安精神、焦裕禄精神教育广大党员、干部,坚定理想信念,改进工作作风,做到忠诚干净担当。充分发挥党总揽全局、协调各方的领导核心作用,确保黄河流域生态保护和高质量发展始终保持正确方向。沿黄各省区党委和政府要从讲政治的高度、抓重点的精度、抓到底的深度,全面落实党中央、国务院决策部署,锐意进取、实干苦干,不折不扣推动本规划纲要提出的目标任务和政策措施落地见效。

第二节　强化法治保障

系统梳理与黄河流域生态保护和高质量发展相关法律法规,深入开展黄河保护治理立法基础性研究工作,适时启动立法工作,将黄河保护治理中行之有效的普遍性政策、机制、制度等予以立法确认。在生态保护优先的前提下,以法律形式界定各方权责边界、明确保护治理制度体系,规范对黄河保护治理产生影响的各类行为。研究制定完善黄河流域生态补偿、水资源节约集约利用等法律法规制度。支持沿黄省区出台地方性法规、地方政府规章,完善黄河流域生态保护和高质量发展的法治保障体系。

第三节　增强国土空间治理能力

全面评估黄河流域及沿黄省份资源环境承载能力,统筹生态、经济、城市、人口以及粮食、能源等安全保障对空间的需求,开展国土空间开发适宜性评价,确定不同地区开发上限,合理开发和高效利用国土空间,严格规范各类沿黄河开发建设活动。在组织开展黄河流域生态现状调查、生态风险隐患排查的基础上,以最大限度保持生态系统完整性和功能性为前提,加快黄河流域生态保护红线、环境质量底线、自然资源利用上线和生态环境准入清单"三线一单"编制,构建生态环境分区管控体系。合理确定不同水域功能定位,完善黄河流域水功能区划。加强黄河干流和主要支流、湖泊水生态空间治理,开展水域岸线确权划界并严格用途管控,确保水域面积不减。

第四节　完善规划政策体系

围绕贯彻落实本规划纲要,组织编制生态保护和修复、环境保护与污染治理、水安全保障、文化保护传承弘扬、基础设施互联互通、能源转型发展、黄河文化公园规划建设等专项规划,研究出台配套政策和综合改革措施,形成"1+N+X"规划政策体系。研究设立黄河流域生态保护和高质量发展基金。沿黄各省区要研究制定本地区黄河流域生态保护和高质量发展规划及实施方案,细化落实本规划纲要确定的目标任务。沿黄各省区要建立重大工程、重大项目推进机制,围绕生态修复、污染防治、水土保持、节水降耗、防洪减灾、产业结构调整等领域,创新融资方式,积极做好用地、环评等前期工作,做到储备一批、开工一批、建设一批、竣工一批,发挥重大项目在黄河流域生态保护和高质量发展中的关键作用。本规划纲要实施过程中涉及的重大事项、重要政策和重点项目按规定程序报批。

第五节　建立健全工作机制

坚持中央统筹、省负总责、市县落实的工作机制。中央成立推动黄河流域生态保护和高质量发展领导小组,全面指导黄河流域生态保护和高质量发展战略实施,审议全流域重大规划、重大政策、重大项目和年度工作安排,协调解决跨区域重大问题。领导小组办公室设在国家发展改革委,承担领导小组日常工作。沿黄各省区要履行主体责任,完善工作机制,加强组织动员和推进实施。相关市县要落实工作责任,细化工作方案,逐项抓好落实。中央各有关部门要按照职责分工,加强指导服务,给予有力支持。充分发挥水利部黄河水利委员会作用,为领导小组工作提供支撑保障。领导小组办公室要加强对本规划纲要实施的跟踪分析,做好政策研究、统筹协调、督促落实等工作,确保在 2025 年前黄河流域生态保护和高质量发展取得明显进展。重大事项及时向党中央、国务院报告。

附录二　济南新旧动能转换起步区建设实施方案

为贯彻落实黄河流域生态保护和高质量发展战略,加快山东新旧动能转换综合试验区建设,发挥山东半岛城市群龙头作用,复制自由贸易试验区、国家级新区、国家自主创新示范区和全面创新改革试验区经验政策,积极探索新旧动能转换模式,高标准高质量建设济南新旧动能转换起步区(以下简称起步区),制定本方案。

一、总体要求

(一)重要意义。济南是山东省省会,是我国北方地区和黄河流域的重要城市。支持济南建设新旧动能转换起步区,有利于推动山东半岛城市群高质量发展,形成黄河流域生态保护和高质量发展的新示范;有利于加快传统产业改造升级、培育壮大高新技术产业,形成山东新旧动能转换综合试验区的新引擎;有利于吸引集聚优质要素资源,形成高水平开放合作的新平台;有利于探索量水而行、节水为重的城市发展方式,形成绿色智慧宜居的新城区。

(二)指导思想。坚持以习近平新时代中国特色社会主义思想为指导,全面贯彻党的十九大和十九届二中、三中、四中、五中全会精神,按照党中央、国务院决策部署,立足新发展阶段、贯彻新发展理念、构建新发展格局,践行重在保护、要在治理的基本要求,把水资源作为最大的刚性约束,坚持以水定城、以水定地、以水定人、以水定产,着力加快新旧动能转换,着力创新城市发展方式,着力保护生态环境,着力深化开放合作,着力完善体制机制,在推动新旧动能转换中创新发展,走出一条绿色可持续的高质量发展之路。

(三)发展目标。到2025年,起步区综合实力大幅提升,科技创新能力实现突破,研发经费投入年均增速超过10%,高新技术产业产值占规模以上工业总产值比重接近60%,跨黄河通道便捷畅通,现代化新城区框架基本形成,生态环境质量明显改善,开放合作水平不断提升,经济和人口承载能力迈上新台阶,人民生活水平显著提升。到2035年,起步区建设取得重大成果,现代产业体系基本形成,创新驱动成为引领经济发展的第一动能,绿色智慧宜居城区基本建成,生态系统健康稳定,水资源节约集约利用水平全国领先,能源利用效率显著提升,人民群众获得感、幸福感、安全感显著增强,实现人与自然和谐共生的现代化。

(四)功能布局。起步区位于山东省济南市北部,西起济南德州界,东至小清河—白云湖湿地,南起黄河—济青高速,北至徒骇河,包括太平、孙耿、桑梓店、大桥、崔寨、遥墙、临港、高官寨8个街道及唐王街道中西部区域、泺口街道黄河以北区域,面积约798平方公里。起步区逐步建设形成"一纵一横两核五组团"的空间布局。"一纵"是指起步区与大明湖、趵突泉等济南历史标志节点串联起来,形成泉城特色风貌轴。"一横"是指依托水系、林地等自然生态资源,形成黄河生态风貌带。"两核"是指建设城市科创区和临空经济区,带动起步区加快开发建设。"五组团"是指建设济南城市副中心、崔寨高新产业集聚区、桑梓店高端制造产业基地、孙耿太平绿色发展基地、临空产业集聚区。

二、着力增强发展新动能

（五）提升科技创新支撑能力。支持在起步区布局国家重点科研院所、大科学装置、重大科技项目等，加强科技成果转化中试基地建设。鼓励优秀创新型企业牵头，与高校、科研院所和产业链上下游企业联合组建创新创业共同体，建设技术创新中心、制造业创新中心、重点实验室。完善创新激励和成果保护机制，支持起步区科研机构开展赋予科研人员职务科技成果所有权或长期使用权试点。开展黄河生态环境保护科技创新，聚焦水安全、生态环保等领域加强科学实验和技术攻关。前瞻布局基于人工智能的计算机视听觉、智能决策控制、新型人机交互等应用技术研发。开展氢能技术研发。加强技术改造和模式创新，推动传统产业优化升级，积极稳妥化解过剩产能，坚决淘汰落后产能。

（六）加快发展战略性新兴产业和先进制造业。瞄准智能化、绿色化、服务化发展方向，在起步区搭建战略性新兴产业合作平台，推动产业体系升级和基础能力再造，打造具有较强竞争力的产业集群。推进新一代信息技术与先进制造业深度融合，加强关键技术装备、核心支撑软件、工业互联网等系统集成应用，发展民用及通用航空装备、高档数控机床与机器人等装备产业，加强新材料、智能网联汽车等前沿领域布局。对符合相关条件的先进制造业企业，在上市融资、企业债券发行等方面给予积极支持。

（七）培育壮大现代服务业。发展技术转移转化、科技咨询、检验检测认证、创业孵化、数据交易等科技服务业，支持起步区创建检验检测高技术服务业集聚区、知识产权服务业集聚发展试验区。培育设计、咨询、会展等现代商务服务业，建设总部商务基地。支持起步区推进金融创新，布局下一代金融基础设施，在科技金融、征信等领域开展试点，支持建设国家金融业密码应用研究中心。积极发展航空物流、冷链物流等，打造区域性物流中心。发展健康管理等服务业，搭建健康产业信息服务体系。推动起步区家政服务业高质量发展。创新发展服务贸易和服务外包。

（八）充分挖掘黄河文化时代价值。传承弘扬黄河文化、齐鲁文化、泉城文化，把深厚的文化优势转化为强劲的发展动能，加强公共文化产品和服务供给，更好满足人民群众精神文化生活需要。着力保护泺口黄河铁路大桥等文化资源。在起步区建设一批综合性文化体育设施。推动文化和旅游融合发展，培育创意设计、影视、演艺、工艺美术等业态，积极发展旅游业，建设一批展现黄河文化的标志性旅游目的地，讲好新时代黄河故事。

三、探索创新城市发展方式

（九）积极推动节水型城区建设。始终把水资源节约集约利用放在起步区建设的重要位置，全面实施深度节水控水行动，以节约用水扩大发展空间。深挖工业节水潜力，加快节水技术装备推广应用，推进企业间水资源梯级利用，严格限制高耗水项目建设。推进城镇节水改造，推广普及节水器具，降低供水管网漏损率，用市场化手段促进节水。建设海绵城市，增强防洪排涝能力，提高雨洪资源利用水平。加强再生水利用设施建设与改造，推动城镇污水资源化利用。统筹配置引黄、引江水量，科学论证并适时推进调蓄水库、区域水网等水资源调配工程建设，研究论证太平水库建设项目。

（十）大力促进城区绿色低碳发展。严格控制起步区能源消费总量和强度，优先开发利用地热能、太阳能等可再生能源,深化低碳试点,降低碳排放强度。推进清洁生产,发展环保产业,构建绿色制造体系,严禁新建高耗能、高污染和资源性项目。持续推进清洁取暖,加快供热系统改造升级,推广清洁能源替代。全面推动绿色建筑设计、施工和运行,新建居住建筑和新建公共建筑全面执行节能标准,大力发展超低能耗建筑,加快既有建筑节能改造。实施城市更新行动,推进城市生态修复和功能完善工程。开展绿色生活创建活动,倡导绿色消费,形成简约适度、文明健康的生活方式和消费模式。

(十一)加快建设智慧城市。推进基于数字化、网络化、智能化的新型城市基础设施建设,加快构建千兆光网、5G等新一代信息基础设施网络,建设城市级数据仓库和一体化云服务平台中枢。合理布局智能电网、燃气管网、供热管网,实施组团式一体化集成供能工程。在交通、医疗、教育、社保、能源运营管理等领域推行数字化应用,建设政务服务中心,逐步构建实时感知、瞬间响应、智能决策的新型智慧城市体系。

(十二)高标准布局交通基础设施网络。统筹起步区公路、铁路、航空等交通基础设施建设,优化运输结构,加快构建综合立体交通网络。科学规划跨黄河通道建设。完善起步区轨道交通等基础设施建设。加快推进济南遥墙国际机场二期改扩建工程,提升机场综合服务功能。实施小清河复航工程,推进小清河济南港区建设。

四、全面提升生态环境质量

(十三)保护修复自然生态系统。践行绿水青山就是金山银山的理念,落实节约优先、保护优先、自然恢复为主的方针,统筹保护起步区水系、岸线、湿地、林地等自然资源,逐步恢复河流水系生态环境。强化河湖长制,加强黄河、小清河、徒骇河等河道治理,保护河道自然岸线。加强对湿地等重要生态节点的保护修复,稳步推进退塘还河,严控人工造湖。促进水生动物种类增加,恢复和保护鸟类栖息地,提高生物多样性。

(十四)加快建设绿色生态廊道。以畅通黄河流路、保证行洪能力为前提,统筹起步区生态保护、自然景观和城市风貌,依托黄河、小清河、徒骇河等水系,建设人、河、城相协调的生态风貌廊道。加强生态防护林建设,因地制宜建设城市森林公园,发挥水土保持等功能。划分水源涵养区、水源培育区、合理利用区、生态净化区等,实施生态功能分区分类管控。

(十五)推进滩区生态综合整治。全面完成起步区内黄河滩区居民迁建,确保群众搬得出、稳得住、过得好。在确保防洪安全的前提下,加强滩区水源和优质土地保护修复,依法合理利用滩区土地资源,实施滩区国土空间差别化用途管制,严格限制自发修建生产堤等无序活动,持续清理乱占、乱采、乱堆、乱建行为。加强滩区水生态空间管控,发挥滞洪沉沙功能,筑牢滩区生态屏障。

(十六)扎实开展环境综合治理。强化环境污染系统治理,依法开展规划环境影响评价,统筹推进工业污染、城乡生活污染、农业面源污染防治。加强细颗粒物和臭氧协同控制,提高空气质量优良天数比率。引导工业企业入园,确保工业园区全部建成污水处理设施并稳定达标排放,完善城镇污水收集配套管网,河流水质逐步恢复到IV类及以上。加强建设用地土壤污染风险管控和修复,严格用地准入管理。加强危险废物、医疗废物收集处理,推进工业固体废物源头减量和资源化利用。加强噪声污染防治,提高起步区声环境质量达标率。

五、稳步提高开放合作水平

（十七）主动对接区域重大战略。健全区域合作机制,加强起步区与沿黄地区生态保护和高质量发展相关政策、项目、机制的联动,衔接落实区域生态保护红线、环境质量底线、资源利用上线和生态环境准入清单的分区管控要求,协同推进生态保护治理,支持产业、技术、人才、园区等多领域创新协作。深度对接京津冀协同发展,积极承接北京非首都功能疏解,合作共建重大产业基地和特色产业园区,加快环渤海地区合作发展。加强与长三角地区要素资源对接,强化科技互动与协作,促进人力资源优化配置,复制推广区域一体化发展的经验做法。

（十八）积极拓展国际合作空间。增强起步区国际交往功能,建设对外开放门户。依托济南遥墙国际机场,建设临空经济区。发挥新亚欧大陆桥经济走廊作用,高质量开行中欧班列。支持引入共建"一带一路"国家的相关企业,在农业、智能制造、金融、物流等领域开展投资合作。加快济南跨境电子商务综合试验区建设,打造公用型保税仓、境外商品展示体验中心、跨境电商产业园。在济南综合保税区设立保税展示交易平台,发展保税融资租赁等新业态。深入实施外商投资准入前国民待遇加负面清单管理制度,支持招商产业园建设。

六、保障措施

（十九）人才政策。支持搭建人才创新发展平台,加快创新创业服务体系建设,鼓励优秀人才在起步区创业。支持探索更加开放便利的海外科技人才引进和服务管理机制。允许高校、科研院所和国有企业的科技人才按规定在起步区兼职兼薪、按劳取酬。完善灵活就业的保障制度。

（二十）土地政策。依法依规编制济南市国土空间总体规划,合理安排起步区生产、生活、生态空间。依据国土空间规划统筹划定基本农田保护红线,合理分解下达永久基本农田保护任务。按照永久基本农田核实整改要求,做好整改补划。山东省对起步区建设用地计划实行差别化管理,对起步区新增建设用地计划指标予以倾斜支持,适度增加混合用地供给。

（二十一）投融资政策。在有效防控风险的前提下,将符合条件的起步区项目纳入地方政府债券支持范围。支持山东省、济南市优化财政支出结构,增加起步区基础设施投资资金,积极引导社会资本参与建设。支持引进各类金融机构及其分支机构,加大对起步区产业和项目的信贷投放力度。鼓励天使投资、创业投资和各类产业投资基金加大对创新创业支持力度。

（二十二）项目支撑。按照《产业结构调整指导目录》和《鼓励外商投资产业目录》等,支持重大项目优先向起步区布局,在制造业高质量发展上作出示范。鼓励发展新技术新产业新业态新模式,对起步区内符合国家发展战略方向、具有明显特色优势、与水资源承载能力相适应、满足生态环境保护要求和能耗双控任务目标的项目,在规划布局、资源保障、市场融资等方面予以支持。

（二十三）管理机制。优化起步区管委会机构设置，科学确定管理权责，创新完善选人用人和绩效激励机制。按规定赋予市级经济社会管理权限，下放部分省级经济管理权限，着力优化营商环境。适时研究推动起步区按程序开展行政区划调整。

七、组织实施

（二十四）坚持党的全面领导。进一步增强"四个意识"、坚定"四个自信"、做到"两个维护"，认真贯彻党中央、国务院印发的《黄河流域生态保护和高质量发展规划纲要》，落实《山东新旧动能转换综合试验区建设总体方案》要求，加强组织领导，完善工作机制，确保把党的领导贯穿于起步区建设的全过程和各领域。

（二十五）落实主体责任。山东省、济南市人民政府要将起步区建设与"十四五"经济社会发展紧密结合，指导编制起步区发展规划和国土空间规划等相关规划，合理安排项目资金，确保本方案主要任务目标如期实现。本方案实施涉及的重要政策和重大建设项目要按程序报批。

（二十六）加强指导支持。国务院有关部门要按照职责分工，切实加强对起步区建设的指导，在政策实施、体制创新、项目建设等方面予以积极支持，协调解决方案实施中遇到的困难和问题。国家发展改革委要加强对方案实施情况的跟踪分析和督促检查，注意研究新情况、解决新问题、总结新经验，重大问题及时向国务院报告。

附录三　支持宁夏建设黄河流域生态保护和高质量发展先行区实施方案

深入贯彻落实习近平总书记关于推动黄河流域生态保护和高质量发展的重要讲话精神,按照国家"十四五"规划《纲要》和《黄河流域生态保护和高质量发展规划纲要》有关部署,支持宁夏建设黄河流域生态保护和高质量发展先行区(以下简称先行区),制定本方案。

一、重要意义

2020年6月,习近平总书记视察宁夏时指出,宁夏要有大局观念和责任担当,更加珍惜黄河,精心呵护黄河,努力建设黄河流域生态保护和高质量发展先行区。作为唯一一个全境位于黄河流域的省份,宁夏既有区位、能源、特色产业等优势,又面临水资源严重短缺和生态极度脆弱等挑战;既有宁东能源化工基地、引黄灌区等发展基础较好地区,又面临繁重的巩固脱贫攻坚成果任务;既有产业转型升级的广阔空间,又存在水资源利用效率不高、碳排放强度居高不下、生态修复难度大等短板,这些情况在黄河流域具有典型代表性。支持宁夏建设先行区,有利于通过政策先行先试为黄河流域其他地区积累可复制经验,以点带面助推黄河流域生态保护和高质量发展,有利于通过制度创新增强黄河流域生态绿色发展活力,书写绿水青山转化为金山银山的"黄河答卷"。

二、总体要求

(一)指导思想。以习近平新时代中国特色社会主义思想为指导,全面贯彻党的十九大和十九届历次全会精神,按照党中央、国务院决策部署,完整、准确、全面贯彻新发展理念,加快构建新发展格局,认真落实《黄河流域生态保护和高质量发展规划纲要》,准确把握保护和发展关系,统筹发展和安全两件大事,把系统观念贯穿到生态保护和高质量发展全过程,坚持以水定城、以水定地、以水定人、以水定产,坚定不移走绿色低碳发展道路,打好环境问题整治、深度节水控水、生态保护修复攻坚战,扎实推进黄河大保护,确保黄河安澜,建设人与自然和谐共生的美好家园。

(二)基本原则。

——改革创新、服务全域。牢固树立上中下游"一盘棋"意识,在先行探索上下功夫,在深化改革上闯新路,在创新创造上作文章,推动黄河流域生态保护和高质量发展呈现新气象。

——以水而定、量水而行。强化水资源最大刚性约束地位,统筹经济社会发展和生态建设,优化用水结构,明显提高水资源利用效率,严格控制水资源开发强度,筑牢水安全底线。

——生态优先、保护为主。坚持顺应自然、尊重规律,采取最严格的生态环境保护措施,构建最严密的生态保护制度体系,山水林田湖草沙一体化保护和系统治理,促进生态系统自我修复。

——绿色发展、低碳引领。从供需两端入手,创造条件尽早实现能耗"双控"向碳排放总量和强度"双控"转变,严格控制高耗能、高排放、低水平项目盲目上马,加快推进能源革命,大力发展非煤产业和低碳经济。

(三)主要目标。到2025年,先行区建设取得重要进展。全面实施水资源刚性约束制度,水资源节约集约利用水平明显提升,单位地区生产总值用水量下降15%以上。生态保护修复取得显著成效,森林覆盖率达到20%,草原综合植被盖度达到57%,黄河干支流水质持续改善。在确保能源安全的前提下,严格合理控制煤炭消费量增长,提高煤炭清洁高效利用、煤电降耗减排水平,实现能耗强度下降15.5%、可再生能源装机占比达到55%,自然资源等重点领域改革稳步推进,经济社会高质量发展取得新成效,形成一批可复制、可推广经验。

三、大力推动水资源节约集约利用

坚持以水定城、以水定地、以水定人、以水定产,做到"有多少汤泡多少馍",把节约用水贯穿经济社会发展各领域各方面,精打细算用好水资源,严控不合理用水需求,加快建设节水型社会。

(四)优化水资源配置格局。实行水资源消耗总量和强度双控,分市县设定生产用水限额,保障生活、生态用水,健全覆盖各行业各领域的节水定额标准,建立年度节水目标责任制。建立"总量控制、指标到县、分区管理、空间均衡"的配水体系,开展水资源承载能力监测预警,合理确定水资源严重短缺地区城市发展规模,严格限制高耗水项目建设和大规模种树,坚决遏制"造湖大跃进"。落实水资源超载地区新增用水项目和取水许可"双限批"制度。严控新增高耗水产能,提高工业用水循环化水平。严格落实地下水用水总量、水位控制指标,加快地下水超采治理。提升取用水计量能力,对黄河干支流取水口全面实施动态监管。

(五)实施深度节水控水行动。坚持适水种植、量水生产,加快推进灌区现代化改造,优先将灌区有效灌溉面积建设成高标准农田,原则上不再扩大灌溉面积和新增灌溉用水量。削减高耗水作物种植面积,发展农田管灌、喷灌、微灌等高效节水灌溉,推进农业灌排水网建设,提高水资源利用率。选育耐盐碱植物,挖掘盐碱地开发利用潜力。推进重点工业节水改造,2025年火电、石化、冶金、有色等行业水效达到国内先进水平。加强工业废水资源化利用,引导企业间实现串联用水、分质用水、一水多用和循环利用,宁东能源化工基地试点建立非常规水利用激励约束机制。提高矿井水资源化综合利用水平。大力创建节水型城市,深入开展公共领域节水,加强建筑工程节水管理,推广普及节水型用水器具。

(六)开展智慧水利建设。运用物联网、卫星遥感等技术手段,强化对水文、气象、地质的监测分析。建设"宁夏黄河云",支持水利设施智能化升级改造,打造数字治水样板。在具备条件的地区开展"互联网+城乡供水"示范区建设。推进城乡供水网络建设,实施银川城乡供水、清水河流域城乡供水等重大工程,建设城市应急水源,开展农村集中供水工程维修养护。

四、加快构建抵御自然灾害防线

立足防大汛、抗大灾,补好灾害预警监测、防灾基础设施短板,全面提升自然灾害应急响应处置能力,2025年基本建成防洪防凌减灾体系,确保黄河河套安澜。

(七)全面提高防洪防凌能力。有序推进黄河干流堤防巩固提升,加强险工险段治理,加快清水河、苦水河等中小河流治理和山洪灾害防治等薄弱环节建设。依法禁止在黄河河道管理范围线内新增一般耕地和乱建建筑物,禁种妨碍行洪安全的高秆作物,确保河道行洪畅通。规范黄河河道沿岸采砂采土秩序,依法惩治非法采砂等行为。强化城市防洪排涝体系建设,加大防灾减灾设施建设力度,严格保护城市生态空间、泄洪通道,构建自净自渗、蓄泄得当、排用结合的城市良性水循环系统。进一步提高应对黄河凌汛水平,保障堤防和基础设施安全。

(八)构建水旱灾害防御体系。以宁夏中南部易旱区为重点,新建一批备用水源工程,加强库坝窖池联调联用。提升极端天气和自然灾害预测预报预警能力,完善应急响应体系。开展防汛抗旱应急指挥体系和应急救援综合能力建设,加强救援队伍建设,充实物资储备。增强流域性重特大险情灾情、极端干旱等突发事件应急处置能力。到2025年全面完成病险水库除险加固。

(九)加强河湖水域空间保护。落实河湖管理有关规定,压实河湖长管理保护责任。以河湖管理范围为边界适当外延,留足河湖两岸生态空间,严禁"贴边""贴线"开发。加快编制河湖岸线保护与利用规划,划定岸线功能分区,强化用途管制,严控开发强度。严格涉河建设项目和活动管理,深入推进河湖"清四乱"常态化规范化。

五、构建黄河上游重要生态安全屏障

加快完善生态保护修复体制机制,有效发挥森林、草原水源涵养和固碳作用,重点推进黄土高原丘陵沟壑区、风沙区水土流失综合治理。

(十)持续提升水源涵养能力。巩固天然林保护,退耕还林还草成果,因地制宜采取封山育林、人工造林、飞播造林、种草改良等措施,以雨养、节水为导向,科学造林育林。推进贺兰山、六盘山水源涵养林建设,加强退化林草修复。实施湿地保护修复工程,抓好科学绿化示范区建设。力争到2025年完成100万亩草原生态修复。

(十一)提高水土流失综合治理能力。系统推进小流域综合治理,加大黄土高原水土流失治理力度,减少入黄河泥沙量。加强病险淤地坝除险加固、农村河道水系综合整治,实施坡耕地整治、老旧梯田改造,建设以梯田和淤地坝为主的拦泥减沙体系。优化水沙调控调度机制,加强全区干支流水库群联合统一调度,提升水沙调控整体合力。到2025年,新增治理水土流失面积4 650平方公里,水土保持率达到78%。

(十二)深入推进防沙治沙示范。在宁夏中部干旱风沙区推进乔灌草相结合的防护林体系建设,开展退化林草植被修复,建设黄河上游风沙区宁夏修复站,探索生态保护修复共建机制。实施腾格里沙漠锁边防风固沙工程、毛乌素沙地林草植被质量精准提升工程,强化沙漠沙地边缘生态屏障建设。大力推广使用防沙治沙先进技术,在保护好生态的基础上开展光伏治沙试点,科学发展沙产业。开展全国防沙治沙综合示范区和精准治沙重点县建设,在适宜地区设立沙化土地封育保护区。

(十三)创新生态保护修复体制机制。加快建立自然保护地体系,研究创建贺兰山、六盘山国家公园。全面开展绿色勘查和绿色矿山建设。创新生态保护修复投入和利益分配机制,探索利用市场化方式推进矿山生态修复、河道河段治理、国土综合整治。通过特许经营等自然资源产权制度安排,吸引社会资本投入生态保护修复。探索生态产品价值实现形式,创新生态保护补偿机制,加大重点生态功能区转移支付力度。

六、大力推动节能减污降碳协同增效

以碳达峰碳中和目标为引领,倒逼生产生活方式绿色转型,提升能源综合利用效率,打好黄河污染防治攻坚战,建设清洁美丽生态环境。

(十四)有力有序有效做好碳达峰工作。贯彻落实党中央、国务院关于碳达峰碳中和的重大战略决策部署,以石化、煤炭、电力、有色等行业为重点,鼓励采用绿色工艺流程,推广先进节能环保技术,加大节能减排力度,尽早实现超低排放。推进能源、工业、交通、城乡建设等重点领域碳减排,建立节能降碳与产业布局、结构调整、项目建设等的衔接机制,制定宁夏能耗双控管控目录。探索将碳排放指标纳入节能审查内容。将宁夏符合条件的国家重大项目纳入“十四五”国家重大项目能耗单列范围。

(十五)大力推进环境污染综合治理。以黄河干流沿线和主要灌区为重点,大力推进农业面源污染综合治理,建设生态拦截净化设施,减少农药化肥农膜使用量,严控农田退水直排入河。推进农业面源污染治理与监督指导试点。以工业园区和重化工等行业为重点,推动工业污染治理提质增效。依法取缔工业直排口、非法排污口,推动黄河岸线1公里范围内高污染企业全部迁入合规园区,园区内实现污染处理设施全覆盖。实施化工企业集聚区地下水污染防控专项行动。推动城市、县城污水管网改造更新,重点解决市政污水管网混错接问题和污水违规溢流直排问题,2025年前基本消除城市建成区生活污水直排口和收集处理设施空白区,城市生活污水集中收集率达到70%以上,地级市、县城生活污水处理率分别达到98%、95%以上,污水处理厂全部优于一级A标准排放,重点排水沟入黄河口断面水质持续稳定达到Ⅳ类以上标准。

(十六)推动形成绿色生活方式。实施清洁能源替代工程。鼓励宁夏积极参与北方地区清洁取暖项目申报。在城市公交、出租汽车、物流配送等公共服务领域大力推广应用新能源汽车,每年新增或更新的公交车中新能源车辆占比不低于80%。加快推行生活垃圾分类制度,2025年前全面建成生活垃圾分类处理系统,城市生活垃圾焚烧处理能力占比65%左右,城市建成区居民生活垃圾回收利用率达到35%以上。建设“无废城市”,开展公共建筑能效提升重点城市建设,2025年城镇新建建筑全部达到绿色建筑标准。

七、加快产业转型升级

以生态保护和水资源节约集约利用为前提,立足产业转型升级需要,提高科技创新对先行区高质量发展支撑作用,加快新旧动能转换,大力发展特色优势产业,构建绿色产业体系。

(十七)提升科技创新支撑能力。发挥龙头企业、科技型企业创新主体作用,吸引国内外一流科技创新资源,围绕现代能源化工、新能源、新材料、仪器仪表、现代农牧业等产业领域,深入开展技术研发和科技成果转化应用,促进传统产业提质增效和转型升级。加快推进 5G、物联网、大数据、云计算等信息基础设施建设,实施"东数西算"工程,打造全国一体化算力网络国家枢纽节点和非实时性算力保障基地。支持在宁夏建设东西部科技合作示范区和协同创新共同体,支持与东部高水平科研院所、高校共建创新平台,深化与京津冀、长三角、粤港澳大湾区等地区创新合作,在人才培养、产业培育、园区共建等方面打造合作示范。深入开展节水、生态修复、污染治理、绿色农业、循环经济、清洁生产等领域应用研究,形成一批有影响的研究成果,助力黄河流域生态保护和高质量发展。

(十八)建设国家农业绿色发展先行区。积极推广优质粮食种植,稳定播种面积和产量,加强粮食生产功能区建设与管理,巩固提升粮食综合生产能力。根据新一轮高标准农田建设规划开展高标准农田项目建设,提高建设标准和质量。以奶牛、肉牛、滩羊为重点大力推进标准化规模养殖和优质饲草良种扩繁,建设优质奶源和饲草料基地,做强做优特色农产品优势区。加快发展枸杞、畜牧、瓜菜、葡萄等特色优势产业。建设国家葡萄及葡萄酒产业开放发展综合试验区,建成全国优质酿酒葡萄种植、繁育基地和中高端酒庄酒生产基地。

(十九)高水平建设新能源综合示范区。加快推进沙漠、戈壁、荒漠地区大型风电、光伏基地项目建设。支持新能源就地消纳,探索新能源发电自发自用和就近交易新模式,推动构建新型电力系统。开展储能先进技术商业化应用和规模化推广,推进牛首山抽水蓄能等电站前期工作。建立利用新能源发电量发展光伏装备制造业全产业链的激励机制,支持光伏材料基地建设。强化"西电东送"网架枢纽建设,稳定提升向华北、华东、华中等地区特高压直流送电。建设"宁电入湘"工程,实施青山、天都山等 750 千伏主网架加强等供电保障工程。

(二十)加快制造业转型升级。加快实施钢铁、焦化、铁合金、水泥、电石等行业绿色化改造,建设绿色制造体系。支持煤制油气等现代煤化工企业建立一定规模的产能储备,提升抗风险能力,促进行业健康可持续发展。推动化工、冶金、有色等行业引进新技术、开发新产品,面向高端新材料等方向延伸产业链、提升价值链。

(二十一)推动文化和旅游融合发展。加强黄河文化遗产系统保护。实施长城、石窟寺及石刻等重点文物保护修缮工程,推进水洞沟等大遗址保护利用,建设西夏陵国家考古遗址公园,开展长征宁夏段革命文物保护展示工作。建设引黄古灌区世界灌溉工程遗产公园等水文化工程。推进黄河国家文化公园(宁夏段)建设,实施一批重要遗址遗迹保护、特色公园、非物质文化遗产、博物馆等重大项目,打造黄河宁夏段国家旅游线路。推动黄河生态、历史、文化融合转化,将山水生态、红色文化、工业遗产、休闲康养、葡萄酒等相关资源与市场有效对接,打造优秀文化旅游品牌。推进全域旅游发展,积极创建全域旅游示范。

八、建立健全跨区域合作机制

以共同抓好大保护、协同推进大治理为主要内容,深化与沿黄河省区间务实合作,加强协同联动,形成整体合力。

（二十二）增强生态保护整体合力。推动流域毗邻省区协同开展水资源保护和环境污染治理,创新合作机制。探索推进黄河流域干支流跨省区横向生态补偿,支持宁蒙合作开展贺兰山生态环境保护恢复。加强跨省区突发污染事件联防联控。推行环境信息共享,探索建立环保信用评价、信息强制性披露等制度,完善环评会商、联合执法、预警应急等区域联动机制。

（二十三）协同构建综合交通网络。加快构建黄河流域"一字型""十字型""几字型"现代化交通主骨架,融入对接西部陆海新通道高质量发展。有序推进实施定西经平凉至庆阳铁路、宝中铁路中卫至平凉段扩能改造项目。加快推进银川河东国际机场改扩建项目前期工作,完善机场航线网络,打造区域综合交通枢纽。

（二十四）统筹规划产业协作发展平台。强化生态环境约束,深化与沿黄河其他省区产业分工合作,提高特色产业绿色发展水平,防止高污染高耗水产能跨区域转移。统筹宁东、鄂尔多斯、榆林能源化工等重点领域产业规划发展,优化重大生产力布局,减少项目重复建设和过度集聚竞争,共同提高水资源、矿产资源节约集约利用水平。提升银川—石嘴山承接产业转移示范区平台载体功能,积极承接东部地区资源节约型、环境友好型产业转移,增强要素保障能力。

九、深化重点领域改革

充分发挥市场在资源配置中的决定性作用,更好发挥政府作用,重点围绕节水控水、污染治理、自然资源等领域大胆改、大胆试,建立健全生态保护治理机制。

（二十五）全面深化水权改革。推进农业用水权应确尽确,工业用水企业全面核发取水许可证,依法对水资源使用权进行确权登记。推进水资源税改革,建立取水许可和水资源税征收联动机制。强化水权交易监管,制定用水权交易细则,建立政府收储调控机制和用水权市场运行机制。探索建立用水权交易激励和投融资机制,创新"合同节水+水权交易"等模式,鼓励社会资本直接参与节水改造工程建设及运行养护。深入推进农业水价综合改革,统筹推进农业水价形成机制、精准补贴和节水奖励机制、工程建设和管护机制、终端用水管理机制建立健全。

（二十六）深化土地要素市场化配置改革。优化国土空间布局,建立规划"留白"机制,开展国土空间用途管制试点。运用市场化机制盘活城乡闲置建设用地、工矿废弃地、国有"四荒"地。鼓励工业用地推行弹性年期、长期租赁、先租后让、租让结合等供地方式,探索工业用地"标准地"出让,推进土地资源配置改革。通过国有农用地、未利用地等使用权改革支持优势特色种养殖业发展。

（二十七）大力开展排污权交易改革。落实排污权有偿使用和交易制度,推动可交易排污权入市,科学合理确定定额出让方式下的排污权使用费征收标准。建立排污权调控机制。探索建立排污权抵押贷款、租赁机制。

（二十八）深入推进山林权改革。推进山林地确权登记,放活山林地经营权,加快推进"三权分置"改革,依法流转山林地经营权和林木所有权,促进适度规模经营。发挥林地经营权和林木所有权融资功能,鼓励金融机构开展涉林抵押贷款。探索开展林业资源价值评估和林业碳汇交易,完善市场交易机制。推进"以林养林"新模式,鼓励社会资本投资林业建设。

十、组织实施

建设先行区是推动黄河流域生态保护和高质量发展的一项重要任务,要坚持高点站位、通盘谋划,以先行区建设统领宁夏生态环境保护和经济社会发展各领域各方面,推动各项工作尽快取得新进展、见到新气象。

(二十九)坚持党的全面领导。认真贯彻党中央关于推动黄河流域生态保护和高质量发展的决策部署,把党的领导贯穿于先行区建设全过程各领域,充分发挥党总揽全局、协调各方的领导核心作用,发挥基层党组织战斗堡垒作用,以咬定青山不放松的执着奋力推动黄河流域生态保护和高质量发展。

(三十)强化政策支持。增强先行区建设各类政策统筹协调力度,用足用好现有政策,加快完善配套政策,提升政策精准性和协同性。支持有关中央企业、金融机构发挥更大作用,助力先行区生态环境保护和绿色低碳发展。营造良好舆论氛围,充分调动社会各界参与先行区建设的积极性。

(三十一)完善法治保障。在国家顶层设计和统筹部署下,积极出台有关先行区建设的地方性法规,把先行区建设纳入法治化轨道。加大司法服务和保障黄河流域生态保护和高质量发展工作力度,加强水资源司法保护,依法严惩生态破坏、环境污染犯罪,从严查处破坏黄河流域文物古迹等犯罪行为。实施好《宁夏回族自治区建设黄河流域生态保护和高质量发展先行区促进条例》。

(三十二)加强统筹协调。在推动黄河流域生态保护和高质量发展领导小组统筹领导下,宁夏回族自治区党委和政府要履行主体责任,完善工作机制,加强组织动员和推进实施,始终确保先行区建设方向不偏、力度不减,重要政策、重大工程、重点项目按程序报批。相关市县要落实工作责任,发挥基层首创精神,积极主动开展各项工作。各有关部门要按照职责分工,切实加强指导,在政策实施、体制创新、项目建设等方面予以积极支持。国家发展改革委(推动黄河流域生态保护和高质量发展领导小组办公室)要加强协调,适时组织开展方案实施进展情况评估,督促落实各项重大任务。重大事项及时向党中央、国务院报告。

附录四　附　表

附表 1　黄河流域历年城市用水总效应的 LMDI 分解结果

年份	城市	省（自治区）	效应值/万 m³				贡献率/%		
			用水强度效应	经济发展效应	人口规模效应	总效应	用水强度贡献	经济发展贡献	人口规模贡献
2011	太原	山西	428	3 714	−41	4 101	10	91	−1
2012	太原	山西	−4 083	2 974	69	−1 040	392	−286	−7
2013	太原	山西	−1 464	2 558	147	1 241	−118	206	12
2014	太原	山西	−2 210	1 340	191	−679	326	−198	−28
2015	太原	山西	−315	1 177	−201	661	−48	178	−30
2016	太原	山西	166	1 224	235	1 625	10	75	14
2017	太原	山西	−2 151	2 428	−92	185	−1 169	1 319	−50
2018	太原	山西	1 224	1 558	770	3 552	34	44	22
2019	太原	山西	−10 270	1 394	614	−8 262	124	−17	−7
2011	大同	山西	−911	954	35	78	−1 158	1 213	45
2012	大同	山西	−233	797	13	577	−40	138	2
2013	大同	山西	−671	264	483	76	−890	350	640
2014	大同	山西	−587	373	44	−170	344	−218	−26
2015	大同	山西	−166	873	−608	99	−168	883	−615
2016	大同	山西	396	350	51	797	50	44	6
2017	大同	山西	1461	725	0	2 186	67	33	0
2018	大同	山西	−358	772	0	414	−86	186	0
2019	大同	山西	−85	749	0	664	−13	113	0
2011	阳泉	山西	−1 646	632	25	−989	166	−64	−3
2012	阳泉	山西	−419	448	26	55	−767	819	48
2013	阳泉	山西	−318	404	23	109	−294	373	21
2014	阳泉	山西	−168	225	19	76	−221	296	25
2015	阳泉	山西	40	201	−41	200	20	101	−21
2016	阳泉	山西	−896	188	32	−676	132	−28	−5
2017	阳泉	山西	−414	351	−35	−98	423	−359	36
2018	阳泉	山西	76	308	0	384	20	80	0

续附表 1

年份	城市	省(自治区)	效应值/万 m³				贡献率/%		
			用水强度效应	经济发展效应	人口规模效应	总效应	用水强度贡献	经济发展贡献	人口规模贡献
2019	阳泉	山西	-2 188	234	0	-1 954	112	-12	0
2011	长治	山西	-744	939	68	263	-284	357	26
2012	长治	山西	-1 612	721	43	-848	190	-85	-5
2013	长治	山西	-506	591	56	141	-358	419	40
2014	长治	山西	-509	350	13	-146	348	-239	-9
2015	长治	山西	-115	284	-53	116	-98	243	-45
2016	长治	山西	328	300	51	679	48	44	7
2017	长治	山西	-384	602	-25	193	-199	312	-13
2018	长治	山西	-371	532	25	186	-199	285	14
2019	长治	山西	-764	490	25	-249	307	-197	-10
2011	晋城	山西	716	282	14	1 012	71	28	1
2012	晋城	山西	29	291	10	330	9	88	3
2013	晋城	山西	310	288	18	616	50	47	3
2014	晋城	山西	-239	193	-7	-53	449	-363	13
2015	晋城	山西	-54	109	10	65	-84	169	15
2016	晋城	山西	-178	163	10	-5	3 204	-2 924	-180
2017	晋城	山西	-261	251	18	8	-3 362	3 233	229
2018	晋城	山西	-292	253	0	-39	755	-655	0
2019	晋城	山西	-45	222	18	195	-23	114	9
2011	朔州	山西	-146	105	211	170	-85	61	124
2012	朔州	山西	-239	245	14	20	-1 253	1 280	73
2013	朔州	山西	-19	225	15	221	-9	102	7
2014	朔州	山西	-396	117	16	-263	151	-45	-6
2015	朔州	山西	-251	290	-212	-173	145	-168	123
2016	朔州	山西	40	89	23	152	26	58	15
2017	朔州	山西	-39	169	17	147	-27	116	11
2018	朔州	山西	-128	199	-17	54	-236	368	-32
2019	朔州	山西	-255	151	17	-87	293	-173	-20
2011	晋中	山西	106	325	21	452	23	72	5

续附表 1

年份	城市	省（自治区）	效应值/万 m³				贡献率/%		
			用水强度效应	经济发展效应	人口规模效应	总效应	用水强度贡献	经济发展贡献	人口规模贡献
2012	晋中	山西	−40	290	17	267	−15	109	6
2013	晋中	山西	−293	227	56	−10	2 980	−2 313	−567
2014	晋中	山西	100	165	0	265	38	62	0
2015	晋中	山西	1 531	144	−11	1 664	92	9	−1
2016	晋中	山西	64	199	38	301	21	66	13
2017	晋中	山西	−1 995	319	0	−1 676	119	−19	0
2018	晋中	山西	63	237	24	324	19	73	7
2019	晋中	山西	−559	230	12	−317	177	−73	−4
2011	运城	山西	−83	281	74	272	−31	103	27
2012	运城	山西	345	306	18	669	52	46	3
2013	运城	山西	−316	296	21	1	−3 164 750	2 958 211	206 639
2014	运城	山西	−483	151	19	−313	154	−48	−6
2015	运城	山西	−1 170	168	−82	−1 084	108	−16	8
2016	运城	山西	563	11	106	680	83	2	16
2017	运城	山西	2 387	432	−145	2 674	89	16	−5
2018	运城	山西	−1 248	337	0	−911	137	−37	0
2019	运城	山西	−1 838	227	8	−1 603	115	−14	0
2011	忻州	山西	−245	235	17	7	−3 271	3 143	228
2012	忻州	山西	−117	204	−1	86	−135	235	−1
2013	忻州	山西	−112	177	10	75	−149	236	13
2014	忻州	山西	−131	98	8	−25	522	−391	−31
2015	忻州	山西	−849	89	−34	−794	107	−11	4
2016	忻州	山西	596	68	8	672	89	10	1
2017	忻州	山西	−186	141	0	−45	420	−320	0
2018	忻州	山西	317	147	0	464	68	32	0
2019	忻州	山西	−33	163	−8	122	−28	135	−7
2011	临汾	山西	−243	312	17	86	−279	359	20
2012	临汾	山西	−105	369	−97	167	−63	222	−58
2013	临汾	山西	−298	232	14	−52	573	−447	−26

续附表 1

年份	城市	省 (自治区)	效应值/万 m³				贡献率/%		
			用水强 度效应	经济发 展效应	人口规 模效应	总效应	用水强 度贡献	经济发 展贡献	人口规 模贡献
2014	临汾	山西	174	131	13	318	55	41	4
2015	临汾	山西	-878	74	10	-794	111	-9	-1
2016	临汾	山西	551	98	21	670	82	15	3
2017	临汾	山西	-328	212	-7	-123	266	-171	6
2018	临汾	山西	-202	189	0	-13	1 630	-1 530	0
2019	临汾	山西	-37	193	-14	142	-26	135	-10
2011	吕梁	山西	39	144	20	203	19	71	10
2012	吕梁	山西	-145	122	17	-6	2 075	-1 739	-236
2013	吕梁	山西	-531	102	1	-428	124	-24	0
2014	吕梁	山西	261	65	-9	317	83	20	-3
2015	吕梁	山西	-157	49	-10	-118	132	-41	9
2016	吕梁	山西	-87	41	11	-35	249	-118	-31
2017	吕梁	山西	12	80	3	95	13	84	3
2018	吕梁	山西	115	81	7	203	57	40	3
2019	吕梁	山西	100	94	0	194	52	48	0
2011	呼和浩特	内蒙古	404	1 570	153	2 127	19	74	7
2012	呼和浩特	内蒙古	-1 776	1 628	-120	-268	662	-606	45
2013	呼和浩特	内蒙古	-1 069	968	220	119	-904	818	186
2014	呼和浩特	内蒙古	-38	840	237	1 039	-4	81	23
2015	呼和浩特	内蒙古	-2 829	995	40	-1 794	158	-55	-2
2016	呼和浩特	内蒙古	768	828	141	1 737	44	48	8
2017	呼和浩特	内蒙古	1 446	490	131	2 067	70	24	6
2018	呼和浩特	内蒙古	-1 408	654	204	-550	256	-119	-37
2019	呼和浩特	内蒙古	278	652	205	1 135	24	57	18
2011	包头	内蒙古	-3 098	1 740	126	-1 232	251	-141	-10
2012	包头	内蒙古	-1 255	1 362	103	210	-598	649	49
2013	包头	内蒙古	2 114	1 209	102	3 425	62	35	3
2014	包头	内蒙古	-790	1 395	-100	505	-156	276	-20
2015	包头	内蒙古	-899	1 300	13	414	-217	314	3

年份	城市	省(自治区)	效应值/万 m³				贡献率/%		
			用水强度效应	经济发展效应	人口规模效应	总效应	用水强度贡献	经济发展贡献	人口规模贡献
2016	包头	内蒙古	−1 177	1 236	11	70	−1 666	1 750	16
2017	包头	内蒙古	141	722	0	863	16	84	0
2018	包头	内蒙古	−919	975	0	56	−1 646	1 746	0
2019	包头	内蒙古	−187	892	86	791	−24	113	11
2011	乌海	内蒙古	−847	332	60	−455	186	−73	−13
2012	乌海	内蒙古	−264	262	35	33	−800	794	106
2013	乌海	内蒙古	1 179	264	31	1 474	80	18	2
2014	乌海	内蒙古	−514	302	7	−205	251	−148	−4
2015	乌海	内蒙古	902	1353	−1 011	1 244	73	109	−81
2016	乌海	内蒙古	−706	410	−56	−352	200	−116	16
2017	乌海	内蒙古	2 963	250	0	3 213	92	8	0
2018	乌海	内蒙古	−1 617	387	0	−1 230	131	−31	0
2019	乌海	内蒙古	−562	344	0	−218	258	−158	0
2011	赤峰	内蒙古	−246	1 326	48	1 128	−22	118	4
2012	赤峰	内蒙古	−1 647	1 125	30	−492	335	−229	−6
2013	赤峰	内蒙古	−770	829	70	129	−597	643	54
2014	赤峰	内蒙古	−380	769	35	424	−90	182	8
2015	赤峰	内蒙古	−347	903	−76	480	−72	188	−16
2016	赤峰	内蒙古	−501	794	9	302	−166	263	3
2017	赤峰	内蒙古	−433	535	−76	26	−1 668	2 061	−293
2018	赤峰	内蒙古	−417	636	−26	193	−215	329	−13
2019	赤峰	内蒙古	−176	589	26	439	−40	134	6
2011	通辽	内蒙古	−1 178	649	22	−507	232	−128	−4
2012	通辽	内蒙古	−176	543	−5	362	−48	150	−1
2013	通辽	内蒙古	−452	419	22	−11	4 474	−4 152	−222
2014	通辽	内蒙古	−393	413	−29	−9	4 361	−4 579	319
2015	通辽	内蒙古	−265	384	0	119	−223	323	0
2016	通辽	内蒙古	−267	373	−6	100	−266	372	−6
2017	通辽	内蒙古	−219	259	−50	−10	2 140	−2 532	492

续附表 1

年份	城市	省（自治区）	效应值/万 m³				贡献率/%		
			用水强度效应	经济发展效应	人口规模效应	总效应	用水强度贡献	经济发展贡献	人口规模贡献
2018	通辽	内蒙古	−454	270	0	−184	247	−147	0
2019	通辽	内蒙古	840	270	18	1 128	74	24	2
2011	鄂尔多斯	内蒙古	133	253	99	485	27	52	20
2012	鄂尔多斯	内蒙古	−184	437	−116	137	−134	318	−85
2013	鄂尔多斯	内蒙古	178	233	47	458	39	51	10
2014	鄂尔多斯	内蒙古	−154	226	39	111	−139	204	35
2015	鄂尔多斯	内蒙古	−82	242	31	191	−43	127	16
2016	鄂尔多斯	内蒙古	−282	222	40	−20	1 363	−1 070	−193
2017	鄂尔多斯	内蒙古	−35	102	48	115	−30	89	42
2018	鄂尔多斯	内蒙古	−135	177	24	66	−201	265	36
2019	鄂尔多斯	内蒙古	13	155	50	218	6	71	23
2011	呼伦贝尔	内蒙古	−96	330	−8	226	−42	146	−4
2012	呼伦贝尔	内蒙古	−326	309	−37	−54	603	−572	69
2013	呼伦贝尔	内蒙古	−490	318	−118	−290	169	−110	41
2014	呼伦贝尔	内蒙古	−192	57	106	−29	654	−193	−361
2015	呼伦贝尔	内蒙古	249	234	−59	424	59	55	−14
2016	呼伦贝尔	内蒙古	143	193	−3	333	43	58	−1
2017	呼伦贝尔	内蒙古	65	106	12	183	36	58	6
2018	呼伦贝尔	内蒙古	−16	212	−49	147	−11	144	−33
2019	呼伦贝尔	内蒙古	−285	173	−12	−124	230	−140	10
2011	巴彦淖尔	内蒙古	−18	225	4	211	−9	107	2
2012	巴彦淖尔	内蒙古	−42	208	−1	165	−26	126	−1
2013	巴彦淖尔	内蒙古	−40	216	−39	137	−29	158	−28
2014	巴彦淖尔	内蒙古	115	228	−58	285	40	80	−20
2015	巴彦淖尔	内蒙古	−331	224	−51	−158	209	−141	32
2016	巴彦淖尔	内蒙古	574	177	4	755	76	23	1
2017	巴彦淖尔	内蒙古	−909	116	−15	−808	113	−14	2
2018	巴彦淖尔	内蒙古	−36	116	0	80	−44	144	0
2019	巴彦淖尔	内蒙古	−337	110	0	−227	148	−48	0

续附表1

年份	城市	省(自治区)	效应值/万 m³				贡献率/%		
			用水强度效应	经济发展效应	人口规模效应	总效应	用水强度贡献	经济发展贡献	人口规模贡献
2011	乌兰察布	内蒙古	−989	205	10	−774	128	−27	−1
2012	乌兰察布	内蒙古	−117	146	−8	21	−556	694	−38
2013	乌兰察布	内蒙古	112	138	−18	232	48	59	−8
2014	乌兰察布	内蒙古	−27	152	−35	90	−30	169	−39
2015	乌兰察布	内蒙古	24	143	−19	148	16	96	−13
2016	乌兰察布	内蒙古	61	127	1	189	32	67	0
2017	乌兰察布	内蒙古	−84	90	−14	−8	972	−1035	163
2018	乌兰察布	内蒙古	0	109	−7	102	0	107	−7
2019	乌兰察布	内蒙古	177	126	−16	287	62	44	−6
2011	济南	山东	2 171	2 937	123	5 231	42	56	2
2012	济南	山东	−2 081	2 922	140	981	−212	298	14
2013	济南	山东	−2 743	2 838	224	319	−860	889	70
2014	济南	山东	−2 017	2 378	457	818	−247	291	56
2015	济南	山东	−2 278	2 416	229	367	−622	659	62
2016	济南	山东	4 759	2 370	444	7 573	63	31	6
2017	济南	山东	704	2 379	762	3 845	18	62	20
2018	济南	山东	−136	2 073	878	2 815	−5	74	31
2019	济南	山东	−4 534	−6 775	9 345	−1 964	231	345	−476
2011	青岛	山东	−4 716	3 559	129	−1 028	459	−346	−13
2012	青岛	山东	4 030	3 469	162	7 661	53	45	2
2013	青岛	山东	−3 595	3 710	228	343	−1 049	1 082	67
2014	青岛	山东	−228	3 345	398	3 515	−6	95	11
2015	青岛	山东	−3 998	3 404	148	−446	896	−763	−33
2016	青岛	山东	−2 237	2 958	470	1 191	−188	248	39
2017	青岛	山东	−3 483	2 649	713	−121	2 872	−2 184	−588
2018	青岛	山东	2 848	2 185	929	5 962	48	37	16
2019	青岛	山东	−765	2 051	856	2 142	−36	96	40
2011	淄博	山东	−2 349	2 698	92	441	−534	613	21
2012	淄博	山东	−2 782	2 536	−6	−252	1 102	−1 005	3

续附表1

年份	城市	省(自治区)	效应值/万 m³				贡献率/%		
			用水强度效应	经济发展效应	人口规模效应	总效应	用水强度贡献	经济发展贡献	人口规模贡献
2013	淄博	山东	−2 303	2 375	102	174	−1 330	1 371	59
2014	淄博	山东	−2 777	2 069	170	−538	515	−384	−32
2015	淄博	山东	−1 986	1 935	99	48	−4 144	4 037	207
2016	淄博	山东	−297	1 858	153	1 714	−17	108	9
2017	淄博	山东	−5 090	1 834	62	−3 194	159	−57	−2
2018	淄博	山东	−552	1 532	59	1 039	−53	147	6
2019	淄博	山东	−1 124	1 409	0	285	−395	495	0
2011	枣庄	山东	−428	789	67	428	−100	184	16
2012	枣庄	山东	−200	809	13	622	−32	130	2
2013	枣庄	山东	−453	826	28	401	−113	206	7
2014	枣庄	山东	−209	688	131	610	−34	113	21
2015	枣庄	山东	−375	625	165	415	−90	151	40
2016	枣庄	山东	−469	647	136	314	−149	206	43
2017	枣庄	山东	−3 327	558	114	−2 655	125	−21	−4
2018	枣庄	山东	295	432	102	829	36	52	12
2019	枣庄	山东	−366	465	21	120	−303	385	18
2011	东营	山东	−1 126	939	59	−128	877	−732	−46
2012	东营	山东	−862	923	−26	35	−2 430	2 603	−73
2013	东营	山东	−1 077	796	77	−204	525	−388	−37
2014	东营	山东	−957	674	104	−179	533	−375	−58
2015	东营	山东	−241	649	76	484	−50	134	16
2016	东营	山东	2 702	693	141	3 536	76	20	4
2017	东营	山东	735	856	145	1 736	42	49	8
2018	东营	山东	820	823	162	1 805	45	46	9
2019	东营	山东	−3 552	746	78	−2 728	130	−27	−3
2011	烟台	山东	−1 018	1 532	15	529	−192	290	3
2012	烟台	山东	−920	1 483	−36	527	−175	281	−7
2013	烟台	山东	−1 481	1 420	22	−39	3 822	−3 666	−56
2014	烟台	山东	376	1 327	56	1 759	21	75	3

续附表 1

年份	城市	省（自治区）	效应值/万 m³				贡献率/%		
			用水强度效应	经济发展效应	人口规模效应	总效应	用水强度贡献	经济发展贡献	人口规模贡献
2015	烟台	山东	-67	1 390	-3	1 320	-5	105	0
2016	烟台	山东	-1 959	1 305	49	-605	324	-216	-8
2017	烟台	山东	-372	1 353	-29	952	-39	142	-3
2018	烟台	山东	-970	1 194	0	224	-434	534	0
2019	烟台	山东	-1 498	1 053	-29	-474	316	-222	6
2011	潍坊	山东	4 682	1 172	52	5 906	79	20	1
2012	潍坊	山东	-1 359	1 384	22	47	-2 826	2 879	46
2013	潍坊	山东	-1 176	1 322	69	215	-547	615	32
2014	潍坊	山东	-1 698	1 165	92	-441	385	-264	-21
2015	潍坊	山东	-1 247	1 041	90	-116	1 080	-902	-78
2016	潍坊	山东	-2 633	906	113	-1 614	163	-56	-7
2017	潍坊	山东	1 804	916	112	2 832	64	32	4
2018	潍坊	山东	-150	908	108	866	-17	105	12
2019	潍坊	山东	3 741	939	83	4 763	79	20	2
2011	济宁	山东	370	1 145	54	1 569	24	73	3
2012	济宁	山东	-1 197	1 156	1	-40	2 994	-2 890	-4
2013	济宁	山东	2 385	1 283	12	3 680	65	35	0
2014	济宁	山东	-1 462	1 103	230	-129	1 130	-852	-178
2015	济宁	山东	-2 135	1 049	131	-955	224	-110	-14
2016	济宁	山东	-653	963	149	459	-142	210	32
2017	济宁	山东	1 132	1 043	132	2 307	49	45	6
2018	济宁	山东	-2 961	888	151	-1 922	154	-46	-8
2019	济宁	山东	773	834	56	1 663	46	50	3
2011	泰安	山东	-673	655	29	11	-6 119	5 951	268
2012	泰安	山东	-822	616	-7	-213	386	-289	3
2013	泰安	山东	-372	599	-1	226	-166	266	-1
2014	泰安	山东	-83	530	43	490	-17	108	9
2015	泰安	山东	-164	515	44	395	-42	130	11
2016	泰安	山东	-291	516	44	269	-108	192	16

续附表 1

年份	城市	省(自治区)	效应值/万 m³				贡献率/%		
			用水强度效应	经济发展效应	人口规模效应	总效应	用水强度贡献	经济发展贡献	人口规模贡献
2017	泰安	山东	−672	521	27	−124	542	−421	−22
2018	泰安	山东	−249	455	27	233	−107	195	12
2019	泰安	山东	−1 624	389	0	−1 235	131	−31	0
2011	威海	山东	−589	620	5	36	−1 684	1 771	13
2012	威海	山东	−255	586	−5	326	−78	180	−2
2013	威海	山东	−320	592	5	277	−116	214	2
2014	威海	山东	3 021	666	33	3 720	81	18	1
2015	威海	山东	−680	800	−2	118	−576	678	−2
2016	威海	山东	−448	729	52	333	−135	219	16
2017	威海	山东	−991	761	0	−230	430	−330	0
2018	威海	山东	−1 949	576	39	−1 334	146	−43	−3
2019	威海	山东	−541	495	0	−46	1 169	−1 069	0
2011	日照	山东	−427	600	23	196	−218	306	11
2012	日照	山东	50	622	−20	652	8	95	−3
2013	日照	山东	−670	571	47	−52	1 286	−1 097	−90
2014	日照	山东	23	494	91	608	4	81	15
2015	日照	山东	−590	508	51	−31	1 906	−1 642	−164
2016	日照	山东	−1 626	400	91	−1 135	143	−35	−8
2017	日照	山东	608	386	89	1 083	56	36	8
2018	日照	山东	207	396	74	677	31	58	11
2019	日照	山东	715	427	28	1170	61	36	2
2011	临沂	山东	−1 323	1 496	121	294	−450	509	41
2012	临沂	山东	−227	1 493	42	1 308	−17	114	3
2013	临沂	山东	−32	1 530	109	1 607	−2	95	7
2014	临沂	山东	185	1 229	405	1 819	10	68	22
2015	临沂	山东	−411	1 410	205	1 204	−34	117	17
2016	临沂	山东	−1 194	1 277	328	411	−290	311	80
2017	临沂	山东	1 631	1 253	433	3 317	49	38	13
2018	临沂	山东	−2 671	1 161	382	−1 128	237	−103	−34

续附表 1

年份	城市	省 （自治区）	效应值/万 m³				贡献率/%		
			用水强 度效应	经济发 展效应	人口规 模效应	总效应	用水强 度贡献	经济发 展贡献	人口规 模贡献
2019	临沂	山东	−5 914	986	184	−4 744	125	−21	−4
2011	德州	山东	−850	653	71	−126	671	−515	−56
2012	德州	山东	−71	657	19	605	−12	109	3
2013	德州	山东	−1 075	656	16	−403	267	−163	−4
2014	德州	山东	3 038	674	67	3 779	80	18	2
2015	德州	山东	286	799	80	1 165	25	69	7
2016	德州	山东	−999	764	117	−118	844	−645	−99
2017	德州	山东	239	847	42	1 128	21	75	4
2018	德州	山东	−800	746	66	12	−6 497	6 062	535
2019	德州	山东	−303	690	22	409	−74	169	5
2011	聊城	山东	114	471	57	642	18	73	9
2012	聊城	山东	−300	607	−90	217	−138	279	−41
2013	聊城	山东	245	523	30	798	31	65	4
2014	聊城	山东	−310	389	158	237	−130	164	67
2015	聊城	山东	−261	409	113	261	−100	157	43
2016	聊城	山东	1 875	456	138	2 469	76	18	6
2017	聊城	山东	−148	581	106	539	−27	108	20
2018	聊城	山东	139	561	80	780	18	72	10
2019	聊城	山东	1 791	601	37	2 429	74	25	2
2011	滨州	山东	746	626	48	1 420	53	44	3
2012	滨州	山东	−969	659	4	−306	316	−215	−1
2013	滨州	山东	−185	644	13	472	−39	137	3
2014	滨州	山东	−1 277	495	94	−688	186	−72	−14
2015	滨州	山东	938	524	46	1 508	62	35	3
2016	滨州	山东	869	590	67	1 526	57	39	4
2017	滨州	山东	274	675	52	1 001	27	67	5
2018	滨州	山东	−468	591	82	205	−228	288	40
2019	滨州	山东	−955	549	27	−379	252	−145	−7
2011	菏泽	山东	−412	389	33	10	−4 117	3 891	326

续附表 1

年份	城市	省（自治区）	效应值/万 m³				贡献率/%		
			用水强度效应	经济发展效应	人口规模效应	总效应	用水强度贡献	经济发展贡献	人口规模贡献
2012	菏泽	山东	−358	422	−39	25	−1 431	1 687	−157
2013	菏泽	山东	87	397	1	485	18	82	0
2014	菏泽	山东	815	257	176	1 248	65	21	14
2015	菏泽	山东	909	417	81	1 407	65	30	6
2016	菏泽	山东	496	477	92	1 065	47	45	9
2017	菏泽	山东	−598	557	33	−8	7 259	−6 763	−397
2018	菏泽	山东	−939	454	47	−438	214	−104	−11
2019	菏泽	山东	−1 306	389	7	−910	144	−43	−1
2011	郑州	河南	−6 070	2 377	1 755	−1 938	313	−123	−91
2012	郑州	河南	−3 405	1 299	2 146	40	−8 474	3 233	5 342
2013	郑州	河南	−3 482	8 567	−5 498	−413	844	−2 076	1 332
2014	郑州	河南	−4 233	2 251	700	−1 282	330	−176	−55
2015	郑州	河南	−1 713	7 819	−5 056	1 050	−163	744	−481
2016	郑州	河南	−757	2 105	730	2 078	−36	101	35
2017	郑州	河南	−512	2 196	691	2 375	−22	92	29
2018	郑州	河南	−529	1 939	1 054	2 464	−21	79	43
2019	郑州	河南	583	2 063	904	3 550	16	58	25
2011	开封	河南	329	799	134	1 262	26	63	11
2012	开封	河南	−838	845	16	23	−3 464	3 496	68
2013	开封	河南	−1 242	613	138	−491	253	−125	−28
2014	开封	河南	−365	724	11	370	−98	195	3
2015	开封	河南	972	772	1	1 745	56	44	0
2016	开封	河南	305	771	104	1 180	26	65	9
2017	开封	河南	−1 486	861	0	−625	238	−138	0
2018	开封	河南	−240	818	20	598	−40	137	3
2019	开封	河南	−684	778	21	115	−599	681	18
2011	洛阳	河南	582	1 498	157	2 237	26	67	7
2012	洛阳	河南	−1 062	1 582	−32	488	−217	324	−6
2013	洛阳	河南	−1 542	1 808	−404	−138	1 113	−1 304	292

续附表 1

年份	城市	省（自治区）	效应值/万 m³				贡献率/%		
			用水强度效应	经济发展效应	人口规模效应	总效应	用水强度贡献	经济发展贡献	人口规模贡献
2014	洛阳	河南	−1 300	1 289	91	80	−1 624	1 610	114
2015	洛阳	河南	−1 425	559	735	−131	1 092	−429	−563
2016	洛阳	河南	−1 076	1 084	190	198	−545	549	96
2017	洛阳	河南	−871	1 243	0	372	−234	334	0
2018	洛阳	河南	−943	1 168	69	294	−321	397	23
2019	洛阳	河南	−747	1 050	116	419	−178	250	28
2011	平顶山	河南	−829	990	178	339	−245	293	52
2012	平顶山	河南	−402	1 112	−66	644	−62	173	−10
2013	平顶山	河南	−1 168	1 122	−166	−212	550	−528	78
2014	平顶山	河南	−1 282	530	387	−365	351	−145	−106
2015	平顶山	河南	−1 259	733	96	−430	293	−171	−22
2016	平顶山	河南	−420	708	105	393	−107	180	27
2017	平顶山	河南	1 245	892	−20	2 117	59	42	−1
2018	平顶山	河南	−1 080	858	67	−155	694	−552	−43
2019	平顶山	河南	−2 418	793	0	−1 625	149	−49	0
2011	安阳	河南	−1 440	1 078	182	−180	800	−599	−101
2012	安阳	河南	−1 859	991	38	−830	224	−119	−5
2013	安阳	河南	−1 233	718	152	−363	340	−198	−42
2014	安阳	河南	−828	689	154	15	−5 519	4 594	1 026
2015	安阳	河南	−737	697	98	58	−1 270	1 201	169
2016	安阳	河南	−562	653	139	230	−244	284	60
2017	安阳	河南	−796	800	−33	−29	2 744	−2 757	113
2018	安阳	河南	−465	708	50	293	−159	242	17
2019	安阳	河南	−617	679	34	96	−643	708	35
2011	鹤壁	河南	−312	496	62	246	−127	201	25
2012	鹤壁	河南	−280	532	−32	220	−127	242	−14
2013	鹤壁	河南	−288	373	92	177	−162	210	52
2014	鹤壁	河南	−211	443	34	266	−79	167	13
2015	鹤壁	河南	−1 997	337	54	−1 606	124	−21	−3

续附表 1

年份	城市	省（自治区）	效应值/万 m³				贡献率/%		
			用水强度效应	经济发展效应	人口规模效应	总效应	用水强度贡献	经济发展贡献	人口规模贡献
2016	鹤壁	河南	−110	302	32	224	−49	135	14
2017	鹤壁	河南	−744	312	0	−432	172	−72	0
2018	鹤壁	河南	169	281	24	474	36	59	5
2019	鹤壁	河南	351	321	0	672	52	48	0
2011	新乡	河南	149	1 137	164	1 450	10	78	11
2012	新乡	河南	−1 134	1 097	90	53	−2 121	2 052	169
2013	新乡	河南	−844	915	161	232	−364	395	69
2014	新乡	河南	−1 031	961	111	41	−2 580	2 403	277
2015	新乡	河南	−284	895	142	753	−38	119	19
2016	新乡	河南	308	915	188	1 411	22	65	13
2017	新乡	河南	−1 686	1 067	22	−597	283	−179	−4
2018	新乡	河南	−1 511	830	193	−488	309	−170	−39
2019	新乡	河南	−4 281	661	144	−3 476	123	−19	−4
2011	焦作	河南	−1 017	859	43	−115	890	−752	−38
2012	焦作	河南	−880	819	−58	−119	741	−690	49
2013	焦作	河南	−531	672	11	152	−350	442	7
2014	焦作	河南	−670	641	39	10	−6 624	6 337	387
2015	焦作	河南	−391	603	46	258	−151	234	18
2016	焦作	河南	−648	596	51	−1	−6 476 365	5 961 760	514 705
2017	焦作	河南	−522	692	−67	103	−506	671	−65
2018	焦作	河南	−612	568	45	1	−32 022	29 764	2 358
2019	焦作	河南	−547	567	0	20	−2 639	2 739	0
2011	濮阳	河南	−497	487	83	73	−681	668	114
2012	濮阳	河南	−486	435	57	6	−8 099	7 243	956
2013	濮阳	河南	−114	506	−50	342	−34	148	−15
2014	濮阳	河南	−454	370	93	9	−4 537	3 702	934
2015	濮阳	河南	−55	392	60	397	−14	99	15
2016	濮阳	河南	1 032	456	61	1 549	67	29	4
2017	濮阳	河南	−735	567	−17	−185	396	−306	9

年份	城市	省(自治区)	效应值/万 m³				贡献率/%		
			用水强度效应	经济发展效应	人口规模效应	总效应	用水强度贡献	经济发展贡献	人口规模贡献
2018	濮阳	河南	−308	487	51	230	−134	212	22
2019	濮阳	河南	−387	526	−17	122	−317	431	−14
2011	许昌	河南	−165	438	38	311	−53	141	12
2012	许昌	河南	−378	425	1	48	−787	885	2
2013	许昌	河南	−421	339	43	−39	1 070	−861	−109
2014	许昌	河南	−180	376	7	203	−89	185	4
2015	许昌	河南	39	337	48	424	9	80	11
2016	许昌	河南	−68	354	54	340	−20	104	16
2017	许昌	河南	−1 356	384	−19	−991	137	−39	2
2018	许昌	河南	280	334	9	623	45	54	1
2019	许昌	河南	−238	322	20	104	−227	308	19
2011	漯河	河南	−1 250	1 185	−74	−139	899	−852	53
2012	漯河	河南	−886	997	−50	61	−1 452	1 634	−82
2013	漯河	河南	−807	882	−29	46	−1 754	1 916	−63
2014	漯河	河南	−837	1 117	−275	5	−16 742	22 345	−5 503
2015	漯河	河南	−767	742	50	25	−3 069	2 970	199
2016	漯河	河南	−2 353	680	33	−1 640	143	−41	−2
2017	漯河	河南	88	716	−65	739	12	97	−9
2018	漯河	河南	−2 433	593	0	−1 840	132	−32	0
2019	漯河	河南	−1 148	438	26	−684	168	−64	−4
2011	三门峡	河南	−282	248	−38	−72	386	−339	53
2012	三门峡	河南	−176	172	4	0	−250 751	245 080	5 772
2013	三门峡	河南	145	164	6	315	46	52	2
2014	三门峡	河南	−251	169	9	−73	346	−233	−13
2015	三门峡	河南	1 009	204	5	1 218	83	17	0
2016	三门峡	河南	−432	240	10	−182	237	−132	−6
2017	三门峡	河南	−108	252	−14	130	−82	193	−11
2018	三门峡	河南	−289	249	−14	−54	537	−464	26
2019	三门峡	河南	−144	218	0	74	−196	296	0

续附表 1

年份	城市	省 (自治区)	效应值/万 m³				贡献率/%		
			用水强 度效应	经济发 展效应	人口规 模效应	总效应	用水强 度贡献	经济发 展贡献	人口规 模贡献
2011	南阳	河南	−483	670	79	266	−182	252	30
2012	南阳	河南	1 562	725	35	2 322	67	31	2
2013	南阳	河南	−658	1 065	−273	134	−493	797	−204
2014	南阳	河南	−506	715	83	292	−173	245	28
2015	南阳	河南	−523	713	58	248	−211	288	23
2016	南阳	河南	−958	706	53	−199	482	−355	−27
2017	南阳	河南	−267	697	41	471	−57	148	9
2018	南阳	河南	−725	424	314	13	−5 750	3 360	2 490
2019	南阳	河南	−296	687	8	399	−74	172	2
2011	商丘	河南	−327	526	49	248	−132	212	20
2012	商丘	河南	−1 817	399	35	−1 383	131	−29	−3
2013	商丘	河南	−339	297	35	−7	4 994	−4 380	−514
2014	商丘	河南	141	316	31	488	29	65	6
2015	商丘	河南	−346	294	52	0	−3 456 080	2 939 415	516 765
2016	商丘	河南	−339	268	71	0	−3 393 766	2 682 186	711 680
2017	商丘	河南	452	307	48	807	56	38	6
2018	商丘	河南	427	339	67	833	51	41	8
2019	商丘	河南	368	393	38	799	46	49	5
2011	信阳	河南	−668	403	28	−237	282	−170	−12
2012	信阳	河南	−313	453	−92	48	−664	961	−196
2013	信阳	河南	−246	308	20	82	−299	374	25
2014	信阳	河南	54	202	141	397	14	51	36
2015	信阳	河南	−307	304	36	33	−930	921	109
2016	信阳	河南	−230	291	48	109	−211	267	44
2017	信阳	河南	−153	322	15	184	−84	176	8
2018	信阳	河南	84	345	5	434	19	80	1
2019	信阳	河南	−655	327	0	−328	200	−100	0
2011	周口	河南	213	213	24	450	47	47	5
2012	周口	河南	345	273	−20	598	58	46	−3

续附表1

年份	城市	省(自治区)	效应值/万 m³				贡献率/%		
			用水强度效应	经济发展效应	人口规模效应	总效应	用水强度贡献	经济发展贡献	人口规模贡献
2013	周口	河南	−74	515	−253	188	−40	275	−135
2014	周口	河南	261	−16	305	550	48	−3	55
2015	周口	河南	310	294	24	628	49	47	4
2016	周口	河南	−13	298	52	337	−4	88	16
2017	周口	河南	−578	344	−4	−238	243	−144	2
2018	周口	河南	305	342	4	651	47	53	1
2019	周口	河南	179	369	−8	540	33	68	−2
2011	驻马店	河南	−101	467	30	396	−26	118	8
2012	驻马店	河南	−12	428	38	454	−3	94	8
2013	驻马店	河南	−347	460	−18	95	−367	486	−19
2014	驻马店	河南	362	322	151	835	43	39	18
2015	驻马店	河南	98	432	70	600	16	72	12
2016	驻马店	河南	−451	392	128	69	−653	568	186
2017	驻马店	河南	−1 509	384	77	−1 048	144	−37	−7
2018	驻马店	河南	1 212	451	20	1 683	72	27	1
2019	驻马店	河南	−354	499	0	145	−243	343	0
2011	成都	四川	−4 578	8 696	840	4 958	−92	175	17
2012	成都	四川	−3 419	8 076	628	5 285	−65	153	12
2013	成都	四川	−4 646	6 411	963	2 728	−170	235	35
2014	成都	四川	7 389	5 372	1 623	14 384	51	37	11
2015	成都	四川	−13 132	5 559	1 280	−6 293	209	−88	−20
2016	成都	四川	17 551	−5 456	12 877	24 972	70	−22	52
2017	成都	四川	−9 536	5 845	2 830	−861	1 108	−679	−329
2018	成都	四川	−10 152	5 372	3 102	−1 678	605	−320	−185
2019	成都	四川	−2 867	6 286	1 804	5 223	−55	120	35
2011	自贡	四川	−234	808	21	595	−39	136	3
2012	自贡	四川	−547	725	27	205	−267	354	13
2013	自贡	四川	−1 701	536	21	−1 144	149	−47	−2
2014	自贡	四川	−199	437	5	243	−82	180	2

续附表 1

年份	城市	省（自治区）	效应值/万 m³				贡献率/%		
			用水强度效应	经济发展效应	人口规模效应	总效应	用水强度贡献	经济发展贡献	人口规模贡献
2015	自贡	四川	−27	481	−44	410	−7	117	−11
2016	自贡	四川	−179	466	−9	278	−65	168	−3
2017	自贡	四川	−416	545	−58	71	−584	765	−81
2018	自贡	四川	−17	523	−20	486	−3	108	−4
2019	自贡	四川	−331	561	−64	166	−201	339	−39
2011	攀枝花	四川	−1 539	1 678	35	174	−883	963	20
2012	攀枝花	四川	−1 062	1 468	22	428	−248	343	5
2013	攀枝花	四川	−759	1 229	12	482	−158	255	2
2014	攀枝花	四川	844	1 174	−13	2 005	42	59	−1
2015	攀枝花	四川	−3 563	1 218	−156	−2 501	142	−49	6
2016	攀枝花	四川	−908	921	39	52	−1 715	1 741	74
2017	攀枝花	四川	−2 649	1 146	−217	−1 720	154	−67	13
2018	攀枝花	四川	−58	991	−106	827	−7	120	−13
2019	攀枝花	四川	379	908	0	1 287	29	71	0
2011	泸州	四川	−609	1 303	13	707	−86	184	2
2012	泸州	四川	−239	1 172	45	978	−24	120	5
2013	泸州	四川	−1 299	944	67	−288	450	−327	−23
2014	泸州	四川	−3 095	745	9	−2 341	132	−32	0
2015	泸州	四川	−763	662	−51	−152	504	−438	34
2016	泸州	四川	−168	577	37	446	−38	129	8
2017	泸州	四川	1 760	711	38	2 509	70	28	2
2018	泸州	四川	−181	867	0	686	−26	126	0
2019	泸州	四川	315	906	−24	1 197	26	76	−2
2011	德阳	四川	−343	743	19	419	−82	177	5
2012	德阳	四川	−1 313	618	14	−681	193	−91	−2
2013	德阳	四川	−51	489	7	445	−11	110	1
2014	德阳	四川	−291	442	7	158	−184	280	4
2015	德阳	四川	−51	477	−37	389	−13	123	−10
2016	德阳	四川	−261	425	31	195	−134	218	16

续附表1

年份	城市	省(自治区)	效应值/万 m³				贡献率/%		
			用水强度效应	经济发展效应	人口规模效应	总效应	用水强度贡献	经济发展贡献	人口规模贡献
2017	德阳	四川	1 001	609	−71	1 539	65	40	−5
2018	德阳	四川	−1 136	591	−19	−564	201	−105	3
2019	德阳	四川	−368	579	−56	155	−238	375	−36
2011	绵阳	四川	−470	1 103	23	656	−72	168	3
2012	绵阳	四川	−472	996	32	556	−85	179	6
2013	绵阳	四川	−629	830	33	234	−268	354	14
2014	绵阳	四川	−163	749	24	610	−27	123	4
2015	绵阳	四川	−197	827	−61	569	−35	145	−11
2016	绵阳	四川	−172	811	−9	630	−27	129	−1
2017	绵阳	四川	−437	1 038	−166	435	−100	238	−38
2018	绵阳	四川	−108	932	−22	802	−13	116	−3
2019	绵阳	四川	436	1 053	−121	1 368	32	77	−9
2011	广元	四川	−3	397	4	398	−1	100	1
2012	广元	四川	−329	362	4	37	−898	987	11
2013	广元	四川	−87	322	−15	220	−40	147	−7
2014	广元	四川	25	285	−1	309	8	92	0
2015	广元	四川	−20	345	−59	266	−8	130	−22
2016	广元	四川	163	314	−4	473	34	67	−1
2017	广元	四川	−15	383	−30	338	−4	113	−9
2018	广元	四川	114	414	−33	495	23	84	−7
2019	广元	四川	−409	410	−35	−34	1 193	−1 194	101
2011	遂宁	四川	362	401	10	773	47	52	1
2012	遂宁	四川	−113	475	−61	301	−38	158	−20
2013	遂宁	四川	−383	314	32	−37	1 029	−844	−85
2014	遂宁	四川	200	305	10	515	39	59	2
2015	遂宁	四川	1 311	395	−21	1 685	78	23	−1
2016	遂宁	四川	−1 199	416	−11	−794	151	−52	1
2017	遂宁	四川	666	550	−119	1 097	61	50	−11
2018	遂宁	四川	244	587	−88	743	33	79	−12

续附表 1

年份	城市	省（自治区）	效应值/万 m³				贡献率/%		
			用水强度效应	经济发展效应	人口规模效应	总效应	用水强度贡献	经济发展贡献	人口规模贡献
2019	遂宁	四川	−482	553	−57	14	−3 287	3 774	−387
2011	内江	四川	−472	531	5	64	−736	828	8
2012	内江	四川	−1 200	406	4	−790	152	−51	−1
2013	内江	四川	114	311	2	427	27	73	0
2014	内江	四川	214	313	−7	520	41	60	−1
2015	内江	四川	152	380	−56	476	32	80	−12
2016	内江	四川	−64	353	−5	284	−23	124	−2
2017	内江	四川	−151	440	−59	230	−66	191	−25
2018	内江	四川	−316	425	−37	72	−434	584	−50
2019	内江	四川	−175	425	−51	199	−87	213	−25
2011	乐山	四川	−924	606	13	−305	303	−199	−4
2012	乐山	四川	−433	504	9	80	−542	632	11
2013	乐山	四川	−241	413	11	183	−132	226	6
2014	乐山	四川	−122	385	−4	259	−47	149	−2
2015	乐山	四川	−65	403	−27	311	−21	129	−9
2016	乐山	四川	−199	373	18	192	−104	194	9
2017	乐山	四川	61	479	−47	493	12	97	−10
2018	乐山	四川	−319	468	−17	132	−241	354	−13
2019	乐山	四川	531	482	−18	995	53	48	−2
2011	南充	四川	−899	957	42	100	−899	957	42
2012	南充	四川	−186	862	34	710	−26	121	5
2013	南充	四川	−535	771	−6	230	−233	335	−3
2014	南充	四川	−502	671	0	169	−297	397	0
2015	南充	四川	−400	828	−187	241	−166	344	−78
2016	南充	四川	109	687	−16	780	14	88	−2
2017	南充	四川	−78	858	−105	675	−12	127	−16
2018	南充	四川	−414	854	−70	370	−112	231	−19
2019	南充	四川	−529	816	−58	229	−230	355	−25
2011	眉山	四川	−111	423	15	327	−34	129	5

续附表 1

年份	城市	省 (自治区)	效应值/万 m³				贡献率/%		
			用水强度效应	经济发展效应	人口规模效应	总效应	用水强度贡献	经济发展贡献	人口规模贡献
2012	眉山	四川	−822	368	−4	−458	180	−80	1
2013	眉山	四川	11	270	15	296	4	91	5
2014	眉山	四川	558	281	8	847	66	33	1
2015	眉山	四川	179	368	−46	501	36	74	−9
2016	眉山	四川	−664	314	10	−340	195	−92	−3
2017	眉山	四川	272	411	−64	619	44	66	−10
2018	眉山	四川	−275	371	0	96	−289	389	0
2019	眉山	四川	−279	397	−43	75	−370	527	−57
2011	宜宾	四川	−1 385	636	34	−715	194	−89	−5
2012	宜宾	四川	105	535	32	672	16	80	5
2013	宜宾	四川	−2 369	358	28	−1 983	119	−18	−1
2014	宜宾	四川	2 817	339	32	3 188	88	11	1
2015	宜宾	四川	2 158	610	−31	2 737	79	22	−1
2016	宜宾	四川	−3 287	519	54	−2 714	121	−19	−2
2017	宜宾	四川	−704	498	−11	−217	323	−228	5
2018	宜宾	四川	670	553	−36	1 187	56	47	−3
2019	宜宾	四川	117	554	0	671	17	83	0
2011	广安	四川	76	180	7	263	29	68	3
2012	广安	四川	−71	181	0	110	−65	165	0
2013	广安	四川	227	162	7	396	57	41	2
2014	广安	四川	225	172	6	403	56	43	1
2015	广安	四川	−98	207	−22	87	−112	238	−26
2016	广安	四川	165	201	−2	364	45	55	−1
2017	广安	四川	−6	242	−13	223	−3	108	−6
2018	广安	四川	−151	259	−20	88	−171	294	−23
2019	广安	四川	−37	256	−21	198	−18	129	−11
2011	达州	四川	−341	413	24	96	−355	431	25
2012	达州	四川	−172	366	23	217	−79	168	11
2013	达州	四川	1 596	462	−50	2 008	79	23	−2

续附表 1

年份	城市	省（自治区）	效应值/万 m³				贡献率/%		
			用水强度效应	经济发展效应	人口规模效应	总效应	用水强度贡献	经济发展贡献	人口规模贡献
2014	达州	四川	1 454	512	5	1 971	74	26	0
2015	达州	四川	−136	636	−59	441	−31	144	−13
2016	达州	四川	−965	559	13	−393	246	−142	−3
2017	达州	四川	−702	703	−130	−129	544	−545	101
2018	达州	四川	−1 823	568	−59	−1 314	139	−43	5
2019	达州	四川	321	527	−67	781	41	68	−9
2011	雅安	四川	−1 870	342	15	−1 513	124	−23	−1
2012	雅安	四川	281	243	10	534	53	46	2
2013	雅安	四川	−215	222	8	15	−1 419	1 468	51
2014	雅安	四川	−170	196	3	29	−598	687	11
2015	雅安	四川	−127	225	−36	62	−204	363	−59
2016	雅安	四川	−523	174	1	−348	150	−50	0
2017	雅安	四川	−154	183	−14	15	−995	1 186	−91
2018	雅安	四川	22	190	−15	197	11	96	−8
2019	雅安	四川	205	186	0	391	53	47	0
2011	巴中	四川	−15	211	6	202	−8	105	3
2012	巴中	四川	−53	202	3	152	−35	133	2
2013	巴中	四川	249	191	1	441	56	43	0
2014	巴中	四川	83	238	−44	277	30	86	−16
2015	巴中	四川	−26	223	−24	173	−15	130	−14
2016	巴中	四川	49	246	−34	261	19	94	−13
2017	巴中	四川	−106	227	8	129	−82	176	6
2018	巴中	四川	82	320	−70	332	25	96	−21
2019	巴中	四川	−639	250	−17	−406	157	−61	4
2011	资阳	四川	−79	298	12	231	−34	129	5
2012	资阳	四川	−224	271	9	56	−392	476	16
2013	资阳	四川	−209	222	7	20	−1 054	1 120	33
2014	资阳	四川	−145	199	0	54	−269	369	0
2015	资阳	四川	−168	206	−18	20	−813	999	−86

续附表 1

年份	城市	省(自治区)	效应值/万 m³				贡献率/%		
			用水强度效应	经济发展效应	人口规模效应	总效应	用水强度贡献	经济发展贡献	人口规模贡献
2016	资阳	四川	−101	1 076	−886	89	−114	1 212	−998
2017	资阳	四川	−171	246	−44	31	−556	800	−144
2018	资阳	四川	−61	229	−23	145	−42	158	−16
2019	资阳	四川	257	250	−35	472	54	53	−7
2011	西安	陕西	−7 314	4 495	437	−2 382	307	−189	−18
2012	西安	陕西	2 258	4 662	213	7 133	32	65	3
2013	西安	陕西	−215	4 185	627	4 597	−5	91	14
2014	西安	陕西	−2 292	4 077	514	2 299	−100	177	22
2015	西安	陕西	−1 437	3 907	23	2 493	−58	157	1
2016	西安	陕西	109	3 421	630	4 160	3	82	15
2017	西安	陕西	24 842	−1 194	6 696	30 344	82	−4	22
2018	西安	陕西	−5 538	−522	7 578	1 518	−365	−34	499
2019	西安	陕西	−19 774	7 266	−2 516	−15 024	132	−48	17
2011	铜川	陕西	−154	207	1	54	−285	383	2
2012	铜川	陕西	−175	203	−4	24	−728	844	−16
2013	铜川	陕西	−168	167	6	5	−4 210	4 165	145
2014	铜川	陕西	−156	182	−29	−3	5 376	−6 283	1 007
2015	铜川	陕西	−47	137	−9	81	−58	170	−11
2016	铜川	陕西	−36	123	8	95	−39	130	8
2017	铜川	陕西	−139	162	−22	1	−6 596	7 738	−1 042
2018	铜川	陕西	603	256	−81	778	78	33	−10
2019	铜川	陕西	−320	178	−32	−174	185	−103	18
2011	宝鸡	陕西	−1 164	879	39	−246	473	−357	−16
2012	宝鸡	陕西	−541	847	13	319	−170	266	4
2013	宝鸡	陕西	−1 436	688	30	−718	200	−96	−4
2014	宝鸡	陕西	−654	633	−30	−51	1 282	−1 241	60
2015	宝鸡	陕西	129	501	13	643	20	78	2
2016	宝鸡	陕西	−176	545	−10	359	−49	152	−3
2017	宝鸡	陕西	−606	634	−59	−31	1 934	−2 021	187

续附表 1

年份	城市	省（自治区）	效应值/万 m³				贡献率/%		
			用水强度效应	经济发展效应	人口规模效应	总效应	用水强度贡献	经济发展贡献	人口规模贡献
2018	宝鸡	陕西	-167	673	-61	445	-37	151	-14
2019	宝鸡	陕西	-538	479	-21	-80	675	-601	26
2011	咸阳	陕西	-1 548	1 520	137	109	-1 437	1 410	127
2012	咸阳	陕西	-1 504	1 500	53	49	-3 061	3 052	109
2013	咸阳	陕西	-1 144	1 220	129	205	-558	595	63
2014	咸阳	陕西	-1 535	1 348	-158	-345	446	-391	46
2015	咸阳	陕西	-1 056	934	21	-101	1 054	-932	-21
2016	咸阳	陕西	-547	878	58	389	-140	225	15
2017	咸阳	陕西	489	2 766	-1 709	1 546	32	179	-111
2018	咸阳	陕西	-1 847	1 373	-244	-718	257	-191	34
2019	咸阳	陕西	-2 663	803	-56	-1 916	139	-42	3
2011	渭南	陕西	-727	529	36	-162	447	-325	-22
2012	渭南	陕西	471	575	3	1 049	45	55	0
2013	渭南	陕西	-475	514	44	83	-573	620	53
2014	渭南	陕西	-566	575	-80	-71	804	-817	113
2015	渭南	陕西	532	486	-48	970	55	50	-5
2016	渭南	陕西	-428	459	3	34	-1 251	1 342	9
2017	渭南	陕西	-365	503	-11	127	-290	399	-9
2018	渭南	陕西	-263	644	-119	262	-100	246	-46
2019	渭南	陕西	-615	421	-36	-230	267	-182	16
2011	延安	陕西	-47	186	18	157	-30	119	12
2012	延安	陕西	-143	186	18	61	-233	304	29
2013	延安	陕西	-38	168	18	148	-26	114	12
2014	延安	陕西	39	211	-29	221	18	96	-13
2015	延安	陕西	-31	151	11	131	-24	116	8
2016	延安	陕西	186	159	15	360	52	44	4
2017	延安	陕西	-211	186	11	-14	1 479	-1 304	-75
2018	延安	陕西	128	263	-46	345	37	76	-13
2019	延安	陕西	116	177	0	293	40	60	0

续附表 1

年份	城市	省（自治区）	效应值/万 m³				贡献率/%		
			用水强度效应	经济发展效应	人口规模效应	总效应	用水强度贡献	经济发展贡献	人口规模贡献
2011	汉中	陕西	−152	294	5	147	−104	201	3
2012	汉中	陕西	−145	284	13	152	−96	188	8
2013	汉中	陕西	−230	252	13	35	−656	720	36
2014	汉中	陕西	−203	252	−14	35	−580	720	−40
2015	汉中	陕西	−54	194	8	148	−37	132	5
2016	汉中	陕西	−4	217	−9	204	−2	106	−4
2017	汉中	陕西	−182	243	−15	46	−398	532	−34
2018	汉中	陕西	808	288	−9	1 087	74	27	−1
2019	汉中	陕西	−264	236	0	−28	958	−858	0
2011	榆林	陕西	229	177	26	432	53	41	6
2012	榆林	陕西	−178	201	19	42	−424	479	45
2013	榆林	陕西	−31	188	12	169	−18	111	7
2014	榆林	陕西	455	235	−20	670	68	35	−3
2015	榆林	陕西	−252	174	26	−52	488	−338	−50
2016	榆林	陕西	95	170	33	298	32	57	11
2017	榆林	陕西	−253	201	23	−29	849	−672	−76
2018	榆林	陕西	−55	245	−8	182	−30	134	−4
2019	榆林	陕西	0	176	8	184	0	96	4
2011	安康	陕西	−2 800	361	7	−2 432	115	−15	0
2012	安康	陕西	−394	200	5	−189	209	−106	−3
2013	安康	陕西	−211	152	12	−47	448	−323	−25
2014	安康	陕西	−123	155	−11	21	−588	739	−51
2015	安康	陕西	183	138	−8	313	58	44	−3
2016	安康	陕西	328	161	−6	483	68	33	−1
2017	安康	陕西	−165	175	8	18	−910	967	43
2018	安康	陕西	−184	198	−8	6	−3 073	3 304	−131
2019	安康	陕西	−174	138	0	−36	487	−387	0
2011	商洛	陕西	−195	112	12	−71	275	−158	−17
2012	商洛	陕西	−45	112	3	70	−65	160	5

续附表 1

年份	城市	省（自治区）	效应值/万 m³				贡献率/%		
			用水强度效应	经济发展效应	人口规模效应	总效应	用水强度贡献	经济发展贡献	人口规模贡献
2013	商洛	陕西	-84	97	7	20	-420	484	36
2014	商洛	陕西	-91	89	4	2	-4 566	4 445	221
2015	商洛	陕西	-62	80	-3	15	-412	531	-19
2016	商洛	陕西	-48	68	8	28	-172	242	29
2017	商洛	陕西	246	93	0	339	72	28	0
2018	商洛	陕西	-238	116	-11	-133	180	-88	8
2019	商洛	陕西	339	91	-6	424	80	21	-1
2011	兰州	甘肃	-2 360	3 428	-21	1 047	-226	328	-2
2012	兰州	甘肃	-5 908	3 491	-157	-2 574	230	-136	6
2013	兰州	甘肃	-2 804	-915	3 664	-55	5 062	1 653	-6 615
2014	兰州	甘肃	-2 801	1 821	435	-545	514	-334	-80
2015	兰州	甘肃	-1 518	6 083	-4 024	541	-280	1 124	-743
2016	兰州	甘肃	-3 012	1 750	170	-1 092	276	-160	-16
2017	兰州	甘肃	-201	751	160	710	-28	106	23
2018	兰州	甘肃	-398	1 485	165	1 252	-32	119	13
2019	兰州	甘肃	-1 419	1 334	337	252	-565	531	134
2011	嘉峪关	甘肃	-386	763	-371	6	-6 126	12 111	-5 885
2012	嘉峪关	甘肃	-85	361	53	329	-26	110	16
2013	嘉峪关	甘肃	-309	342	37	70	-441	488	53
2014	嘉峪关	甘肃	-215	-383	705	107	-200	-357	657
2015	嘉峪关	甘肃	-383	954	-660	-89	434	-1 083	749
2016	嘉峪关	甘肃	-2 942	75	74	-2 793	105	-3	-3
2017	嘉峪关	甘肃	731	46	0	777	94	6	0
2018	嘉峪关	甘肃	-106	106	0	0	-1 056 848	1 056 948	0
2019	嘉峪关	甘肃	1 076	137	0	1 213	89	11	0
2011	金昌	甘肃	-6 442	626	14	-5 802	111	-11	0
2012	金昌	甘肃	-672	334	6	-332	202	-100	-2
2013	金昌	甘肃	133	286	12	431	31	66	3
2014	金昌	甘肃	-682	241	6	-435	157	-56	-1

续附表 1

年份	城市	省（自治区）	效应值/万 m³				贡献率/%		
			用水强度效应	经济发展效应	人口规模效应	总效应	用水强度贡献	经济发展贡献	人口规模贡献
2015	金昌	甘肃	-161	288	-77	50	-316	568	-151
2016	金昌	甘肃	-107	186	19	98	-109	190	19
2017	金昌	甘肃	-177	98	0	-79	224	-124	0
2018	金昌	甘肃	-113	232	-61	58	-196	402	-106
2019	金昌	甘肃	-647	155	0	-492	131	-31	0
2011	白银	甘肃	-2 441	769	-34	-1 706	143	-45	2
2012	白银	甘肃	451	834	-125	1 160	39	72	-11
2013	白银	甘肃	-644	627	49	32	-1 991	1 940	150
2014	白银	甘肃	-855	517	33	-305	279	-169	-11
2015	白银	甘肃	-485	389	101	5	-9 373	7 529	1 944
2016	白银	甘肃	-4 770	239	25	-4 506	106	-5	-1
2017	白银	甘肃	137	66	0	203	67	33	0
2018	白银	甘肃	219	133	0	352	62	38	0
2019	白银	甘肃	-349	147	-12	-214	163	-69	6
2011	天水	甘肃	-780	379	27	-374	209	-101	-7
2012	天水	甘肃	-383	334	53	4	-10 117	8 807	1 409
2013	天水	甘肃	-335	315	20	0	124 104	-116 625	-7 380
2014	天水	甘肃	-279	397	-119	-1	18 378	-26 087	7 809
2015	天水	甘肃	-252	230	24	2	-12 581	11 490	1 191
2016	天水	甘肃	-238	205	34	1	-23 820	20 531	3 389
2017	天水	甘肃	-112	114	0	2	-5 097	5 197	0
2018	天水	甘肃	-41	196	9	164	-25	120	6
2019	天水	甘肃	-356	202	0	-154	231	-131	0
2011	武威	甘肃	-46	198	7	159	-29	125	4
2012	武威	甘肃	-311	228	-18	-101	307	-225	18
2013	武威	甘肃	-176	189	-14	-1	-1 757 992	1 893 965	-135 874
2014	武威	甘肃	-119	143	4	28	-432	519	13
2015	武威	甘肃	-21	129	11	119	-18	108	9
2016	武威	甘肃	189	138	10	337	56	41	3

续附表 1

年份	城市	省（自治区）	效应值/万 m³				贡献率/%		
			用水强度效应	经济发展效应	人口规模效应	总效应	用水强度贡献	经济发展贡献	人口规模贡献
2017	武威	甘肃	264	95	−12	347	76	27	−4
2018	武威	甘肃	348	186	−15	519	67	36	−3
2019	武威	甘肃	−422	177	0	−245	172	−72	0
2011	张掖	甘肃	−155	203	1	49	−318	416	2
2012	张掖	甘肃	130	230	−1	359	36	64	0
2013	张掖	甘肃	−240	207	8	−25	970	−838	−32
2014	张掖	甘肃	−6	212	−27	179	−3	118	−15
2015	张掖	甘肃	−97	173	7	83	−117	209	8
2016	张掖	甘肃	−218	154	17	−47	457	−323	−35
2017	张掖	甘肃	306	87	0	393	78	22	0
2018	张掖	甘肃	−51	168	0	117	−43	143	0
2019	张掖	甘肃	386	186	0	572	68	32	0
2011	平凉	甘肃	−187	162	7	−18	1 073	−931	−42
2012	平凉	甘肃	−498	142	5	−351	142	−41	−2
2013	平凉	甘肃	22	128	−10	140	16	92	−7
2014	平凉	甘肃	204	106	11	321	64	33	3
2015	平凉	甘肃	−11	128	−4	113	−10	113	−4
2016	平凉	甘肃	−117	114	7	4	−2 923	2 861	163
2017	平凉	甘肃	−17	59	0	42	−39	139	0
2018	平凉	甘肃	−636	86	0	−550	116	−16	0
2019	平凉	甘肃	158	76	0	234	68	32	0
2011	酒泉	甘肃	−729	249	27	−453	161	−55	−6
2012	酒泉	甘肃	−224	260	−6	30	−752	874	−22
2013	酒泉	甘肃	−197	−26	248	25	−771	−103	974
2014	酒泉	甘肃	−128	180	8	60	−212	299	13
2015	酒泉	甘肃	−430	157	6	−267	161	−59	−2
2016	酒泉	甘肃	−75	139	8	72	−103	192	11
2017	酒泉	甘肃	309	353	−275	387	80	91	−71
2018	酒泉	甘肃	62	155	0	217	29	71	0

续附表 1

年份	城市	省(自治区)	效应值/万 m³				贡献率/%		
			用水强度效应	经济发展效应	人口规模效应	总效应	用水强度贡献	经济发展贡献	人口规模贡献
2019	酒泉	甘肃	−158	159	0	1	−18 425	18 525	0
2011	庆阳	甘肃	−56	72	7	23	−249	317	32
2012	庆阳	甘肃	−76	80	1	5	−1 457	1 542	15
2013	庆阳	甘肃	−28	68	5	45	−61	150	11
2014	庆阳	甘肃	−61	58	4	1	−5 081	4 860	322
2015	庆阳	甘肃	−44	52	5	13	−325	387	37
2016	庆阳	甘肃	−13	48	8	43	−30	113	18
2017	庆阳	甘肃	26	29	0	55	48	52	0
2018	庆阳	甘肃	−37	52	0	15	−243	343	0
2019	庆阳	甘肃	134	57	0	191	70	30	0
2011	定西	甘肃	−59	57	3	1	−5 910	5 685	325
2012	定西	甘肃	−51	71	−10	10	−511	714	−103
2013	定西	甘肃	32	51	7	90	36	56	8
2014	定西	甘肃	−23	50	3	30	−77	168	9
2015	定西	甘肃	−47	51	−1	3	−1 562	1 699	−38
2016	定西	甘肃	−46	43	5	2	−4 614	4 260	454
2017	定西	甘肃	91	25	0	116	79	21	0
2018	定西	甘肃	−46	44	3	1	−464 226	439 284	25 041
2019	定西	甘肃	−43	46	0	3	−1 432	1 532	0
2011	陇南	甘肃	117	34	2	153	76	23	1
2012	陇南	甘肃	−22	45	2	25	−89	180	10
2013	陇南	甘肃	−18	47	−3	26	−67	179	−12
2014	陇南	甘肃	−14	38	1	25	−59	157	3
2015	陇南	甘肃	−17	32	4	19	−83	162	21
2016	陇南	甘肃	3	33	4	40	8	82	10
2017	陇南	甘肃	100	22	−2	120	83	18	−2
2018	陇南	甘肃	−31	37	2	8	−393	465	28
2019	陇南	甘肃	477	60	−6	531	90	11	−1
2011	西宁	青海	−44	1 557	115	1 628	−3	96	7

续附表1

年份	城市	省（自治区）	效应值/万 m³				贡献率/%		
			用水强度效应	经济发展效应	人口规模效应	总效应	用水强度贡献	经济发展贡献	人口规模贡献
2012	西宁	青海	−1 059	3 317	−1 655	603	−176	550	−274
2013	西宁	青海	−922	−459	1 991	610	−151	−75	326
2014	西宁	青海	−1 288	3 067	−1 723	56	−2 304	5 487	−3 083
2015	西宁	青海	−1 021	1 322	−109	192	−532	688	−57
2016	西宁	青海	−1 011	1 058	141	188	−536	562	75
2017	西宁	青海	−1 047	876	230	59	−1 747	1 462	385
2018	西宁	青海	−1 672	999	75	−598	279	−167	−12
2019	西宁	青海	−654	787	147	280	−234	281	53
2011	银川	宁夏	−519	1 013	231	725	−72	140	32
2012	银川	宁夏	−1 018	892	345	219	−466	408	158
2013	银川	宁夏	−722	719	370	367	−196	196	101
2014	银川	宁夏	−351	−608	1 541	582	−60	−104	265
2015	银川	宁夏	3	2 149	−1 155	997	0	216	−116
2016	银川	宁夏	−903	696	354	147	−612	472	240
2017	银川	宁夏	825	700	389	1 914	43	37	20
2018	银川	宁夏	−2 356	691	310	−1 355	174	−51	−23
2019	银川	宁夏	1 583	420	547	2 550	62	16	21
2011	石嘴山	宁夏	565	1 100	37	1 702	33	65	2
2012	石嘴山	宁夏	−3 518	1 153	−115	−2 480	142	−46	5
2013	石嘴山	宁夏	−1 147	503	260	−384	298	−131	−68
2014	石嘴山	宁夏	−471	629	−11	147	−318	425	−7
2015	石嘴山	宁夏	−857	824	−208	−241	354	−340	86
2016	石嘴山	宁夏	102	590	52	744	14	79	7
2017	石嘴山	宁夏	125	798	−121	802	16	99	−15
2018	石嘴山	宁夏	−2 075	585	0	−1 490	139	−39	0
2019	石嘴山	宁夏	−560	391	106	−63	896	−626	−170
2011	吴忠	宁夏	−206	244	25	63	−326	387	39
2012	吴忠	宁夏	−280	228	30	−22	1 274	−1 036	−138
2013	吴忠	宁夏	−219	186	35	2	−10 941	9 303	1 739

续附表 1

年份	城市	省 (自治区)	效应值/万 m³				贡献率/%		
			用水强 度效应	经济发 展效应	人口规 模效应	总效应	用水强 度贡献	经济发 展贡献	人口规 模贡献
2014	吴忠	宁夏	−193	185	−3	−11	1 612	−1 539	27
2015	吴忠	宁夏	599	270	−60	809	74	33	−7
2016	吴忠	宁夏	−304	209	35	−60	505	−347	−59
2017	吴忠	宁夏	−112	215	22	125	−90	172	18
2018	吴忠	宁夏	−317	193	22	−102	310	−188	−22
2019	吴忠	宁夏	−165	220	−22	33	−495	661	−66
2011	固原	宁夏	−710	95	18	−597	119	−16	−3
2012	固原	宁夏	−62	85	−5	18	−367	498	−31
2013	固原	宁夏	101	77	0	178	57	43	0
2014	固原	宁夏	−42	77	−5	30	−143	261	−18
2015	固原	宁夏	−30	97	−23	44	−67	218	−51
2016	固原	宁夏	−9	78	2	71	−12	110	2
2017	固原	宁夏	−100	72	7	−21	474	−341	−33
2018	固原	宁夏	288	82	0	370	78	22	0
2019	固原	宁夏	−285	117	−35	−203	141	−58	17

附表 2　黄河流域历年城市用水效率及节水、减排潜力结果

年份	城市	省 (自治区)	用水效率		潜力值/万 m³	
			传统用水效率	绿色用水效率	节水潜力	减排潜力
2010	太原	山西	0.23	0.16	23 532	18 925
2011	太原	山西	0.25	0.17	26 580	18 773
2012	太原	山西	0.24	0.17	25 908	18 537
2013	太原	山西	0.25	0.18	26 619	18 935
2014	太原	山西	0.24	0.17	26 316	21 726
2015	太原	山西	0.24	0.17	26 901	23 642
2016	太原	山西	0.24	0.17	28 198	23 597
2017	太原	山西	0.26	0.18	27 857	19 461
2018	太原	山西	0.27	0.19	30 500	25 058
2019	太原	山西	0.31	0.21	23 103	25 105

续附表 2

年份	城市	省（自治区）	用水效率		潜力值/万 m³	
			传统用水效率	绿色用水效率	节水潜力	减排潜力
2010	大同	山西	0.26	0.19	6 535	4 735
2011	大同	山西	0.28	0.20	6 496	4 618
2012	大同	山西	0.28	0.20	6 955	4 911
2013	大同	山西	0.28	0.20	6 997	5 038
2014	大同	山西	0.29	0.21	6 823	4 798
2015	大同	山西	0.29	0.20	6 952	5 790
2016	大同	山西	0.28	0.20	7 607	5 527
2017	大同	山西	0.30	0.21	9 258	6 249
2018	大同	山西	0.32	0.22	9 418	6 949
2019	大同	山西	0.34	0.24	9 732	7 119
2010	阳泉	山西	0.23	0.16	4 931	2 970
2011	阳泉	山西	0.25	0.18	4 041	2 842
2012	阳泉	山西	0.25	0.18	4 062	2 964
2013	阳泉	山西	0.25	0.18	4 147	3 111
2014	阳泉	山西	0.25	0.18	4 206	2 947
2015	阳泉	山西	0.25	0.18	4 402	3 534
2016	阳泉	山西	0.26	0.19	3 797	3 210
2017	阳泉	山西	0.29	0.21	3 627	2 431
2018	阳泉	山西	0.31	0.22	3 847	2 475
2019	阳泉	山西	0.39	0.28	2 156	2 425
2010	长治	山西	0.27	0.19	6 563	4 857
2011	长治	山西	0.28	0.20	6 672	4 750
2012	长治	山西	0.30	0.22	5 888	4 634
2013	长治	山西	0.29	0.21	6 066	4 754
2014	长治	山西	0.29	0.20	5 977	5 000
2015	长治	山西	0.28	0.20	6 115	5 645
2016	长治	山西	0.27	0.19	6 699	5 890

续附表 2

年份	城市	省（自治区）	用水效率		潜力值/万 m³	
			传统用水效率	绿色用水效率	节水潜力	减排潜力
2017	长治	山西	0.29	0.21	6 753	6 660
2018	长治	山西	0.31	0.22	6 774	6 226
2019	长治	山西	0.32	0.23	6 489	5 970
2010	晋城	山西	0.39	0.29	1 387	1 491
2011	晋城	山西	0.36	0.26	2 180	1 848
2012	晋城	山西	0.36	0.26	2 423	2 008
2013	晋城	山西	0.32	0.24	2 983	2 119
2014	晋城	山西	0.31	0.23	2 976	2 747
2015	晋城	山西	0.30	0.22	3 061	3 021
2016	晋城	山西	0.31	0.22	3 039	3 038
2017	晋城	山西	0.33	0.24	2 972	2 966
2018	晋城	山西	0.36	0.26	2 859	2 864
2019	晋城	山西	0.37	0.28	2 957	2 727
2010	朔州	山西	0.28	0.20	2 008	1 550
2011	朔州	山西	0.28	0.20	2 147	1 604
2012	朔州	山西	0.28	0.20	2 155	1 613
2013	朔州	山西	0.27	0.20	2 340	1 653
2014	朔州	山西	0.28	0.20	2 110	1 527
2015	朔州	山西	0.28	0.21	1 963	1 477
2016	朔州	山西	0.29	0.21	2 072	1 590
2017	朔州	山西	0.31	0.23	2 150	1 853
2018	朔州	山西	0.33	0.25	2 136	1 730
2019	朔州	山西	0.36	0.27	2 016	1 752
2010	晋中	山西	0.32	0.24	1 978	1 483
2011	晋中	山西	0.32	0.24	2 313	1 734
2012	晋中	山西	0.33	0.25	2 506	1 879
2013	晋中	山西	0.33	0.25	2 486	1 864

续附表 2

年份	城市	省（自治区）	用水效率		潜力值/万 m³	
			传统用水效率	绿色用水效率	节水潜力	减排潜力
2014	晋中	山西	0.32	0.24	2 721	2 242
2015	晋中	山西	0.28	0.20	4 198	3 391
2016	晋中	山西	0.27	0.20	4 453	3 563
2017	晋中	山西	0.33	0.24	2 951	3 538
2018	晋中	山西	0.34	0.25	3 156	3 588
2019	晋中	山西	0.36	0.26	2 854	3 509
2010	运城	山西	0.44	0.33	1 844	1 797
2011	运城	山西	0.46	0.36	1 955	1 565
2012	运城	山西	0.42	0.33	2 493	1 746
2013	运城	山西	0.44	0.35	2 404	1 684
2014	运城	山西	0.44	0.37	2 153	1 507
2015	运城	山西	0.53	0.46	1 247	1 076
2016	运城	山西	0.48	0.39	1 816	1 564
2017	运城	山西	0.41	0.32	3 876	2 793
2018	运城	山西	0.47	0.36	3 049	2 684
2019	运城	山西	0.57	0.44	1 754	2 273
2010	忻州	山西	0.25	0.19	1 680	1 083
2011	忻州	山西	0.26	0.19	1 686	1 377
2012	忻州	山西	0.25	0.18	1 764	1 555
2013	忻州	山西	0.25	0.18	1 838	2 093
2014	忻州	山西	0.25	0.18	1 816	2 033
2015	忻州	山西	0.30	0.22	1 098	1 403
2016	忻州	山西	0.25	0.19	1 692	1 506
2017	忻州	山西	0.27	0.20	1 623	1 516
2018	忻州	山西	0.27	0.20	2 005	1 926
2019	忻州	山西	0.28	0.21	2 082	1 938
2010	临汾	山西	0.46	0.35	1 725	1 592

续附表 2

年份	城市	省（自治区）	用水效率		潜力值/万 m³	
			传统用水效率	绿色用水效率	节水潜力	减排潜力
2011	临汾	山西	0.48	0.37	1 722	1 619
2012	临汾	山西	0.47	0.37	1 819	1 590
2013	临汾	山西	0.49	0.40	1 723	1 467
2014	临汾	山西	0.46	0.38	1 973	1 590
2015	临汾	山西	0.52	0.43	1 364	1 470
2016	临汾	山西	0.47	0.38	1 879	1 738
2017	临汾	山西	0.52	0.42	1 682	1 644
2018	临汾	山西	0.56	0.46	1 575	1 664
2019	临汾	山西	0.58	0.48	1 600	1 733
2010	吕梁	山西	0.31	0.26	918	556
2011	吕梁	山西	0.31	0.25	1 086	770
2012	吕梁	山西	0.31	0.25	1 072	764
2013	吕梁	山西	0.40	0.35	650	521
2014	吕梁	山西	0.34	0.29	933	668
2015	吕梁	山西	0.36	0.32	817	599
2016	吕梁	山西	0.38	0.33	785	674
2017	吕梁	山西	0.39	0.38	783	482
2018	吕梁	山西	0.38	0.32	997	865
2019	吕梁	山西	0.38	0.30	1 159	1 167
2010	呼和浩特	内蒙古	0.51	0.36	7 532	6 026
2011	呼和浩特	内蒙古	0.54	0.39	8 567	6 853
2012	呼和浩特	内蒙古	0.56	0.41	8 118	6 494
2013	呼和浩特	内蒙古	0.54	0.39	8 440	6 769
2014	呼和浩特	内蒙古	0.54	0.40	8 999	7 144
2015	呼和浩特	内蒙古	0.58	0.43	7 411	5 929
2016	呼和浩特	内蒙古	0.60	0.43	8 397	7 967
2017	呼和浩特	内蒙古	0.61	0.45	9 345	7 764

续附表 2

年份	城市	省（自治区）	用水效率		潜力值/万 m³	
			传统用水效率	绿色用水效率	节水潜力	减排潜力
2018	呼和浩特	内蒙古	0.62	0.46	8 893	7 818
2019	呼和浩特	内蒙古	0.61	0.45	9 646	8 199
2010	包头	内蒙古	0.47	0.34	9 575	5 404
2011	包头	内蒙古	0.47	0.35	8 654	5 207
2012	包头	内蒙古	0.50	0.37	8 510	5 385
2013	包头	内蒙古	0.48	0.36	10 907	5 799
2014	包头	内蒙古	0.51	0.38	10 767	5 696
2015	包头	内蒙古	0.54	0.41	10 595	6 305
2016	包头	内蒙古	0.58	0.45	9 921	6 109
2017	包头	内蒙古	0.61	0.48	9 887	6 417
2018	包头	内蒙古	0.63	0.51	9 354	5 908
2019	包头	内蒙古	0.66	0.53	9 274	6 077
2010	乌海	内蒙古	0.33	0.24	2 422	1 938
2011	乌海	内蒙古	0.36	0.25	2 025	1 822
2012	乌海	内蒙古	0.37	0.26	2 022	1 797
2013	乌海	内蒙古	0.35	0.25	3 169	2 267
2014	乌海	内蒙古	0.38	0.27	2 943	2 240
2015	乌海	内蒙古	0.37	0.27	3 857	3 093
2016	乌海	内蒙古	0.41	0.30	3 431	2 758
2017	乌海	内蒙古	0.38	0.27	5 929	4 056
2018	乌海	内蒙古	0.43	0.31	4 768	3 576
2019	乌海	内蒙古	0.45	0.32	4 515	3 422
2010	赤峰	内蒙古	0.37	0.26	7 171	5 147
2011	赤峰	内蒙古	0.38	0.27	7 904	5 638
2012	赤峰	内蒙古	0.39	0.28	7 459	5 743
2013	赤峰	内蒙古	0.38	0.27	7 672	6 391
2014	赤峰	内蒙古	0.40	0.28	7 816	6 620

续附表 2

年份	城市	省（自治区）	用水效率		潜力值/万 m³	
			传统用水效率	绿色用水效率	节水潜力	减排潜力
2015	赤峰	内蒙古	0.42	0.30	7 937	6 532
2016	赤峰	内蒙古	0.44	0.32	7 975	6 387
2017	赤峰	内蒙古	0.47	0.33	7 805	6 711
2018	赤峰	内蒙古	0.50	0.36	7 638	6 819
2019	赤峰	内蒙古	0.50	0.36	7 881	6 741
2010	通辽	内蒙古	0.46	0.34	3 484	2 987
2011	通辽	内蒙古	0.51	0.38	2 977	2 950
2012	通辽	内蒙古	0.52	0.39	3 149	2 945
2013	通辽	内蒙古	0.50	0.37	3 213	3 137
2014	通辽	内蒙古	0.50	0.38	3 190	3 524
2015	通辽	内蒙古	0.53	0.40	3 164	3 525
2016	通辽	内蒙古	0.55	0.42	3 081	3 075
2017	通辽	内蒙古	0.59	0.46	2 886	2 884
2018	通辽	内蒙古	0.66	0.53	2 399	2 113
2019	通辽	内蒙古	0.67	0.56	2 776	2 152
2010	鄂尔多斯	内蒙古	0.64	0.57	1 037	826
2011	鄂尔多斯	内蒙古	0.62	0.54	1 319	1 032
2012	鄂尔多斯	内蒙古	0.63	0.57	1 308	1 002
2013	鄂尔多斯	内蒙古	0.55	0.49	1 785	1 328
2014	鄂尔多斯	内蒙古	0.57	0.52	1 725	1 239
2015	鄂尔多斯	内蒙古	0.58	0.50	1 871	1 547
2016	鄂尔多斯	内蒙古	0.63	0.56	1 637	1 357
2017	鄂尔多斯	内蒙古	0.63	0.57	1 648	1 344
2018	鄂尔多斯	内蒙古	0.68	0.62	1 503	1 275
2019	鄂尔多斯	内蒙古	0.66	0.59	1 697	1 497
2010	呼伦贝尔	内蒙古	0.49	0.40	1 370	1 148
2011	呼伦贝尔	内蒙古	0.51	0.42	1 458	1 226

续附表 2

年份	城市	省（自治区）	用水效率		潜力值/万 m³	
			传统用水效率	绿色用水效率	节水潜力	减排潜力
2012	呼伦贝尔	内蒙古	0.54	0.45	1 357	1 264
2013	呼伦贝尔	内蒙古	0.59	0.52	1 054	1 009
2014	呼伦贝尔	内蒙古	0.63	0.51	1 044	1 407
2015	呼伦贝尔	内蒙古	0.61	0.52	1 231	1 238
2016	呼伦贝尔	内蒙古	0.58	0.50	1 448	1 363
2017	呼伦贝尔	内蒙古	0.63	0.54	1 434	1 358
2018	呼伦贝尔	内蒙古	0.66	0.57	1 392	1 259
2019	呼伦贝尔	内蒙古	0.72	0.63	1 137	1 043
2010	巴彦淖尔	内蒙古	0.54	0.44	901	771
2011	巴彦淖尔	内蒙古	0.57	0.49	935	660
2012	巴彦淖尔	内蒙古	0.58	0.50	995	700
2013	巴彦淖尔	内蒙古	0.61	0.53	997	698
2014	巴彦淖尔	内蒙古	0.61	0.49	1 239	1 189
2015	巴彦淖尔	内蒙古	0.67	0.56	998	907
2016	巴彦淖尔	内蒙古	0.66	0.52	1 453	1 393
2017	巴彦淖尔	内蒙古	0.78	0.70	655	573
2018	巴彦淖尔	内蒙古	0.76	0.65	793	765
2019	巴彦淖尔	内蒙古	0.81	0.66	698	969
2010	乌兰察布	内蒙古	0.55	0.43	1 162	1 061
2011	乌兰察布	内蒙古	0.72	0.70	375	283
2012	乌兰察布	内蒙古	0.75	0.74	332	267
2013	乌兰察布	内蒙古	0.71	0.73	404	283
2014	乌兰察布	内蒙古	0.74	0.74	416	303
2015	乌兰察布	内蒙古	0.76	0.69	537	481
2016	乌兰察布	内蒙古	0.78	0.71	556	470
2017	乌兰察布	内蒙古	0.80	0.76	456	365
2018	乌兰察布	内蒙古	0.88	0.88	248	198

续附表 2

年份	城市	省（自治区）	用水效率		潜力值/万 m³	
			传统用水效率	绿色用水效率	节水潜力	减排潜力
2019	乌兰察布	内蒙古	0.87	0.84	372	298
2010	济南	山东	0.43	0.32	18 403	15 641
2011	济南	山东	0.44	0.33	21 767	18 502
2012	济南	山东	0.46	0.34	22 069	18 759
2013	济南	山东	0.48	0.35	21 898	18 613
2014	济南	山东	0.50	0.37	21 819	18 546
2015	济南	山东	0.53	0.39	21 244	18 057
2016	济南	山东	0.52	0.38	26 387	22 429
2017	济南	山东	0.54	0.39	28 204	23 973
2018	济南	山东	0.55	0.40	29 450	25 032
2019	济南	山东	0.54	0.38	29 045	31 680
2010	青岛	山东	0.47	0.33	24 082	20 470
2011	青岛	山东	0.49	0.35	22 660	19 259
2012	青岛	山东	0.50	0.36	27 524	23 395
2013	青岛	山东	0.49	0.35	27 942	23 750
2014	青岛	山东	0.49	0.36	29 999	25 498
2015	青岛	山东	0.51	0.37	29 032	24 677
2016	青岛	山东	0.53	0.39	29 011	26 197
2017	青岛	山东	0.55	0.41	27 924	23 735
2018	青岛	山东	0.57	0.41	31 239	28 115
2019	青岛	山东	0.58	0.42	31 860	27 080
2010	淄博	山东	0.50	0.37	16 970	14 425
2011	淄博	山东	0.51	0.37	17 152	14 579
2012	淄博	山东	0.53	0.38	16 778	14 261
2013	淄博	山东	0.50	0.36	17 245	14 657
2014	淄博	山东	0.53	0.38	16 407	13 946
2015	淄博	山东	0.55	0.40	15 913	13 526

续附表 2

年份	城市	省（自治区）	用水效率		潜力值/万 m³	
			传统用水效率	绿色用水效率	节水潜力	减排潜力
2016	淄博	山东	0.57	0.42	16 560	14 076
2017	淄博	山东	0.62	0.46	13 631	11 587
2018	淄博	山东	0.66	0.49	13 244	11 257
2019	淄博	山东	0.76	0.59	10 766	9 152
2010	枣庄	山东	0.41	0.29	5 708	4 851
2011	枣庄	山东	0.42	0.30	5 958	5 064
2012	枣庄	山东	0.41	0.30	6 425	5 461
2013	枣庄	山东	0.39	0.28	6 860	5 831
2014	枣庄	山东	0.40	0.29	7 191	6 113
2015	枣庄	山东	0.41	0.30	7 424	6 310
2016	枣庄	山东	0.43	0.31	7 490	6 366
2017	枣庄	山东	0.48	0.37	5 186	4 408
2018	枣庄	山东	0.54	0.41	5 369	4 563
2019	枣庄	山东	0.58	0.44	5 126	4 271
2010	东营	山东	0.52	0.40	5 826	3 907
2011	东营	山东	0.53	0.41	5 681	4 261
2012	东营	山东	0.55	0.43	5 517	4 303
2013	东营	山东	0.57	0.45	5 196	4 209
2014	东营	山东	0.61	0.48	4 761	3 856
2015	东营	山东	0.66	0.53	4 566	3 699
2016	东营	山东	0.66	0.51	6 447	5 480
2017	东营	山东	0.71	0.56	6 552	5 569
2018	东营	山东	0.77	0.61	6 541	5 564
2019	东营	山东	0.87	0.74	3 698	3 647
2010	烟台	山东	0.48	0.37	9 258	7 870
2011	烟台	山东	0.49	0.38	9 502	8 077
2012	烟台	山东	0.52	0.41	9 367	7 962

续附表 2

年份	城市	省（自治区）	用水效率		潜力值/万 m³	
			传统用水效率	绿色用水效率	节水潜力	减排潜力
2013	烟台	山东	0.55	0.44	8 867	7 537
2014	烟台	山东	0.56	0.44	9 757	8 294
2015	烟台	山东	0.59	0.46	10 099	8 584
2016	烟台	山东	0.62	0.50	9 033	7 678
2017	烟台	山东	0.66	0.53	8 929	7 575
2018	烟台	山东	0.72	0.60	7 744	6 673
2019	烟台	山东	0.79	0.69	5 871	5 314
2010	潍坊	山东	0.52	0.41	5 350	4 347
2011	潍坊	山东	0.50	0.37	9 455	8 037
2012	潍坊	山东	0.48	0.36	9 589	8 151
2013	潍坊	山东	0.49	0.37	9 615	8 172
2014	潍坊	山东	0.53	0.41	8 713	7 406
2015	潍坊	山东	0.55	0.44	8 289	7 046
2016	潍坊	山东	0.60	0.50	6 601	5 611
2017	潍坊	山东	0.61	0.49	8 189	6 852
2018	潍坊	山东	0.61	0.49	8 527	7 248
2019	潍坊	山东	0.61	0.48	11 312	8 824
2010	济宁	山东	0.53	0.40	6 496	5 522
2011	济宁	山东	0.53	0.40	7 495	6 371
2012	济宁	山东	0.54	0.41	7 299	6 204
2013	济宁	山东	0.49	0.37	10 159	8 635
2014	济宁	山东	0.51	0.38	9 800	8 330
2015	济宁	山东	0.54	0.41	8 750	7 438
2016	济宁	山东	0.56	0.43	8 756	7 443
2017	济宁	山东	0.57	0.44	10 006	8 505
2018	济宁	山东	0.61	0.48	8 226	6 992
2019	济宁	山东	0.66	0.51	8 491	7 218

续附表 2

年份	城市	省（自治区）	用水效率		潜力值/万 m³	
			传统用水效率	绿色用水效率	节水潜力	减排潜力
2010	泰安	山东	0.46	0.35	4 287	3 649
2011	泰安	山东	0.46	0.36	4 237	3 601
2012	泰安	山东	0.48	0.39	3 936	3 345
2013	泰安	山东	0.48	0.39	4 054	3 447
2014	泰安	山东	0.49	0.40	4 288	3 645
2015	泰安	山东	0.51	0.41	4 417	3 754
2016	泰安	山东	0.53	0.44	4 396	3 737
2017	泰安	山东	0.57	0.47	4 039	3 479
2018	泰安	山东	0.67	0.54	3 642	3 688
2019	泰安	山东	0.75	0.62	2 551	3 115
2010	威海	山东	0.70	0.58	2 538	2 158
2011	威海	山东	0.66	0.57	2 623	2 229
2012	威海	山东	0.70	0.61	2 515	2 138
2013	威海	山东	0.74	0.65	2 361	2 007
2014	威海	山东	0.67	0.54	4 782	4 065
2015	威海	山东	0.69	0.56	4 602	3 912
2016	威海	山东	0.71	0.58	4 553	3 871
2017	威海	山东	0.78	0.67	3 539	3 008
2018	威海	山东	0.92	0.89	1 033	895
2019	威海	山东	1.00	1.00	0	0
2010	日照	山东	0.45	0.32	4 011	3 409
2011	日照	山东	0.46	0.34	4 067	3 457
2012	日照	山东	0.47	0.34	4 439	3 774
2013	日照	山东	0.42	0.31	4 665	3 965
2014	日照	山东	0.43	0.32	5 007	4 255
2015	日照	山东	0.45	0.33	4 878	4 146
2016	日照	山东	0.49	0.37	3 890	3 306

续附表 2

年份	城市	省（自治区）	用水效率		潜力值/万 m³	
			传统用水效率	绿色用水效率	节水潜力	减排潜力
2017	日照	山东	0.48	0.36	4 618	3 924
2018	日照	山东	0.50	0.38	4 917	3 998
2019	日照	山东	0.51	0.38	5 663	4 941
2010	临沂	山东	0.48	0.35	10 051	8 058
2011	临沂	山东	0.50	0.36	10 067	8 524
2012	临沂	山东	0.48	0.35	11 090	9 327
2013	临沂	山东	0.43	0.31	12 858	10 929
2014	临沂	山东	0.44	0.32	13 945	11 854
2015	临沂	山东	0.45	0.32	14 663	12 463
2016	临沂	山东	0.46	0.34	14 708	12 502
2017	临沂	山东	0.47	0.35	16 651	13 385
2018	临沂	山东	0.51	0.38	15 142	12 870
2019	临沂	山东	0.60	0.45	10 777	10 703
2010	德州	山东	0.47	0.35	4 559	3 875
2011	德州	山东	0.51	0.39	4 215	3 583
2012	德州	山东	0.52	0.40	4 554	3 871
2013	德州	山东	0.49	0.38	4 387	3 728
2014	德州	山东	0.46	0.34	7 206	6 125
2015	德州	山东	0.46	0.35	7 906	6 720
2016	德州	山东	0.49	0.37	7 592	6 453
2017	德州	山东	0.50	0.38	8 171	6 945
2018	德州	山东	0.56	0.42	7 594	6 450
2019	德州	山东	0.64	0.50	6 772	5 676
2010	聊城	山东	0.50	0.39	2 928	2 489
2011	聊城	山东	0.50	0.38	3 341	2 840
2012	聊城	山东	0.51	0.40	3 404	2 894
2013	聊城	山东	0.48	0.37	4 078	3 466

续附表 2

年份	城市	省（自治区）	用水效率		潜力值/万 m³	
			传统用水效率	绿色用水效率	节水潜力	减排潜力
2014	聊城	山东	0.49	0.38	4 146	3 524
2015	聊城	山东	0.50	0.39	4 234	3 599
2016	聊城	山东	0.47	0.36	6 043	5 136
2017	聊城	山东	0.49	0.37	6 277	5 335
2018	聊城	山东	0.52	0.39	6 533	5 553
2019	聊城	山东	0.54	0.40	7 857	6 667
2010	滨州	山东	0.41	0.30	4 071	3 460
2011	滨州	山东	0.39	0.29	5 150	4 378
2012	滨州	山东	0.41	0.31	4 809	4 088
2013	滨州	山东	0.39	0.29	5 238	4 452
2014	滨州	山东	0.42	0.32	4 554	3 870
2015	滨州	山东	0.41	0.31	5 710	4 853
2016	滨州	山东	0.41	0.30	6 789	5 771
2017	滨州	山东	0.43	0.32	7 308	6 211
2018	滨州	山东	0.47	0.35	7 101	6 036
2019	滨州	山东	0.51	0.38	6 568	5 583
2010	菏泽	山东	0.35	0.26	3 002	2 551
2011	菏泽	山东	0.38	0.28	2 925	2 486
2012	菏泽	山东	0.40	0.30	2 855	2 427
2013	菏泽	山东	0.39	0.29	3 239	2 753
2014	菏泽	山东	0.38	0.28	4 207	3 576
2015	菏泽	山东	0.36	0.26	5 327	4 528
2016	菏泽	山东	0.36	0.26	6 144	5 222
2017	菏泽	山东	0.37	0.27	6 053	5 145
2018	菏泽	山东	0.40	0.29	5 545	4 783
2019	菏泽	山东	0.44	0.33	4 658	3 986
2010	郑州	河南	0.33	0.23	29 102	24 736

续附表 2

年份	城市	省（自治区）	用水效率		潜力值/万 m³	
			传统用水效率	绿色用水效率	节水潜力	减排潜力
2011	郑州	河南	0.32	0.22	27 786	24 910
2012	郑州	河南	0.31	0.22	27 991	25 096
2013	郑州	河南	0.30	0.21	27 924	25 136
2014	郑州	河南	0.30	0.22	26 736	23 971
2015	郑州	河南	0.31	0.21	27 676	37 821
2016	郑州	河南	0.31	0.22	29 109	27 654
2017	郑州	河南	0.31	0.22	30 934	30 044
2018	郑州	河南	0.33	0.24	32 191	31 260
2019	郑州	河南	0.34	0.24	34 700	33 683
2010	开封	河南	0.37	0.27	5 633	4 264
2011	开封	河南	0.35	0.25	6 673	4 751
2012	开封	河南	0.35	0.26	6 639	4 713
2013	开封	河南	0.34	0.25	6 368	6 178
2014	开封	河南	0.35	0.25	6 627	6 190
2015	开封	河南	0.34	0.24	8 081	7 147
2016	开封	河南	0.32	0.23	9 103	7 970
2017	开封	河南	0.33	0.24	8 517	7 976
2018	开封	河南	0.39	0.27	8 531	8 387
2019	开封	河南	0.41	0.29	8 418	7 947
2010	洛阳	河南	0.41	0.29	9 614	8 029
2011	洛阳	河南	0.40	0.29	11 259	8 798
2012	洛阳	河南	0.41	0.30	11 512	10 050
2013	洛阳	河南	0.40	0.28	11 606	10 874
2014	洛阳	河南	0.41	0.30	11 453	10 247
2015	洛阳	河南	0.42	0.30	11 273	11 141
2016	洛阳	河南	0.43	0.31	11 247	11 229
2017	洛阳	河南	0.45	0.33	11 187	10 948

续附表 2

年份	城市	省（自治区）	用水效率		潜力值/万 m³	
			传统用水效率	绿色用水效率	节水潜力	减排潜力
2018	洛阳	河南	0.49	0.36	10 884	10 558
2019	洛阳	河南	0.51	0.38	10 881	10 850
2010	平顶山	河南	0.34	0.24	7 766	7 145
2011	平顶山	河南	0.35	0.25	7 916	7 284
2012	平顶山	河南	0.35	0.25	8 358	7 501
2013	平顶山	河南	0.35	0.25	8 204	7 531
2014	平顶山	河南	0.36	0.26	7 872	6 759
2015	平顶山	河南	0.37	0.27	7 477	7 187
2016	平顶山	河南	0.38	0.27	7 708	7 659
2017	平顶山	河南	0.38	0.27	9 246	9 245
2018	平顶山	河南	0.42	0.30	8 779	8 747
2019	平顶山	河南	0.45	0.32	7 414	9 525
2010	安阳	河南	0.31	0.23	8 744	6 569
2011	安阳	河南	0.32	0.23	8 560	6 552
2012	安阳	河南	0.34	0.24	7 783	6 145
2013	安阳	河南	0.34	0.24	7 528	6 055
2014	安阳	河南	0.34	0.25	7 500	5 830
2015	安阳	河南	0.34	0.25	7 467	5 267
2016	安阳	河南	0.35	0.26	7 556	5 408
2017	安阳	河南	0.38	0.28	7 320	5 479
2018	安阳	河南	0.40	0.30	7 391	5 995
2019	安阳	河南	0.44	0.33	7 130	5 548
2010	鹤壁	河南	0.27	0.19	3 928	2 750
2011	鹤壁	河南	0.28	0.20	4 087	2 869
2012	鹤壁	河南	0.28	0.20	4 233	2 993
2013	鹤壁	河南	0.27	0.19	4 417	3 132
2014	鹤壁	河南	0.27	0.19	4 646	3 253

续附表 2

年份	城市	省（自治区）	用水效率		潜力值/万 m³	
			传统用水效率	绿色用水效率	节水潜力	减排潜力
2015	鹤壁	河南	0.30	0.21	3 262	2 283
2016	鹤壁	河南	0.30	0.21	3 438	2 732
2017	鹤壁	河南	0.32	0.23	3 033	2 688
2018	鹤壁	河南	0.38	0.27	3 215	3 016
2019	鹤壁	河南	0.36	0.26	3 753	3 088
2010	新乡	河南	0.29	0.21	8 629	6 904
2011	新乡	河南	0.30	0.21	9 700	7 761
2012	新乡	河南	0.32	0.22	9 593	7 675
2013	新乡	河南	0.28	0.20	10 140	8 112
2014	新乡	河南	0.28	0.20	10 096	8 077
2015	新乡	河南	0.29	0.21	10 586	8 469
2016	新乡	河南	0.30	0.22	11 587	8 455
2017	新乡	河南	0.33	0.24	10 799	7 896
2018	新乡	河南	0.38	0.28	9 936	7 544
2019	新乡	河南	0.44	0.33	6 854	6 031
2010	焦作	河南	0.35	0.25	6 088	6 104
2011	焦作	河南	0.35	0.25	5 983	5 945
2012	焦作	河南	0.36	0.26	5 839	6 366
2013	焦作	河南	0.34	0.24	6 054	6 403
2014	焦作	河南	0.35	0.25	6 005	6 889
2015	焦作	河南	0.36	0.25	6 177	7 507
2016	焦作	河南	0.36	0.25	6 182	8 236
2017	焦作	河南	0.37	0.27	6 120	6 104
2018	焦作	河南	0.48	0.35	5 438	5 424
2019	焦作	河南	0.48	0.36	5 404	5 379
2010	濮阳	河南	0.37	0.27	3 654	2 776
2011	濮阳	河南	0.39	0.28	3 661	3 112

续附表 2

年份	城市	省（自治区）	用水效率		潜力值/万 m³	
			传统用水效率	绿色用水效率	节水潜力	减排潜力
2012	濮阳	河南	0.40	0.29	3 622	3 076
2013	濮阳	河南	0.37	0.28	3 951	3 150
2014	濮阳	河南	0.38	0.28	3 929	3 307
2015	濮阳	河南	0.38	0.28	4 236	3 959
2016	濮阳	河南	0.36	0.27	5 439	4 065
2017	濮阳	河南	0.37	0.28	5 217	4 105
2018	濮阳	河南	0.42	0.31	5 122	4 264
2019	濮阳	河南	0.44	0.33	5 102	4 252
2010	许昌	河南	0.55	0.43	2 341	1 872
2011	许昌	河南	0.54	0.43	2 520	2 016
2012	许昌	河南	0.57	0.46	2 424	1 939
2013	许昌	河南	0.53	0.43	2 497	1 998
2014	许昌	河南	0.53	0.44	2 588	2 070
2015	许昌	河南	0.53	0.44	2 834	2 267
2016	许昌	河南	0.52	0.41	3 167	3 131
2017	许昌	河南	0.59	0.50	2 198	2 157
2018	许昌	河南	0.61	0.53	2 375	2 021
2019	许昌	河南	0.64	0.55	2 282	2 028
2010	漯河	河南	0.35	0.24	7 551	6 491
2011	漯河	河南	0.36	0.25	7 344	5 868
2012	漯河	河南	0.37	0.26	7 292	5 754
2013	漯河	河南	0.35	0.25	7 440	5 447
2014	漯河	河南	0.36	0.26	7 368	5 400
2015	漯河	河南	0.36	0.25	7 443	5 387
2016	漯河	河南	0.37	0.26	6 162	6 096
2017	漯河	河南	0.36	0.25	6 759	6 306
2018	漯河	河南	0.39	0.28	5 207	5 202

续附表 2

年份	城市	省（自治区）	用水效率		潜力值/万 m³	
			传统用水效率	绿色用水效率	节水潜力	减排潜力
2019	漯河	河南	0.47	0.34	4 297	4 281
2010	三门峡	河南	0.44	0.37	1 198	839
2011	三门峡	河南	0.47	0.40	1 103	839
2012	三门峡	河南	0.49	0.42	1 051	835
2013	三门峡	河南	0.47	0.38	1 329	1264
2014	三门峡	河南	0.50	0.41	1 228	1 227
2015	三门峡	河南	0.43	0.34	2 185	1 959
2016	三门峡	河南	0.48	0.39	1 884	1 446
2017	三门峡	河南	0.51	0.42	1 869	1 472
2018	三门峡	河南	0.57	0.46	1 708	1 528
2019	三门峡	河南	0.60	0.47	1 716	1 888
2010	南阳	河南	0.51	0.42	3 807	2 608
2011	南阳	河南	0.51	0.43	3 879	2 553
2012	南阳	河南	0.48	0.38	5 643	4 179
2013	南阳	河南	0.49	0.39	5 635	4 115
2014	南阳	河南	0.49	0.39	5 841	4 674
2015	南阳	河南	0.49	0.39	5 925	4 824
2016	南阳	河南	0.51	0.41	5 699	5 498
2017	南阳	河南	0.53	0.42	5 801	5 715
2018	南阳	河南	0.59	0.48	5 287	5 241
2019	南阳	河南	0.63	0.52	5 029	4 662
2010	商丘	河南	0.38	0.27	3 618	3 465
2011	商丘	河南	0.39	0.29	3 743	3 653
2012	商丘	河南	0.44	0.31	2 667	6 755
2013	商丘	河南	0.43	0.31	2 664	5 745
2014	商丘	河南	0.41	0.30	3 053	5 800
2015	商丘	河南	0.41	0.30	3 043	5 712

续附表 2

年份	城市	省（自治区）	用水效率		潜力值/万 m³	
			传统用水效率	绿色用水效率	节水潜力	减排潜力
2016	商丘	河南	0.42	0.33	2 905	2 882
2017	商丘	河南	0.39	0.31	3 571	3 542
2018	商丘	河南	0.40	0.31	4 109	3 851
2019	商丘	河南	0.40	0.31	4 681	4 250
2010	信阳	河南	0.37	0.28	2 831	2 381
2011	信阳	河南	0.41	0.32	2 547	2 278
2012	信阳	河南	0.42	0.33	2 530	2 392
2013	信阳	河南	0.41	0.32	2 623	2 491
2014	信阳	河南	0.40	0.32	2 906	2 735
2015	信阳	河南	0.41	0.33	2 863	2 630
2016	信阳	河南	0.43	0.35	2 868	2 581
2017	信阳	河南	0.44	0.36	2 923	2 660
2018	信阳	河南	0.47	0.39	3 043	2 529
2019	信阳	河南	0.51	0.43	2 667	2 404
2010	周口	河南	0.63	0.63	701	530
2011	周口	河南	0.61	0.56	1 022	831
2012	周口	河南	0.58	0.50	1 465	1 267
2013	周口	河南	0.55	0.48	1 635	1 402
2014	周口	河南	0.52	0.45	2 027	1 694
2015	周口	河南	0.50	0.41	2 527	2 249
2016	周口	河南	0.49	0.40	2 771	2 630
2017	周口	河南	0.53	0.45	2 423	2 286
2018	周口	河南	0.55	0.45	2 758	2 595
2019	周口	河南	0.54	0.44	3 130	2 989
2010	驻马店	河南	0.45	0.34	2 781	2 194
2011	驻马店	河南	0.45	0.34	3 041	2 360
2012	驻马店	河南	0.45	0.34	3 333	2 497

续附表 2

年份	城市	省（自治区）	用水效率		潜力值/万 m³	
			传统用水效率	绿色用水效率	节水潜力	减排潜力
2013	驻马店	河南	0.42	0.32	3 492	2 715
2014	驻马店	河南	0.40	0.30	4 210	3 578
2015	驻马店	河南	0.38	0.29	4 711	4 004
2016	驻马店	河南	0.39	0.29	4 721	4 154
2017	驻马店	河南	0.42	0.32	3 834	4 076
2018	驻马店	河南	0.41	0.31	5 064	5 051
2019	驻马店	河南	0.44	0.33	4 998	4 896
2010	成都	四川	0.35	0.24	49 817	41 961
2011	成都	四川	0.35	0.25	53 283	46 415
2012	成都	四川	0.36	0.25	56 721	46 770
2013	成都	四川	0.25	0.18	64 515	57 009
2014	成都	四川	0.34	0.24	70 693	53 590
2015	成都	四川	0.27	0.19	70 205	66 535
2016	成都	四川	0.26	0.18	91 368	77 422
2017	成都	四川	0.26	0.19	90 234	80 307
2018	成都	四川	0.27	0.19	88 065	83 885
2019	成都	四川	0.27	0.20	92 169	86 376
2010	自贡	四川	0.47	0.34	3 720	2 970
2011	自贡	四川	0.49	0.36	3 999	3 082
2012	自贡	四川	0.52	0.38	3 982	3 179
2013	自贡	四川	0.50	0.36	3 375	4 363
2014	自贡	四川	0.51	0.36	3 530	4 512
2015	自贡	四川	0.53	0.38	3 664	3 085
2016	自贡	四川	0.55	0.40	3 705	2 851
2017	自贡	四川	0.57	0.42	3 665	2 794
2018	自贡	四川	0.58	0.42	3 903	3 033
2019	自贡	四川	0.60	0.44	3 873	3 043

续附表2

年份	城市	省（自治区）	用水效率		潜力值/万 m³	
			传统用水效率	绿色用水效率	节水潜力	减排潜力
2010	攀枝花	四川	0.28	0.19	9 830	7 874
2011	攀枝花	四川	0.29	0.20	9 862	7 902
2012	攀枝花	四川	0.31	0.22	10 016	8 025
2013	攀枝花	四川	0.29	0.20	10 541	8 329
2014	攀枝花	四川	0.29	0.20	12 166	8 651
2015	攀枝花	四川	0.30	0.21	10 054	7 038
2016	攀枝花	四川	0.32	0.22	9 931	7 104
2017	攀枝花	四川	0.35	0.24	8 417	7 713
2018	攀枝花	四川	0.36	0.25	8 901	6 873
2019	攀枝花	四川	0.36	0.26	9 767	6 866
2010	泸州	四川	0.32	0.23	7 019	5 594
2011	泸州	四川	0.34	0.24	7 410	5 484
2012	泸州	四川	0.35	0.25	8 092	5 994
2013	泸州	四川	0.32	0.23	8 080	6 168
2014	泸州	四川	0.34	0.24	6 161	4 313
2015	泸州	四川	0.33	0.24	6 081	4 280
2016	泸州	四川	0.32	0.23	6 462	4 611
2017	泸州	四川	0.35	0.25	8 175	5 724
2018	泸州	四川	0.32	0.23	8 939	6 436
2019	泸州	四川	0.30	0.21	10 053	7 532
2010	德阳	四川	0.55	0.42	3 065	2 196
2011	德阳	四川	0.58	0.44	3 164	2 289
2012	德阳	四川	0.65	0.50	2 494	1 987
2013	德阳	四川	0.59	0.44	3 042	3 089
2014	德阳	四川	0.61	0.47	2 989	2 679
2015	德阳	四川	0.63	0.49	3 046	2 555
2016	德阳	四川	0.65	0.51	3 043	2 572

续附表 2

年份	城市	省（自治区）	用水效率		潜力值/万 m³	
			传统用水效率	绿色用水效率	节水潜力	减排潜力
2017	德阳	四川	0.65	0.49	3 909	3 400
2018	德阳	四川	0.69	0.52	3 451	3 847
2019	德阳	四川	0.78	0.59	2 993	3 604
2010	绵阳	四川	0.45	0.33	5 166	4 513
2011	绵阳	四川	0.48	0.35	5 439	4 617
2012	绵阳	四川	0.49	0.36	5 716	4 557
2013	绵阳	四川	0.48	0.35	5 966	4 991
2014	绵阳	四川	0.48	0.35	6 379	5 312
2015	绵阳	四川	0.48	0.36	6 677	5 447
2016	绵阳	四川	0.49	0.36	7 054	5 817
2017	绵阳	四川	0.51	0.37	7 175	6 445
2018	绵阳	四川	0.52	0.38	7 536	6 415
2019	绵阳	四川	0.56	0.41	7 967	6 816
2010	广元	四川	0.28	0.19	2 152	1 838
2011	广元	四川	0.28	0.20	2 450	1 948
2012	广元	四川	0.30	0.22	2 435	1 980
2013	广元	四川	0.30	0.21	2 618	2 101
2014	广元	四川	0.30	0.22	2 842	2 255
2015	广元	四川	0.31	0.22	3 037	2 925
2016	广元	四川	0.32	0.23	3 385	3 070
2017	广元	四川	0.33	0.23	3 625	3 251
2018	广元	四川	0.34	0.24	3 961	3 065
2019	广元	四川	0.34	0.24	3 916	3 473
2010	遂宁	四川	0.38	0.28	1 856	1 731
2011	遂宁	四川	0.39	0.28	2 400	1 729
2012	遂宁	四川	0.39	0.29	2 599	1 937
2013	遂宁	四川	0.38	0.28	2 593	1 918

续附表 2

年份	城市	省（自治区）	用水效率		潜力值/万 m³	
			传统用水效率	绿色用水效率	节水潜力	减排潜力
2014	遂宁	四川	0.37	0.27	3 017	3 068
2015	遂宁	四川	0.36	0.26	4 297	3 233
2016	遂宁	四川	0.31	0.23	3 885	3 131
2017	遂宁	四川	0.38	0.27	4 446	3 551
2018	遂宁	四川	0.39	0.28	4 910	3 604
2019	遂宁	四川	0.32	0.23	5 296	4 379
2010	内江	四川	0.44	0.36	2 434	1 169
2011	内江	四川	0.47	0.36	2 456	1 722
2012	内江	四川	0.53	0.41	1 823	1 454
2013	内江	四川	0.51	0.39	2 151	1 659
2014	内江	四川	0.47	0.36	2 580	1 812
2015	内江	四川	0.46	0.35	2 928	2 085
2016	内江	四川	0.47	0.36	3 076	2 126
2017	内江	四川	0.49	0.38	3 118	2 193
2018	内江	四川	0.48	0.37	3 197	2 241
2019	内江	四川	0.49	0.38	3 291	2 502
2010	乐山	四川	0.34	0.26	3 414	2 508
2011	乐山	四川	0.39	0.29	3 041	2 208
2012	乐山	四川	0.42	0.31	3 012	2 219
2013	乐山	四川	0.42	0.31	3 121	2 263
2014	乐山	四川	0.44	0.33	3 206	2 267
2015	乐山	四川	0.43	0.32	3 487	2 693
2016	乐山	四川	0.45	0.34	3 517	2 878
2017	乐山	四川	0.46	0.35	3 789	2 999
2018	乐山	四川	0.50	0.37	3 737	3 395
2019	乐山	四川	0.51	0.38	4 316	3 417
2010	南充	四川	0.35	0.25	5 302	4 227

续附表 2

年份	城市	省（自治区）	用水效率		潜力值/万 m³	
			传统用水效率	绿色用水效率	节水潜力	减排潜力
2011	南充	四川	0.38	0.27	5 248	4 191
2012	南充	四川	0.37	0.27	5 802	4 269
2013	南充	四川	0.33	0.24	6 197	4 564
2014	南充	四川	0.33	0.24	6 321	4 648
2015	南充	四川	0.32	0.23	6 543	4 806
2016	南充	四川	0.33	0.24	7 104	4 988
2017	南充	四川	0.33	0.24	7 592	5 315
2018	南充	四川	0.35	0.25	7 741	5 420
2019	南充	四川	0.36	0.26	7 800	5 461
2010	眉山	四川	0.40	0.29	2 114	1 688
2011	眉山	四川	0.42	0.31	2 277	1 713
2012	眉山	四川	0.47	0.35	1 836	1 468
2013	眉山	四川	0.43	0.33	2 109	1 689
2014	眉山	四川	0.42	0.31	2 754	2 162
2015	眉山	四川	0.42	0.31	3 092	2 362
2016	眉山	四川	0.44	0.33	2 785	2 222
2017	眉山	四川	0.45	0.34	3 156	2 342
2018	眉山	四川	0.49	0.37	3 041	2 252
2019	眉山	四川	0.46	0.36	3 184	2 339
2010	宜宾	四川	0.41	0.31	3 563	2 744
2011	宜宾	四川	0.46	0.35	2 875	2 013
2012	宜宾	四川	0.47	0.38	3 165	1 512
2013	宜宾	四川	0.56	0.47	1 653	1 206
2014	宜宾	四川	0.46	0.34	4 163	3 559
2015	宜宾	四川	0.43	0.31	6 258	5 536
2016	宜宾	四川	0.48	0.37	3 993	2 815
2017	宜宾	四川	0.50	0.39	3 762	2 851

续附表 2

年份	城市	省（自治区）	用水效率		潜力值/万 m³	
			传统用水效率	绿色用水效率	节水潜力	减排潜力
2018	宜宾	四川	0.48	0.37	4 625	3 584
2019	宜宾	四川	0.49	0.37	5 036	4 014
2010	广安	四川	0.61	0.53	564	401
2011	广安	四川	0.62	0.53	691	518
2012	广安	四川	0.65	0.53	739	691
2013	广安	四川	0.62	0.50	996	875
2014	广安	四川	0.59	0.48	1 228	887
2015	广安	四川	0.57	0.48	1 294	911
2016	广安	四川	0.57	0.46	1 536	1 169
2017	广安	四川	0.42	0.33	2 058	1 910
2018	广安	四川	0.43	0.34	2 079	1 958
2019	广安	四川	0.44	0.33	2 255	3 060
2010	达州	四川	0.43	0.33	2 048	1 437
2011	达州	四川	0.47	0.36	2 021	1 513
2012	达州	四川	0.48	0.38	2 105	1 574
2013	达州	四川	0.40	0.30	3 776	2 941
2014	达州	四川	0.40	0.29	5 244	3 839
2015	达州	四川	0.39	0.28	5 594	4 071
2016	达州	四川	0.39	0.28	5 308	4 197
2017	达州	四川	0.36	0.27	5 318	4 042
2018	达州	四川	0.39	0.30	4 156	2 966
2019	达州	四川	0.39	0.30	4 719	3 308
2010	雅安	四川	0.30	0.22	2 656	1 255
2011	雅安	四川	0.38	0.28	1 348	977
2012	雅安	四川	0.38	0.28	1 735	1 303
2013	雅安	四川	0.40	0.30	1 705	1 304
2014	雅安	四川	0.42	0.31	1 689	1 205

续附表 2

年份	城市	省（自治区）	用水效率		潜力值/万 m³	
			传统用水效率	绿色用水效率	节水潜力	减排潜力
2015	雅安	四川	0.43	0.32	1 701	1 209
2016	雅安	四川	0.46	0.36	1 392	1 049
2017	雅安	四川	0.49	0.38	1 356	1 036
2018	雅安	四川	0.51	0.40	1 428	1 007
2019	雅安	四川	0.50	0.38	1 707	1 265
2010	巴中	四川	0.42	0.32	989	1 029
2011	巴中	四川	0.41	0.31	1 140	1 024
2012	巴中	四川	0.40	0.30	1 271	1 200
2013	巴中	四川	0.33	0.24	1 699	1 381
2014	巴中	四川	0.30	0.22	1 962	1 516
2015	巴中	四川	0.28	0.21	2 131	1 550
2016	巴中	四川	0.27	0.20	2 354	1 696
2017	巴中	四川	0.27	0.20	2 474	1 985
2018	巴中	四川	0.26	0.19	2 752	2 144
2019	巴中	四川	0.28	0.20	2 394	2 521
2010	资阳	四川	0.55	0.44	1 182	830
2011	资阳	四川	0.57	0.45	1 284	900
2012	资阳	四川	0.57	0.46	1 284	901
2013	资阳	四川	0.50	0.42	1 408	987
2014	资阳	四川	0.51	0.42	1 420	1 024
2015	资阳	四川	0.52	0.44	1 394	1 048
2016	资阳	四川	0.62	0.53	1 208	882
2017	资阳	四川	0.67	0.59	1 078	786
2018	资阳	四川	0.69	0.61	1 087	788
2019	资阳	四川	0.77	0.70	976	665
2010	西安	陕西	0.25	0.18	32 117	27 299
2011	西安	陕西	0.27	0.19	29 794	28 205

续附表 2

年份	城市	省 （自治区）	用水效率		潜力值/万 m³	
			传统用水效率	绿色用水效率	节水潜力	减排潜力
2012	西安	陕西	0.27	0.19	35 583	30 990
2013	西安	陕西	0.26	0.18	39 767	36 010
2014	西安	陕西	0.26	0.18	41 501	40 288
2015	西安	陕西	0.27	0.19	43 287	48 750
2016	西安	陕西	0.28	0.19	46 299	43 963
2017	西安	陕西	0.27	0.19	71 443	46 701
2018	西安	陕西	0.28	0.19	71 864	55 895
2019	西安	陕西	0.29	0.20	59 530	59 011
2010	铜川	陕西	0.27	0.19	1 271	945
2011	铜川	陕西	0.28	0.21	1 292	1 031
2012	铜川	陕西	0.30	0.22	1 293	1 216
2013	铜川	陕西	0.29	0.21	1 306	1 228
2014	铜川	陕西	0.29	0.21	1 306	1 249
2015	铜川	陕西	0.29	0.21	1 369	1 006
2016	铜川	陕西	0.29	0.21	1 444	1 276
2017	铜川	陕西	0.30	0.22	1 434	1 430
2018	铜川	陕西	0.29	0.21	2 067	1 559
2019	铜川	陕西	0.29	0.21	1 925	1 545
2010	宝鸡	陕西	0.33	0.23	5 534	4 808
2011	宝鸡	陕西	0.35	0.25	5 218	4 700
2012	宝鸡	陕西	0.36	0.26	5 390	5 189
2013	宝鸡	陕西	0.35	0.25	4 894	5 325
2014	宝鸡	陕西	0.36	0.26	4 815	5 200
2015	宝鸡	陕西	0.35	0.25	5 317	4 962
2016	宝鸡	陕西	0.35	0.25	5 578	5 299
2017	宝鸡	陕西	0.36	0.26	5 483	5 444
2018	宝鸡	陕西	0.38	0.27	5 744	6 429

续附表 2

年份	城市	省 （自治区）	用水效率		潜力值/万 m³	
			传统用水效率	绿色用水效率	节水潜力	减排潜力
2019	宝鸡	陕西	0.39	0.28	5 593	6 559
2010	咸阳	陕西	0.28	0.20	10 184	8 246
2011	咸阳	陕西	0.29	0.20	10 201	7 650
2012	咸阳	陕西	0.30	0.21	10 113	7 122
2013	咸阳	陕西	0.27	0.19	10 545	7 382
2014	咸阳	陕西	0.27	0.19	10 220	7 938
2015	咸阳	陕西	0.28	0.20	10 109	7 534
2016	咸阳	陕西	0.28	0.20	10 406	7 304
2017	咸阳	陕西	0.31	0.23	11 218	5 861
2018	咸阳	陕西	0.34	0.25	10 407	7 579
2019	咸阳	陕西	0.38	0.28	8 596	8 027
2010	渭南	陕西	0.31	0.23	3 424	2 745
2011	渭南	陕西	0.32	0.23	3 277	2 811
2012	渭南	陕西	0.31	0.22	4 125	3 324
2013	渭南	陕西	0.30	0.22	4 229	3 508
2014	渭南	陕西	0.30	0.22	4 139	3 534
2015	渭南	陕西	0.29	0.21	4 953	3 973
2016	渭南	陕西	0.29	0.22	4 955	4 047
2017	渭南	陕西	0.30	0.22	5 030	4 507
2018	渭南	陕西	0.31	0.22	5 203	4 834
2019	渭南	陕西	0.32	0.24	4 930	4 436
2010	延安	陕西	0.33	0.26	1 111	1 000
2011	延安	陕西	0.34	0.27	1 207	1 025
2012	延安	陕西	0.36	0.29	1 214	1 031
2013	延安	陕西	0.35	0.28	1 346	1 207
2014	延安	陕西	0.34	0.27	1 526	1 452
2015	延安	陕西	0.35	0.28	1 586	1 282

续附表2

年份	城市	省（自治区）	用水效率		潜力值/万 m³	
			传统用水效率	绿色用水效率	节水潜力	减排潜力
2016	延安	陕西	0.34	0.27	1 872	1 557
2017	延安	陕西	0.37	0.29	1 812	1 633
2018	延安	陕西	0.38	0.30	2 016	1 655
2019	延安	陕西	0.37	0.28	2 311	2 651
2010	汉中	陕西	0.43	0.33	1 496	1 347
2011	汉中	陕西	0.45	0.34	1 563	1 446
2012	汉中	陕西	0.46	0.35	1 643	1 529
2013	汉中	陕西	0.46	0.35	1 666	1 530
2014	汉中	陕西	0.46	0.33	1 722	2 505
2015	汉中	陕西	0.45	0.33	1 819	2 384
2016	汉中	陕西	0.45	0.35	1 896	1 519
2017	汉中	陕西	0.45	0.35	1 944	1 888
2018	汉中	陕西	0.42	0.31	2 793	2 706
2019	汉中	陕西	0.44	0.33	2 713	2 669
2010	榆林	陕西	0.30	0.24	1 026	725
2011	榆林	陕西	0.28	0.22	1 391	995
2012	榆林	陕西	0.30	0.24	1 400	1 174
2013	榆林	陕西	0.28	0.23	1 548	1 086
2014	榆林	陕西	0.26	0.20	2 136	1 496
2015	榆林	陕西	0.28	0.22	2 041	1 430
2016	榆林	陕西	0.28	0.22	2 276	1 622
2017	榆林	陕西	0.30	0.23	2 224	1 869
2018	榆林	陕西	0.31	0.23	2 367	2 685
2019	榆林	陕西	0.30	0.23	2 523	2 849
2010	安康	陕西	0.29	0.20	3 357	3 104
2011	安康	陕西	0.37	0.27	1 295	1 088
2012	安康	陕西	0.41	0.31	1 095	876

续附表 2

年份	城市	省（自治区）	用水效率		潜力值/万 m³	
			传统用水效率	绿色用水效率	节水潜力	减排潜力
2013	安康	陕西	0.42	0.33	1 046	897
2014	安康	陕西	0.43	0.34	1 036	880
2015	安康	陕西	0.41	0.31	1 301	1 345
2016	安康	陕西	0.38	0.28	1 694	1 625
2017	安康	陕西	0.38	0.29	1 705	1 697
2018	安康	陕西	0.39	0.30	1 683	1 686
2019	安康	陕西	0.40	0.30	1 649	1 755
2010	商洛	陕西	0.34	0.26	732	547
2011	商洛	陕西	0.37	0.28	658	598
2012	商洛	陕西	0.38	0.29	701	651
2013	商洛	陕西	0.37	0.29	718	678
2014	商洛	陕西	0.37	0.29	715	681
2015	商洛	陕西	0.38	0.31	707	643
2016	商洛	陕西	0.39	0.32	719	651
2017	商洛	陕西	0.34	0.27	1 012	869
2018	商洛	陕西	0.38	0.29	897	1 279
2019	商洛	陕西	0.35	0.26	1 237	1 336
2010	兰州	甘肃	0.25	0.18	23 390	18 410
2011	兰州	甘肃	0.26	0.18	24 007	16 795
2012	兰州	甘肃	0.28	0.20	21 511	15 864
2013	兰州	甘肃	0.28	0.20	21 443	15 446
2014	兰州	甘肃	0.30	0.21	20 743	14 641
2015	兰州	甘肃	0.30	0.21	21 026	15 269
2016	兰州	甘肃	0.31	0.22	20 117	14 109
2017	兰州	甘肃	0.30	0.21	20 796	15 239
2018	兰州	甘肃	0.31	0.22	21 614	16 514
2019	兰州	甘肃	0.34	0.24	21 314	16 869

续附表 2

年份	城市	省（自治区）	用水效率		潜力值/万 m³	
			传统用水效率	绿色用水效率	节水潜力	减排潜力
2010	嘉峪关	甘肃	0.16	0.11	2 962	2 390
2011	嘉峪关	甘肃	0.17	0.12	2 943	2 394
2012	嘉峪关	甘肃	0.17	0.12	3 225	2 448
2013	嘉峪关	甘肃	0.18	0.13	3 258	2 460
2014	嘉峪关	甘肃	0.19	0.13	3 343	2 548
2015	嘉峪关	甘肃	0.19	0.13	3 251	2 470
2016	嘉峪关	甘肃	0.27	0.20	765	537
2017	嘉峪关	甘肃	0.23	0.17	1 434	551
2018	嘉峪关	甘肃	0.27	0.20	1 381	539
2019	嘉峪关	甘肃	0.26	0.20	2 358	654
2010	金昌	甘肃	0.18	0.13	7 694	1 777
2011	金昌	甘肃	0.24	0.17	2 518	1 731
2012	金昌	甘肃	0.24	0.16	2 255	1 915
2013	金昌	甘肃	0.23	0.16	2 637	1 931
2014	金昌	甘肃	0.25	0.18	2 225	1 610
2015	金昌	甘肃	0.26	0.18	2 253	1 624
2016	金昌	甘肃	0.27	0.19	2 291	1 216
2017	金昌	甘肃	0.29	0.21	2 194	1 328
2018	金昌	甘肃	0.31	0.22	2 195	1 321
2019	金昌	甘肃	0.35	0.25	1 738	1 217
2010	白银	甘肃	0.24	0.16	5 957	3 481
2011	白银	甘肃	0.26	0.18	4 424	3 097
2012	白银	甘肃	0.27	0.19	5 343	3 741
2013	白银	甘肃	0.25	0.18	5 431	3 805
2014	白银	甘肃	0.27	0.19	5 099	3 613
2015	白银	甘肃	0.28	0.20	5 064	3 587
2016	白银	甘肃	0.40	0.31	1 247	998

续附表 2

年份	城市	省 (自治区)	用水效率		潜力值/万 m³	
			传统用水效率	绿色用水效率	节水潜力	减排潜力
2017	白银	甘肃	0.39	0.30	1 411	1 135
2018	白银	甘肃	0.40	0.31	1 631	1 213
2019	白银	甘肃	0.44	0.33	1 442	1 522
2010	天水	甘肃	0.24	0.17	3 012	1 727
2011	天水	甘肃	0.26	0.19	2 656	1 859
2012	天水	甘肃	0.29	0.21	2 582	1 890
2013	天水	甘肃	0.29	0.21	2 579	1 894
2014	天水	甘肃	0.29	0.21	2 577	1 895
2015	天水	甘肃	0.29	0.21	2 585	1 901
2016	天水	甘肃	0.29	0.21	2 590	2 016
2017	天水	甘肃	0.28	0.20	2 610	2 463
2018	天水	甘肃	0.29	0.21	2 706	2 078
2019	天水	甘肃	0.30	0.21	2 595	3 426
2010	武威	甘肃	0.34	0.24	1 257	1 196
2011	武威	甘肃	0.34	0.24	1 373	977
2012	武威	甘肃	0.34	0.25	1 280	964
2013	武威	甘肃	0.32	0.24	1 304	922
2014	武威	甘肃	0.33	0.25	1 308	973
2015	武威	甘肃	0.34	0.25	1 388	985
2016	武威	甘肃	0.32	0.24	1 674	1 320
2017	武威	甘肃	0.33	0.24	1 943	1 717
2018	武威	甘肃	0.34	0.25	2 307	1 490
2019	武威	甘肃	0.36	0.27	2 061	1 443
2010	张掖	甘肃	0.32	0.23	1 305	1 044
2011	张掖	甘肃	0.34	0.25	1 321	1 201
2012	张掖	甘肃	0.34	0.25	1 585	1 198
2013	张掖	甘肃	0.34	0.25	1 570	1 276

续附表2

年份	城市	省（自治区）	用水效率		潜力值/万 m³	
			传统用水效率	绿色用水效率	节水潜力	减排潜力
2014	张掖	甘肃	0.35	0.25	1 698	1 238
2015	张掖	甘肃	0.35	0.26	1 746	1 225
2016	张掖	甘肃	0.36	0.27	1 691	1 189
2017	张掖	甘肃	0.38	0.27	1 975	1 833
2018	张掖	甘肃	0.41	0.29	2 004	2 082
2019	张掖	甘肃	0.40	0.29	2 413	2 140
2010	平凉	甘肃	0.27	0.20	1 157	857
2011	平凉	甘肃	0.28	0.20	1 136	817
2012	平凉	甘肃	0.29	0.23	832	583
2013	平凉	甘肃	0.29	0.23	941	700
2014	平凉	甘肃	0.27	0.20	1 229	926
2015	平凉	甘肃	0.27	0.20	1 323	1 183
2016	平凉	甘肃	0.28	0.21	1 313	1 312
2017	平凉	甘肃	0.29	0.21	1 332	1 320
2018	平凉	甘肃	0.37	0.28	828	1 145
2019	平凉	甘肃	0.36	0.27	1 011	1 303
2010	酒泉	甘肃	0.30	0.21	2 027	1 259
2011	酒泉	甘肃	0.31	0.22	1 648	1 296
2012	酒泉	甘肃	0.31	0.23	1 657	1 160
2013	酒泉	甘肃	0.29	0.21	1 717	1 203
2014	酒泉	甘肃	0.29	0.22	1 748	1 224
2015	酒泉	甘肃	0.32	0.24	1 490	1 187
2016	酒泉	甘肃	0.33	0.25	1 527	1 115
2017	酒泉	甘肃	0.34	0.26	1 808	1 466
2018	酒泉	甘肃	0.37	0.27	1 922	1 806
2019	酒泉	甘肃	0.37	0.27	1 930	1 904
2010	庆阳	甘肃	0.38	0.31	456	356

续附表 2

年份	城市	省（自治区）	用水效率		潜力值/万 m³	
			传统用水效率	绿色用水效率	节水潜力	减排潜力
2011	庆阳	甘肃	0.39	0.32	463	400
2012	庆阳	甘肃	0.41	0.34	451	387
2013	庆阳	甘肃	0.37	0.32	498	398
2014	庆阳	甘肃	0.38	0.34	483	387
2015	庆阳	甘肃	0.40	0.37	472	372
2016	庆阳	甘肃	0.41	0.33	530	724
2017	庆阳	甘肃	0.42	0.35	543	516
2018	庆阳	甘肃	0.45	0.39	524	479
2019	庆阳	甘肃	0.41	0.34	694	706
2010	定西	甘肃	0.33	0.27	370	230
2011	定西	甘肃	0.34	0.28	369	262
2012	定西	甘肃	0.34	0.28	372	272
2013	定西	甘肃	0.30	0.25	457	321
2014	定西	甘肃	0.31	0.26	477	335
2015	定西	甘肃	0.32	0.27	467	328
2016	定西	甘肃	0.34	0.30	454	301
2017	定西	甘肃	0.32	0.27	558	397
2018	定西	甘肃	0.35	0.31	523	306
2019	定西	甘肃	0.36	0.34	506	270
2010	陇南	甘肃	0.44	0.35	152	238
2011	陇南	甘肃	0.35	0.27	282	320
2012	陇南	甘肃	0.35	0.31	285	208
2013	陇南	甘肃	0.34	0.30	305	215
2014	陇南	甘肃	0.34	0.31	320	231
2015	陇南	甘肃	0.35	0.32	329	238
2016	陇南	甘肃	0.34	0.28	374	340
2017	陇南	甘肃	0.31	0.25	483	452

续附表 2

年份	城市	省（自治区）	用水效率		潜力值/万 m³	
			传统用水效率	绿色用水效率	节水潜力	减排潜力
2018	陇南	甘肃	0.33	0.29	463	339
2019	陇南	甘肃	0.28	0.21	929	668
2010	西宁	青海	0.19	0.13	10 812	6 799
2011	西宁	青海	0.18	0.12	12 286	8 690
2012	西宁	青海	0.19	0.13	12 720	8 906
2013	西宁	青海	0.19	0.13	13 267	9 257
2014	西宁	青海	0.19	0.13	13 279	9 391
2015	西宁	青海	0.19	0.13	13 403	9 878
2016	西宁	青海	0.20	0.14	13 507	9 973
2017	西宁	青海	0.20	0.14	13 519	10 049
2018	西宁	青海	0.21	0.15	12 921	10 937
2019	西宁	青海	0.21	0.15	13 177	11 962
2010	银川	宁夏	0.16	0.11	9 349	9 349
2011	银川	宁夏	0.17	0.12	9 929	9 648
2012	银川	宁夏	0.18	0.12	10 099	11 696
2013	银川	宁夏	0.18	0.12	10 419	12 589
2014	银川	宁夏	0.13	0.09	11 349	13 592
2015	银川	宁夏	0.13	0.09	12 251	14 306
2016	银川	宁夏	0.18	0.12	11 882	13 978
2017	银川	宁夏	0.19	0.13	13 511	13 877
2018	银川	宁夏	0.20	0.14	12 198	15 513
2019	银川	宁夏	0.20	0.14	14 406	14 896
2010	石嘴山	宁夏	0.15	0.11	8 164	5 046
2011	石嘴山	宁夏	0.16	0.11	9 646	7 120
2012	石嘴山	宁夏	0.18	0.12	7 347	6 088
2013	石嘴山	宁夏	0.19	0.13	6 893	1 949
2014	石嘴山	宁夏	0.20	0.14	6 969	2 128

续附表 2

年份	城市	省（自治区）	用水效率		潜力值/万 m³	
			传统用水效率	绿色用水效率	节水潜力	减排潜力
2015	石嘴山	宁夏	0.21	0.15	6 660	2 186
2016	石嘴山	宁夏	0.22	0.16	7 227	2 154
2017	石嘴山	宁夏	0.23	0.17	7 849	2 129
2018	石嘴山	宁夏	0.28	0.20	6 314	2 161
2019	石嘴山	宁夏	0.30	0.22	6 118	2 364
2010	吴忠	宁夏	0.45	0.32	1 574	1 534
2011	吴忠	宁夏	0.47	0.34	1 578	1 508
2012	吴忠	宁夏	0.50	0.36	1 512	1 468
2013	吴忠	宁夏	0.46	0.34	1 568	1 527
2014	吴忠	宁夏	0.47	0.34	1 547	1 681
2015	吴忠	宁夏	0.48	0.35	2 069	1 781
2016	吴忠	宁夏	0.50	0.37	1 959	1 548
2017	吴忠	宁夏	0.51	0.38	1 993	1 516
2018	吴忠	宁夏	0.57	0.43	1 773	1 447
2019	吴忠	宁夏	0.58	0.43	1 813	1 776
2010	固原	宁夏	0.23	0.17	1 099	405
2011	固原	宁夏	0.28	0.20	574	405
2012	固原	宁夏	0.29	0.21	581	446
2013	固原	宁夏	0.28	0.20	729	514
2014	固原	宁夏	0.27	0.20	757	546
2015	固原	宁夏	0.27	0.20	790	553
2016	固原	宁夏	0.28	0.21	842	547
2017	固原	宁夏	0.29	0.21	820	700
2018	固原	宁夏	0.28	0.20	1 128	850
2019	固原	宁夏	0.30	0.22	946	904

附表3　黄河流域历年城市产业集聚结果

年份	城市	省(自治区)	制造业集聚	生产性服务业集聚	多样化集聚
2010	太原	山西	0.999 2	1.338 0	5.945 6
2011	太原	山西	0.924 0	1.322 8	6.344 1
2012	太原	山西	0.833 2	1.237 7	8.149 3
2013	太原	山西	0.724 3	1.085 1	8.382 4
2014	太原	山西	0.640 6	1.665 5	7.483 7
2015	太原	山西	0.648 9	1.694 1	7.224 9
2016	太原	山西	0.706 4	1.549 9	6.955 2
2017	太原	山西	0.766 6	1.465 1	6.974 1
2018	太原	山西	0.744 7	1.536 3	6.776 2
2019	太原	山西	0.744 9	1.107 0	7.432 9
2010	大同	山西	0.312 3	0.855 3	10.314 1
2011	大同	山西	0.381 1	0.750 5	10.810 1
2012	大同	山西	0.413 9	0.942 7	10.592 6
2013	大同	山西	0.405 1	0.747 9	10.032 4
2014	大同	山西	0.356 2	0.761 0	10.833 7
2015	大同	山西	0.369 9	0.733 8	10.845 8
2016	大同	山西	0.364 5	0.705 4	10.721 0
2017	大同	山西	0.345 9	0.664 9	10.669 2
2018	大同	山西	0.412 8	0.532 8	10.690 9
2019	大同	山西	0.421 2	0.875 5	8.552 0
2010	阳泉	山西	0.311 7	0.642 2	19.343 1
2011	阳泉	山西	0.314 9	0.648 7	21.301 0
2012	阳泉	山西	0.299 3	0.657 8	22.871 9
2013	阳泉	山西	0.323 3	0.610 4	21.329 8
2014	阳泉	山西	0.319 4	0.644 8	19.148 3
2015	阳泉	山西	0.357 4	0.657 7	18.343 1
2016	阳泉	山西	0.358 1	0.645 7	17.324 9
2017	阳泉	山西	0.379 7	0.633 3	17.090 6
2018	阳泉	山西	0.346 5	0.674 6	14.870 8

续附表 3

年份	城市	省(自治区)	制造业集聚	生产性服务业集聚	多样化集聚
2019	阳泉	山西	0.362 8	0.889 3	11.318 3
2010	长治	山西	0.730 1	0.697 7	8.211 1
2011	长治	山西	0.703 1	0.793 2	8.006 1
2012	长治	山西	0.681 1	0.799 2	8.085 0
2013	长治	山西	0.671 2	0.686 0	9.155 4
2014	长治	山西	0.645 9	0.722 8	9.171 0
2015	长治	山西	0.584 8	0.716 4	9.456 1
2016	长治	山西	0.562 6	0.746 5	9.475 9
2017	长治	山西	0.613 4	0.726 1	9.271 7
2018	长治	山西	0.641 3	0.692 1	9.195 3
2019	长治	山西	0.653 3	0.644 6	9.137 6
2010	晋城	山西	0.291 4	0.606 0	13.776 9
2011	晋城	山西	0.260 6	0.611 1	15.766 8
2012	晋城	山西	0.284 4	0.670 1	14.632 6
2013	晋城	山西	0.547 8	0.660 0	13.548 3
2014	晋城	山西	0.593 0	0.708 2	12.702 0
2015	晋城	山西	0.581 8	0.706 5	13.334 8
2016	晋城	山西	0.558 6	0.668 7	13.602 7
2017	晋城	山西	0.629 9	0.623 3	12.752 8
2018	晋城	山西	0.643 6	0.566 9	13.387 6
2019	晋城	山西	0.723 0	0.675 9	11.425 0
2010	朔州	山西	0.260 4	0.693 7	8.918 6
2011	朔州	山西	0.234 0	0.728 2	9.439 3
2012	朔州	山西	0.219 8	0.650 4	10.441 3
2013	朔州	山西	0.207 5	0.564 0	9.864 2
2014	朔州	山西	0.200 8	0.600 0	9.531 7
2015	朔州	山西	0.200 8	0.644 9	9.066 6
2016	朔州	山西	0.184 4	0.670 5	8.393 9
2017	朔州	山西	0.230 8	0.696 0	8.017 7

续附表 3

年份	城市	省(自治区)	制造业集聚	生产性服务业集聚	多样化集聚
2018	朔州	山西	0.236 3	0.734 3	8.388 0
2019	朔州	山西	0.238 5	0.744 1	8.383 5
2010	晋中	山西	0.659 5	0.790 9	7.972 1
2011	晋中	山西	0.572 4	0.915 7	8.364 7
2012	晋中	山西	0.512 0	0.930 1	8.460 9
2013	晋中	山西	0.366 7	0.896 7	9.507 1
2014	晋中	山西	0.335 6	0.956 1	8.767 9
2015	晋中	山西	0.345 2	1.074 1	8.336 2
2016	晋中	山西	0.370 7	1.063 9	7.728 0
2017	晋中	山西	0.370 5	1.052 4	7.601 0
2018	晋中	山西	0.444 2	0.877 1	7.844 8
2019	晋中	山西	0.440 6	0.826 4	7.465 8
2010	运城	山西	1.060 2	0.573 1	4.110 9
2011	运城	山西	0.998 9	0.708 6	4.050 9
2012	运城	山西	1.017 0	0.731 1	4.120 9
2013	运城	山西	0.800 2	0.769 5	4.326 2
2014	运城	山西	0.886 6	0.764 9	4.742 5
2015	运城	山西	0.899 7	0.860 0	4.512 9
2016	运城	山西	0.867 3	0.831 6	4.461 0
2017	运城	山西	0.816 3	0.709 2	4.493 9
2018	运城	山西	0.906 2	0.780 6	4.696 0
2019	运城	山西	0.834 3	0.908 3	4.698 1
2010	忻州	山西	0.273 1	0.806 0	4.983 2
2011	忻州	山西	0.241 2	0.783 0	5.483 7
2012	忻州	山西	0.242 6	0.795 4	5.676 8
2013	忻州	山西	0.202 5	0.847 8	5.667 7
2014	忻州	山西	0.209 3	0.856 9	5.310 2
2015	忻州	山西	0.202 8	0.844 9	5.227 5
2016	忻州	山西	0.174 5	0.811 0	5.119 8

续附表3

年份	城市	省(自治区)	制造业集聚	生产性服务业集聚	多样化集聚
2017	忻州	山西	0.170 1	0.810 9	5.153 4
2018	忻州	山西	0.178 1	0.771 4	5.148 7
2019	忻州	山西	0.170 4	0.792 4	5.152 6
2010	临汾	山西	0.548 0	1.070 8	5.798 4
2011	临汾	山西	0.510 4	1.157 5	5.843 4
2012	临汾	山西	0.449 7	1.106 7	6.830 9
2013	临汾	山西	0.400 5	1.081 1	6.530 6
2014	临汾	山西	0.394 6	1.112 0	6.263 3
2015	临汾	山西	0.396 9	1.100 4	6.295 3
2016	临汾	山西	0.372 1	1.024 5	6.150 4
2017	临汾	山西	0.369 1	0.998 9	6.108 3
2018	临汾	山西	0.362 7	1.004 5	5.949 5
2019	临汾	山西	0.328 6	1.032 2	5.504 6
2010	吕梁	山西	0.586 5	0.473 2	5.934 2
2011	吕梁	山西	0.562 5	0.747 3	6.264 4
2012	吕梁	山西	0.616 9	0.456 8	6.318 1
2013	吕梁	山西	0.551 0	0.762 9	7.525 2
2014	吕梁	山西	0.558 8	0.564 5	7.218 8
2015	吕梁	山西	0.593 3	0.501 0	7.092 5
2016	吕梁	山西	0.573 2	0.488 1	7.010 5
2017	吕梁	山西	0.588 2	0.487 7	6.495 7
2018	吕梁	山西	0.561 0	0.506 2	6.648 0
2019	吕梁	山西	0.511 2	0.543 3	6.552 7
2010	呼和浩特	内蒙古	0.635 1	1.479 1	4.932 7
2011	呼和浩特	内蒙古	0.631 8	1.545 6	5.016 8
2012	呼和浩特	内蒙古	0.624 9	1.484 5	5.376 5
2013	呼和浩特	内蒙古	0.365 8	1.773 8	5.343 9
2014	呼和浩特	内蒙古	0.455 4	1.666 4	5.258 8
2015	呼和浩特	内蒙古	0.473 5	1.580 4	5.289 6

续附表3

年份	城市	省(自治区)	制造业集聚	生产性服务业集聚	多样化集聚
2016	呼和浩特	内蒙古	0.444 7	1.451 9	5.353 9
2017	呼和浩特	内蒙古	0.412 5	1.433 4	5.185 2
2018	呼和浩特	内蒙古	0.531 2	1.376 7	5.035 8
2019	呼和浩特	内蒙古	0.519 8	1.519 9	4.699 9
2010	包头	内蒙古	1.326 4	1.044 4	4.460 0
2011	包头	内蒙古	1.390 4	0.960 7	4.358 2
2012	包头	内蒙古	1.444 2	0.792 9	4.395 4
2013	包头	内蒙古	1.300 3	0.867 6	4.824 1
2014	包头	内蒙古	1.262 1	0.863 2	4.917 3
2015	包头	内蒙古	1.243 0	0.912 2	5.070 4
2016	包头	内蒙古	1.226 3	0.838 3	5.195 6
2017	包头	内蒙古	1.169 1	0.942 3	5.251 1
2018	包头	内蒙古	1.169 3	0.961 5	5.524 9
2019	包头	内蒙古	1.030 9	0.978 3	5.645 2
2010	乌海	内蒙古	0.467 7	0.618 3	16.352 5
2011	乌海	内蒙古	0.438 1	0.686 8	16.495 3
2012	乌海	内蒙古	0.538 6	0.717 6	14.502 5
2013	乌海	内蒙古	0.379 9	0.699 5	15.880 1
2014	乌海	内蒙古	0.369 8	0.715 8	15.655 3
2015	乌海	内蒙古	1.246 1	0.708 9	5.511 8
2016	乌海	内蒙古	1.155 5	0.670 0	6.038 0
2017	乌海	内蒙古	1.019 6	0.826 3	6.078 1
2018	乌海	内蒙古	1.348 9	0.792 7	5.180 4
2019	乌海	内蒙古	0.600 3	0.961 9	8.427 2
2010	赤峰	内蒙古	0.408 8	0.744 0	6.709 5
2011	赤峰	内蒙古	0.434 6	0.804 4	6.541 3
2012	赤峰	内蒙古	0.414 5	0.819 7	6.753 8
2013	赤峰	内蒙古	0.470 2	0.820 0	6.940 6
2014	赤峰	内蒙古	0.474 9	0.738 9	6.621 6

续附表 3

年份	城市	省(自治区)	制造业集聚	生产性服务业集聚	多样化集聚
2015	赤峰	内蒙古	0.471 6	0.725 3	6.226 8
2016	赤峰	内蒙古	0.471 9	0.673 4	6.064 2
2017	赤峰	内蒙古	0.425 0	0.646 2	5.586 1
2018	赤峰	内蒙古	0.358 9	0.646 0	4.880 4
2019	赤峰	内蒙古	0.376 1	0.777 0	4.657 7
2010	通辽	内蒙古	0.302 6	0.620 6	9.195 0
2011	通辽	内蒙古	0.316 8	0.650 2	9.190 5
2012	通辽	内蒙古	0.343 7	0.693 9	8.953 0
2013	通辽	内蒙古	0.522 6	0.720 4	8.767 5
2014	通辽	内蒙古	0.516 3	0.735 0	8.440 8
2015	通辽	内蒙古	0.543 4	0.709 2	8.110 9
2016	通辽	内蒙古	0.529 7	0.677 6	8.051 6
2017	通辽	内蒙古	0.395 1	0.709 0	7.466 2
2018	通辽	内蒙古	0.450 3	0.757 8	6.229 4
2019	通辽	内蒙古	0.487 9	0.928 0	4.493 0
2010	鄂尔多斯	内蒙古	0.579 8	0.704 6	6.290 3
2011	鄂尔多斯	内蒙古	0.499 0	0.672 2	7.325 9
2012	鄂尔多斯	内蒙古	0.563 1	0.600 7	7.648 3
2013	鄂尔多斯	内蒙古	0.570 9	0.774 1	9.269 6
2014	鄂尔多斯	内蒙古	0.594 5	0.792 8	8.739 5
2015	鄂尔多斯	内蒙古	0.567 1	0.702 5	4.513 3
2016	鄂尔多斯	内蒙古	0.588 7	0.810 0	8.100 8
2017	鄂尔多斯	内蒙古	0.632 1	0.813 1	7.637 7
2018	鄂尔多斯	内蒙古	0.573 0	0.835 3	6.699 9
2019	鄂尔多斯	内蒙古	0.560 5	0.772 4	6.896 3
2010	呼伦贝尔	内蒙古	0.186 6	0.852 6	14.023 1
2011	呼伦贝尔	内蒙古	0.178 6	0.945 7	13.504 0
2012	呼伦贝尔	内蒙古	0.222 7	0.961 9	13.244 2
2013	呼伦贝尔	内蒙古	0.262 8	0.943 0	12.312 3

续附表3

年份	城市	省(自治区)	制造业集聚	生产性服务业集聚	多样化集聚
2014	呼伦贝尔	内蒙古	0.270 9	0.944 7	11.822 9
2015	呼伦贝尔	内蒙古	0.275 1	0.924 2	11.807 4
2016	呼伦贝尔	内蒙古	0.263 8	0.873 8	12.196 6
2017	呼伦贝尔	内蒙古	0.148 4	0.899 3	10.077 0
2018	呼伦贝尔	内蒙古	0.119 7	0.820 0	9.921 8
2019	呼伦贝尔	内蒙古	0.168 5	0.813 3	7.345 9
2010	巴彦淖尔	内蒙古	0.351 7	0.791 2	7.175 1
2011	巴彦淖尔	内蒙古	0.435 5	0.731 2	7.194 9
2012	巴彦淖尔	内蒙古	0.503 7	0.870 0	6.903 6
2013	巴彦淖尔	内蒙古	0.313 8	0.896 6	6.470 2
2014	巴彦淖尔	内蒙古	0.262 5	0.802 2	6.528 3
2015	巴彦淖尔	内蒙古	0.251 3	0.836 5	5.992 2
2016	巴彦淖尔	内蒙古	0.250 5	0.792 5	5.611 5
2017	巴彦淖尔	内蒙古	0.197 1	0.824 6	4.940 9
2018	巴彦淖尔	内蒙古	0.161 9	1.294 1	5.102 9
2019	巴彦淖尔	内蒙古	0.143 5	1.506 4	4.483 8
2010	乌兰察布	内蒙古	0.248 4	1.052 5	4.274 3
2011	乌兰察布	内蒙古	0.242 0	1.082 7	4.359 2
2012	乌兰察布	内蒙古	0.227 6	1.150 2	4.221 9
2013	乌兰察布	内蒙古	0.366 1	1.027 0	4.468 1
2014	乌兰察布	内蒙古	0.313 9	1.053 9	4.109 5
2015	乌兰察布	内蒙古	0.286 0	1.035 0	3.853 9
2016	乌兰察布	内蒙古	0.275 6	0.968 1	3.818 3
2017	乌兰察布	内蒙古	0.241 4	0.967 5	3.732 6
2018	乌兰察布	内蒙古	0.223 0	0.925 9	3.373 6
2019	乌兰察布	内蒙古	0.422 7	0.742 7	3.419 7
2010	济南	山东	0.824 4	1.214 6	6.764 9
2011	济南	山东	0.788 9	1.280 5	6.453 1
2012	济南	山东	0.848 1	1.299 0	6.575 6

续附表 3

年份	城市	省(自治区)	制造业集聚	生产性服务业集聚	多样化集聚
2013	济南	山东	0.739 2	1.301 1	7.034 2
2014	济南	山东	0.720 8	1.352 8	7.013 3
2015	济南	山东	0.789 3	1.417 5	6.174 1
2016	济南	山东	0.754 6	1.422 2	6.200 6
2017	济南	山东	0.727 9	1.420 2	6.264 8
2018	济南	山东	0.767 7	1.314 2	6.564 9
2019	济南	山东	0.705 2	1.192 8	6.626 7
2010	青岛	山东	1.838 1	0.810 8	2.945 5
2011	青岛	山东	1.827 8	0.806 3	2.907 3
2012	青岛	山东	1.839 2	0.813 3	2.980 7
2013	青岛	山东	1.635 1	0.901 9	3.388 9
2014	青岛	山东	1.588 9	0.923 8	3.487 1
2015	青岛	山东	1.588 3	0.923 2	3.637 1
2016	青岛	山东	1.535 5	0.900 9	3.800 1
2017	青岛	山东	1.473 6	0.928 5	4.112 8
2018	青岛	山东	1.430 8	0.998 7	4.527 8
2019	青岛	山东	1.280 1	1.148 8	4.935 0
2010	淄博	山东	1.467 0	0.382 3	4.323 1
2011	淄博	山东	1.378 1	0.419 3	4.758 3
2012	淄博	山东	1.388 1	0.420 0	4.963 7
2013	淄博	山东	1.170 9	0.455 9	6.478 0
2014	淄博	山东	1.129 1	0.503 2	6.913 0
2015	淄博	山东	1.197 3	0.479 1	6.435 1
2016	淄博	山东	1.193 9	0.492 8	6.427 7
2017	淄博	山东	1.240 5	0.509 1	6.335 2
2018	淄博	山东	1.254 7	0.473 0	6.809 8
2019	淄博	山东	1.050 5	0.657 9	7.962 3
2010	枣庄	山东	0.580 1	0.648 1	9.447 3
2011	枣庄	山东	0.513 8	0.426 1	11.833 9

续附表 3

年份	城市	省(自治区)	制造业集聚	生产性服务业集聚	多样化集聚
2012	枣庄	山东	0.527 5	0.405 4	11.923 0
2013	枣庄	山东	0.714 9	0.451 0	10.115 2
2014	枣庄	山东	0.742 8	0.456 9	9.372 4
2015	枣庄	山东	0.783 1	0.402 5	8.881 7
2016	枣庄	山东	0.802 6	0.374 2	8.397 1
2017	枣庄	山东	0.738 4	0.371 0	8.659 5
2018	枣庄	山东	0.707 9	0.368 4	7.903 4
2019	枣庄	山东	0.676 5	0.476 8	7.458 1
2010	东营	山东	0.770 5	0.997 4	9.222 2
2011	东营	山东	0.830 0	0.694 5	9.732 6
2012	东营	山东	0.848 8	0.760 4	9.376 5
2013	东营	山东	0.769 3	0.923 1	10.986 5
2014	东营	山东	0.753 5	0.976 0	10.897 8
2015	东营	山东	0.712 1	1.035 3	11.030 4
2016	东营	山东	0.768 7	0.958 7	10.176 7
2017	东营	山东	0.737 0	0.990 0	9.955 3
2018	东营	山东	0.748 9	1.030 0	10.012 8
2019	东营	山东	0.766 2	0.945 6	9.520 5
2010	烟台	山东	1.662 7	0.724 3	3.455 1
2011	烟台	山东	1.659 7	0.692 4	3.509 6
2012	烟台	山东	1.725 6	0.636 5	3.438 6
2013	烟台	山东	1.516 4	0.802 5	3.762 5
2014	烟台	山东	1.510 6	0.790 5	3.797 6
2015	烟台	山东	1.490 3	0.816 2	3.971 4
2016	烟台	山东	1.526 9	0.735 4	3.911 1
2017	烟台	山东	1.559 2	0.716 1	3.963 7
2018	烟台	山东	1.680 5	0.690 8	4.006 3
2019	烟台	山东	1.650 0	0.814 4	4.250 0
2010	潍坊	山东	1.432 8	0.440 9	3.769 8

续附表 3

年份	城市	省(自治区)	制造业集聚	生产性服务业集聚	多样化集聚
2011	潍坊	山东	1.289 5	0.484 1	4.159 1
2012	潍坊	山东	1.515 2	0.382 9	3.813 9
2013	潍坊	山东	1.280 2	0.630 7	4.311 4
2014	潍坊	山东	1.306 4	0.605 5	4.279 8
2015	潍坊	山东	1.363 8	0.544 9	4.192 4
2016	潍坊	山东	1.358 8	0.509 3	4.240 6
2017	潍坊	山东	1.415 0	0.484 8	4.161 9
2018	潍坊	山东	1.469 3	0.470 5	4.185 0
2019	潍坊	山东	1.531 6	0.491 0	4.205 7
2010	济宁	山东	0.602 9	0.575 2	8.579 6
2011	济宁	山东	0.601 6	0.616 0	9.164 9
2012	济宁	山东	0.598 4	0.640 3	9.970 0
2013	济宁	山东	0.697 4	0.570 1	9.714 0
2014	济宁	山东	0.683 1	0.612 9	10.069 5
2015	济宁	山东	0.704 1	0.618 8	9.801 6
2016	济宁	山东	0.729 4	0.601 6	9.505 1
2017	济宁	山东	0.805 0	0.530 8	8.842 6
2018	济宁	山东	0.910 0	0.577 1	8.281 9
2019	济宁	山东	0.719 7	0.633 5	7.673 3
2010	泰安	山东	0.869 1	0.512 5	8.367 2
2011	泰安	山东	0.784 3	0.453 5	9.810 5
2012	泰安	山东	0.832 4	0.494 4	9.720 9
2013	泰安	山东	0.873 1	0.512 2	8.707 2
2014	泰安	山东	0.856 6	0.543 1	8.592 1
2015	泰安	山东	0.909 4	0.906 4	8.566 9
2016	泰安	山东	0.911 0	0.642 1	7.896 8
2017	泰安	山东	0.949 8	0.657 9	7.659 6
2018	泰安	山东	0.909 7	0.724 8	8.241 2
2019	泰安	山东	0.793 6	0.598 9	8.848 4

续附表3

年份	城市	省(自治区)	制造业集聚	生产性服务业集聚	多样化集聚
2010	威海	山东	1.843 9	0.530 9	2.956 0
2011	威海	山东	1.998 5	0.358 5	2.654 5
2012	威海	山东	2.095 9	0.441 3	2.549 9
2013	威海	山东	1.909 5	0.577 5	2.755 0
2014	威海	山东	1.908 3	0.639 4	2.794 9
2015	威海	山东	1.988 9	0.624 0	2.741 3
2016	威海	山东	2.053 3	0.571 6	2.660 8
2017	威海	山东	2.110 3	0.550 4	2.685 2
2018	威海	山东	2.170 2	0.487 1	2.864 1
2019	威海	山东	2.179 6	0.522 6	3.153 6
2010	日照	山东	1.328 8	0.918 1	3.994 7
2011	日照	山东	1.275 6	1.139 5	4.142 2
2012	日照	山东	1.253 8	1.123 0	4.291 0
2013	日照	山东	1.329 0	0.883 6	4.567 3
2014	日照	山东	1.314 4	0.873 6	4.665 6
2015	日照	山东	1.280 5	0.891 1	4.985 5
2016	日照	山东	1.229 3	0.941 7	5.188 5
2017	日照	山东	1.255 7	0.968 8	4.961 4
2018	日照	山东	1.197 3	0.957 1	5.339 7
2019	日照	山东	1.120 8	1.068 2	5.176 9
2010	临沂	山东	1.013 2	0.593 9	4.930 1
2011	临沂	山东	0.810 6	0.640 2	6.748 7
2012	临沂	山东	0.883 8	0.633 1	7.088 8
2013	临沂	山东	1.003 4	0.647 4	5.492 3
2014	临沂	山东	1.149 1	0.708 1	5.085 1
2015	临沂	山东	1.172 6	0.644 9	5.094 2
2016	临沂	山东	1.161 6	0.643 8	5.148 0
2017	临沂	山东	1.184 6	0.633 8	5.173 8
2018	临沂	山东	1.184 5	0.584 2	5.127 9

续附表 3

年份	城市	省(自治区)	制造业集聚	生产性服务业集聚	多样化集聚
2019	临沂	山东	0.918 1	0.527 5	5.242 5
2010	德州	山东	1.274 2	0.527 9	3.989 0
2011	德州	山东	1.126 8	0.558 2	4.448 8
2012	德州	山东	1.159 0	0.514 2	4.240 7
2013	德州	山东	1.116 8	0.735 5	4.660 2
2014	德州	山东	1.080 9	0.728 6	4.753 9
2015	德州	山东	1.152 4	0.702 8	4.691 6
2016	德州	山东	1.158 5	0.646 6	4.690 7
2017	德州	山东	1.235 2	0.642 9	4.535 1
2018	德州	山东	1.272 7	0.543 1	4.542 1
2019	德州	山东	0.985 0	0.506 7	4.878 0
2010	聊城	山东	1.191 2	0.715 8	4.030 2
2011	聊城	山东	1.149 8	0.873 9	4.250 9
2012	聊城	山东	1.177 5	0.903 9	4.256 7
2013	聊城	山东	1.194 0	0.853 0	4.370 1
2014	聊城	山东	1.169 2	0.870 4	4.461 2
2015	聊城	山东	1.204 7	0.887 2	4.459 8
2016	聊城	山东	1.117 7	0.913 7	4.670 4
2017	聊城	山东	1.139 1	0.963 7	4.559 6
2018	聊城	山东	0.964 2	1.033 4	4.934 3
2019	聊城	山东	0.844 4	0.887 4	4.906 3
2010	滨州	山东	2.009 1	0.343 6	2.553 9
2011	滨州	山东	1.941 3	0.402 3	2.706 3
2012	滨州	山东	1.960 4	0.484 9	2.775 2
2013	滨州	山东	1.793 1	0.480 5	3.056 7
2014	滨州	山东	1.842 2	0.525 8	2.971 8
2015	滨州	山东	1.891 4	0.554 1	2.991 2
2016	滨州	山东	1.864 3	0.581 6	3.079 1
2017	滨州	山东	1.856 1	0.586 6	3.223 2

续附表3

年份	城市	省(自治区)	制造业集聚	生产性服务业集聚	多样化集聚
2018	滨州	山东	2.045 1	0.373 6	3.121 3
2019	滨州	山东	1.815 7	0.483 9	3.877 2
2010	菏泽	山东	0.569 8	0.602 2	4.159 9
2011	菏泽	山东	0.527 6	0.628 7	4.498 6
2012	菏泽	山东	0.536 4	0.658 9	4.633 2
2013	菏泽	山东	0.524 0	0.639 7	5.339 3
2014	菏泽	山东	0.523 8	0.624 5	5.383 2
2015	菏泽	山东	0.536 2	0.618 9	5.475 5
2016	菏泽	山东	0.527 4	0.608 1	5.501 8
2017	菏泽	山东	0.543 7	0.605 9	5.163 4
2018	菏泽	山东	0.579 2	0.508 7	4.986 4
2019	菏泽	山东	0.467 5	0.465 1	4.223 6
2010	郑州	河南	0.648 5	0.865 3	7.286 0
2011	郑州	河南	0.953 8	0.812 3	6.344 7
2012	郑州	河南	1.188 6	0.774 0	5.528 7
2013	郑州	河南	1.195 1	0.808 4	5.367 1
2014	郑州	河南	1.203 6	0.871 1	5.322 8
2015	郑州	河南	1.237 7	0.904 3	5.185 8
2016	郑州	河南	1.201 1	1.005 4	5.246 7
2017	郑州	河南	1.217 3	1.000 9	5.369 9
2018	郑州	河南	1.023 2	0.985 7	6.617 5
2019	郑州	河南	1.008 8	1.115 4	6.098 6
2010	开封	河南	0.699 6	0.486 3	4.451 7
2011	开封	河南	0.742 0	0.589 5	4.622 2
2012	开封	河南	0.862 2	0.563 5	4.540 3
2013	开封	河南	1.087 0	0.535 7	5.527 7
2014	开封	河南	1.048 8	0.501 2	5.601 5
2015	开封	河南	1.135 2	0.515 3	5.309 2
2016	开封	河南	1.321 0	0.464 6	4.626 4

续附表 3

年份	城市	省(自治区)	制造业集聚	生产性服务业集聚	多样化集聚
2017	开封	河南	1.364 5	0.450 7	4.599 3
2018	开封	河南	1.018 0	0.471 2	5.622 7
2019	开封	河南	1.031 9	0.507 1	5.379 9
2010	洛阳	河南	0.942 1	0.945 6	5.490 5
2011	洛阳	河南	0.955 5	0.980 8	5.702 6
2012	洛阳	河南	0.929 7	0.952 9	5.999 5
2013	洛阳	河南	1.064 8	0.900 9	5.432 1
2014	洛阳	河南	1.094 6	0.872 3	5.361 7
2015	洛阳	河南	1.206 4	0.755 1	4.992 1
2016	洛阳	河南	1.187 2	0.794 4	4.961 6
2017	洛阳	河南	1.213 3	0.726 6	4.988 9
2018	洛阳	河南	1.318 0	0.661 5	4.890 7
2019	洛阳	河南	1.341 9	0.677 5	4.924 7
2010	平顶山	河南	0.781 2	0.627 9	8.109 6
2011	平顶山	河南	0.766 1	0.622 0	8.397 0
2012	平顶山	河南	0.722 9	0.604 9	9.368 4
2013	平顶山	河南	0.703 0	0.587 1	9.408 9
2014	平顶山	河南	0.763 9	0.590 5	9.044 9
2015	平顶山	河南	0.771 2	0.582 2	8.810 7
2016	平顶山	河南	0.773 3	0.565 5	8.372 4
2017	平顶山	河南	0.804 0	0.544 1	8.179 3
2018	平顶山	河南	0.662 1	0.494 0	8.785 7
2019	平顶山	河南	0.791 3	0.546 4	7.922 7
2010	安阳	河南	0.697 5	0.590 7	9.025 2
2011	安阳	河南	0.717 7	0.557 0	9.869 0
2012	安阳	河南	0.654 6	0.475 5	10.146 7
2013	安阳	河南	0.777 6	0.533 9	9.686 0
2014	安阳	河南	0.798 1	0.530 2	9.803 4
2015	安阳	河南	0.859 4	0.524 7	9.211 9

续附表 3

年份	城市	省(自治区)	制造业集聚	生产性服务业集聚	多样化集聚
2016	安阳	河南	0.876 6	0.533 4	8.875 1
2017	安阳	河南	0.763 4	0.539 2	9.991 5
2018	安阳	河南	0.827 3	0.524 1	9.991 5
2019	安阳	河南	0.534 9	0.420 4	10.413 1
2010	鹤壁	河南	0.848 2	0.294 6	9.360 1
2011	鹤壁	河南	0.804 6	0.307 2	9.849 8
2012	鹤壁	河南	0.858 3	0.339 7	9.424 7
2013	鹤壁	河南	1.171 5	0.317 9	6.354 2
2014	鹤壁	河南	1.361 4	0.337 8	5.174 3
2015	鹤壁	河南	1.443 9	0.309 7	4.888 2
2016	鹤壁	河南	1.455 9	0.388 9	4.812 5
2017	鹤壁	河南	1.541 1	0.394 2	4.590 8
2018	鹤壁	河南	1.171 5	0.494 2	6.124 0
2019	鹤壁	河南	1.282 5	0.621 4	6.057 9
2010	新乡	河南	1.099 8	0.507 5	4.830 5
2011	新乡	河南	1.006 0	0.554 8	5.218 0
2012	新乡	河南	1.042 2	0.575 9	5.241 2
2013	新乡	河南	1.084 9	0.435 3	6.633 6
2014	新乡	河南	1.130 8	0.476 4	6.417 9
2015	新乡	河南	1.121 7	0.465 7	6.574 9
2016	新乡	河南	1.085 9	0.447 7	6.746 0
2017	新乡	河南	1.106 1	0.416 4	6.751 0
2018	新乡	河南	0.765 2	0.414 9	8.312 0
2019	新乡	河南	0.803 6	0.433 7	6.772 6
2010	焦作	河南	1.054 4	0.641 3	5.490 2
2011	焦作	河南	0.991 8	0.632 3	6.467 3
2012	焦作	河南	1.067 6	0.597 2	6.250 7
2013	焦作	河南	1.228 2	0.951 6	5.152 5
2014	焦作	河南	1.314 1	0.890 4	4.803 2

续附表 3

年份	城市	省(自治区)	制造业集聚	生产性服务业集聚	多样化集聚
2015	焦作	河南	1.509 2	0.736 3	4.148 4
2016	焦作	河南	1.647 1	0.696 4	3.679 6
2017	焦作	河南	1.795 7	0.650 4	3.429 3
2018	焦作	河南	1.346 3	0.630 4	4.805 1
2019	焦作	河南	1.619 9	0.580 4	4.394 7
2010	濮阳	河南	0.331 4	0.771 9	11.396 0
2011	濮阳	河南	0.400 2	0.757 3	12.192 5
2012	濮阳	河南	0.406 2	0.738 7	12.866 2
2013	濮阳	河南	0.727 1	0.573 5	11.171 7
2014	濮阳	河南	0.780 2	0.551 8	10.167 0
2015	濮阳	河南	0.787 3	0.603 4	9.680 7
2016	濮阳	河南	0.888 2	0.615 4	8.324 0
2017	濮阳	河南	0.939 6	0.447 5	7.585 3
2018	濮阳	河南	0.418 2	0.669 1	10.848 5
2019	濮阳	河南	0.380 4	0.746 3	8.498 7
2010	许昌	河南	0.964 2	0.497 2	5.211 2
2011	许昌	河南	1.029 3	0.407 9	5.101 2
2012	许昌	河南	0.981 7	0.422 2	5.507 3
2013	许昌	河南	1.295 1	0.415 5	4.785 0
2014	许昌	河南	1.432 2	0.392 7	4.108 4
2015	许昌	河南	1.554 4	0.422 3	3.749 0
2016	许昌	河南	1.708 8	0.425 7	3.399 9
2017	许昌	河南	1.741 1	0.394 8	3.462 0
2018	许昌	河南	1.751 4	0.382 5	3.760 5
2019	许昌	河南	1.633 5	0.557 7	4.125 7
2010	漯河	河南	1.504 3	0.512 9	3.691 7
2011	漯河	河南	1.496 2	0.525 5	3.701 5
2012	漯河	河南	1.625 0	0.468 4	3.513 7
2013	漯河	河南	1.746 3	0.466 7	3.096 9

续附表 3

年份	城市	省(自治区)	制造业集聚	生产性服务业集聚	多样化集聚
2014	漯河	河南	1.732 2	0.505 8	3.192 0
2015	漯河	河南	1.877 8	0.466 0	2.957 1
2016	漯河	河南	1.859 3	0.483 3	3.033 4
2017	漯河	河南	2.026 3	0.451 7	2.831 0
2018	漯河	河南	2.195 7	0.439 1	2.831 0
2019	漯河	河南	1.934 7	0.596 1	3.616 2
2010	三门峡	河南	0.533 2	0.623 6	9.690 5
2011	三门峡	河南	0.483 2	0.638 9	10.987 0
2012	三门峡	河南	0.463 8	0.651 2	10.077 0
2013	三门峡	河南	0.477 4	0.659 7	9.808 8
2014	三门峡	河南	0.506 4	0.688 0	9.918 9
2015	三门峡	河南	0.507 4	0.703 0	9.387 1
2016	三门峡	河南	0.549 7	0.766 1	9.851 0
2017	三门峡	河南	0.567 0	0.665 3	9.272 3
2018	三门峡	河南	0.575 2	0.705 8	8.389 9
2019	三门峡	河南	0.807 6	0.607 4	6.631 5
2010	南阳	河南	0.795 6	0.747 6	5.416 1
2011	南阳	河南	0.857 9	0.672 1	6.311 1
2012	南阳	河南	0.871 2	0.693 0	6.023 7
2013	南阳	河南	0.861 5	0.697 8	6.067 7
2014	南阳	河南	0.900 6	0.637 6	5.797 1
2015	南阳	河南	0.910 5	0.638 5	5.593 5
2016	南阳	河南	0.963 4	0.601 9	5.417 4
2017	南阳	河南	0.891 3	0.655 9	5.409 9
2018	南阳	河南	0.755 1	0.733 1	5.669 0
2019	南阳	河南	0.780 3	0.673 1	5.632 0
2010	商丘	河南	0.278 5	0.485 6	4.730 7
2011	商丘	河南	0.310 8	0.490 1	5.146 9
2012	商丘	河南	0.364 1	0.506 6	5.503 7

续附表3

年份	城市	省(自治区)	制造业集聚	生产性服务业集聚	多样化集聚
2013	商丘	河南	0.623 5	0.511 0	6.695 7
2014	商丘	河南	0.802 4	0.460 2	6.377 4
2015	商丘	河南	0.968 0	0.457 0	5.594 5
2016	商丘	河南	0.938 0	0.525 1	5.661 4
2017	商丘	河南	0.981 5	0.519 8	5.578 1
2018	商丘	河南	0.912 2	0.452 2	5.681 7
2019	商丘	河南	0.997 3	0.630 9	5.546 9
2010	信阳	河南	0.474 3	0.763 5	5.235 0
2011	信阳	河南	0.495 1	0.786 7	5.218 0
2012	信阳	河南	0.461 3	0.816 7	5.286 4
2013	信阳	河南	0.629 0	0.683 0	6.375 3
2014	信阳	河南	0.716 1	0.714 0	6.060 4
2015	信阳	河南	0.793 2	0.729 9	5.949 0
2016	信阳	河南	0.761 4	0.629 5	6.032 7
2017	信阳	河南	0.800 3	0.611 4	5.953 1
2018	信阳	河南	0.658 7	0.585 8	5.938 3
2019	信阳	河南	0.710 3	0.537 3	5.937 1
2010	周口	河南	0.478 0	0.556 7	4.545 8
2011	周口	河南	0.472 3	0.604 7	4.581 7
2012	周口	河南	0.571 6	0.611 3	4.571 9
2013	周口	河南	0.981 8	0.514 0	5.300 6
2014	周口	河南	1.061 0	0.538 9	5.236 6
2015	周口	河南	1.119 4	0.496 0	5.015 6
2016	周口	河南	1.211 8	0.505 6	4.684 6
2017	周口	河南	1.234 9	0.540 6	4.705 7
2018	周口	河南	1.055 6	0.495 0	5.169 8
2019	周口	河南	1.113 7	0.516 0	5.137 4
2010	驻马店	河南	0.572 6	0.572 0	5.231 4
2011	驻马店	河南	0.578 2	0.610 4	5.230 0

续附表3

年份	城市	省(自治区)	制造业集聚	生产性服务业集聚	多样化集聚
2012	驻马店	河南	0.656 0	0.590 0	5.580 6
2013	驻马店	河南	0.794 4	0.591 2	6.639 4
2014	驻马店	河南	0.904 5	0.544 9	5.969 5
2015	驻马店	河南	0.995 8	0.543 7	5.454 6
2016	驻马店	河南	1.034 0	0.530 2	5.488 6
2017	驻马店	河南	0.987 4	0.552 6	5.251 3
2018	驻马店	河南	0.795 5	0.563 4	5.676 8
2019	驻马店	河南	0.781 8	0.785 6	6.224 1
2010	成都	四川	0.899 7	0.897 7	6.907 1
2011	成都	四川	0.986 9	0.898 6	6.509 7
2012	成都	四川	0.967 4	0.909 3	6.655 0
2013	成都	四川	0.665 1	1.182 4	4.606 1
2014	成都	四川	0.776 4	1.489 2	6.234 2
2015	成都	四川	0.708 6	1.165 9	4.319 9
2016	成都	四川	0.650 1	1.570 9	4.656 7
2017	成都	四川	0.682 0	1.377 2	4.617 6
2018	成都	四川	0.686 2	1.401 0	4.553 1
2019	成都	四川	0.686 7	1.152 8	4.156 0
2010	自贡	四川	0.755 9	1.016 1	6.397 2
2011	自贡	四川	0.799 7	1.019 8	6.425 4
2012	自贡	四川	0.749 0	1.127 6	6.498 2
2013	自贡	四川	0.787 5	0.967 7	7.380 1
2014	自贡	四川	0.768 7	1.108 0	7.082 7
2015	自贡	四川	0.705 1	1.044 0	7.267 3
2016	自贡	四川	0.650 0	0.977 5	7.484 8
2017	自贡	四川	0.594 5	0.966 7	7.579 9
2018	自贡	四川	0.550 7	0.966 4	7.441 9
2019	自贡	四川	0.607 8	0.851 2	6.836 6
2010	攀枝花	四川	1.593 1	0.511 8	3.929 3

续附表 3

年份	城市	省(自治区)	制造业集聚	生产性服务业集聚	多样化集聚
2011	攀枝花	四川	1.520 8	0.498 2	4.283 7
2012	攀枝花	四川	1.538 0	0.702 0	4.265 5
2013	攀枝花	四川	1.080 7	0.538 2	7.594 2
2014	攀枝花	四川	1.243 8	0.727 5	5.823 3
2015	攀枝花	四川	1.061 2	0.758 5	6.366 0
2016	攀枝花	四川	0.947 6	0.780 4	6.745 9
2017	攀枝花	四川	0.914 8	0.767 9	7.000 9
2018	攀枝花	四川	0.737 5	0.713 8	4.117 1
2019	攀枝花	四川	1.006 8	0.887 3	7.076 4
2010	泸州	四川	0.548 5	0.611 8	9.299 5
2011	泸州	四川	0.553 9	0.705 7	8.911 0
2012	泸州	四川	0.608 1	0.741 6	8.680 6
2013	泸州	四川	0.609 0	0.673 3	10.002 1
2014	泸州	四川	0.571 4	0.633 8	10.703 6
2015	泸州	四川	0.559 1	0.641 2	10.423 9
2016	泸州	四川	0.495 2	0.588 9	11.165 5
2017	泸州	四川	0.518 9	0.620 1	7.099 3
2018	泸州	四川	0.252 2	0.518 3	10.816 7
2019	泸州	四川	0.466 9	0.494 4	10.457 7
2010	德阳	四川	1.065 9	0.630 9	5.859 7
2011	德阳	四川	1.152 0	0.659 0	5.378 6
2012	德阳	四川	1.248 3	0.751 1	4.744 1
2013	德阳	四川	1.288 7	0.800 8	4.969 8
2014	德阳	四川	1.244 7	0.794 9	4.897 6
2015	德阳	四川	1.253 5	0.840 7	4.776 2
2016	德阳	四川	1.251 1	0.744 8	4.847 3
2017	德阳	四川	1.316 5	0.699 8	4.616 3
2018	德阳	四川	1.325 5	0.680 5	4.942 3
2019	德阳	四川	1.367 3	0.558 5	4.664 0

续附表3

年份	城市	省(自治区)	制造业集聚	生产性服务业集聚	多样化集聚
2010	绵阳	四川	1.200 3	1.007 5	4.634 6
2011	绵阳	四川	1.244 0	0.989 9	4.470 4
2012	绵阳	四川	1.190 1	1.127 3	4.696 8
2013	绵阳	四川	0.991 1	1.097 1	5.768 3
2014	绵阳	四川	0.955 8	1.107 9	5.877 8
2015	绵阳	四川	0.885 4	1.098 7	6.454 2
2016	绵阳	四川	0.822 0	1.209 7	6.562 7
2017	绵阳	四川	0.875 4	1.163 9	6.157 5
2018	绵阳	四川	0.832 9	1.080 9	7.005 1
2019	绵阳	四川	1.036 5	0.426 3	6.975 0
2010	广元	四川	0.252 9	1.291 6	4.192 6
2011	广元	四川	0.282 1	0.945 4	4.665 5
2012	广元	四川	0.295 3	0.951 4	4.605 7
2013	广元	四川	0.297 3	0.891 6	4.649 7
2014	广元	四川	0.274 4	0.943 7	5.180 0
2015	广元	四川	0.275 7	0.907 4	4.938 8
2016	广元	四川	0.278 1	0.861 8	4.926 3
2017	广元	四川	0.271 9	0.823 7	4.913 8
2018	广元	四川	0.229 7	0.863 1	4.985 7
2019	广元	四川	0.278 6	0.639 4	4.836 3
2010	遂宁	四川	0.466 7	0.406 6	8.262 2
2011	遂宁	四川	0.425 8	0.512 1	8.628 5
2012	遂宁	四川	0.486 0	0.529 7	8.358 9
2013	遂宁	四川	0.768 5	0.482 2	7.247 1
2014	遂宁	四川	0.766 4	0.510 5	6.786 9
2015	遂宁	四川	0.769 4	0.520 1	6.867 3
2016	遂宁	四川	1.237 9	0.413 0	5.383 3
2017	遂宁	四川	0.736 0	0.457 7	7.408 9
2018	遂宁	四川	0.659 5	0.462 3	8.052 4

续附表 3

年份	城市	省(自治区)	制造业集聚	生产性服务业集聚	多样化集聚
2019	遂宁	四川	1.047 2	0.296 7	8.457 3
2010	内江	四川	0.632 6	0.522 4	8.549 5
2011	内江	四川	0.594 0	0.520 0	7.770 5
2012	内江	四川	0.652 9	0.603 9	7.695 4
2013	内江	四川	1.001 4	0.673 5	6.369 9
2014	内江	四川	0.917 3	0.542 9	7.609 5
2015	内江	四川	0.854 2	0.563 3	8.132 2
2016	内江	四川	0.860 5	0.569 2	7.510 7
2017	内江	四川	0.770 1	0.609 6	7.691 2
2018	内江	四川	0.710 3	0.666 7	8.533 8
2019	内江	四川	0.863 5	0.520 7	8.309 3
2010	乐山	四川	0.984 6	0.683 6	6.758 0
2011	乐山	四川	0.908 3	0.788 9	6.972 4
2012	乐山	四川	0.898 7	0.820 4	7.033 6
2013	乐山	四川	1.025 3	0.706 6	5.842 7
2014	乐山	四川	0.895 5	0.829 2	5.802 0
2015	乐山	四川	0.973 9	0.689 0	6.019 3
2016	乐山	四川	0.873 9	0.697 5	5.742 4
2017	乐山	四川	0.833 7	0.673 2	5.674 1
2018	乐山	四川	0.616 3	0.607 3	6.156 0
2019	乐山	四川	0.616 9	0.659 6	5.306 8
2010	南充	四川	0.295 8	1.027 9	5.079 9
2011	南充	四川	0.292 3	1.103 2	5.096 8
2012	南充	四川	0.369 9	0.930 3	5.624 3
2013	南充	四川	0.703 0	0.753 9	6.750 1
2014	南充	四川	0.660 8	0.806 8	6.807 5
2015	南充	四川	0.699 5	0.895 8	6.887 5
2016	南充	四川	0.647 8	0.883 2	6.669 3
2017	南充	四川	0.640 4	0.883 9	6.474 8

续附表 3

年份	城市	省(自治区)	制造业集聚	生产性服务业集聚	多样化集聚
2018	南充	四川	0.515 1	0.886 4	6.677 3
2019	南充	四川	0.535 1	0.578 1	6.809 8
2010	眉山	四川	0.917 5	0.552 6	4.957 1
2011	眉山	四川	0.764 3	0.539 2	5.248 3
2012	眉山	四川	0.667 6	0.518 8	5.389 5
2013	眉山	四川	0.900 9	0.484 4	5.467 6
2014	眉山	四川	0.893 5	0.457 8	5.251 2
2015	眉山	四川	0.923 8	0.464 3	5.316 8
2016	眉山	四川	0.881 7	0.486 7	5.474 2
2017	眉山	四川	0.878 2	0.460 6	5.469 2
2018	眉山	四川	0.751 0	0.480 6	6.495 5
2019	眉山	四川	0.676 0	0.755 4	7.182 1
2010	宜宾	四川	1.095 5	0.668 5	5.757 9
2011	宜宾	四川	1.161 1	0.633 3	5.546 5
2012	宜宾	四川	1.141 6	0.565 5	5.741 4
2013	宜宾	四川	0.985 1	0.676 4	6.103 0
2014	宜宾	四川	0.979 7	0.681 8	5.950 2
2015	宜宾	四川	0.953 2	0.694 4	6.171 0
2016	宜宾	四川	0.947 2	0.675 6	6.104 2
2017	宜宾	四川	0.982 5	0.622 2	5.998 8
2018	宜宾	四川	1.037 2	0.596 2	6.278 2
2019	宜宾	四川	1.089 6	0.541 4	6.161 8
2010	广安	四川	0.042 1	0.814 9	4.831 9
2011	广安	四川	0.040 8	0.885 5	4.735 9
2012	广安	四川	0.032 1	0.901 1	4.628 9
2013	广安	四川	0.165 6	0.875 4	4.852 2
2014	广安	四川	0.169 6	0.960 5	4.953 3
2015	广安	四川	0.164 6	0.873 6	5.696 9
2016	广安	四川	0.181 4	0.831 3	5.074 9

续附表3

年份	城市	省(自治区)	制造业集聚	生产性服务业集聚	多样化集聚
2017	广安	四川	0.752 7	0.546 5	8.557 2
2018	广安	四川	0.813 7	0.515 9	8.136 4
2019	广安	四川	0.774 1	0.428 8	9.693 0
2010	达州	四川	0.310 4	0.839 1	6.410 4
2011	达州	四川	0.340 6	0.856 5	6.599 8
2012	达州	四川	0.204 7	0.906 8	6.207 8
2013	达州	四川	0.332 1	0.690 0	8.993 4
2014	达州	四川	0.327 1	0.730 4	8.096 3
2015	达州	四川	0.352 8	0.735 6	7.367 3
2016	达州	四川	0.356 6	0.689 4	7.367 3
2017	达州	四川	0.504 9	0.686 9	7.943 2
2018	达州	四川	0.512 6	0.652 2	8.527 0
2019	达州	四川	0.542 2	0.526 7	9.474 4
2010	雅安	四川	0.461 8	0.905 4	5.005 9
2011	雅安	四川	0.463 1	0.853 6	5.050 0
2012	雅安	四川	0.550 5	0.789 7	5.071 0
2013	雅安	四川	0.461 6	0.722 0	5.015 1
2014	雅安	四川	0.423 3	0.753 7	5.068 3
2015	雅安	四川	0.468 5	0.733 5	5.155 2
2016	雅安	四川	0.445 7	0.723 1	5.033 7
2017	雅安	四川	0.418 0	0.722 4	4.933 7
2018	雅安	四川	0.430 9	0.713 2	4.903 9
2019	雅安	四川	0.433 1	0.797 2	4.866 2
2010	巴中	四川	0.177 9	0.628 6	6.386 4
2011	巴中	四川	0.231 0	0.524 9	9.071 4
2012	巴中	四川	0.287 6	0.626 0	9.257 7
2013	巴中	四川	0.456 5	0.580 8	11.289 2
2014	巴中	四川	0.482 7	0.556 3	10.904 8
2015	巴中	四川	0.441 7	0.517 3	11.313 5

续附表 3

年份	城市	省(自治区)	制造业集聚	生产性服务业集聚	多样化集聚
2016	巴中	四川	0.429 3	0.481 9	11.104 8
2017	巴中	四川	0.424 1	0.442 2	11.051 7
2018	巴中	四川	0.448 2	0.434 0	10.602 0
2019	巴中	四川	0.316 2	0.595 8	11.156 9
2010	资阳	四川	0.773 7	0.653 1	5.451 8
2011	资阳	四川	0.815 2	0.673 2	5.395 3
2012	资阳	四川	0.831 4	0.718 0	5.567 8
2013	资阳	四川	1.045 1	0.653 2	6.048 8
2014	资阳	四川	0.825 8	0.730 1	7.001 6
2015	资阳	四川	0.730 8	0.810 6	6.833 7
2016	资阳	四川	0.557 6	0.906 1	7.524 9
2017	资阳	四川	0.502 5	0.884 1	7.440 9
2018	资阳	四川	0.664 6	0.813 0	7.731 3
2019	资阳	四川	0.459 7	0.729 4	7.431 4
2010	西安	陕西	1.024 9	1.593 4	4.682 5
2011	西安	陕西	0.974 8	1.658 9	4.871 9
2012	西安	陕西	0.979 0	1.727 0	5.243 3
2013	西安	陕西	0.763 3	1.940 6	5.657 3
2014	西安	陕西	0.757 1	1.806 1	5.385 3
2015	西安	陕西	0.803 2	1.817 4	5.327 8
2016	西安	陕西	0.809 6	1.785 7	5.131 3
2017	西安	陕西	0.879 7	1.703 9	4.976 2
2018	西安	陕西	0.892 5	1.665 8	5.145 3
2019	西安	陕西	0.868 1	1.602 9	5.076 5
2010	铜川	陕西	0.365 9	0.707 0	9.156 1
2011	铜川	陕西	0.333 7	0.783 6	8.490 6
2012	铜川	陕西	0.368 0	0.773 8	8.672 6
2013	铜川	陕西	0.503 1	0.599 5	8.898 2
2014	铜川	陕西	0.439 4	0.760 8	8.295 8

续附表 3

年份	城市	省(自治区)	制造业集聚	生产性服务业集聚	多样化集聚
2015	铜川	陕西	0.520 4	0.655 3	7.936 1
2016	铜川	陕西	0.573 9	0.730 6	7.448 5
2017	铜川	陕西	0.604 4	0.714 2	7.047 7
2018	铜川	陕西	0.545 9	0.774 1	8.063 3
2019	铜川	陕西	0.574 7	0.557 0	7.057 5
2010	宝鸡	陕西	1.174 3	0.855 9	4.658 8
2011	宝鸡	陕西	1.180 6	0.865 5	4.651 7
2012	宝鸡	陕西	1.213 7	0.880 7	4.592 4
2013	宝鸡	陕西	1.271 4	0.722 5	4.596 5
2014	宝鸡	陕西	1.212 2	0.564 3	4.737 5
2015	宝鸡	陕西	1.219 3	0.553 2	4.777 3
2016	宝鸡	陕西	1.244 6	0.535 0	4.691 0
2017	宝鸡	陕西	1.260 2	0.507 2	4.816 2
2018	宝鸡	陕西	1.388 4	0.506 5	4.763 5
2019	宝鸡	陕西	1.354 6	0.560 5	5.027 2
2010	咸阳	陕西	0.844 8	0.674 7	5.275 7
2011	咸阳	陕西	0.808 0	0.731 1	5.674 4
2012	咸阳	陕西	0.762 1	0.731 0	5.954 4
2013	咸阳	陕西	1.045 3	0.555 0	5.513 5
2014	咸阳	陕西	1.030 4	0.548 4	5.700 5
2015	咸阳	陕西	1.006 2	0.576 2	5.856 6
2016	咸阳	陕西	0.988 6	0.553 6	6.057 6
2017	咸阳	陕西	0.833 8	0.557 9	6.962 4
2018	咸阳	陕西	0.792 4	0.536 6	7.098 7
2019	咸阳	陕西	0.741 9	0.554 6	7.016 2
2010	渭南	陕西	0.664 3	0.699 1	6.035 8
2011	渭南	陕西	0.637 9	0.732 3	6.194 3
2012	渭南	陕西	0.572 0	0.820 4	6.177 6
2013	渭南	陕西	0.653 9	0.730 7	6.388 4

续附表 3

年份	城市	省(自治区)	制造业集聚	生产性服务业集聚	多样化集聚
2014	渭南	陕西	0.609 5	0.738 9	6.542 9
2015	渭南	陕西	0.622 0	0.749 9	6.340 5
2016	渭南	陕西	0.606 7	0.720 3	6.379 2
2017	渭南	陕西	0.631 7	0.693 6	6.387 6
2018	渭南	陕西	0.678 8	0.675 6	6.357 0
2019	渭南	陕西	0.724 2	0.635 9	6.352 6
2010	延安	陕西	0.149 8	0.592 7	6.407 8
2011	延安	陕西	0.131 1	0.605 8	6.441 6
2012	延安	陕西	0.130 2	0.621 4	6.294 0
2013	延安	陕西	0.251 0	0.504 3	8.181 9
2014	延安	陕西	0.247 2	0.515 7	8.340 7
2015	延安	陕西	0.265 1	0.518 1	7.464 9
2016	延安	陕西	0.252 9	0.490 5	7.363 6
2017	延安	陕西	0.292 0	0.443 4	7.045 1
2018	延安	陕西	0.363 5	0.539 3	7.791 3
2019	延安	陕西	0.390 6	0.648 0	6.422 3
2010	汉中	陕西	0.827 2	0.896 0	5.017 0
2011	汉中	陕西	0.791 4	0.951 2	4.988 0
2012	汉中	陕西	0.796 6	0.947 5	5.071 9
2013	汉中	陕西	0.738 0	0.843 4	5.661 7
2014	汉中	陕西	0.701 1	0.852 9	5.674 7
2015	汉中	陕西	0.680 5	0.881 3	5.613 5
2016	汉中	陕西	0.630 9	0.875 1	5.474 1
2017	汉中	陕西	0.640 6	0.867 0	5.575 4
2018	汉中	陕西	0.690 2	0.820 8	5.371 4
2019	汉中	陕西	0.648 1	0.687 1	5.317 8
2010	榆林	陕西	0.185 1	0.717 1	5.308 8
2011	榆林	陕西	0.216 9	0.871 7	5.221 3
2012	榆林	陕西	0.194 1	0.889 8	5.163 6

续附表 3

年份	城市	省(自治区)	制造业集聚	生产性服务业集聚	多样化集聚
2013	榆林	陕西	0.469 2	0.950 7	7.492 8
2014	榆林	陕西	0.504 3	0.503 6	6.734 8
2015	榆林	陕西	0.498 7	0.710 2	6.874 9
2016	榆林	陕西	0.512 5	0.683 1	6.916 0
2017	榆林	陕西	0.550 5	0.640 4	6.664 4
2018	榆林	陕西	0.554 7	0.567 9	6.380 2
2019	榆林	陕西	0.599 6	0.575 9	6.354 5
2010	安康	陕西	0.212 9	0.881 6	3.751 3
2011	安康	陕西	0.248 8	0.869 9	3.885 4
2012	安康	陕西	0.275 5	0.862 5	4.046 1
2013	安康	陕西	0.329 6	0.803 2	4.658 4
2014	安康	陕西	0.335 0	0.764 0	4.517 3
2015	安康	陕西	0.328 5	0.767 1	4.635 3
2016	安康	陕西	0.317 7	0.737 0	4.745 4
2017	安康	陕西	0.344 1	0.700 8	4.819 0
2018	安康	陕西	0.382 2	0.664 1	4.894 8
2019	安康	陕西	0.381 0	0.757 3	4.819 1
2010	商洛	陕西	0.251 1	0.886 4	5.086 8
2011	商洛	陕西	0.271 1	1.011 8	5.148 8
2012	商洛	陕西	0.283 9	1.066 8	5.028 1
2013	商洛	陕西	0.371 5	0.777 4	7.510 9
2014	商洛	陕西	0.415 5	0.758 6	8.070 6
2015	商洛	陕西	0.448 7	0.716 9	7.263 1
2016	商洛	陕西	0.446 2	0.678 6	7.256 3
2017	商洛	陕西	0.435 9	0.649 3	7.718 7
2018	商洛	陕西	0.451 0	0.644 2	7.636 2
2019	商洛	陕西	0.503 8	0.494 5	6.668 8
2010	兰州	甘肃	0.833 7	1.125 3	6.555 0
2011	兰州	甘肃	0.719 2	1.168 8	7.262 5

续附表 3

年份	城市	省(自治区)	制造业集聚	生产性服务业集聚	多样化集聚
2012	兰州	甘肃	0.796 0	1.199 5	6.900 7
2013	兰州	甘肃	0.636 7	1.180 9	7.557 9
2014	兰州	甘肃	0.582 7	1.178 1	7.815 7
2015	兰州	甘肃	0.577 8	1.138 9	7.840 1
2016	兰州	甘肃	0.546 3	1.135 2	7.676 9
2017	兰州	甘肃	0.507 7	1.286 3	7.585 2
2018	兰州	甘肃	0.464 2	1.686 4	6.175 0
2019	兰州	甘肃	0.533 0	1.073 0	7.003 1
2010	嘉峪关	甘肃	2.427 2	0.382 2	1.892 5
2011	嘉峪关	甘肃	2.490 6	0.339 2	1.778 5
2012	嘉峪关	甘肃	2.285 1	0.349 0	2.214 3
2013	嘉峪关	甘肃	2.011 3	0.548 5	2.607 9
2014	嘉峪关	甘肃	1.767 5	0.545 9	3.124 5
2015	嘉峪关	甘肃	1.737 1	0.579 9	3.520 6
2016	嘉峪关	甘肃	1.613 7	0.632 2	3.971 2
2017	嘉峪关	甘肃	1.724 0	0.479 0	3.891 2
2018	嘉峪关	甘肃	2.216 7	0.511 1	2.819 9
2019	嘉峪关	甘肃	2.264 8	0.413 9	2.982 1
2010	金昌	甘肃	2.000 0	0.390 3	2.711 3
2011	金昌	甘肃	1.966 0	0.316 4	2.746 2
2012	金昌	甘肃	1.593 7	0.279 9	4.403 5
2013	金昌	甘肃	1.453 2	0.412 9	4.851 0
2014	金昌	甘肃	1.533 6	0.424 2	4.432 0
2015	金昌	甘肃	1.494 3	0.431 0	4.712 2
2016	金昌	甘肃	1.395 4	0.425 7	5.227 8
2017	金昌	甘肃	1.475 6	0.429 0	4.968 7
2018	金昌	甘肃	1.600 6	0.309 7	4.983 4
2019	金昌	甘肃	1.578 2	0.582 3	5.021 3
2010	白银	甘肃	0.850 8	0.554 7	6.468 2

续附表 3

年份	城市	省(自治区)	制造业集聚	生产性服务业集聚	多样化集聚
2011	白银	甘肃	0.781 0	0.550 7	6.440 4
2012	白银	甘肃	0.706 9	0.601 9	6.838 6
2013	白银	甘肃	0.652 4	0.572 2	7.863 8
2014	白银	甘肃	0.637 8	0.553 7	7.578 0
2015	白银	甘肃	0.636 0	0.538 8	7.411 9
2016	白银	甘肃	0.637 3	0.496 1	6.704 1
2017	白银	甘肃	0.654 5	0.459 7	6.564 2
2018	白银	甘肃	0.558 3	0.423 3	6.841 8
2019	白银	甘肃	0.550 7	0.351 0	5.963 4
2010	天水	甘肃	0.669 0	0.621 4	5.155 6
2011	天水	甘肃	0.666 5	0.696 0	4.924 2
2012	天水	甘肃	0.596 3	0.772 9	4.944 5
2013	天水	甘肃	0.532 1	0.773 7	5.134 2
2014	天水	甘肃	0.564 8	0.723 7	5.041 9
2015	天水	甘肃	0.559 4	0.664 4	4.951 9
2016	天水	甘肃	0.552 2	0.573 3	4.945 8
2017	天水	甘肃	0.537 0	0.528 5	4.949 6
2018	天水	甘肃	0.591 9	0.511 4	5.315 2
2019	天水	甘肃	0.750 0	0.495 3	4.855 3
2010	武威	甘肃	0.429 5	1.068 4	6.128 5
2011	武威	甘肃	0.401 1	1.060 6	5.756 7
2012	武威	甘肃	0.368 6	1.176 7	5.608 8
2013	武威	甘肃	0.407 8	0.842 9	8.171 4
2014	武威	甘肃	0.444 2	0.583 9	6.104 8
2015	武威	甘肃	0.390 5	0.590 5	6.360 9
2016	武威	甘肃	0.399 6	0.558 9	6.555 1
2017	武威	甘肃	0.348 1	0.605 7	5.714 1
2018	武威	甘肃	0.358 9	0.559 9	5.161 3
2019	武威	甘肃	0.336 0	0.669 1	4.953 6

续附表3

年份	城市	省(自治区)	制造业集聚	生产性服务业集聚	多样化集聚
2010	张掖	甘肃	0.526 3	0.944 7	6.248 5
2011	张掖	甘肃	0.445 6	0.939 9	6.302 6
2012	张掖	甘肃	0.451 7	0.996 8	6.168 6
2013	张掖	甘肃	0.366 9	0.929 5	7.544 8
2014	张掖	甘肃	0.353 8	0.876 4	7.139 5
2015	张掖	甘肃	0.341 6	0.835 8	6.743 7
2016	张掖	甘肃	0.344 6	0.762 2	6.525 7
2017	张掖	甘肃	0.346 6	0.792 0	4.890 3
2018	张掖	甘肃	0.297 2	0.651 0	4.462 9
2019	张掖	甘肃	0.270 4	0.688 4	4.275 0
2010	平凉	甘肃	0.219 9	0.663 6	6.137 0
2011	平凉	甘肃	0.134 2	0.509 5	6.596 3
2012	平凉	甘肃	0.077 3	0.551 8	7.205 7
2013	平凉	甘肃	0.105 8	0.548 7	7.422 9
2014	平凉	甘肃	0.123 0	0.592 4	8.699 7
2015	平凉	甘肃	0.114 9	0.583 5	8.333 7
2016	平凉	甘肃	0.114 7	0.548 0	7.643 1
2017	平凉	甘肃	0.093 6	0.494 8	6.886 3
2018	平凉	甘肃	0.103 4	0.464 9	5.914 0
2019	平凉	甘肃	0.065 5	0.539 7	5.225 0
2010	酒泉	甘肃	0.322 1	0.978 1	6.765 3
2011	酒泉	甘肃	0.323 8	1.046 8	6.810 5
2012	酒泉	甘肃	0.307 6	1.021 8	7.130 8
2013	酒泉	甘肃	0.583 4	0.871 8	8.828 9
2014	酒泉	甘肃	0.644 3	0.811 6	8.205 3
2015	酒泉	甘肃	0.683 1	0.800 8	7.210 7
2016	酒泉	甘肃	0.590 4	0.873 6	7.491 3
2017	酒泉	甘肃	0.566 3	1.213 0	6.742 8
2018	酒泉	甘肃	0.646 0	0.860 6	5.917 3

续附表 3

年份	城市	省(自治区)	制造业集聚	生产性服务业集聚	多样化集聚
2019	酒泉	甘肃	0.652 4	0.868 3	5.758 5
2010	庆阳	甘肃	0.066 8	0.540 4	4.036 5
2011	庆阳	甘肃	0.017 1	0.618 8	4.075 8
2012	庆阳	甘肃	0.031 9	0.598 7	4.480 5
2013	庆阳	甘肃	0.083 1	0.533 3	6.188 6
2014	庆阳	甘肃	0.080 0	0.495 8	6.924 8
2015	庆阳	甘肃	0.080 2	0.490 0	6.383 7
2016	庆阳	甘肃	0.072 0	0.506 0	6.042 8
2017	庆阳	甘肃	0.068 4	0.534 0	5.614 8
2018	庆阳	甘肃	0.069 4	0.558 6	5.196 0
2019	庆阳	甘肃	0.105 1	0.585 3	4.874 6
2010	定西	甘肃	0.277 1	0.500 3	3.641 2
2011	定西	甘肃	0.265 8	0.636 7	3.538 8
2012	定西	甘肃	0.246 6	0.603 9	3.594 1
2013	定西	甘肃	0.235 0	0.492 9	5.857 2
2014	定西	甘肃	0.221 8	0.485 0	5.463 7
2015	定西	甘肃	0.234 7	0.483 6	4.791 8
2016	定西	甘肃	0.230 1	0.483 2	4.675 2
2017	定西	甘肃	0.255 5	0.485 7	4.205 9
2018	定西	甘肃	0.283 1	0.463 0	3.882 4
2019	定西	甘肃	0.266 9	0.522 8	3.798 8
2010	陇南	甘肃	0.161 1	0.560 0	4.176 8
2011	陇南	甘肃	0.137 2	0.587 9	4.075 0
2012	陇南	甘肃	0.117 7	0.626 0	3.981 7
2013	陇南	甘肃	0.238 3	0.703 7	4.625 8
2014	陇南	甘肃	0.225 8	0.789 7	4.982 1
2015	陇南	甘肃	0.257 8	0.688 4	4.640 3
2016	陇南	甘肃	0.217 2	0.557 9	4.615 7
2017	陇南	甘肃	0.253 6	0.536 5	5.131 3

续附表 3

年份	城市	省(自治区)	制造业集聚	生产性服务业集聚	多样化集聚
2018	陇南	甘肃	0.312 6	0.345 6	4.256 7
2019	陇南	甘肃	0.314 6	0.394 5	3.419 4
2010	西宁	青海	0.866 8	1.500 0	5.502 6
2011	西宁	青海	0.825 1	1.479 3	6.133 9
2012	西宁	青海	0.793 4	1.458 3	6.815 6
2013	西宁	青海	0.714 3	1.738 8	6.437 0
2014	西宁	青海	0.674 8	0.997 1	6.592 5
2015	西宁	青海	0.672 7	1.593 5	6.605 8
2016	西宁	青海	0.657 7	1.517 0	6.485 5
2017	西宁	青海	0.634 1	1.509 4	6.397 6
2018	西宁	青海	0.598 7	1.476 3	6.077 3
2019	西宁	青海	0.592 7	1.428 8	5.380 2
2010	银川	宁夏	0.532 9	1.167 0	9.414 1
2011	银川	宁夏	0.510 9	1.263 7	9.158 5
2012	银川	宁夏	0.460 3	1.295 7	8.405 1
2013	银川	宁夏	0.478 5	1.322 9	8.116 0
2014	银川	宁夏	0.362 2	1.402 7	3.982 8
2015	银川	宁夏	0.378 1	1.043 5	3.468 6
2016	银川	宁夏	0.633 2	1.176 8	6.764 3
2017	银川	宁夏	0.679 9	1.114 0	6.541 1
2018	银川	宁夏	0.639 2	1.047 5	6.940 7
2019	银川	宁夏	0.563 5	1.083 9	6.895 1
2010	石嘴山	宁夏	1.232 8	0.483 7	5.098 5
2011	石嘴山	宁夏	1.234 8	0.655 2	4.740 0
2012	石嘴山	宁夏	1.142 7	0.781 3	5.204 9
2013	石嘴山	宁夏	1.236 8	0.754 0	4.288 4
2014	石嘴山	宁夏	1.159 8	0.856 0	4.679 3
2015	石嘴山	宁夏	1.131 7	0.769 8	4.660 2
2016	石嘴山	宁夏	1.152 4	0.744 6	4.691 4

续附表 3

年份	城市	省(自治区)	制造业集聚	生产性服务业集聚	多样化集聚
2017	石嘴山	宁夏	1.273 5	0.677 9	4.368 3
2018	石嘴山	宁夏	1.015 5	0.784 4	4.607 3
2019	石嘴山	宁夏	0.979 0	0.566 5	3.948 9
2010	吴忠	宁夏	0.675 5	0.801 7	4.897 7
2011	吴忠	宁夏	0.743 8	0.750 7	4.929 9
2012	吴忠	宁夏	0.825 6	0.675 2	5.488 7
2013	吴忠	宁夏	0.829 6	0.698 2	5.373 0
2014	吴忠	宁夏	0.792 0	0.695 8	5.256 0
2015	吴忠	宁夏	0.728 6	0.714 8	5.214 2
2016	吴忠	宁夏	0.699 5	0.662 7	4.954 6
2017	吴忠	宁夏	0.722 9	0.682 1	4.880 9
2018	吴忠	宁夏	0.710 5	0.787 2	4.467 8
2019	吴忠	宁夏	0.747 0	0.756 1	4.712 6
2010	固原	宁夏	0.079 4	0.834 3	3.482 8
2011	固原	宁夏	0.071 3	0.855 9	3.507 9
2012	固原	宁夏	0.083 1	0.825 2	3.680 0
2013	固原	宁夏	0.105 9	0.792 7	3.455 4
2014	固原	宁夏	0.113 0	0.944 4	3.717 2
2015	固原	宁夏	0.097 6	1.023 7	3.665 7
2016	固原	宁夏	0.124 0	0.924 8	3.602 0
2017	固原	宁夏	0.103 5	0.891 7	3.697 8
2018	固原	宁夏	0.096 9	0.843 1	3.792 0
2019	固原	宁夏	0.109 0	0.790 0	3.648 5

参考文献

[1] Zhang Q, Xu C Y, Chen Y D,et al. Comparison of evapotranspiration variations between the Yellow River and Pearl River basin, China[J]. Stochastic Environmental Research and Risk Assessment, 2011, 25 (2):139-150.

[2] Yuan X, Sheng X, Chen L,et al. Carbon footprint and embodied carbon transfer at the provincial level of the Yellow River Basin[J]. Science of The Total Environment, 2022, 803: 149993.

[3] Chen Y, Zhu M, Lu J,et al. Evaluation of ecological city and analysis of obstacle factors under the background of high-quality development: Taking cities in the Yellow River Basin as examples[J]. Ecological Indicators, 2020, 118: 106771.

[4] 夏骉鹂, 郭淑芬. 黄河流域旅游开发强度对生态效率的影响研究[J]. 经济问题, 2021(12): 104-111.

[5] Liu F, Chen S, Dong P,et al. Spatial and temporal variability of water discharge in the Yellow River Basin over the past 60 years[J]. Journal of Geographical Sciences, 2012, 22(6): 1013-1033.

[6] Wang D L, Feng H M, Zhang B Z,et al. Quantifying the impacts of climate change and vegetation change on decreased runoff in China's yellow river basin[J]. Ecohydrology & Hydrobiology, 2021.

[7] 陆大道, 孙东琪. 黄河流域的综合治理与可持续发展[J]. 地理学报, 2019, 74(12): 2431-1436.

[8] Barnett J, Webber M, Wang M,et al. Ten Key Questions About the Management of Water in the Yellow River Basin[J]. Environmental Management, 2006, 38(2): 179-188.

[9] 张会军. 黄河流域煤炭富集区生态开采模式初探[J]. 煤炭科学技术, 2021, 49(12): 233-242.

[10] 卞正富, 于昊辰, 雷少刚,等. 黄河流域煤炭资源开发战略研判与生态修复策略思考[J]. 煤炭学报, 2021, 46(5): 1378-1391.

[11] Yu J. Coordinated development of urban economy and total amount control of water environmental pollutants in the Yellow River basin[J]. Arabian Journal of Geosciences, 2021, 14(8): 658.

[12] 张占仓. 黄河文化的主要特征与时代价值[J]. 中原文化研究, 2021, 9(6): 86-91.

[13] 杨越, 李瑶, 陈玲. 讲好"黄河故事":黄河文化保护的创新思路[J]. 中国人口·资源与环境, 2020, 30(12): 8-16.

[14] 王乃岳. 深入挖掘黄河文化的时代价值[J]. 中国水利, 2020(5): 50-53.

[15] Ma J, Zhou D. A cultural interpretation of interactive relations among ethnic groups in the Hehuang region[J]. Chinese Sociology and Anthropology, 2007, 40(1): 34-53.

[16] 丁柏峰. 河湟文化圈的形成历史与特征[J]. 青海师范大学学报(哲学社会科学版), 2007(6): 68-71.

[17] Zhao Y, Feng Q, Lu A. Spatiotemporal variation in vegetation coverage and its driving factors in the Guanzhong Basin, NW China[J]. Ecological Informatics, 2021, 64: 101371.

[18] Xing W. Regional Study of Urban Landscape in Guanzhong Area Based on the Background of the Belt and Road[C]//proceedings of the 2019 International Conference on Emerging Researches in Management, Business, Finance and Economics, 2019.

[19] 李乔. 河洛文化研究述论[J]. 地域文化研究, 2019(4): 67-79,154.

[20] Jin L. The culture of Heluo is the main culture of Chinese civilization[J]. Science Review, 2020(6): 36-39.

[21] 王艳. 齐鲁文化内涵要义研究综述[J]. 山东省社会主义学院学报, 2018(1): 58-65.

[22] 么新鹤. 齐鲁文化的形成、地位与精神综述[J]. 山东省社会主义学院学报, 2018(3): 65-71.

[23] 李百晓. 地域文化与电视剧创作[D]. 南京: 南京艺术学院, 2014.

[24] Wang X J, Zhang J Y, Shahid S, et al. Gini coefficient to assess equity in domestic water supply in the Yellow River[J]. Mitigation and Adaptation Strategies for Global Change, 2012, 17(1): 65-75.

[25] Liu C, Zhang X, Wang T, et al. Detection of vegetation coverage changes in the Yellow River Basin from 2003 to 2020[J]. Ecological Indicators, 2022, 138: 108818.

[26] 韩海燕, 任保平. 黄河流域高质量发展中制造业发展及竞争力评价研究[J]. 经济问题, 2020(8): 1-9.

[27] 任保平, 豆渊博. 碳中和目标下黄河流域产业结构调整的制约因素及其路径[J]. 内蒙古社会科学, 2022, 43(1): 121-127, 2.

[28] 朱楠, 任保平. 生态约束下黄河流域高质量脱贫攻坚的长效机制研究[J]. 山东社会科学, 2022(1): 39-48.

[29] 王剑. 黄河流域水资源的节约与保护[J]. 黄河文明与可持续发展, 2021(1): 5-6.

[30] 党丽娟. 黄河流域水资源开发利用分析与评价[J]. 水资源开发与管理, 2020(7): 33-40.

[31] 贾绍凤, 梁媛. 新形势下黄河流域水资源配置战略调整研究[J]. 资源科学, 2020, 42(1): 29-36.

[32] Wu B, Wang Z, Li C. Yellow River Basin management and current issues[J]. Journal of Geographical Sciences, 2004, 14(1): 29-37.

[33] Wang W, Shao Q, Yang T, et al. Changes in daily temperature and precipitation extremes in the Yellow River Basin, China[J]. Stochastic Environmental Research and Risk Assessment, 2013, 27(2): 401-421.

[34] 陈建波. 新中国黄河治理的成就及启示[J]. 科学经济社会, 2020, 38(3): 12-8.

[35] 王亚华, 毛恩慧, 徐茂森. 论黄河治理战略的历史变迁[J]. 环境保护, 2020, 48(Z1): 28-32.

[36] Zhang X, Liu K, Wang S, et al. Spatiotemporal evolution of ecological vulnerability in the Yellow River Basin under ecological restoration initiatives[J]. Ecological Indicators, 2022, 135: 108586.

[37] Unger-Shayesteh K, Vorogushyn S, Farinotti D, et al. What do we know about past changes in the water cycle of Central Asian headwaters? A review[J]. Global and Planetary Change, 2013, 110: 4-25.

[38] Omer A, Zhuguo M, Yuan X, et al. A hydrological perspective on drought risk-assessment in the Yellow River Basin under future anthropogenic activities[J]. Journal of Environmental Management, 2021, 289: 112429.

[39] Chen Y P, Fu B J, Zhao Y, et al. Sustainable development in the Yellow River Basin: Issues and strategies[J]. Journal of Cleaner Production, 2020, 263: 121223.

[40] 王煜, 彭少明, 武见, 等. 黄河"八七"分水方案实施 30 年回顾与展望[J]. 人民黄河, 2019, 41(9): 6-13, 9.

[41] 左其亭. 黄河流域生态保护和高质量发展研究框架[J]. 人民黄河, 2019, 41(11): 1-6, 16.

[42] Woolderink H a G, Cohen K M, Kasse C, et al. Patterns in river channel sinuosity of the Meuse, Roer and Rhine rivers in the Lower Rhine Embayment rift-system, are they tectonically forced? [J]. Geomorphology, 2021, 375: 107550.

[43] Pinter N, Ickes B S, Wlosinski J H, et al. Trends in flood stages: Contrasting results from the Mississippi and Rhine River systems[J]. Journal of Hydrology, 2006, 331(3): 554-566.

[44] Becker G, Huitema D, Aerts J C J H. Prescriptions for adaptive comanagement the case of flood management in the German Rhine basin[J]. Ecology and Society, 2015, 20(3): 1-19.

［45］ 刘松，张中旺，任艳，等. 莱茵河开发经验对汉江综合开发的启示［J］. 农村经济与科技，2012，23（4）：13-14.

［46］ Mostert E. International co-operation on Rhine water quality 1945 - 2008：An example to follow？［J］. Physics and Chemistry of the Earth, Parts A/B/C, 2009, 34(3)：142-149.

［47］ Houtman C J, Ten Broek R, De Jong K,et al. A multicomponent snapshot of pharmaceuticals and pesticides in the river Meuse basin［J］. Environmental Toxicology Chemistry, 2013, 32(11)：2449-2459.

［48］ Pinter N, Van Der Ploeg R R, Schweigert P,et al. Flood magnification on the River Rhine［J］. Hydrological Processes, 2006, 20(1)：147-164.

［49］ Van Stokkom H T C, Smits A J M, Leuven R S E W. Flood Defense in The Netherlands［J］. Water International, 2005, 30(1)：76-87.

［50］ Huisman P, Jong J, Wieriks K. Transboundary Cooperation in shared river basins：experiences from the Rhine, Meuse and North Sea［J］. Water Policy, 2000, 2：83-97.

［51］ 周刚炎. 莱茵河流域管理的经验和启示［J］. 水利水电快报，2007（5）：28-31.

［52］ Plum N, Schulte-Wülwer-Leidig A. From a sewer into a living river：the Rhine between Sandoz and Salmon［J］. Hydrobiologia, 2014, 729(1)：95-106.

［53］ Rowley K H, Cucknell A C, Smith B D,et al. London's river of plastic：High levels of microplastics in the Thames water column［J］. Science of The Total Environment, 2020, 740：140018.

［54］ Colclough S R, Gray G, Bark A,et al. Fish and fisheries of the tidal Thames：management of the modern resource, research aims and future pressures［J］. Journal of Fish Biology, 2002, 61(sA)：64-73.

［55］ Lumbroso D, Ramsbottom D. Chapter 6-Flood Risk Management in the United Kingdom：Putting Climate Change Adaptation Into Practice in the Thames Estuary［M］//ZOMMERS Z, ALVERSON K. Resilience. Elsevier. 2018：79-87.

［56］ Piper G. Balancing flood risk and development in the flood plain：the Lower Thames Flood Risk Management Strategy［J］. Ecohydrology & Hydrobiology, 2014, 14(1)：33-38.

［57］ 刘青. 以伦敦泰晤士河为例的英国水务管理启发［J］. 智能城市，2021，7（14）：159-160.

［58］ 曹可亮. 泰晤士河污染治理立法及其对我国的启示［J］. 人大研究，2019（9）：46-51.

［59］ 肖春蕾，郭艺璇，薛皓. 密西西比河流域监测、修复管理经验对我国流域生态保护修复的启示［J］. 中国地质调查，2021，8（6）：87-95.

［60］ Dubowy P J. Mississippi River Ecohydrology：Past, present and future［J］. Ecohydrology & Hydrobiology, 2013, 13(1)：73-83.

［61］ 周金城，胡辉敏，黎振强. 密西西比河流域水质协同治理及对长江流域治理的启示［J］. 武陵学刊，2021，46（1）：52-58.

［62］ Mcisaac G F, David M B, Gertner G Z,et al. Relating Net Nitrogen Input in the Mississippi River Basin to Nitrate Flux in the Lower Mississippi River［J］. Journal of Environmental Quality, 2002, 31(5)：1610-1622.

［63］ Ly Q V, Nguyen X C, Lê N C,et al. Application of Machine Learning for eutrophication analysis and algal bloom prediction in an urban river：A 10-year study of the Han River, South Korea［J］. Science of The Total Environment, 2021, 797：149040.

［64］ Chang H. Spatial analysis of water quality trends in the Han River basin, South Korea［J］. Water Research, 2008, 42(13)：3285-3304.

［65］ Kim J W, Ki S J, Moon J,et al. Mass Load-Based Pollution Management of the Han River and Its Tributaries, Korea［J］. Environmental Management, 2008, 41(1)：12-19.

［66］Jo H K, Ahn T W, Son C. Improving riparian greenspace established in river watersheds［J］. Paddy and Water Environment, 2014, 12（1）：113-123.

［67］Lee S, Choi G W. Governance in a River Restoration Project in South Korea：The Case of Incheon［J］. Water Resources Management, 2012, 26（5）：1165-1182.

［68］贾秀飞, 叶鸿蔚. 泰晤士河与秦淮河水环境治理经验探析［J］. 环境保护科学, 2015, 41（4）：64-69,88.

［69］蒋燕华, 于正广. 江苏省秦淮河流域水资源保护与治理途径探讨［C］//中国水利学会2015学术年会. 南京,2015.

［70］李昆朋, 赵振. 南京市秦淮河水环境综合治理目标后评价［J］. 黑龙江水利科技, 2019, 47（11）：207-210.

［71］Song S, Xu Y P, Zhang J X, et al. The long-term water level dynamics during urbanization in plain catchment in Yangtze River Delta［J］. Agricultural Water Management, 2016, 174：93-102.

［72］Miao L, Gao Y, Adyel T M, et al. Effects of biofilm colonization on the sinking of microplastics in three freshwater environments［J］. Journal of Hazardous Materials, 2021, 413：125370.

［73］宋轩, 陈少颖, 管桂玲, 等. 南京市外秦淮河"一河一策"治理方案研究［J］. 江苏水利, 2018（11）：20-25.

［74］王筱越. 环境治理对经济发展的影响研究——以秦淮河的治理为例［J］. 现代商贸工业, 2019, 40（14）：17-19.

［75］高玉琴, 刘云苹, 闫光辉, 等. 秦淮河流域水系结构及连通度变化分析［J］. 水利水电科技进展, 2020, 40（5）：32-39.

［76］吕春香. 值得借鉴的国内外河流治理的成功经验［J］. 中国水网,2009.

［77］贺巍, 陈驰, 王东志, 等. 永定河流域管理设施规划布局研究［J］. 北京水务, 2021（5）：67-70.

［78］杜勇, 李建柱, 牛凯杰, 等. 1982—2015年永定河山区植被变化及对天然径流的影响［J］. 水利学报, 2021, 52（11）：1309-1323.

［79］Wang H, Li X, Long H, et al. Development and application of a simulation model for changes in land-use patterns under drought scenarios［J］. Computers & Geosciences, 2011, 37（7）：831-843.

［80］Yue S, Wang C Y. Applicability of prewhitening to eliminate the influence of serial correlation on the Mann-Kendall test［J］. Water Resources Research, 2002, 38（6）：41-47.

［81］Jiang B, Wong C P, Lu F, et al. Drivers of drying on the Yongding River in Beijing［J］. Journal of Hydrology, 2014, 519：69-79.

［82］付意成, 阮本清, 许凤冉, 等. 永定河流域水生态补偿标准研究［J］. 水利学报, 2012, 43（6）：740-748.

［83］彭涛, 张振明, 刘俊国, 等. 基于生态服务功能的北京永定河生态修复目标研究［J］. 中国农学通报, 2010, 26（20）：287-292.

［84］张连伟, 张琳. 北京永定河流域生态环境的演变和治理［J］. 北京联合大学学报（人文社会科学版）, 2017, 15（1）：118-124.

［85］李江锋, 任东红. 新时期永定河流域高质量发展战略研究［J］. 中国水利, 2021（20）：70-73.

［86］章恒全, 张陈俊, 张万力. 水资源约束与中国经济增长——基于水资源"阻力"的计量检验［J］. 产业经济研究, 2016（4）：87-99.

［87］习近平. 在黄河流域生态保护和高质量发展座谈会上的讲话［J］. 求是, 2019（20）：4-11.

［88］刘中会. 主动融入国家战略 全力推进黄河流域治理保护［J］. 中国水利, 2020（19）：9-11.

［89］新华社. 中共中央 国务院印发《黄河流域生态保护和高质量发展规划纲要》［J］. 中华人民共和国

国务院公报,2021(30):15-35.

[90] 徐辉,师诺,武玲玲,等. 黄河流域高质量发展水平测度及其时空演变[J]. 资源科学,2020, 42
(1):115-126.

[91] 金凤君. 黄河流域生态保护与高质量发展的协调推进策略[J]. 改革,2019(11):33-39.

[92] 陈磊,吴继贵,王应明. 基于空间视角的水资源经济环境效率评价[J]. 地理科学,2015, 35
(12):1568-1574.

[93] 巩灿娟,徐成龙,张晓青. 黄河中下游沿线城市水资源利用效率的时空演变及影响因素[J]. 地理
科学,2020, 40(11):1930-1939.

[94] Song C, Yin G, Lu Z, et al. Industrial ecological efficiency of cities in the Yellow River Basin in the
background of China's economic transformation:spatial-temporal characteristics and influencing factors
[J]. Environmental Science and Pollution Research, 2022, 29(3):4334-4349.

[95] 牛文元. 中国可持续发展的理论与实践[J]. 中国科学院院刊,2012, 27(3):280-289.

[96] 刘培哲. 可持续发展——通向未来的新发展观——兼论《中国 21 世纪议程》的特点[J]. 中国人
口·资源与环境,1994(3):17-22.

[97] 牛文元. 可持续发展理论的内涵认知——纪念联合国里约环发大会 20 周年[J]. 中国人口·资源
与环境,2012, 22(5):9-14.

[98] 齐晔,蔡琴. 可持续发展理论三项进展[J]. 中国人口·资源与环境,2010, 20(4):110-116.

[99] 谷树忠,胡咏君,周洪. 生态文明建设的科学内涵与基本路径[J]. 资源科学,2013, 35(1):
2-13.

[100] 张高丽. 大力推进生态文明 努力建设美丽中国[J]. 求是,2013(24):3-11.

[101] 王子龙,谭清美,许箫迪. 产业集聚水平测度的实证研究[J]. 中国软科学,2006(3):109-116.

[102] 朱英明. 产业集聚研究述评[J]. 经济评论,2003(3):117-121.

[103] 李小建,李二玲. 产业集聚发生机制的比较研究[J]. 中州学刊,2002(4):5-8.

[104] 陈建军,陈国亮,黄洁. 新经济地理学视角下的生产性服务业集聚及其影响因素研究——来自
中国 222 个城市的经验证据[J]. 管理世界,2009(4):83-95.

[105] 王今. 产业集群的识别理论与方法研究[J]. 经济地理,2005(1):9-11,5.

[106] Ciccone A, Hall R E. Productivity and the Density of Economic Activity[J]. The American Economic
Review, 1996, 86(1):54-70.

[107] Ciccone A. Agglomeration effects in Europe[J]. European Economic Review, 2002, 46(2):213-227.

[108] Aritenang A F. The Importance of Agglomeration Economies and Technological Level on Local Economic
Growth:the Case of Indonesia[J]. Journal of the Knowledge Economy, 2021, 12(2):544-563.

[109] Pessoa A. Agglomeration and regional growth policy:externalities versus comparative advantages[J].
The Annals of Regional Science, 2014, 53(1):1-27.

[110] Castells-Quintana D, Royuela V. Agglomeration, inequality and economic growth[J]. The Annals of
Regional Science, 2014, 52(2):343-366.

[111] Lall S V, Shalizi Z, Deichmann U. Agglomeration economies and productivity in Indian industry[J].
Journal of Development Economics, 2004, 73(2):643-673.

[112] Fujita M, Thisse J F. Does Geographical Agglomeration Foster Economic Growth? And Who Gains And
Loses From It? [J]. The Japanese Economic Review, 2003, 54(2):121-145.

[113] 苗长虹,崔立华. 产业集聚:地理学与经济学主流观点的对比[J]. 人文地理,2003(3):42-46.

[114] Wu J, Xu H, Tang K. Industrial agglomeration, CO_2 emissions and regional development programs:A
decomposition analysis based on 286 Chinese cities[J]. Energy, 2021, 225:120239.

[115] 周圣强,朱卫平. 产业集聚一定能带来经济效率吗:规模效应与拥挤效应[J]. 产业经济研究,2013(3):12-22.

[116] Wu R,Lin B. Does industrial agglomeration improve effective energy service:An empirical study of China's iron and steel industry[J]. Applied Energy,2021,295:117066.

[117] 寇冬雪. 产业专业化集聚、多样化集聚与环境污染——基于中国 285 个城市的实证分析[J]. 云南财经大学学报,2020,36(9):3-17.

[118] 苏丹妮,盛斌. 产业集聚、集聚外部性与企业减排——来自中国的微观新证据[J]. 经济学(季刊),2021,21(5):1793-1816.

[119] Shen N,Peng H. Can industrial agglomeration achieve the emission-reduction effect? [J]. Socio-Economic Planning Sciences,2021,75:100867.

[120] Pei Y,Zhu Y,Liu S,et al. Industrial agglomeration and environmental pollution:based on the specialized and diversified agglomeration in the Yangtze River Delta[J]. Environment,Development and Sustainability,2021,23(3):4061-4085.

[121] 孙浦阳,韩帅,许启钦. 产业集聚对劳动生产率的动态影响[J]. 世界经济,2013,36(3):33-53.

[122] 李金滟,宋德勇. 专业化、多样化与城市集聚经济——基于中国地级单位面板数据的实证研究[J]. 管理世界,2008(2):25-34.

[123] 张舒淏. 专业化集聚与多样化集聚创新绩效比较研究[D].南京:南京师范大学,2015.

[124] 张雯熹,吴群,王博,等. 产业专业化、多样化集聚对城市土地利用效率影响的多维研究[J]. 中国人口·资源与环境,2019,29(11):100-110.

[125] 魏丽莉,侯宇琦. 专业化、多样化产业集聚对区域绿色发展的影响效应研究[J]. 管理评论,2021,33(10):22-33.

[126] 王兴,刘超. 专业化与多样化集聚如何影响劳动力错配——基于制造业细分行业的研究[J]. 技术经济,2021,40(5):39-49.

[127] 张天华,陈博潮,雷佳祺. 经济集聚与资源配置效率:多样化还是专业化[J]. 产业经济研究,2019(5):51-64.

[128] Li X,Lai X,Zhang F. Research on green innovation effect of industrial agglomeration from perspective of environmental regulation:Evidence in China[J]. Journal of Cleaner Production,2021,288:125583.

[129] 钟顺昌,任媛. 产业专业化、多样化与城市化发展——基于空间计量的实证研究[J]. 山西财经大学学报,2017,39(3):58-73.

[130] Nielsen B B,Asmussen C G,Weatherall C D,et al. Marshall vs Jacobs agglomeration and the micro-location of foreign and domestic firms[J]. Cities,2021,117:103322.

[131] Zhang W,Cheng J,Liu X,et al. Heterogeneous industrial agglomeration,its coordinated development and total factor energy efficiency[J]. Environment,Development and Sustainability,2022.

[132] Cai Y,Hu Z. Industrial agglomeration and industrial SO_2 emissions in China's 285 cities:Evidence from multiple agglomeration types[J]. Journal of Cleaner Production,2022,353:131675.

[133] Cainelli G,Di Maria E,Ganau R. Does Agglomeration Affect Exports? Evidence from Italian Local Labour Markets[J]. Tijdschrift voor Economische en Sociale Geografie,2017,108(5):554-570.

[134] 陈劲,梁靓,吴航. 开放式创新背景下产业集聚与创新绩效关系研究——以中国高技术产业为例[J]. 科学学研究,2013,31(4):623-629,577.

[135] 闫桂权,何玉成,张晓恒,等. 产业集聚与城市用水强度:降低还是提升——基于中国 285 个地级

及以上城市的经验分析[J]. 长江流域资源与环境, 2020, 29(4): 785-798.

[136] 张强, 王本德, 曹明亮. 基于因素分解模型的水资源利用变动分析[J]. 自然资源学报, 2011, 26(7): 1209-1216.

[137] 秦昌波, 葛察忠, 贾仰文, 等. 陕西省生产用水变动的驱动机制分析[J]. 中国人口·资源与环境, 2015, 25(5): 131-136.

[138] Li Y, Wang S, Chen B. Driving force analysis of the consumption of water and energy in China based on LMDI method[J]. Energy Procedia, 2019, 158: 4318-4322.

[139] Zhang C, Zhao Y, Shi C, et al. Can China achieve its water use peaking in 2030? A scenario analysis based on LMDI and Monte Carlo method[J]. Journal of Cleaner Production, 2021, 278: 123214.

[140] 孙思奥, 汤秋鸿. 黄河流域水资源利用时空演变特征及驱动要素[J]. 资源科学, 2020, 42(12): 2261-2273.

[141] 孙才志, 谢巍. 中国产业用水变化驱动效应测度及空间分异[J]. 经济地理, 2011, 31(4): 666-672.

[142] 刘翀, 柏明国. 安徽省工业行业用水消耗变化分析——基于LMDI分解法[J]. 资源科学, 2012, 34(12): 2299-2305.

[143] Zou M, Kang S, Niu J, et al. A new technique to estimate regional irrigation water demand and driving factor effects using an improved SWAT model with LMDI factor decomposition in an arid basin[J]. Journal of Cleaner Production, 2018, 185: 814-828.

[144] Zhang S, Su X, Singh V P, et al. Logarithmic Mean Divisia Index (LMDI) decomposition analysis of changes in agricultural water use: a case study of the middle reaches of the Heihe River basin, China [J]. Agricultural Water Management, 2018, 208: 422-430.

[145] 钱文婧, 贺灿飞. 中国水资源利用效率区域差异及影响因素研究[J]. 中国人口·资源与环境, 2011, 21(2): 54-60.

[146] Chen Y, Yin G, Liu K. Regional differences in the industrial water use efficiency of China: The spatial spillover effect and relevant factors[J]. Resources, Conservation and Recycling, 2021, 167: 105239.

[147] 佟金萍, 马剑锋, 王圣, 等. 长江流域农业用水效率研究: 基于超效率DEA和Tobit模型[J]. 长江流域资源与环境, 2015, 24(4): 603-608.

[148] 马剑锋, 王慧敏, 佟金萍. 技术进步与效率追赶对农业用水效率的空间效应研究[J]. 中国人口·资源与环境, 2018, 28(7): 36-45.

[149] 方琳, 吴凤平, 王新华, 等. 基于共同前沿SBM模型的农业用水效率测度及改善潜力[J]. 长江流域资源与环境, 2018, 27(10): 2293-2304.

[150] 李静, 任继达. 中国工业的用水效率与决定因素——资源和环境双重约束下的分析[J]. 工业技术经济, 2018, 37(1): 122-129.

[151] Liu K D, Yang G L, Yang D G. Investigating industrial water-use efficiency in mainland China: An improved SBM-DEA model[J]. Journal of Environmental Management, 2020, 270: 110859.

[152] Zou D, Cong H. Evaluation and influencing factors of China's industrial water resource utilization efficiency from the perspective of spatial effect[J]. Alexandria Engineering Journal, 2021, 60(1): 173-182.

[153] 张峰, 王晗, 薛惠锋. 工业绿色全要素水资源效率的空间格局特征[J]. 软科学, 2020, 34(10): 43-49.

[154] 马海良, 丁元卿, 王蕾. 绿色水资源利用效率的测度和收敛性分析[J]. 自然资源学报, 2017, 32(3): 406-417.

[155] 孙才志，姜坤，赵良仕. 中国水资源绿色效率测度及空间格局研究[J]. 自然资源学报，2017，32 (12)：1999-2011.

[156] Song M，Wang R，Zeng X. Water resources utilization efficiency and influence factors under environmental restrictions[J]. Journal of Cleaner Production，2018，184：611-621.

[157] Chen Q，Ai H，Zhang Y，et al. Marketization and water resource utilization efficiency in China[J]. Sustainable Computing：Informatics and Systems，2019，22：32-43.

[158] 丁绪辉，高素惠，吴凤平. 环境规制、FDI 集聚与长江经济带用水效率的空间溢出效应研究[J]. 中国人口·资源与环境，2019，29(8)：148-155.

[159] Chang Y J，Zhu D. Water utilization and treatment efficiency of China's provinces and decoupling analysis based on policy implementation[J]. Resources，Conservation and Recycling，2020：105270.

[160] 杨超，吴立军. 中国城市水资源利用效率差异性分析——基于 286 个地级及以上城市面板数据的实证[J]. 人民长江，2020，51(8)：104-110.

[161] 邢霞，修长百，刘玉春. 黄河流域水资源利用效率与经济发展的耦合协调关系研究[J]. 软科学，2020，34(8)：44-50.

[162] 刘华军，乔列成，孙淑惠. 黄河流域用水效率的空间格局及动态演进[J]. 资源科学，2020，42 (1)：57-68.

[163] 左其亭，张志卓，马军霞. 黄河流域水资源利用水平与经济社会发展的关系[J]. 中国人口·资源与环境，2021，31(10)：29-38.

[164] 马海良，黄德春，张继国. 考虑非合意产出的水资源利用效率及影响因素研究[J]. 中国人口·资源与环境，2012，22(10)：35-42.

[165] 任俊霖，李浩，伍新木，等. 长江经济带省会城市用水效率分析[J]. 中国人口·资源与环境，2016，26(5)：101-107.

[166] 丁绪辉，贺菊花，王柳元. 考虑非合意产出的省际水资源利用效率及驱动因素研究——基于 SE-SBM 与 Tobit 模型的考察[J]. 中国人口·资源与环境，2018，28(1)：157-164.

[167] 李俊鹏，郑冯忆，冯中朝. 基于公共产品视角的水资源利用效率提升路径研究[J]. 资源科学，2019，41(1)：98-112.

[168] 高孟菲，于浩，郑晶. 黄河流域绿色水资源效率及空间驱动因素研究[J]. 生态经济，2020，36 (7)：44-50,209.

[169] 岳立，任婉瑜，姚小强. 黄河流域城市绿色水资源效率时空变化及其影响因素——基于河流生态水文分区的视角[J]. 工业技术经济，2021，40(10)：15-22.

[170] 何伟，王语苓. 黄河流域城市水资源利用效率测算及影响因素分析[J]. 环境科学学报，2021，41(11)：4760-4770.

[171] 李沙沙. 产业集聚对中国制造业全要素生产率的影响研究[D]. 大连：东北财经大学，2018.

[172] 范剑勇. 产业集聚与地区间劳动生产率差异[J]. 经济研究，2006(11)：72-81.

[173] 陈建军，胡晨光. 产业集聚的集聚效应——以长江三角洲次区域为例的理论和实证分析[J]. 管理世界，2008(6)：68-83.

[174] 王海宁，陈媛媛. 产业集聚效应与工业能源效率研究——基于中国 25 个工业行业的实证分析[J]. 财经研究，2010，36(9)：69-79.

[175] 陈迅，陈军. 产业集聚效应与区域经济增长关系实证分析[J]. 华东经济管理，2011，25(2)：33-35.

[176] 刘修岩. 空间效率与区域平衡：对中国省级层面集聚效应的检验[J]. 世界经济，2014，37(1)：55-80.

[177] Liu J, Cheng Z, Zhang H. Does industrial agglomeration promote the increase of energy efficiency in China? [J]. Journal of Cleaner Production, 2017, 164: 30-37.

[178] 陈抗, 战炤磊. 规模经济、集聚效应与高新技术产业全要素生产率变化[J]. 现代经济探讨, 2019(12): 85-91.

[179] 汪彩君, 邱梦. 规模异质性与集聚拥挤效应[J]. 科研管理, 2017, 38(S1): 348-354.

[180] 张平淡, 屠西伟. 制造业集聚对绿色经济效率的双边影响[J]. 经济理论与经济管理, 2021, 41(11): 35-53.

[181] 刘信恒. 产业集聚、地区制度环境与成本加成率[J]. 中南财经政法大学学报, 2021(6): 127-141.

[182] 王立勇, 吕政. 制造业集聚与生产效率: 新证据与新机制[J]. 经济科学, 2021(2): 59-71.

[183] Zhang Y, Zhang H, Fu Y, et al. Effects of industrial agglomeration and environmental regulation on urban ecological efficiency: evidence from 269 cities in China[J]. Environmental Science and Pollution Research, 2021, 28(46): 66389-66408.

[184] Gai Z, Guo Y, Hao Y. Can internet development help break the resource curse? Evidence from China [J]. Resources Policy, 2022, 75: 102519.

[185] 余鑫, 傅春, 杨剑波. 基于制度约束的经济增长与资源诅咒的实证分析——以中部六省为例[J]. 江西社会科学, 2015, 35(3): 67-73.

[186] 薛雅伟, 张在旭, 李宏勋, 等. 资源产业空间集聚与区域经济增长: "资源诅咒" 效应实证[J]. 中国人口·资源与环境, 2016, 26(8): 25-33.

[187] 王承武, 孟梅, 王志强, 等. 西部地区资源开发 "资源诅咒" 效应传导机制与测度[J]. 生态经济, 2017, 33(3): 95-99.

[188] Yang J, Rizvi S K A, Tan Z, et al. The competing role of natural gas and oil as fossil fuel and the non-linear dynamics of resource curse in Russia[J]. Resources Policy, 2021, 72: 102100.

[189] Wu L, Sun L, Qi P, et al. Energy endowment, industrial structure upgrading, and CO_2 emissions in China: Revisiting resource curse in the context of carbon emissions[J]. Resources Policy, 2021, 74: 102329.

[190] Wang N, Zhu Y, Yang T. The impact of transportation infrastructure and industrial agglomeration on energy efficiency: Evidence from China's industrial sectors[J]. Journal of Cleaner Production, 2020, 244: 118708.

[191] 刘习平, 盛三化, 王珂英. 经济空间集聚能提高碳生产率吗? [J]. 经济评论, 2017(6): 107-121.

[192] 乔海曙, 胡文艳, 钟为亚. 专业化、多样化产业集聚与能源效率——基于中国省域制造业面板数据的实证研究[J]. 经济经纬, 2015, 32(5): 85-90.

[193] 师博, 沈坤荣. 政府干预、经济集聚与能源效率[J]. 管理世界, 2013(10): 6-18,187.

[194] Fisher-Vanden K, Jefferson G H, Liu H, et al. What is driving China's decline in energy intensity? [J]. Resource and Energy Economics, 2004, 26(1): 77-97.

[195] 孙才志, 谢巍, 邹玮. 中国水资源利用效率驱动效应测度及空间驱动类型分析[J]. 地理科学, 2011, 31(10): 1213-1220.

[196] 邓吉祥, 刘晓, 王铮. 中国碳排放的区域差异及演变特征分析与因素分解[J]. 自然资源学报, 2014, 29(2): 189-200.

[197] 单豪杰. 中国资本存量 K 的再估算: 1952~2006 年[J]. 数量经济技术经济研究, 2008, 25(10): 17-31.

[198] 杜江,王锐,王新华. 环境全要素生产率与农业增长:基于 DEA-GML 指数与面板 Tobit 模型的两阶段分析[J]. 中国农村经济,2016(3):65-81.

[199] 彭向,蒋传海. 产业集聚、知识溢出与地区创新——基于中国工业行业的实证检验[J]. 经济学(季刊),2011,10(3):913-934.

[200] 邵朝对,苏丹妮,邓宏图. 房价、土地财政与城市集聚特征:中国式城市发展之路[J]. 管理世界,2016(2):19-31,187.

[201] 张虎,韩爱华,杨青龙. 中国制造业与生产性服务业协同集聚的空间效应分析[J]. 数量经济技术经济研究,2017,34(2):3-20.

[202] 刘奕,夏杰长,李垚. 生产性服务业集聚与制造业升级[J]. 中国工业经济,2017(7):24-42.

[203] 梁军,从振楠. 产业集聚与中心城市全要素生产率增长的实证研究——兼论城市层级分异的影响[J]. 城市发展研究,2018,25(12):45-53.

[204] 孙晓华,郭旭,王昀. 产业转移、要素集聚与地区经济发展[J]. 管理世界,2018,34(5):47-62,179-180.

[205] 林伯强,谭睿鹏. 中国经济集聚与绿色经济效率[J]. 经济研究,2019,54(2):119-132.

[206] 张可,豆建民. 集聚与环境污染——基于中国 287 个地级市的经验分析[J]. 金融研究,2015(12):32-45.

[207] 张可,汪东芳. 经济集聚与环境污染的交互影响及空间溢出[J]. 中国工业经济,2014(6):70-82.

[208] 孙慧,朱俏俏. 中国资源型产业集聚对全要素生产率的影响研究[J]. 中国人口·资源与环境,2016,26(1):121-130.